普通高等院校工程训练系列规划教材

机电工程训练教程
——电子技术实训（第2版）

朱朝霞 主编

清华大学出版社
北京

内容简介

本书是根据工科类专业对电子实习的基本要求，结合编者多年实践教学的经验，以培养学生工程实践能力及创新能力为目标而编写的。全书包括安全用电及常用测试仪器操作，常用电子元器件识别与测试，焊接技术，印制电路板设计与制作，电子产品设计、生产工艺流程，综合实习产品制作共6章。本书第2版配套了多媒体课件，包括PPT课件、视频课件和Flash自主播放型课件等，对于教师授课和学生自学都有非常大的帮助。

本书既可作为高等院校工科专业学生电子实习的教材，又可作为相关从业人员的参考书。

图书在版编目(CIP)数据

机电工程训练教程：电子技术实训/朱朝霞主编. --2版. --北京：清华大学出版社，2014
(2022.7重印)

普通高等院校工程训练系列规划教材

ISBN 978-7-302-34669-2

Ⅰ. ①机… Ⅱ. ①朱… Ⅲ. ①电子技术－高等学校－教材 Ⅳ. ①TN

中国版本图书馆CIP数据核字(2013)第290819号

责任编辑：庄红权
封面设计：傅瑞学
责任校对：赵丽敏
责任印制：杨　艳

出版发行：清华大学出版社

　　网　　址：http://www.tup.com.cn，http://www.wqbook.com
　　地　　址：北京清华大学学研大厦A座　　**邮　　编**：100084
　　社 总 机：010-83470000　　**邮　　购**：010-62786544
　　投稿与读者服务：010-62776969，c-service@tup.tsinghua.edu.cn
　　质 量 反 馈：010-62772015，zhiliang@tup.tsinghua.edu.cn

印 装 者：三河市天利华印刷装订有限公司
经　　销：全国新华书店
开　　本：185mm×260mm　　**印　张**：18　　**字　　数**：434千字
　　　　(附光盘1张)
版　　次：2008年6月第1版　2014年4月第2版　　**印　　次**：2022年7月第16次印刷
定　　价：49.00元

产品编号：057416-04

改革开放以来，我国贯彻科教兴国、可持续发展的伟大战略，坚持科学发展观，国家的科技实力、经济实力和国际影响力大为增强。如今，中国已经发展成为世界制造大国，国际市场上已经离不开物美价廉的中国产品。然而，我国要从制造大国向制造强国和创新强国过渡，要使我国的产品在国际市场上赢得更高的声誉，必须尽快提高产品质量的竞争力和知识产权的竞争力。清华大学出版社和本编审委员会联合推出的普通高等院校工程训练系列规划教材，就是希望通过工程训练这一培养本科生的重要窗口，依靠作者们根据当前的科技水平和社会发展需求所精心策划和编写的系列教材，培养出更多视野宽、基础厚、素质高、能力强和富于创造性的人才。

我们知道，大学、大专和高职高专都设有各种各样的实验室。其目的是通过这些教学实验，使学生不仅能比较深入地掌握书本上的理论知识，而且掌握实验仪器的操作方法，领悟实验中所蕴含的科学方法。但由于教学实验与工程训练存在较大的差别，因此，如果我们的大学生不经过工程训练这样一个重要的实践教学环节，当毕业后步入社会时，就有可能感到难以适从。

对于工程训练，我们认为这是一种与社会、企业及工程技术的接口式训练。在工程训练的整个过程中，学生所使用的各种仪器设备都来自社会企业的产品，有的还是现代企业正在使用的主流产品。这样，学生一旦步入社会，步入工作岗位，就会发现他们在学校所进行的工程训练，与社会企业的需求具有很好的一致性。另外，凡是接受过工程训练的学生，不仅为学习其他相关的技术基础课程和专业课程打下了基础，而且同时具有一定的工程技术素养，开始走向工程了。这样就为他们进入社会与企业，更好地融入新的工作群体，展示与发挥自己的才能创造了有利的条件。

近10年来，国家和高校对工程实践教育给予了高度重视，我国的理工科院校普遍建立了工程训练中心，拥有前所未有的、极为丰厚的教学资源，同时面向大量的本科学生群体。这些宝贵的实践教学资源，像数控加工、特种加工、先进的材料成形、表面贴装、数字化制造等硬件和软件基础设施，与国家的企业发展及工程技术发展密切相关。而这些涉及多学科领域的教学基础设施，又可以通过教师和其他知识分子的创造性劳动，转化和衍生出为适应我国社会与企业所迫切需求的课程与教材，使国家投入的宝贵资源发挥其应有的教育教学功能。

为此，本系列教材的编审，将贯彻下列基本原则：

(1) 努力贯彻教育部和财政部有关"质量工程"的文件精神，注重课程改革与教材改革配套进行。

(2) 要求符合教育部工程材料及机械制造基础课程教学指导组所制订的课程教学基本要求。

(3) 在整体将注意力投向先进制造技术的同时，要力求把握好常规制造技术与先进制造技术的关联，把握好制造基础知识的取舍。

(4) 先进的工艺技术，是发展我国制造业的关键技术之一。因此，在教材的内涵方面，要着力体现工艺设备、工艺方法、工艺创新、工艺管理和工艺教育的有机结合。

(5) 有助于培养学生独立获取知识的能力，有利于增强学生的工程实践能力和创新思维能力。

(6) 融汇实践教学改革的最新成果，体现出知识的基础性和实用性，以及工程训练和创新实践的可操作性。

(7) 慎重选择主编和主审，慎重选择教材内涵，严格按照和体现国家技术标准。

(8) 注重各章节间的内部逻辑联系，力求做到文字简练，图文并茂，便于自学。

本系列教材的编写和出版，是我国高等教育课程和教材改革中的一种尝试，一定会存在许多不足之处。希望全国同行和广大读者不断提出宝贵意见，使我们编写出的教材更好地为教育教学改革服务，更好地为培养高质量的人才服务。

普通高等院校工程训练系列规划教材编审委员会

主任委员：傅水根

2008年2月于清华园

"工程训练"虽然只有四个字，却事关高等教育大局。

我国《国民经济和社会发展第十一个五年规划纲要》中指出："把高等教育发展的重点放在提高质量和优化结构上，加强研究与实践，培养学生的创新精神和实践能力"。工程训练所具有的"实践"与"创新"的特质决定了其重要性。

人们探索了几千年教育的规律，其中王阳明的"知行合一"不只是限于道德的范畴，更是增见识明事理的信条，古语的"纸上得来终觉浅，绝知此事要躬行"是最好的印证，而工程训练是对当今高等工程教育"行"的诠释。

素质教育已被人们所推崇，工程训练是素质教育的平台和有效途径，是将知识、素质、能力和创新融为一体的综合训练。工程训练不仅可以培养学生的动手能力和分析问题与解决问题的能力，而且能磨砺学生的世界观、思维方式和作风，让学生领悟技术、质量、管理、环境、安全、协调、机制、经济的真实含义以及彼此间的关系。

"工程训练"尽管只有四个字，要实至名归也并非易事。

工程训练是根据学生的特点，在特定的工程实践环境中进行高度综合的工程技术训练。美国等发达国家已建立了国家、学校、企业、教师、学生五位一体完整的工程训练教育体系，其中又以美国模式和德国模式最为典型，前者偏重实践能力和岗位适应性的培养，工程训练主要在大学毕业后完成；后者则强调学生在校内完成工程师的训练。而目前我国还没有建立高校工程训练与企业高度结合的机制，这就要求高校更为重视校内工程训练基地的建设。

中国计量学院工程训练中心自创建以来，在培养学生工程意识、工程素质和工程能力以及对学生进行综合性的工程技术训练方面，取得了很好的成绩，其实力与水平在浙江省属高校工程训练中心中处于前列。中心于2006年7月通过ISO 9000质量管理体系认证，现为浙江省实验教学示范中心，"机电综合创新实验室"为省财政建设实验室，并有省级精品课程1门。这次出版的教材是中国计量学院工程训练中心的教师们根据长期的教学实践编写而成，是他们工作成果的结晶。可以期望，教材的出版使用将对工程训练的实施和教学水平的提高起到积极的促进作用。

是为序。

2008年4月20日

第2版前言

《机电工程训练教程——电子技术实训》自2008年出版以来,在兄弟院校师生及广大读者的支持下,迄今总印刷量已超过2万册。通过几年的教学实践及来自读者的批评和建议,编者认识到教材中的有些内容已不能适应当前教学改革形势的需要。因此在第1版的基础上,结合这几年的教学实践,对教材内容作了修改和更新,并设计制作了与本书配套的多媒体课件。此次修订的原则是:既要符合本课程的基本要求,又要适当引进电子技术中的新技术;既要使学生掌握基础知识、基本操作技能,又要培养学生分析问题、解决问题的能力及创新意识。具体做法如下:

(1) 为了体现先进性,我们删除了原书中已过时的内容,比如第1章中的常用仪器设备,新增目前比较先进的操作方便的数字存储示波器、使用数字合成技术(DDS)制造的函数信号发生器、程控式线性直流电源等。对4.5节重新编写,采用现在比较热门的Altium Designer软件绘制电路原理图、设计印刷电路板图等。

(2) 为了便于学生自学,设计制作了与本书配套的多媒体课件,包括PPT、Flash动画、视频课件等。制作的多媒体课件具有以下特点:内容丰富、条理清晰、重点突出、图文并茂、操作简便,适用于课堂教学、远程教学及自学等。

第2版由朱朝霞主编,编写了修订章节内容,并编写了第1~5章以及第6章的实训一和实训三,唐建祥编写了第6章的实训二和实训四,俞国华编写了第6章的实训五,牛耀国编写了第6章的实训六。全书由朱朝霞统稿。配套的多媒体课件由朱朝霞、詹雯、唐建祥编制,其中朱朝霞编制了所有PPT课件,詹雯编制了Flash动画课件,詹雯、唐建祥主持了视频课件的拍摄、配音及制作工作等,詹雯负责整个多媒体课件的整理等。

在编写本书过程中,中国计量学院杨其华教授、工程训练中心主任徐向纮教授审阅了全书,提出了很多宝贵的建议和意见,教研室朱广伟老师负责对原教材及新教材修订内容的纠错,在此谨向他们及对原教材提出批评和建议的读者们表示衷心的感谢。

本书及配套的多媒体课件中引用了国内外许多专家、学者的著作,及来自互联网及厂家提供的资料等,特此致以衷心的感谢。

本书在编写过程中，虽然编者已经尽量努力，但由于水平所限，书中难免有疏漏和不足之处，敬请读者提出宝贵的意见和建议。

所有意见和建议请寄往：hjpzcx@cjlu.edu.cn

编　者

于中国计量学院

2013年11月

电子技术是高等工科院校的重要专业之一，电子实习是电子技术的一个重要实践环节。电子实习以提高学生的实践能力、创新能力为目标，以传授电子元器件及电子产品的基本知识、电子工程相关的理论和技术为主线，以电子产品制作为训练手段，要求学生完成设计、装配和调试。通过基础技能的训练，使学生对电子产品的生产工艺流程及新的电子系统安装技术有较全面的了解。编者在结合多年实践教学经验，以培养学生的工程实践能力及创新能力为目标，编写了这本主要用于电子实习的教材。

本书的主要特点是：

(1) 涉及面较广。本书涵盖的知识面较宽，包括安全用电及常用仪器操作、常用电子元器件识别与测试、焊接技术、印制电路板设计与制作、电子产品设计生产工艺流程、综合实习产品制作 6 章，包含了工科类专业电子实习的主要内容。

(2) 实用性较强。突出工程意识，强调工程观念，注重工程能力及创新能力培养的思想贯穿全书。本书内容丰富，将基本的技能训练与基础知识相结合，将传统技术与现代高新技术相配合。书中第 2 章常用元器件识别与测试的介绍，图文并茂；第 6 章介绍的制作电路都以实际应用为基础，涵盖模拟电路、数字电路、单片机应用等，具有实用价值。电路设计合理，电路中元件、集成电路都给出具体的型号与参数，而且集成块等器件都是当前市场上流行的，容易买到，学生在设计电路时可直接借鉴或参考。

(3) 体现先进性。随着科学技术的飞速发展，新技术、新材料、新工艺、新器件层出不穷，特别是第 3 代组装技术的迅猛发展，使电子制造技术发生了巨大变化。电子技术教材必须及时反映这些新进展，才能胜任现代电子技术的教学任务。本书对表面安装技术（SMT）和波峰焊等新工艺、新技术进行了重点介绍，拓宽了学生的视野。

(4) 趣味性较浓。本书第 6 章介绍的制作电路实例，取材新颖，特别是红外线心率计的制作，趣味性较浓，学生选做率较高。产品制作完成后，只要把手放在光电传感器上，数码管就能直观地显示每分钟心跳次数，引发学生对电路知识的学习兴趣，并给学生留有独立思考和创新的思路。

朱朝霞拟定了本书的章、节目录和编写大纲，并编写了 1～5 章以及第 6 章的实训一和实训三，唐建祥编写了第 6 章的实训二和实训四，俞国华编写了第6章的实训五，牛耀国编写了第6章的实训六。全书由朱朝霞统稿。杨其华教授审阅了全书，并提出了很多指导意见，在此表示衷心的感谢。本书中引用了国内外许多专家、学者的著作，特此致以衷心的感谢。

尽管我们在电子实习的教材建设方面作了许多努力，但由于水平所限，书中不妥之处在所难免，在取材新颖性等方面还有不足，敬请读者批评指正。

所有意见和建议请寄往：hjpzcx@cjlu.edu.cn

作　者

于中国计量学院

2008年5月

目
录

基础知识

基本要求

(1) 掌握安全用电的基本常识和实践操作规程。
(2) 掌握设备使用中安全与防范的基本知识。
(3) 熟悉基本仪器仪表设备的使用方法和基本工具的用途。

1.1 安全用电

电是现代物质文明的基础，也是可能危害人类的肇事者之一。随着科学技术的发展，在人们生活、学习、工作中对电能的应用越来越广泛，对电的依赖性也越来越强。安全用电是每个人生活和工作中的必备技能之一；预防用电事故发生、保障人身和设备安全，更是每一个从事电类工作的人员必须掌握的基本知识。

1.1.1 人身安全与防范

了解电可能造成人身伤害的各种方式和机制，预防和阻断伤害的途径，养成良好的用电习惯，是保障人身安全的根本。

1. 触电因素与危害

人体是一个不确定的非线性电阻。每个人两手之间、手脚之间、脚与脚之间以及人体皮肤表面，都可能成为触电情况下的电流通路。特定电压下通过的电流大小取决于人体电流通道上电阻的大小，而此电阻的大小因不同人体和不同环境等复杂因素存在很大差异。当电压升高后，同样的人体电流通道下，电阻会变小。一般工作和生活场所供电为380/220 V中性点接地系统，触电时不同的电流通路所呈现的人体电阻范围可能在数百 Ω 至数百 kΩ 之间。

一般有1 mA左右的电流通过时人体会有感觉。一定作用时间的电流对人体的致命危害是直接导致心室纤颤或心脏骤停(电流约大于30 mA，但直接流过心脏导致异常的电流远小于此值)，肌肉痉挛、神经紊乱等也可导致呼吸停止。电流大小和电流作用时间长短，都是决定是否造成危害的直接因素。同样电流时，40～100 Hz以下频段的电流危害高于高频电流，其原因是集肤效应减小了心脏可能受到的损伤。

触电原因通常有以下几种。

(1) 与电器带电极单极直接接触,形成"电极→人体→大地"回路。如电线、插座(头)、灯具等的裸露火线,故障电器致使电器金属外壳直接带电(无外壳接地保护)。

(2) 与供电相线双极接触,形成"相A→人体→相B"回路。

(3) 静电接触,主要是大容量电容瞬间放电,形成导电回路。

(4) 跨步电压,主要是人体通过意外带电区域时形成特定人体电流通道。

2. 安全防范措施

防止触电是安全用电的根本。相关人员应认真学习安全用电知识,增强安全意识;遵守安全操作规程,消除人为危险因素;落实电器设备的防范措施,彻底杜绝安全隐患。

实验室或其他生活、办公环境下必须首先遵循防范在先的原则,从使用设备环境的角度防止触电:

(1) 所有电器设备及仪器的金属外壳、电源插座都应该装保护接地或保护接零,并确保室内保护部位可靠接地或接零。

(2) 对正常情况下带电的部位(如电源板插口),一定要加绝缘防护,并确保带电部位置于人不容易碰到的地方。

(3) 在所有使用市电的场所加装漏电保护器。

(4) 确保工作台的绝缘。

其次,在用电项目的规划使用与故障处理中防止触电与火灾等事故的发生:

(1) 不超负荷用电,不私拉乱接电线,严禁用铜、铝、铁丝代替保险丝或选用不适当的保险丝。

(2) 强电线路(如电力线)与弱电线路(如通信线和广播线等)应明显分开。

(3) 不使用不合格的灯头、灯线、开关、插座等用电设备,用电设备要保持清洁完好。

(4) 电烙铁、灯泡等电热器具不能靠近易燃物,防止因长时间使用或无人看管时发生意外。

第三,明确统一的用电安全标志。标志分为颜色标志和图形标志。颜色标志常用来区分各种不同性质、不同用途的导线,或用来表示某处的安全程度。图形标志一般用来告诫人们不要去接近有危险的场所。为保证安全用电,必须严格按有关标准使用颜色标志和图形标志。我国安全色标采用的标准,基本上与国际标准草案(ISD)相同。一般采用的安全色有以下几种。

(1) 红色:用来标志禁止、停止和消防,如信号灯、信号旗、机器上的紧急停机按钮等都是用红色来表示禁止的信息。

(2) 黄色:用来标志注意危险,如"当心触点"、"注意安全"等。

(3) 绿色:用来标志安全无事,如"在此工作"、"已接地"等。

(4) 蓝色:用来标志强制执行,如"必须戴安全帽"等。

(5) 黑色:用来标志图像、文字符号和警告标志的几何图形。

按照规定,为便于识别,防止误操作,确保运行和检修人员的安全,采用不同颜色来区别设备特征。如电气母线,A相为黄色,B相为绿色,C相为红色,明敷的接地线涂为黑色。在二次系统中,交流电压回路用黄色,交流电流回路用绿色,信号和警告回路用白色。

3. 安全操作规程

为防止触电,必须遵守以下安全操作规程:

(1) 检修电路时必须确保断开电源,拔下电源插头。

(2) 不要用湿手开关或插拔电器。严禁站在潮湿的地面上触动带电物体或用潮湿抹布擦拭有电的电器。

(3) 遇到不明情况的电线,应按带电情况处置。

(4) 养成单手操作习惯。

(5) 在电子类产品通电调试时,应先接好电路,检查无误后方可通电调试;调试结束或遇到故障时,先断电后再拆电路,严禁带电操作。

(6) 遇到较大体积的电容器时应先进行放电处理,再进行检修。

在电子工艺实习中,除了安全用电外,还要防止机械损伤和烫伤,因此还需养成以下安全操作习惯:

(1) 用剪线钳剪去焊好的电子元器件多余的引线时,要让引线飞出方向朝着地面,绝不可向着人或设备。

(2) 电烙铁在使用结束后,要放在烙铁架上;烙铁头上的多余焊锡不能乱甩,防止烫伤。

(3) 在通电状态下不要触及发热电子元器件(如变压器、功率器件、散热片等),以免烫伤。

1.1.2 设备安全与防范

关于设备使用安全的相关问题,这里仅限于电子实验室和日常生活环境范畴。

1. 设备接电前检查

设备接电前检查的重点是设备供电电源的规格。符合生产要求的设备都有设备铭牌。按国家标准,位于设备醒目处的铭牌或标志上应该注明设备需要的电源电压、频率、电源容量等参数。

符合国家供电标准的国产或专为我国生产的一般设备,均应符合我国的市电 AC220 V/50 Hz 或三相(三相四线制)AC380 V/50 Hz 的标准。设备铭牌注明的供电要求与实际使用环境供电规格一致,且供电网容量足以提供设备所需的电流(功率),是设备安全运行的基本条件。

来自国外的某些设备,供电要求可能不同于我国的电源标准(不同国家有多种标准)。如设备上注明 AC110 V/60 Hz,电压与频率均与我国供电网不符。这时,要使设备正常使用,必须加上从我国供电标准至 AC110 V/60 Hz 的电源转换装置。还有另外一类设备,需要直流电源供电,如 DC36 V,需要为设备提供相应的直流供电源(一般设备自带电源转换器)。

设备接电前必须注意做到“三查”:

(1) 查设备铭牌,获取设备的基本信息和使用要求。

(2) 查环境电源,看可供的电压、容量是否与设备标注相吻合。

(3) 查设备本身,如电源线是否完好,外壳是否可能带电等。

2. 设备使用及异常处理

正确使用仪器设备应把握以下几点:

(1) 了解仪器设备功能,掌握其使用方法和注意事项。

(2) 正确接线,设置正确量程,以免量程与被测量不符而损坏仪器设备。

(3) 设备操作时要有目的地旋动仪器面板上的旋钮,旋动时切忌用力过猛。

(4) 仪器设备使用后将面板上各旋钮、开关置回到合适位置。

(5) 搬动仪器设备时轻拿轻放,不得擅自拆卸仪器和测试探头,以免影响其精度甚至损坏仪器。

如同为防人体触电进行接地、接零及安装漏电保护开关一样,过压、过流和温度保护主要从设备使用的安全角度出发,为设备或供电网提供安全保障。

当然,设备在使用中也可能发生异常情况:

(1) 设备外壳或手持部位有麻电感觉。

(2) 开机或使用过程中机外熔断器烧断或空气开关跳闸。

(3) 出现异常声音,如噪声加大,有内部放电声,电机转动声音异常等。

(4) 机内出现异味,最常见的是塑料味、绝缘漆挥发的气味,甚至烧焦的气味。

(5) 机内打火,出现烟雾。

(6) 仪表指示超出正常范围。

一旦仪器设备出现异常情况,应采取合理的应对措施:

(1) 凡遇到上述异常情况之一,应尽快断开电源,拔下电源插头,对设备进行检修。

(2) 对烧断熔断器的情况,绝不允许换上大容量熔断器工作,一定要查明原因再换上同规格熔断器。同样,空气开关不允许重新合闸。

(3) 及时记录异常现象及部位,避免检修前再通电。

(4) 对有麻电感觉但未造成触电的现象不可忽视,必须及时检修。

1.1.3 触电急救与电气消防

1. 触电急救

日常生活中,一旦发生触电等突发意外事故,周围的人员不能紧张慌乱。首先应该通过拉闸或借助于绝缘物移开带电电线(或导电体)等方法,使伤者马上脱离受伤害的环境。切记,当触电者未脱离电源时,他本身就是一个带电体。其次,通过电话通知急救部门,并在急救部门未到达现场之前,尽可能对伤者采取积极有效的急救措施。

如果伤者有神智不清、抽搐、颈动脉摸不到搏动、心跳停止、瞳孔散大、呼吸停止、面色苍白等症状时,可判断为心搏骤停。心搏骤停是临床上最紧急的情况,必须分秒必争、不失时机地进行抢救。

紧急抢救的方法如下:在心跳骤停的极短时间内,首先进行心前区叩击,连击2～3次,然后进行胸外心脏按压及口对口人工呼吸。具体方法是,双手交叉相叠用掌部有节律地按压心脏,这种做法的目的在于使血液流入主动脉和肺动脉,建立起有效循环。做口对口人工呼吸时，有活动假牙者应先将假牙摘下，并清除口腔内的分泌物，以保持呼吸道的通畅。然后，捏紧鼻孔吹气，使胸部隆起、肺部扩张。心脏按压必须与人工呼吸配合进行，每按心脏4～5次吹气1次，肺部充气时不可按压胸部。

以上的抢救方法虽然只是在遇到突发事件时才需要用到，但它是急救的必备手段，应该及时学习并掌握。

2. 电气消防

万一发生用电火灾，沉着、快速的应急处置非常重要：

(1) 发现电子装置、电气设备、电缆等冒烟起火时，要立即切断电源(电源总闸或失火电路开关)。

(2) 使用砂土、二氧化碳或四氯化铁等不导电灭火介质阻断燃烧氧气源，忌用泡沫或水进行灭火。

(3) 灭火时不可使身体或灭火工具触及导线和电气设备。

1.2 基本工具及常用测试仪器、仪表的使用

1.2.1 常规操作工具

电子技术应用中常规的工具种类较多，大致可分为通用、精密、专用三大类。随着设计和制作材料的更新和应用群体的迅速扩展、新技术对工具要求的不断提高，工具也随之不断发展。表1.1列出了常规电子实习和实践中可能用到的主要工具。

表1.1 常规电子实习和实践常用工具

名　称	外　形	主要应用特点
镊子		主要用于小零件的夹持，有抗静电系列和带有放大镜的精密系列规格等
尖嘴钳		主要用于小零件的夹持，也可用于弯曲零件的接脚等。在焊接时可用来夹持零件的主体，以防止高温对手的伤害
斜口钳		主要用来剪断导线或零件接脚，与尖嘴钳配合使用可快速剥线
剥线钳		主要用来剥落导线外面的绝缘皮，但不可用来剥漆包线。剥线钳的齿口有多种不同的口径可供选用

续表

名　　称	外　　形	主要应用特点
压线钳	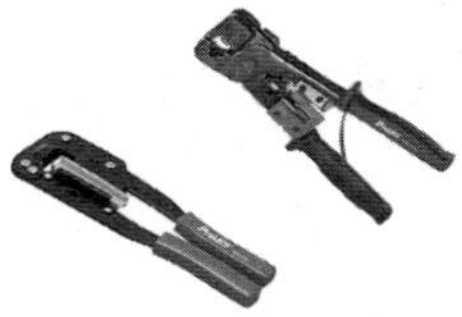	根据排线、网络线、其他通信线等的导线与接插头连接要求，对不同规格的接插头，有多种系列的专用压线工具钳
接头压着钳		用于金属电接头插片或针脚与导线之间的非焊手工压接
电烙铁	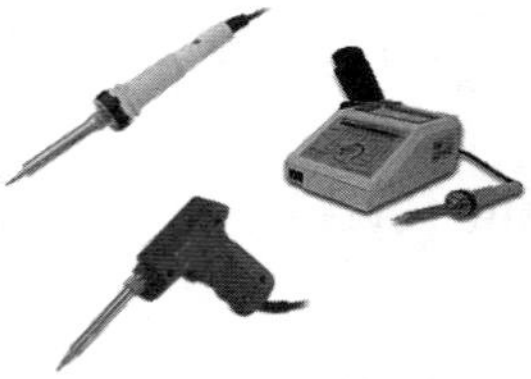	电子元器件焊接工具。有不同的功率和各种烙铁头规格系列，以满足不同对象焊接所需
拆焊热吹风		通过吹出电热产生的高温热风，熔化焊接着的电子器件焊脚（主要针对较高密度的多焊脚集成元器件）。一般恒温热风温度、时间等可以调节设定与控制
吸锡器		在拆卸元件时用于吸去焊接点或焊盘、焊孔内的焊锡。有手工、电泵吸锡及电热、非电热等多种形式
热胶枪		可通过电热熔化硅胶棒，并压注热胶于待固定的物体上。热胶主要用于固定元器件、导线等，并有绝缘隔离环境的作用

1.2.2 万用表

万用表也称多用表，具有用途多、量程广、使用方便等优点，是电子测量中最常用的工具。它可以用来测量电阻，交、直流电压和直流电流，有的万用表还可以测量晶体管的主要参数及电容器的电容量等。万用表的基本外形如图 1.1 所示。掌握万用表的使用方法是电子技术实践中的一项基本技能。

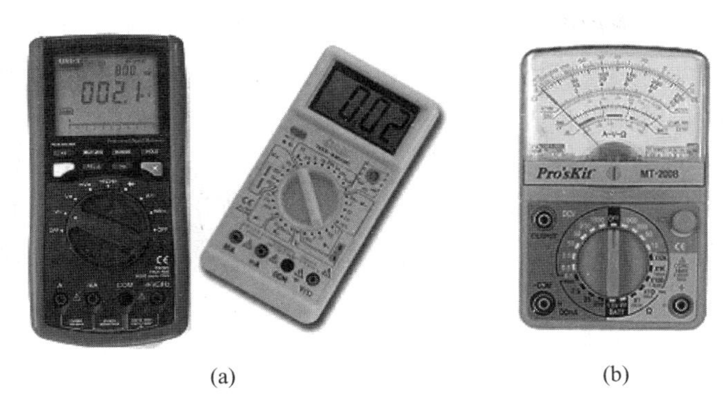

(a)　　　　(b)

图 1.1　万用表图例

(a) 数字万用表；(b) 指针式模拟万用表

1. 指针式模拟万用表

指针式模拟万用表是以表头为核心部件的多功能测量仪表，测量值由表头指针指示读取。图 1.2 为一种指针式模拟万用表的面板。在表面板上有 8 条刻度尺，其中标有“Ω”标记的是测电阻时用的刻度尺；标有“DC VA”标记的是测直流电压、直流电流时用的刻度尺；标有“AC V”标记的是测交流电压时用的刻度尺；标有“h_{FE}”标记的是测三极管时用的刻度尺；标有“LI”标记的是测量负载的电流、电压的刻度尺；标有“dB”标记的是测量电平的刻度尺。

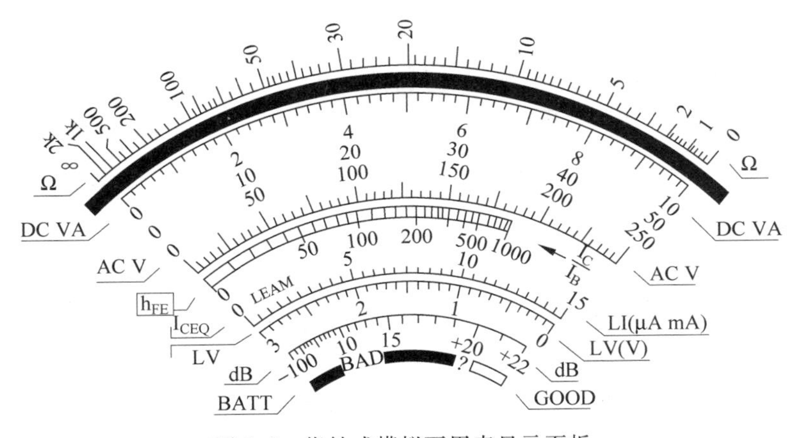

图 1.2　指针式模拟万用表显示面板

指针式模拟万用表可用于直流电压、交流电压、直流电流、电阻及三极管 h_{FE} 值(三极管直流放大倍数)测量。普通万用表的精度范围在 1.0～2.5 级之间。

使用中应注意到以下内容：

(1) 在使用之前应先进行机械调零，即在没有被测电量时，使万用表指针指在零电压或零电流的位置上。

(2) 将表笔置于合适的测量插孔内。使用前应根据对待测量的估计选择合适的量程，最好不使用刻度左边 1/3 的部分，这部分刻度不够密集，影响精度。

(3) 使用欧姆挡时不能带电测量，不能有并联支路。

(4) 测量晶体管、电解电容等有极性元件的等效电阻时，必须注意两支表笔的极性。

(5) 在使用万用表的过程中，不能用手接触表笔的金属部分，这样一方面可以保证测量的准确性，另一方面也可以保证人身安全。

(6) 在测量某一电量时，不能在测量的同时换挡，尤其是在测量高电压或大电流情况下，更应注意。否则，会使万用表毁坏。如需换挡，应先断开表笔，换挡后再去测量。

(7) 万用表在使用时，必须水平放置，以免造成误差。同时还要注意到避免外界磁场对万用表的影响。

(8) 当被测量超出表的最大量程时，可以利用分流、分压原理进行电流、电压测量量程的扩展。

(9) 万用表使用完毕后，应将转换开关置于交流电压的最大挡。如果长期不使用，还应将万用表内部的电池取出来，以免电池腐蚀表内其他器件。

2. 数字万用表

数字万用表具有准确度高、测量范围宽、测量速度快、体积小、抗干扰能力强、使用方便等特点。测量值由液晶显示屏直接以数字的形式显示，读取方便，有些还带有语音提示功能。

数字万用表一般都能实现交、直流电压，交、直流电流和电阻等的测量，有的还能进行电容、频率、波形占空比、三极管参数等的测量。由于数字化的特点，数字万用表还有针对一种类型待测量的自动量程功能、数据保持锁定功能等，使得测量方便、安全、迅速，并提高了准确度和分辨力。

普通数字万用表以数字显示位数衡量表的测量精度。3½(俗称3位半)数字表的显示字为0.000～±1999，特定量程下其显示分辨力为0.05%；4½(俗称4位半)数字万用表的显示字为0.0000～±19999，特定量程下其显示分辨力为0.005%。数字万用表有很多量程，但其基本量程准确度最高。

3. 万用表的应用特点

指针式模拟万用表和数字万用表相比有以下特点：

(1) 指针式模拟万用表读取精度较差，但指针摆动的过程比较直观，其摆动速度和幅度有时也能比较客观地反映被测量的大小(比如测电视机数据总线(SDL)在传送数据时的轻微抖动)；数字万用表读数直观，但数字变化的过程看起来很杂乱，不太容易观看。

(2) 指针式模拟万用表内一般有两块电池，一块是低电压的1.5 V，一块是高电压的9 V或15 V，其黑表笔相对红表笔来说是正端。它常用一块6 V或9 V的电池。在电阻挡，指针表的表笔输出电流相对数字表来说要大很多，用R×1 Ω挡可以使扬声器发出响亮的“哒”声，用R×10 kΩ挡甚至可以点亮发光二极管(LED)。

(3) 在电压挡，指针式模拟万用表的内阻相对数字万用表来说比较小，测量精度相对较差。某些高电压、微电流的场合甚至无法测准，因为其内阻会对被测电路造成影响(比如在测电视机显像管的加速级电压时测量值会比实际值低很多)。数字表电压挡的内阻很大，至少在兆欧级，对被测电路影响很小。但极高的输出阻抗使其易受感应电压的影响，在一些电磁干扰较强的场合测出的数据可能不够真实。

总之，相对来说在大电流高电压的模拟电路测量中适用指针式模拟万用表，比如电视机、音响功放；在低电压小电流的数字电路测量中适用数字万用表，比如 BP 机、手机等。而在专业场合数字万用表取代指针式模拟万用表的趋势已日趋明显。

在实际应用中，关键在于掌握待测对象的物理性态，综合万用表本身的功能和对象的相关基础知识，灵活运用，在一定的知识和技巧积累后，逐步实现融会贯通。如对集成电路(IC)的测量，一般判断其是否损坏，可利用万用表的 Ω 挡测量各引脚对应于接地引脚之间的正、反向电阻值，并和完好的 IC 进行比较(非在线的代换试验法)。也可以通过利用表的电流和电压挡，检测 IC 各引脚在线的对地电流、电压以及总工作电流判断 IC 的质量(在线参数试验法)。相关操作时有许多保障操作成功的技巧是需要在实践中学习的。

1.2.3 示波器

示波器是现代电子技术中必不可少的常用测量仪器。利用它能够直接观察信号的时间和电压值、振荡信号的频率、信号是否存在失真、信号的直流成分(DC)和交流成分(AC)、信号的噪声值和噪声随时间变化的情况、比较多个波形信号等等，有的新型数字示波器还有很强的波形分析和记录功能。它具有输入阻抗高、频带宽、灵敏度高等优点，被广泛应用于测量技术中。示波器有多种型号，性能指标各不相同，应根据测量信号选择不同的型号。各种示波器的工作原理和操作方法基本相同，本书以目前使用比较广泛的 DS1000 系列示波器为例，介绍使用示波器测量信号的方法。

1. DS1000 系列数字示波器的主要技术指标

DS1000 系列数字示波器是一种便携式通用数字存储式示波器，具有自动测量的功能。根据输入的信号，可自动调整电压倍率、时基以及触发方式，使波形显示达到最佳状态。应用自动测量功能要求被测信号的频率大于等于 50 Hz，占空比大于 1%。DS1000 系列数字示波器有两个独立的通道，可同时观测两个信号波形，被观测信号的频率范围为 0～100 MHz，其主要技术指标见表 1.2。

表 1.2 DS1000 系列数字示波器的主要技术指标

项　目	技术指标
频率响应	DC：0～20 Hz(−3 dB)；AC：20～100 MHz(−3 dB)
采样率	实时采样率：1 GSa/s；等效采样率：50 GSa/s
输入阻抗	1 MΩ/18 pF
输入耦合方式	AC、DC、GND
触发模式	边沿、视频、脉宽、斜率、交替
自动测量	峰峰值、幅值、最大值、最小值、顶端值、底端值、平均值、均方根值、过冲、预冲、频率、周期、上升时间、下降时间、正脉宽、负脉宽、正占空比、负占空比、延迟 1→2 ⌠、延迟 1→2 ⌡等 20 种参数测量
光标测量	手动模式、追踪模式和自动测量模式
电源电压	AC100～240 V，频率：45～440 Hz

2. DS1000 系列数字示波器的面板及按钮的作用

DS1000 系列数字示波器前面板如图 1.3 所示。

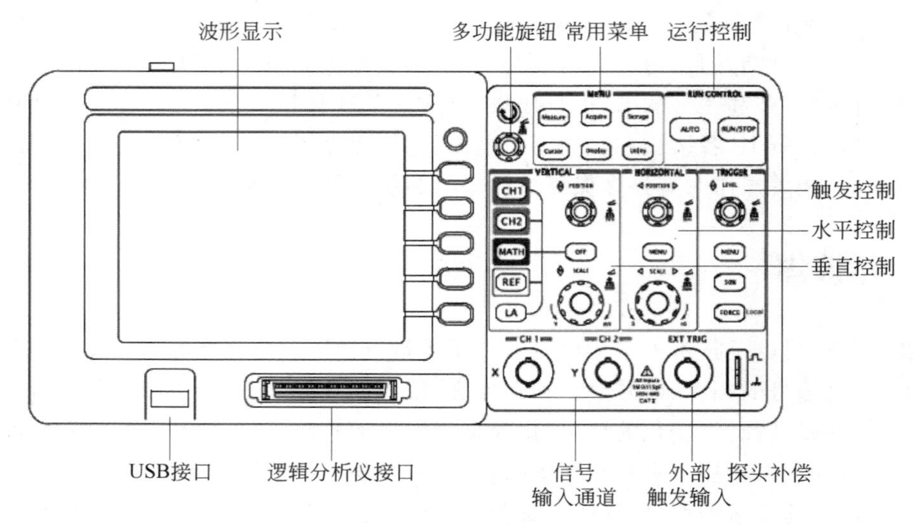

图 1.3 DS1000 系列双踪示波器的面板

1）垂直控制区

垂直控制区面板功能如图 1.4 所示。

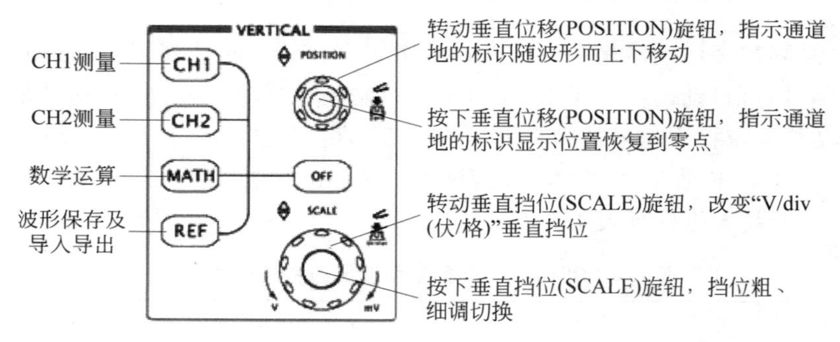

图 1.4 垂直控制区面板按钮功能

2）水平控制区

水平控制区面板功能参见图 1.5。

3）触发控制区

触发控制区面板功能图参见图 1.6。

4）运行控制区(RUN CONTROL)

运行控制区(RUN CONTROL)面板参见图 1.3。

(1) AUTO(自动设置)：自动设定仪器各项控制值，以产生适宜观察的波形显示。按下 AUTO(自动设置)按钮，快速设置和测量信号。按 AUTO 按钮后，菜单显示如表 1.3 所示选项。

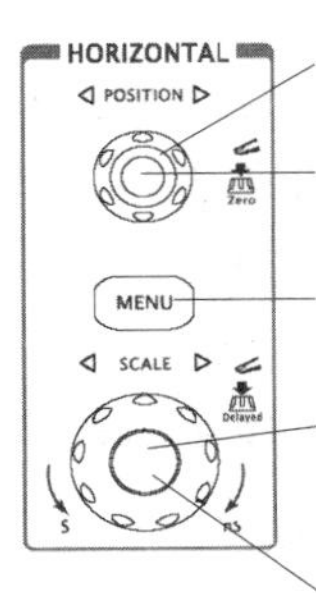

图 1.5　水平控制区面板按钮功能

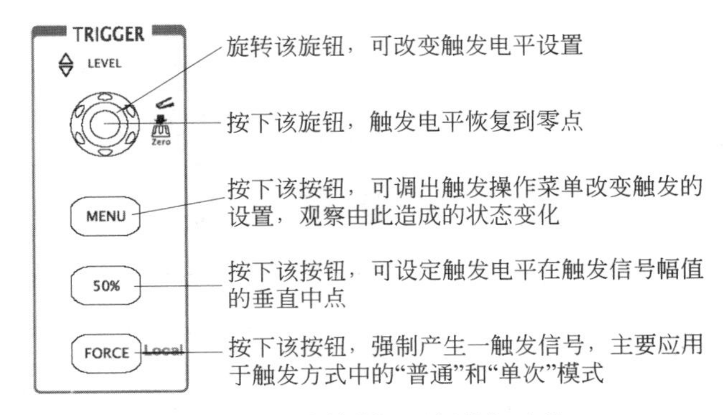

图 1.6　触发控制区面板按钮功能

表 1.3　自动设置菜单选项及说明

	功能菜单	设　定	说　明
AUTO	多周期		设置屏幕自动显示多个周期信号
	单周期		设置屏幕自动显示单个周期信号
	上升沿		自动设置并显示上升时间
	下降沿		自动设置并显示上升时间
	撤销		撤销自动设置,返回前一状态

(2) RUN/STOP(运行/停止)：运行和停止波形采样。

注意：在停止的状态下，对于波形垂直挡位和水平时基可以在一定的范围内调整，相当于对信号进行水平或垂直方向上的扩展。

5) 常用菜单区(MENU)

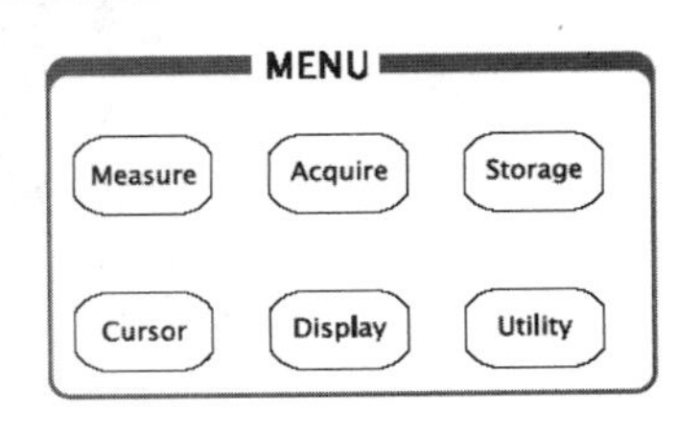

图 1.7　常用菜单区面板

常用菜单区面板如图 1.7 所示，可进行参数测量

(Measure)、采样设置(Acquire)、测量波形的存储(Storage)、光标测试(Cursor)、显示方式的设置(Display)及辅助系统的设置(Utility)等，下面主要介绍参数测量及光标测量功能。

(1) Measure(自动测量功能)：按下 Measure 自动测量功能键，示波器显示自动测量操作菜单(见表1.4)。本示波器具有20种自动测量功能：峰峰值、幅值、最大值、最小值、顶端值、底端值、平均值、均方根值、过冲、预冲、频率、周期、上升时间、下降时间、正脉宽、负脉宽、正占空比、负占空比、延迟 1→2 ↑、延迟 1→2 ↓ 等10种电压测量和10种时间测量。

表 1.4　自动测量菜单选项及说明

	功能菜单	显示	说明
Measure 信源选择 CH1 电压测量 时间测量 清除测量 全部测量 打开	信源选择	CH1 CH2	设置被测信号的输入通道
	电压测量		选择测量电压参数
	时间测量		选择测量时间参数
	清除测量		清除测量结果
	全部测量	关闭 打开	关闭全部测量显示 打开全部测量显示

(2) Cursor(光标测量)：可通过移动光标进行测量。光标测量分为以下3种模式。

① 手动方式：光标X或Y方式成对出现，并可手动调整光标的间距。显示的读数即为测量的电压或时间值。当使用光标时，需首先将信号源设定成所要测量的波形。

② 追踪方式：水平与垂直光标交叉构成十字光标。十字光标自动定位在波形上，通过旋动多功能旋钮可以调整十字光标在波形上的水平位置。示波器同时显示光标点的坐标。

③ 自动测量方式：通过此设定，在自动测量模式下，系统会显示对应的电压或时间光标。注意：此种方式在未选择任何自动测量参数时无效。

6）显示面板

显示面板的功能参见图1.8。

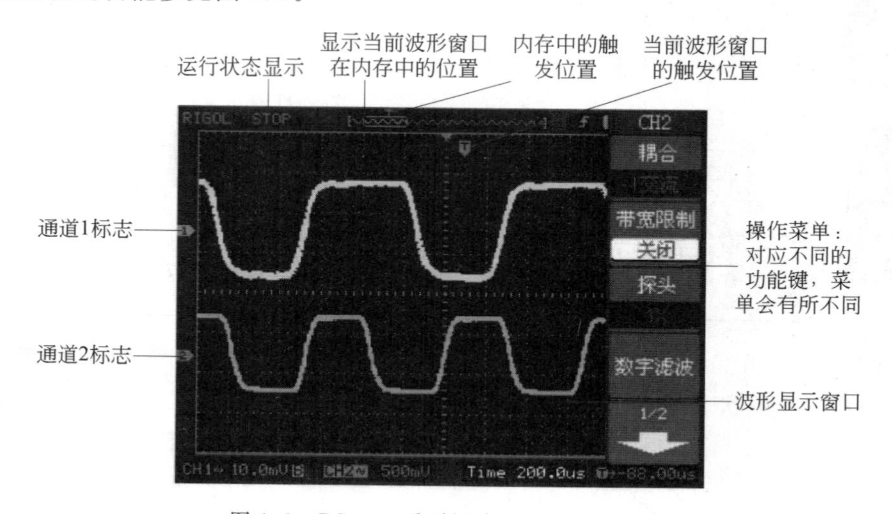

图 1.8　DS1000 系列示波器显示面板功能

3. DS1000 系列数字示波器通道 CH1、CH2 的设置

按 CH1(或 CH2)功能按键,系统显示 CH1 通道的操作菜单,功能说明见表 1.5。

表 1.5 系统显示 CH1 通道的操作菜单

	功能菜单	设定	说明
CH1 耦合 直流 带宽限制 关闭 探头 1X 数字滤波 1/2	耦合	交流 直流 接地	阻挡输入信号的直流成分 通过输入信号的交流和直流成分 断开输入信号
	带宽限制	打开 关闭	限制带宽至 20 MHz,以减少显示噪声 满带宽
	探头	1× 10× 100× 1000×	根据探头衰减系数选取其中一个值,以保持垂直偏转系数的读数正确
	数字滤波		设置数字滤波器(低通、高通、带通、带阻)
	⬇(下一页)	1/2	进入下一页菜单
CH1 2/2 挡位调节 粗调 反相 关闭	⬆(上一页)	2/2	返回上一页菜单
	挡位调节	粗调 微调	粗调按 1—2—5 进制设定垂直灵敏度 微调则在粗调设置范围之间进一步细分,以改善垂直分辨率
	反相	打开 关闭	打开波形反向功能 波形正常显示

1) 设置通道耦合方式

以 CH1 通道为例,被测信号是一含有直流偏置的正弦信号。

(1) 按 CH1→耦合→交流,设置为交流耦合方式。被测信号含有的直流分量被阻隔,测量波形显示如图 1.9 所示。

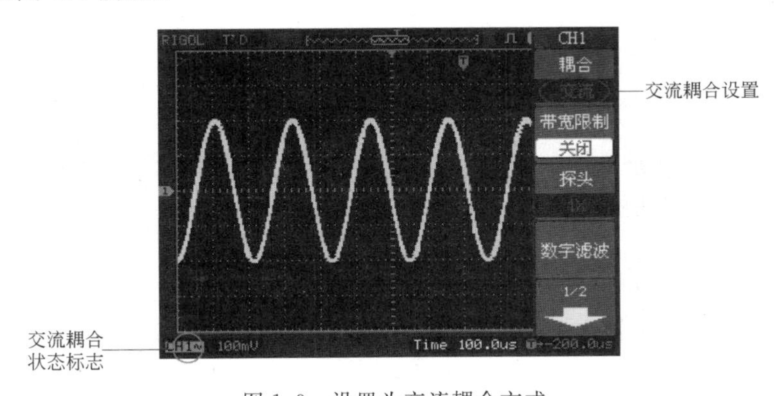

图 1.9 设置为交流耦合方式

(2) 按 CH1→耦合→直流,设置为直流耦合方式。被测信号含有的直流分量和交流分量都可以通过,测量波形显示如图 1.10 所示。

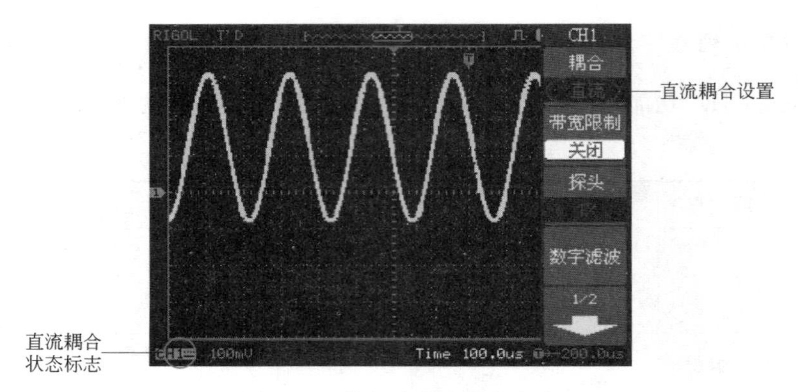

图 1.10 设置为直流耦合方式

(3) 按 CH1→耦合→接地，设置为接地方式。被测信号含有的直流分量和交流分量都被阻隔，测量波形显示如图 1.11 所示。

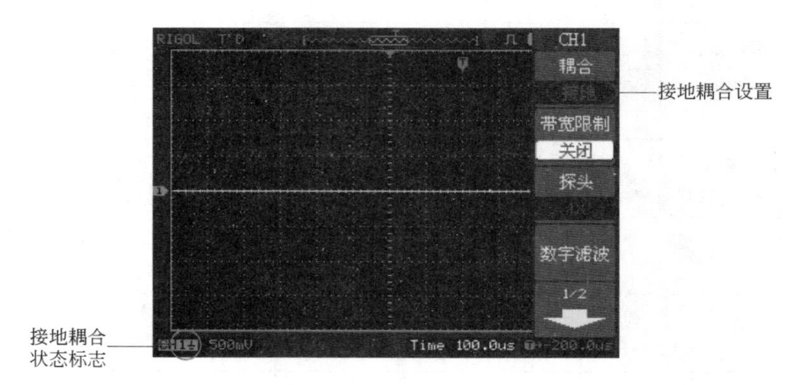

图 1.11 设置为接地方式

2) 调节探头比例

为了配合探头的衰减系数，需要在通道操作菜单相应调整探头衰减比例系数。如探头衰减系数为 10∶1，示波器输入通道的比例也应设置成 10×，以避免显示的挡位信息和测量的数据发生错误。

4. DS1000 系列数字示波器使用方法

DS1000 系列数字示波器具有自动测量的功能，输入被测量信号，直接按“AUTO”键，即可获得适合的波形和挡位设置。

自动测量步骤如下：

(1) 将被测信号连接到信号输入通道(CH1 或 CH2)；

(2) 选择耦合方式(根据被测信号选择 AC 或 DC 耦合方式)；

(3) 按下运行控制区域的“AUTO”按钮，示波器将自动设置垂直、水平和触发控制，将波形稳定地显示在屏幕上。如有需要，可手工调整这些控制使波形显示达到最佳。亦可按下运行控制区域的“RUN/STOP”按钮使波形驻留在显示器上；

(4) 自动测量参数。按下“MEASURE”按钮后，选择信源通道(CH1 或 CH2)，将全部测量打开，即显示图 1.12 所示参数，根据需要读取数据。图 1.13 表述了一系列电压参数的物理意义，图 1.14 表述了一系列时间参数定义图，所有测量参数说明参见表 1.6。

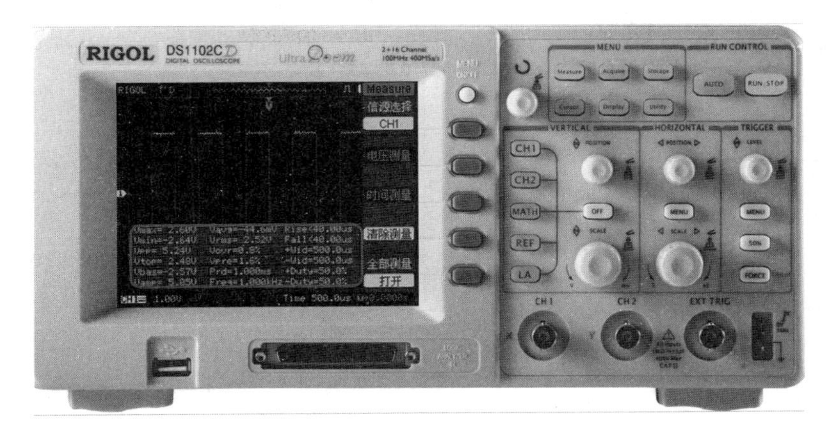

图 1.12　全部参数测量图

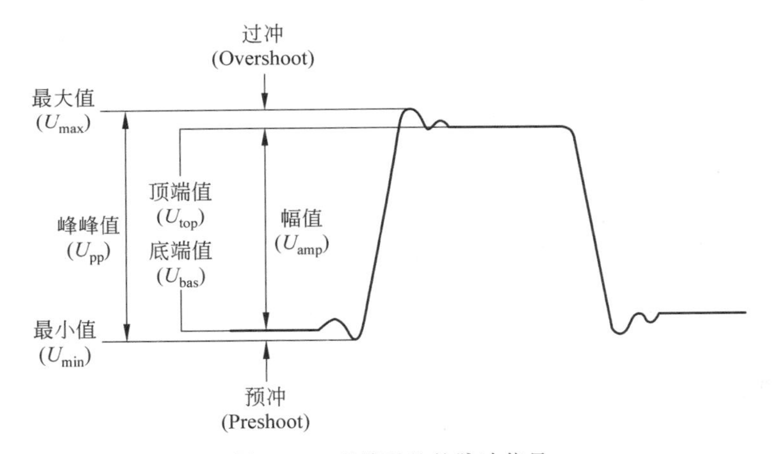

图 1.13　顶端平整的脉冲信号

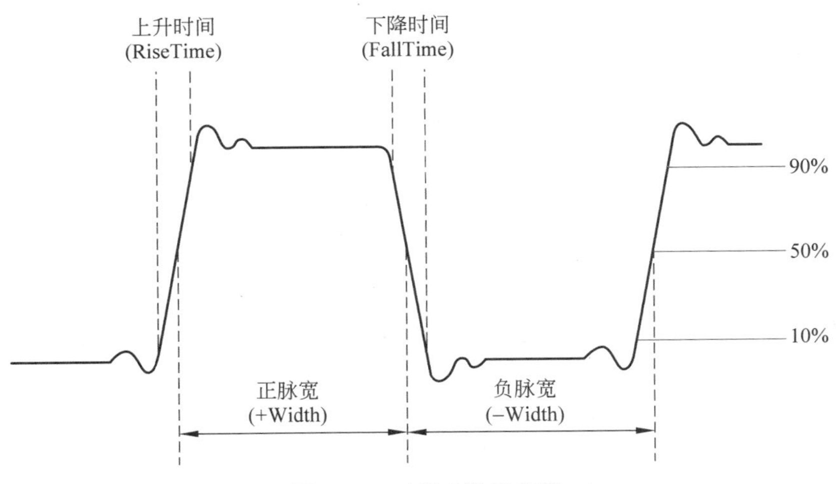

图 1.14　时间参数定义图

表 1.6　示波器自动测量全部参数说明

电压类参数	说　明	时间类参数	说　明
最大值（U_{max}）	波形最高点至GND（地）的电压值	周期 Prd	电压波形的周期
最小值（U_{min}）	波形最低点至GND（地）的电压值	频率 Freq	电压波形的频率
峰峰值（U_{pp}）	波形最高点波峰至最低点的电压值	上升时间 Rise	波形幅度从10%上升至90%所经历的时间
顶端值（U_{top}）	波形平顶至GND（地）的电压值	下降时间 Fall	波形幅度从90%下降至10%所经历的时间
底端值（U_{bas}）	波形底端至GND（地）的电压值	正脉宽 +Wid	正脉冲在50%幅度时的脉冲度
幅值（U_{amp}）	波形顶端至底端的电压值	负脉宽 −Wid	负脉冲在50%幅度时的脉冲度
平均值（U_{avg}）	整个波形或选通区域上的算数平均值	正占空比 +Duty	正脉宽与周期的比值
均方根值（U_{rms}）	即有效值。依据交流信号在1周期时所换算产生的能量，对应于产生等值能量的直流电压，即均方根值	负占空比 −Duty	负脉宽与周期的比值
过冲（U_{ove}）	波形最大值与顶端值之差与幅值的比值	延迟 1→2（上升沿）	CH1 到 CH2 上升沿的延迟时间
预冲（U_{pre}）	波形最小值与底端值之差与幅值的比值	延迟 1→2（下降沿）	CH1 到 CH2 下降沿的延迟时间

1.2.4 直流稳压电源

实验室用直流稳压电源一般指AC/DC稳压电源，广泛使用的主要有集成线性稳压电源（工频变压→整流→滤波→稳压）和开关集成稳压电源（整流→逆变→整流稳压）两种。直流稳压电源的作用是按适当的电压要求给直流电路设备供电。

1. 主要技术指标

衡量一台稳压电源的好坏，一方面要从功能角度来看，即容量大小（输出电压和输出电流）、调节范围大小、效率高低等，人们称其为使用指标；另一方面要从外观、形状、体积、重量等直观形象来看，这些称为非电气指标；更重要的是要看它的质量高低，即输出电压的稳定度等，一般称为技术质量指标。

技术指标主要有针对输入交流电压变化的稳压系数和电压调整率、针对电源负载变化的负载调整率和输出电阻、纹波系数、温度漂移等。下面以LPS-305直流电源产品为例，说明其使用指标及操作方法。

表1.7为LPS-305直流电源的主要技术指标。

表 1.7 LPS-305 直流电源的主要技术指标

项　　目	技 术 指 标	项　　目	技 术 指 标
输出电压	0～30 V 连续可调，双路 固定输出 3.3/5 V 电压，一路	同步偏差	电压：±20 mV 电流：±5 mA
输出电流	0～2.5 A 连续可调，双路 额定输出电流 3 A，一路	保护	电流限制保护，双路 电流限制及短路保护，一路
电源效应 （AC±10%变化）	定电压源：1 mV 定电流源：15 mA	负载效应 （短路至全载变化）	定电压源：2 mV 定电流源：10 mA
电压精度	±(0.2% of rdg+2 digits)	使用环境	0～40℃，相对湿度<80%，可连续工作 8 h
电流精度	±(0.5% of rdg+2 digits)	输入电压	AC(220±22)V，(50±3)Hz
分辨率	输出电压：10 mV 输出电流：1 mA	显示器	采用液晶显示器，可同时显示两组通道的电压、电流输出状态

2. LPS-305 直流电源的面板

LPS-305 直流电源的面板如图 1.15 所示，面板上各个按钮功能见表 1.8。注：大部分按钮有两种功能：第一种是功能输出（如+Vset 等）；第二种是输入数值（0～9）。

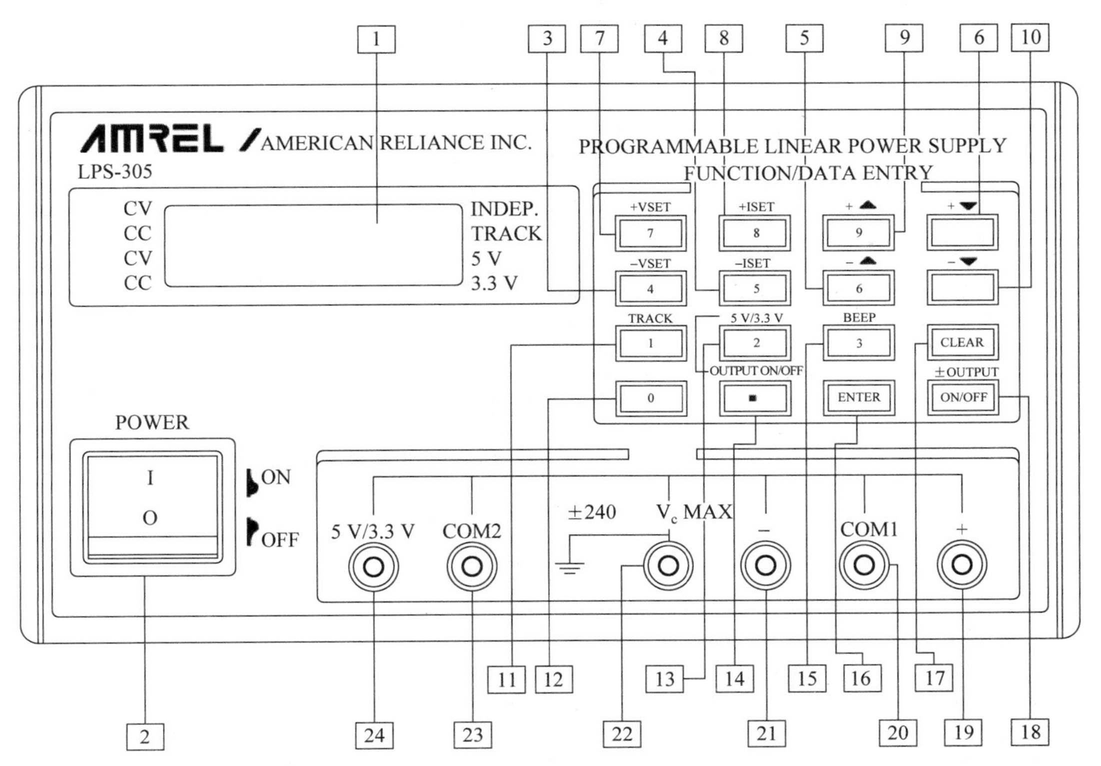

图 1.15 LPS-305 直流电源面板装置（图中代号同表 1.8）

表 1.8　LPS-305 直流电源面板上各按钮和旋钮功能

代号	名　称	功　能
1	液晶显示器	显示所有功能操作状况
2	电源开关(POWER)	主电源开关
3	－Vset(4)	负电压输出控制键,用以显示或改变电压设定;输入数字 4
4	－Iset(5)	负电流输出控制键,用以显示或改变电流设定;输入数字 5
5	－▲(6)	负输出控制键;在固定电压(电流)模式时可用来增加电压(电流)设定;输入数字 6
6	＋▼	正输出控制键:在固定电压(电流)模式时可用来减小电压(电流)设定
7	＋Vset(7)	正电压输出控制键,用以显示或改变电压设定;输入数字 7
8	＋Iset(8)	正电流输出控制键,用以显示或改变电流设定;输入数字 8
9	＋▲(9)	正输出控制键。在固定电压(电流)模式时可用来增加电压(电流)设定;输入数字 9
10	－▼	负输出控制键。在固定电压(电流)模式时可用来减小电压(电流)设定
11	TRACK(1)	选择正负电源的输出状态是同步还是独立,同步表示正负电源输出等值,但极性相反,独立则表示正负电源可分别设定不同值输出;输入数字 1
12	0	输入数字 0
13	5 V/3.3 V(2)	选择固定 5 V 或 3.3 V 输出;输入数字 2
14	OUTPUT ON/OFF(.)	选择固定 5 V 或 3.3 V 电源是在输入状态或预备状态;输出小数点
15	Beep(3)	蜂鸣器控制键;输入数字 3
16	Enter	输入数字确认键
17	Clear	和数字键一起使用,用来清除已设定的数字
18	±OUTPUT (ON/OFF)	选择正负电源供电是在输出状态或预备状态
19	＋	正电源输出接口
20	COM1	正负电源的公共输出接口
21	－	负电源输出接口
22	GND	接地线接口,连接到机壳
23	COM2	固定 5 V/3 A 或 3.3 V/3 A 的负输出接口
24	5 V/3.3 V	固定 5 V/3 A 或 3.3 V/3 A 的正输出接口

3. LPS-305 直流电源的使用方法

LPS-305 直流电源开机后，会自行诊断，无电压输出。显示器上有“ALL OUTPUT OFF”(暂停输出)信号，并有+V 和-V 设定值，如图 1.16 所示。

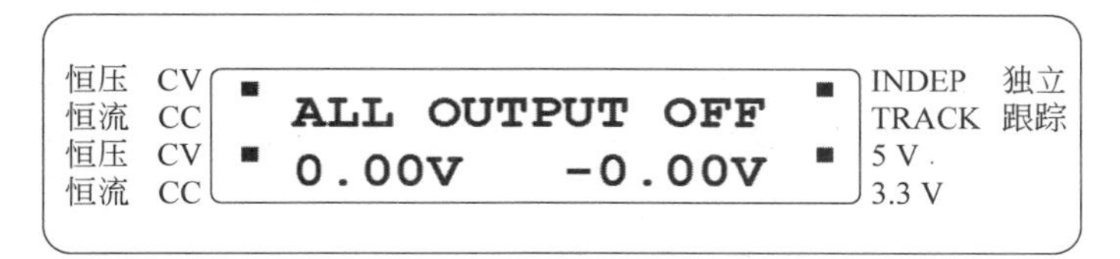

图 1.16 电源起始显示状态

按“+Vset”、“-Vset”、“+Iset”、“-Iset”键时，所选择的正负电源输出和目前设定的功能会显示出。按数字键可修改设定值，按“Clear”键可消除设定值，按“Enter”键确认输入值。按“±▼”或“±▲”键，可进行电源电压或电流的微调。正负电源的输出由输出开关键“±OUTPUT ON/OFF”来控制。“.”键用来选择 5 V 或 3.3 V 输出或预备状态(预备状态时无电压电流输出)。

1) 输出独立的正负电源

开机后，电源面板“INDEP”指示灯亮，可通过“+Vset”、“-Vset”键设置输出不同的正负电源电压值，按“Enter”键分别确认正负电压输入值。按下“ON/OFF”键，即可输出设定的不同的正负电源电压。

2) 输出幅值相等的正负电源

开机后，按 1 号(TRACK)键，使电源面板上“TRACK”指示灯亮，此时负电源跟踪正电源输出，可通过“+Vset”键设置输出正电源电压值，按“Enter”键确认输入值。按下“ON/OFF”键，即可输出幅值相等的正负电源。

本直流稳压电源设有完善的保护功能，两路可调电源具有限流保护功能，5 V/3.3 V 电源具有可靠的限流和短路保护功能。当输出发生短路时，不会对本电源造成任何损失。但是短路本电源仍有功率损耗，所以应尽早发现并关掉电源，将故障排除。

1.2.5 函数信号发生器

信号发生器可用于电路性能试验、分析，也可为某些器件的工作提供驱动。它一般可以产生不同频率、幅度的波形信号，如正弦波、方波、三角波等。目前，信号发生器正向着多功能、数字化、自动化等方向发展。

1. 分类特点与主要指标

信号发生器按频率和波段可分为低频、高频、脉冲信号发生器等。

低频信号发生器由振荡器、放大器、衰减器、指示器和电源等部分构成，频率范围通常从赫兹(Hz)至兆赫兹(MHz)，可用于测量或检修电子仪器及家电等的低频放大电路，也可用于测量传声器、扬声器、低频滤波器等的频率特性，用作校准电子电压表的基准电压源。

低频信号发生器频率稳定度一般应在±1%左右，输出电压不均匀性在±1 dB 左右，标准输出阻抗为600 Ω(有的配有8 Ω、50 Ω、5 kΩ),非线性失真小于3%。

高频信号发生器用来产生几十kHz至几百MHz的高频正弦波信号,一般还具有调幅和调频功能。这种信号发生器有较高的频率准确度和稳定度,通常输出幅度可在几μV至1 V范围内调节,输出阻抗为50 Ω或75 Ω。

函数信号发生器也称为任意信号发生器,能在很宽的频率范围内产生正弦波、方波、三角波、锯齿波和脉冲波等多种波形,有的还能产生阶梯波、斜波和梯形波等,通常还具有触发、锁相、扫描、调频、调幅或脉冲调制等多种功能。函数信号发生器广泛应用于自动测试系统、音频放大器、滤波器等方面的分析研究。

下面以DG1022函数信号发生器为例介绍其主要技术指标及操作方法。DG1022函数信号发生器使用直接数字合成(DDS)技术,得到精确、稳定、低失真的输出信号,可输出5种基本波形;内置48种任意波形;可编辑输出14-bit、4 k点的用户自定义任意波形;具有丰富的调制功能,输出各种调制波形,如调幅(AM)、调频(FM)、调相(PM)、二进制频移键控(FSK)、线性和对数扫描(Sweep)及脉冲串(Burst)模式;另外还具有高精度、宽频带的频率测量功能等。

表1.9为DG1022函数信号发生器的主要技术指标。

表1.9 DG1022函数信号发生器的主要技术指标

项　目	技术指标	项　目	技术指标
频率特性	正弦波:1 μHz~20 MHz 方波:1 μHz~5 MHz 三角波:1 μHz~150 kHz 脉冲波:500 μHz~3 MHz	输出波形	输出正弦波、方波、三角波、矩形波、噪声波等5种基本波形及多种调制波形;内置48种任意波形
分辨率	1 μHz	输出保护	短路保护,过载自动禁止波形输出
输出电压幅度	4 mV~20 V_{P-P}(高阻) 2 mV~10 V_{P-P}(50Ω)		

2. DG1022函数信号发生器操作面板

DG1022函数信号发生器的操作面板如图1.17所示,面板上各按钮和旋钮的功能见表1.10。

表1.10 DG1022型函数信号发生器面板上各按键和旋钮的功能

代号	名　　称	功　　能
1	电源开关	主电源开关
2	View键	使用View键切换视图,使波形显示在单通道常规模式、单通道图形模式、双通道常规模式之间切换
3	菜单键	设置频率/周期、幅值/高电平、偏移/低电平、相位等
4	波形选择键	按对应波形的某一键,可选择需要的波形:正弦波、方波、锯齿波、脉冲波、噪声波、任意波等
5	通道切换键	CH1、CH2切换

续表

代号	名　称	功　能
6	数字键盘	直接输入需要的数值，改变参数大小
7	CH1 使能输出	按下 Output 按钮，该按钮背景灯亮，CH1 可输出所需要的波形
8	CH2 使能输出	按下 Output 按钮，该按钮背景灯亮，CH2 可输出所需要的波形
9	CH1 输出端	CH1 电压波形由此端口输出
10	CH2 输出端/频率计输入端	在输出模式下：CH2 电压波形由此端口输出 在频率计模式下：CH2 输出端口作为频率计的信号输入端，禁用输出
11	旋钮	改变数值大小。在 0～9 范围内改变某一数值大小时，顺时针转一格加 1，逆时针转一格减 1 用于切换内建波形种类；任意波文件/设置文件的存储位置；文件名输入字符
12	方向键	用于切换数值的数位；任意波文件/设置文件的存储位置
13	模式/功能键	使用 Mod 按键：可输出经过调制的波形 使用 Sweep 按键：对正弦波、方波、锯齿波或任意波形产生扫描 使用 Burst 按键：可以产生正弦波、方波、锯齿波、脉冲波或任意波形的脉冲串波形输出 使用 Store/Recall 按键：存储或调出波形数据和配置信息 使用 Utility 按键：可以进行设置同步输出开/关、输出参数、通道耦合、通道复制、频率计测量，查看接口设置、系统设置信息，执行仪器自检和校准等操作 使用 Help 按键：查看帮助信息列表
14	LCD	显示三种视图模式
15	USB 接口	供外接移动存储器

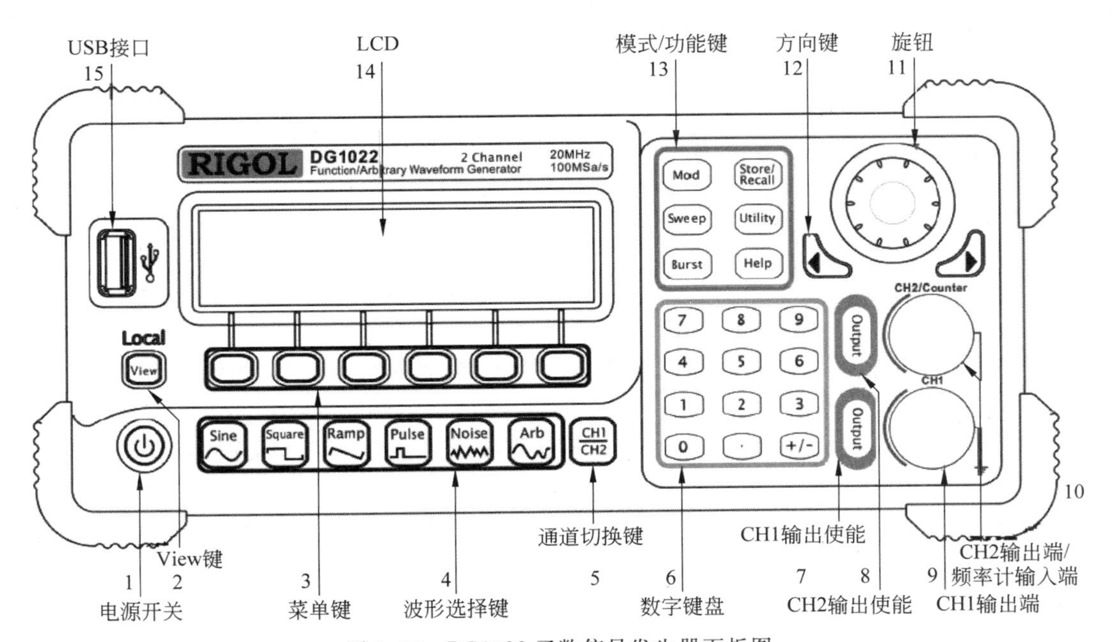

图 1.17　DG1022 函数信号发生器面板图

3. DG1022 函数信号发生器显示模式

DG1022 函数信号发生器提供了三种界面显示模式：单通道常规模式(见图 1.18)、单通道图形模式(见图 1.19)及双通道常规模式(见图 1.20)。这三种显示模式可通过前面板左侧的“View”键切换，可通过通道切换键来切换活动通道，以便于设定每通道的参数及观察、比较波形。

图 1.18　单通道常规显示模式

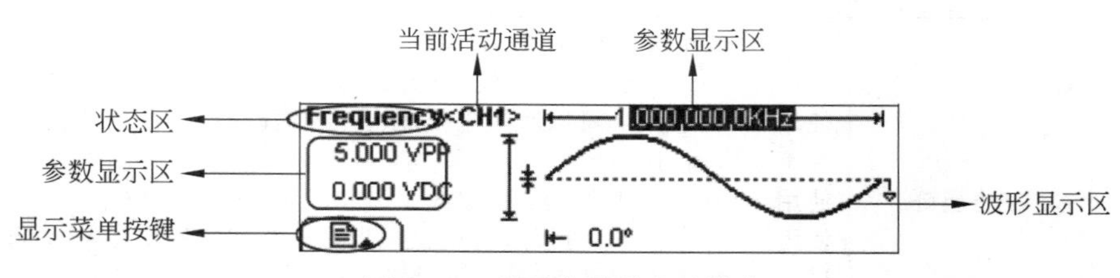

图 1.19　单通道图形显示模式

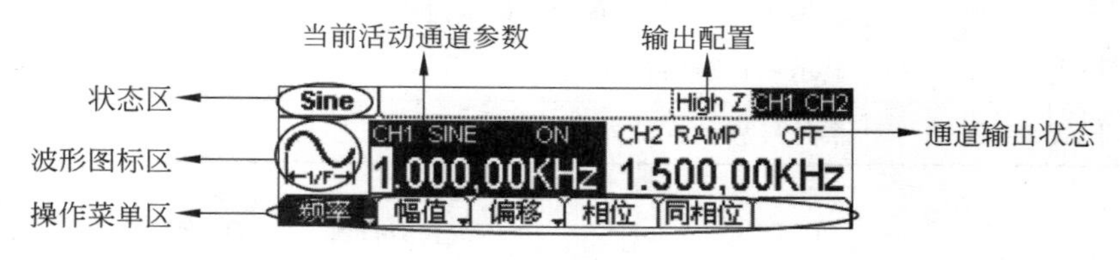

图 1.20　双通道常规显示模式

4. DG1022 函数信号发生器的使用方法

1）输出 5 种基本波形

(1）输出正弦波

以通道 1 输出频率为 20 kHz、幅值为 2.5 V_{PP}、偏移量为 500 mV_{DC}、初始相位为 10°的正弦波形为例：

① 打开电源开关，按“Sine”键选择波形，按“频率/周期”软键切换为“频率”，使用数字键输入“20”，选择单位“kHz”；

② 按“幅值/高电平”软键切换出“幅值”，使用数字键盘输入“2.5”，选择单位“V_{PP}”；

③ 按“偏移/低电平”软键切换出“偏移”，使用数字键盘输入“500”，选择单位“mV_{DC}”；

④ 按“相位”软键输入相应数值。

上述设置完成后，按“View”键切换出图形显示模式，信号发生器输出如图 1.21 所示的正弦波。

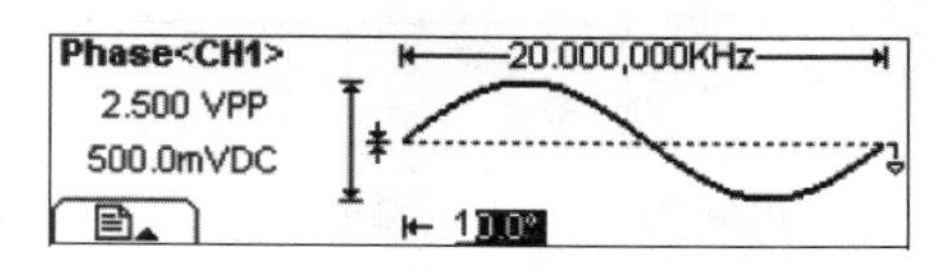

图 1.21　输出正弦波波形

（2）输出方波

以输出一个频率为 1 MHz、幅值为 2.0 V_{PP}、偏移量为 10 mV_{DC}、占空比为 30%、初始相位为 45°的方波为例：

① 按“Square”键选择方波，按“频率/周期”软键切换为频率，使用数字键盘输入“1”，选择单位“MHz”，设置频率为 1 MHz。

② 按“幅值/高电平”软键切换成“幅值”，使用数字键盘输入“2”，选择单位“V_{PP}”，设置幅值为 2 V_{PP}。

③ 按“偏移/低电平”软键切换出“偏移”，使用数字键盘输入“10”，选择单位“mV_{DC}”，设置偏移量为 10 mV_{DC}。

④ 按“占空比”软键，使其反色显示，使用数字键盘输入“30”，选择单位“%”，设置占空比为 30%。

⑤ 按“相位”软键使其反色显示，使用数字键盘输入“45”，选择单位“°”，设置初始相位为 45°。

上述设置完成后，按“View”键切换为图形显示模式，信号发生器输出如 1.22 所示方波。

同理，按上述方法亦可设置三角波、脉冲波等信号。输出波形时，必须按下“CH1”的“Output”键后，波形才能真正输出。

2）输出内建任意波形

以输出一个频率为 2 MHz、幅值为 5 V_{RMS}、偏移量为 10 mV_{DC}、相位为 60°的 ExpRise 指数上升波形为例：

（1）选择内置任意波的类型

① 按“ Arb”→“装载”，对已存储在信号发生器中的波形进行选择；

② 按“内建” → “数学”，使用旋钮选中“ExpRise”（参见图 1.23），按“选择”返回任意波“Arb”主菜单。

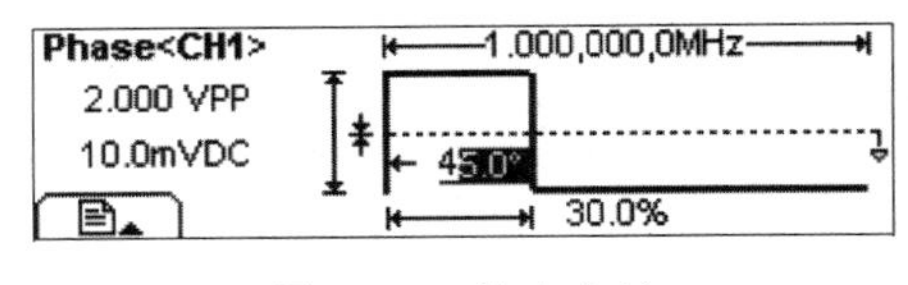

图 1.22　输出方波

Arb　High Z　CH1

ExpRise	ExpFall	Tan	Cot
Sqrt	X^2	Sinc	Gauss

常用　数学　工程　窗函数　其它　选择

图 1.23　选择内建“ExpRise”函数

（2）设置频率值

① 按“频率/周期”软键切换，软键菜单“频率”反色显示；

② 使用数字键盘输入“2”，选择单位“MHz”，设置频率为 2 MHz。

（3）设置幅值

① 按“幅值/高电平”软键切换，软键菜单“幅值”反色显示；

② 使用数字键盘输入“5”，选择单位“V_{RMS}”，设置幅值为 5 V_{RMS}。

（4）设置偏移量值

① 按“偏移/低电平”软键切换，软键菜单“偏移”反色显示；

② 使用数字键盘输入“10”，选择单位“mVDC”，设置偏移量为 10 mV_{DC}。

(5) 设置相位

① 按“➡”→“相位”软键，软键菜单“相位”反色显示；

② 使用数字键盘输入“60”，选择单位“°”，设置偏移量为60°。

上述设置完成后，按“View”键切换为图形显示模式，信号发生器输出如图1.24所示的任意波。

3) 输出调制波形

DG1022信号发生器具有丰富的调制功能，输出各种调制波形：调幅(AM)、调频(FM)、调相(PM)、二进制频移键控(FSK)、线性和对数扫描(Sweep)及脉冲串(Burst)模式。

下面以输出一个采用内部调制、具有70%调制深度的AM波形为例：载波为2.5 kHz的正弦波，调制波形为150 Hz的正弦波。

(1) 选择载波的函数

按“Sine”键，选择载波的函数为正弦波。此操作的设置，默认信源选择的类型为内部信源。

(2) 设置载波的频率

按“频率/周期”软键切换，软件菜单“频率”反色显示，使用数字键盘输入“2.5”，选择单位“kHz”，设置频率值为2.5 kHz；其他参数默认，参数设置完毕，即可在图形显示模式看到相应参数的载波波形。

(3) 选择调制类型AM

按“Mod”→“类型”→“AM”→“⬏”，选择“幅度调制”。请注意在显示屏的左上部显示状态消息“AM”。

(4) 设置调制深度

按“深度”软键，使用数字键输入“70”，选择单位“%”，设置调制深度为70%。

(5) 设置调幅频率

按“频率”软键，使用数字键盘输入“150”，选择单位“Hz”，设置调幅频率为150 Hz。

(6) 选择调制波形的形状。

按“调制波”→“Sine”→“⬏”，选择调制波形的形状为正弦波。请注意在显示屏的左上部显示状态消息“Sine”。

上述设置完成后，信号发生器以指定的调制参数输出AM波形，按“View”键得到如图1.25所示的调幅波形。

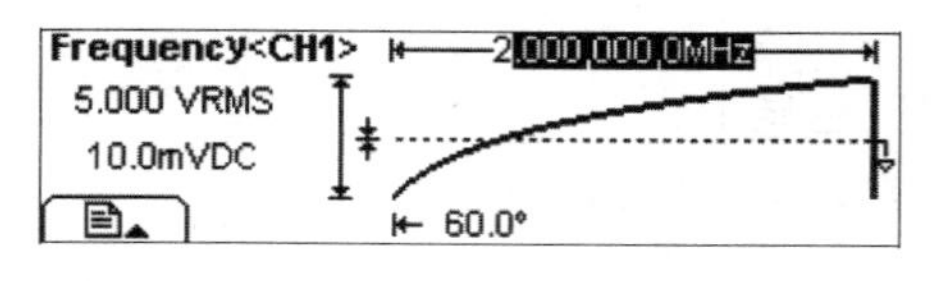

图1.24 图形显示模式下的波形

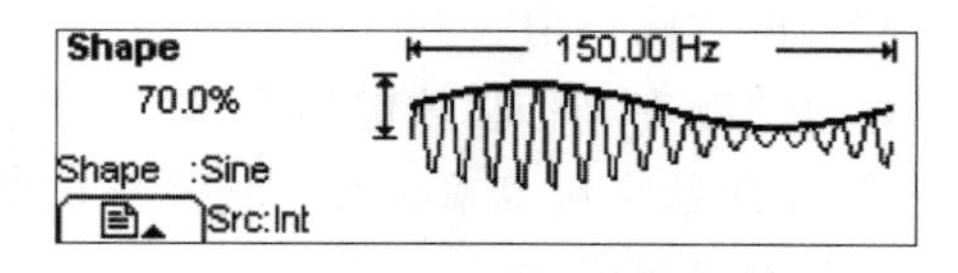

图1.25 输出AM调制波形

4) 频率计

频率计采用单通道测频，可测量频率范围100 mHz～200 MHz的信号。测量功能：频率、周期、占空比、正/负脉冲宽度。下面以使用频率计测量通道1输出的信号为例。

(1) 按“Utility”→“频率计”，进入频率计测量工作模式（此时通道2对应输出端禁用，直到关闭频率计)。

(2) 使用 BNC 电缆连接前面板通道 1 对应的输出端和“Counter”对应的输入端(CH2),然后按下通道 1 对应的“Output”键。

(3) 测量设置。测量模式有自动及手动两种,本书主要介绍自动测量模式:按下“自动”键进入自动测量模式。该模式下,耦合方式采用 AC 耦合,并自动调整触发电平和灵敏度,直到读数显示稳定为止。

思考题

1.1 在电子技术应用实践中,有哪些需要预防的触电和伤害形式,如何预防?

1.2 日常生活中,用电安全主要涉及的内容有哪些?如何防范与处置?

1.3 画出模拟指针式万用表的构成原理框图。

1.4 画出数字万用表的构成原理框图。

1.5 指针表选用时的注意事项有哪些?

1.6 分别就数字表和指针表说明欧姆挡测量时灵敏度的概念。

1.7 直流稳压电源有哪些基本性能指标?各有何含义?

1.8 直流稳压电源的输出端有哪些保护功能?说明其原理。

1.9 直流稳压电源使用中有哪些操作注意事项?

1.10 信号发生器有哪几种分类方式?按频段区分的发生器有哪几种?

1.11 在你所搜集到的最新信息中,方波信号发生的最高频率是多少?举例说明其型号、用途。正弦信号发生器为什么容易产生比方波高得多的频率信号?

实训一 常用测试仪器、仪表的操作训练

1. 实训目的

(1) 熟练掌握示波器的使用。要求:了解示波器的简单原理;会用示波器观察信号波形;会用示波器测试信号幅值、有效值;会用示波器测试信号周期或频率。

(2) 熟练掌握信号发生器的使用。要求:了解其简单原理;会用其输出频率和幅值一定的信号;会设置信号频率和幅值的大小。

(3) 熟练掌握直流稳压电源的使用。要求:简单了解其工作原理;会用其输出一路或两路稳定的直流电压;会设置输出电压的幅值和极性。

(4) 熟练掌握数字万用表的使用。要求:会用数字万用表测试交流电压、直流电压、直流电流等。

2. 实训器材

(1) 示波器、信号发生器、直流稳压电源各一台。

(2) 数字万用表一只。

3. 实训步骤

1）用示波器测量信号发生器的输出信号

（1）仪器通电预热。

（2）调节信号发生器面板上的有关按钮，使其输出信号。

（3）用示波器观察信号发生器输出信号的频率、周期和幅值，并与信号发生器面板上表示的输出信号的频率和电压值相比较看是否一致。

（4）用示波器测量信号发生器输出信号的交流有效值。

2）用数字万用表测量直流稳压电源的输出值

（1）将直流稳压电源通电预热。

（2）调节直流稳压电源面板上的输出旋钮，使其输出电压为某个值如＋10 V或±12 V电压。用数字万用表测量直流稳压电源输出电压的值是否与电源电压表相符，并用示波器测量直流电压波形。

4. 实训报告

（1）完成附录B中表B1要求的波形、数据测量。

（2）对测量结果进行误差分析与处理。

电子元器件

基本要求

(1) 熟悉常用电子元器件的类型、型号、规格、性能及用途，能正确识别和选用常用的电子元器件。

(2) 会查阅电子元器件手册。

(3) 能熟练使用万用表进行元器件的检测，熟悉电子元器件的质量判别方法。

2.1 电 阻 器

2.1.1 电阻器的种类与命名

电阻器也称电阻，是一个为电流提供通路的电子器件，是电子线路中应用最广的电子元件之一。电阻元件的基本参量是电阻值，单位为 Ω、kΩ 和 MΩ。电阻没有极性(正、负极)，其基本特征是消耗能量(功率 $P=I^2R$ W)。

根据电阻的工作特性及在电路中的作用，可分为固定电阻、可变电阻(电位器)、敏感电阻三大类，它们的电路符号如图 2.1 所示。其中图(a)为固定电阻的符号，图(b)是可变电阻的符号，图(c)是热敏电阻的符号，图(d)是压敏电阻符号。

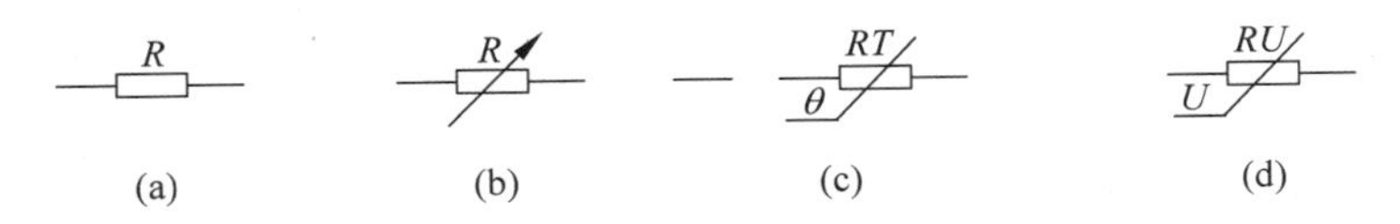

图 2.1 电阻器的电路符号

根据国家标准，电阻器型号命名方法由以下 4 部分组成。

第 1 部分，用字母 R 表示产品主称；第 2 部分，用字母表示产品材料；第 3 部分，用数字及字母表示类型；第 4 部分，用数字表示序号。

表 2.1 列出了电阻命名中的具体符号定义。

表 2.1 电阻器型号命名方法

第1部分(主称)		第2部分(电阻材料)		第3部分(类型)		第4部分(序号)
符号	意义	符号	意义	符号	产品类型	用数字表示
R	电阻	T	碳膜	1	普通型	包括：额定功率 阻值 允许偏差 精度等级
W	电位器	H	合成膜	2	普通型	
		S	有机实芯	3	超高频	
		N	无机实芯	4	高阻	
		J	金属膜	5	高温	
		Y	金属氧化膜	7	精密型	
		C	化学沉淀膜	8	高压型	
		I	玻璃釉膜	9	特殊型	
		X	绕线	G	高功率	
		R	热敏	W	微调	
		G	光敏	T	可调	
		M	压敏	D	多圈	
				X	小型	

表 2.2 按电阻制作材料和应用特性列出了电阻的分类。

表 2.2 常用电阻的分类

分类		特点与用途	示例图片
按制作材料分	合金型	用块状电阻合金拉制成合金线或碾压成合金箔制成电阻，通常用在较精密或要求较高的电路中	绕线电阻
	薄膜型	在玻璃或陶瓷基体上沉积一层电阻薄膜而制成。如碳膜、金属膜、化学沉积膜和金属氧化膜等。金属膜电阻的性能比较稳定，精度较高，是电子电路的首选器件	金属膜电阻
	合成型	电阻体本身由导电颗粒和有机(或无机)黏结剂混合而成，可制成薄膜或实芯两种。常用于要求不高的电子电路中	陶瓷电阻
从实际应用角度分	通用型	指一般技术要求的电阻，这是电子电路中最常用的一种	金属膜/贴片电阻

续表

分类		特点与用途	示例图片
从实际应用角度分	精密型	有较高精密度及稳定性，阻值容差为±0.001%～±2%，主要用于高精密的电子仪器和设备中	无/有引线超精密电阻器
	高频型	电阻自身电感量极小，常称为无感（小于0.5 μH）电阻，常用于高频电路或电磁环境恶劣条件下工作的电子仪器与设备中	无引线柱型高频电阻器
	高压型	用于高压装置中，额定电压可达35 kV以上	高压电阻器
	高阻型	主要用在某些敏感电路中，阻值大于10 MΩ，最高可达10^{14} Ω	高阻电阻器
	集成型	电阻网络，它具有体积小、规整化、精密度高等特点，有多种电阻网络连接方式，适用于电子仪器设备及计算机电路	贴片/直插 排阻
	压敏型	一种非线性的电阻，当其两端电压低于规定值时，其电阻值很高（一般在几十MΩ以上），当其两端电压高于规定值时，其电阻值变得很低（几Ω或几十Ω），多用在各种电子电路设备的保护电路中（如防雷电保护电路）	压敏电阻
	热敏型	这是一种电阻值随温度变化比较明显的电阻件，有正温度系数和负温度系数两种，一般用作温度传感器或电子电路的温度补偿器件	热敏电阻
	光敏型	光敏电阻（RG）是根据半导体的光导效应制成的，制造RG的材料有多种，其中对可见光敏感的硫化镉RG是最有代表性的一种。RG可加直流，也可加交流使用，广泛用于自动控制、光检设备、电子乐器和其他家电中	光敏电阻
	可变型	电位器，其阻值可手工调节	（多圈）电位器

2.1.2 电阻器的主要参数与标识

电阻器的主要参数有标称阻值和允许偏差、额定功率、温度系数、非线性度、噪声系数、最大工作电压等，日常应用中涉及最多的是标称阻值、功率、耐压等参数概念。

1. 标称阻值及允许偏差

标称阻值是指标注在电阻外表面上的阻值。由于工艺上的原因，一个电阻的实际阻值不可能绝对等于它的标称值，两者之间的偏差允许范围称为允许偏差。一般允许偏差小的电阻，阻值精度高，稳定性也好，但成本也高。

普通电阻偏差分 3 个等级：Ⅰ级为±5％，Ⅱ级为±10％，Ⅲ级为±20％，精密电阻器的偏差等级有±0.05％、±0.5％、±0.2％、±1％、±2％等。可变电阻(电位器)因制作工艺结构和材料原因，有更大的偏差范围：±10％，±5％，±2％，±1％，精密电位器可达±0.1％。

电阻的标称阻值和允许偏差一般都标在电阻体上，其标志方法有 3 种：直标法、色标法及数码法。

1）直标法

直标法是将阻值和允许的偏差直接标在电阻体上，如在电阻体上标阻值 4k3(即 4.3 kΩ)、4Ω3(4.3 Ω)等。偏差等级用罗马数字表示。

2）色标法

色标法是用不同颜色的色环来表示电阻的阻值及偏差等级。色标法表示的电阻值单位一律为 Ω。

普通电阻器用四色环法表示标称阻值和允许偏差，其中 3 条表示阻值，一条表示偏差，如表 2.3 所示。例如，有一电阻器的色环依次为绿、棕、红、金，则该电阻器的阻值与允许的偏差为 5100 Ω 和±5％。

精密电阻用五色环法表示标称阻值和允许偏差，参见表 2.4 所示。例如，有一个电阻器的色环依次为黄、紫、黑、棕、红，则该电阻阻值和允许偏差为 4.7 kΩ 和±2％。为避免混淆，第五环的宽度是其他色环的 1.5～2 倍。

3）数码法

数码法是指用 3 位数字表示电阻的标称值的方法。从左到右，第 1、2 位数表示该电阻器阻值的有效数字，而第 3 位则表示前两位有效数字后面应加“0”的个数。例如，153 表示 15 kΩ。片状电阻器通常采用数码法标注。

2. 电阻器的额定功率

电阻本质上是一种电能到热能的能量转换元件，电阻工作时允许的发热温度决定了不同结构、尺寸下的电阻额定功率(指电阻在规定的温度和湿度范围内，长期连续工作允许消耗的最大功率)。电位器功率在两个固定端上定义。

表 2.3 四环标志法

颜色	第一有效数	第二有效数	倍率	允许偏差
黑	0	0	10^0	
棕	1	1	10^1	
红	2	2	10^2	
橙	3	3	10^3	
黄	4	4	10^4	
绿	5	5	10^5	
蓝	6	6	10^6	
紫	7	7	10^7	
灰	8	8	10^8	
白	9	9	10^9	
金			10^{-1}	±5%
银			10^{-2}	±10%
无色				±20%

表 2.4 五环标志法

颜色	第一有效数	第二有效数	第三有效数	倍率	允许偏差
黑	0	0	0	10^0	
棕	1	1	1	10^1	±1%
红	2	2	2	10^2	±2%
橙	3	3	3	10^3	
黄	4	4	4	10^4	
绿	5	5	5	10^5	±0.5%
蓝	6	6	6	10^6	±0.25%
紫	7	7	7	10^7	±0.1%
灰	8	8	8	10^8	±0.05%
白	9	9	9	10^9	
金				10^{-1}	
银				10^{-2}	

在电路设计和电阻选用时，必须牢记电路中电阻的实际功率必须小于其额定功率(1.5～2 倍)。电阻的功率系列从 0.05～500 W 有数十种规格，而常见的电阻额定功率有 1/4 W、1/2 W、1 W、2 W、5 W、10 W 等。在标准电路图中以一定的符号表示电阻的额定功率，见图 2.2。

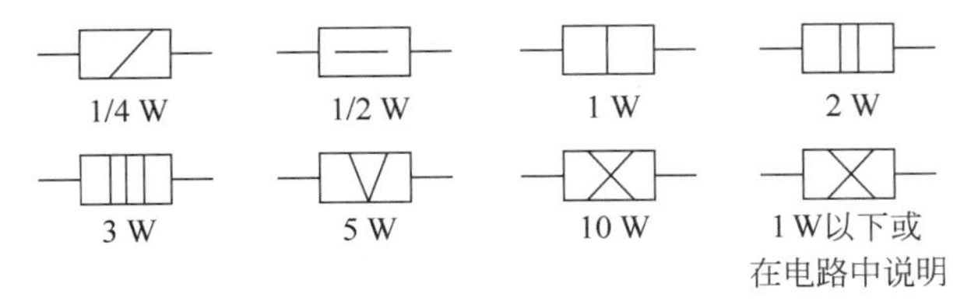

图 2.2 电阻器额定功率的符号表示

3. 电阻的极限工作电压

在规定的条件和时间内，电阻能承受一定电压而不发生击穿损坏或过热，则该电压即为电阻的极限工作电压。一般来说，额定功率大的电阻，它的耐压较高。

常用电阻功率与极限电压如下：

0.25 W，250 V；0.5 W，500 V；1～2 W，750 V。

有更高的耐压等级需求时，应选高压型电阻。

2.1.3 电阻器在电路中的作用

电阻器在电路中可做负载电阻、分流器、分压器；与电容器配合作滤波器；电阻在电源电路中做去耦电阻，稳压电源中的取样电阻及确定三极管静态工作点的偏置电阻等。表2.5列出了电阻器在电路中所起的常见作用。

表2.5　电阻器在电路中的作用

作　用	电　路　图	说　明
限流保护	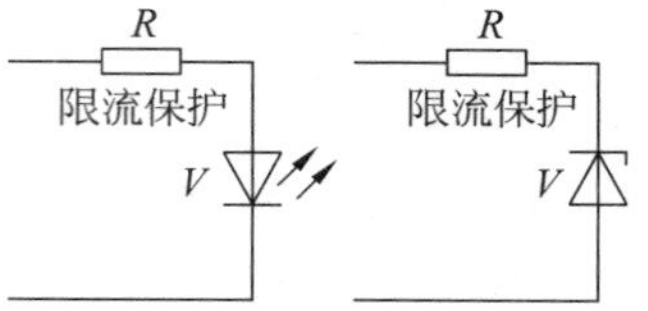 R 限流保护 V；R 限流保护 V	防止电路中电流太大而烧坏元器件
分流	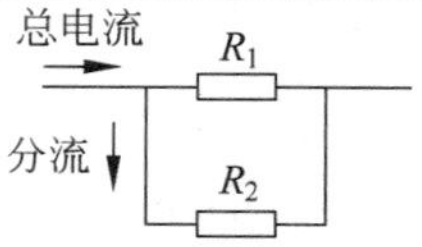 总电流 R_1 分流 R_2	当流过一只元器件电流太大时，可以用一只电阻与之并联，起到分流作用
分压	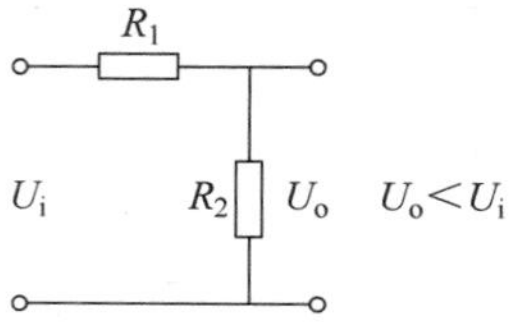 R_1 U_i R_2 U_o $U_o<U_i$	当加在一个电阻上电压太高时，可以用两只电阻构成分压电路，降低电压
阻尼	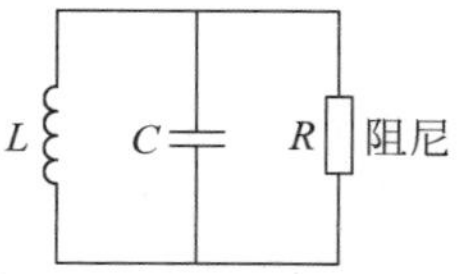 L C R 阻尼	在LC谐振电路中接入电阻，可以降低Q值，起阻尼作用
将电流转换成电压	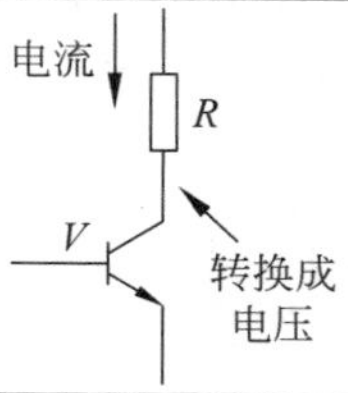 电流 R V 转换成电压	当电流流过电阻时，就在电阻两端产生电压
负反馈	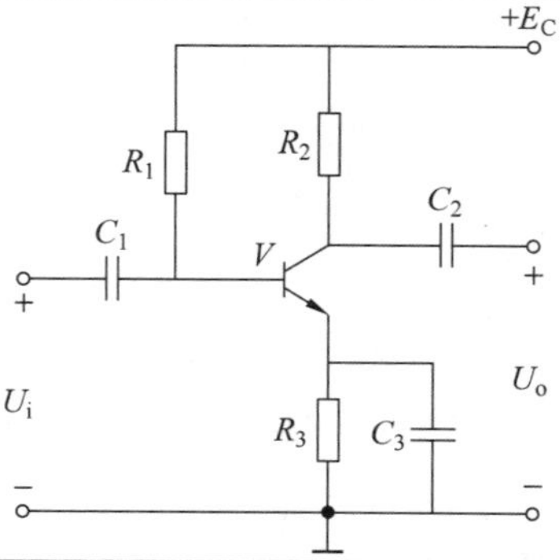 $+E_C$ R_1 R_2 C_1 C_2 V + + U_i U_o R_3 C_3 − −	电阻R_3构成负反馈电路，使三极管静态工作点稳定

续表

作　　用	电　路　图	说　　明
与其他元器件组合	R C	电阻与电容组合形成一阶低通滤波器等

2.1.4 电阻器的检测

电阻器的常规检测用数字或模拟万用表实现，表 2.6 给出了用万用表测量电阻器的步骤。

表 2.6 万用表测量电阻器的步骤

接线示意图	表针(头)指示值	测 量 步 骤
欧姆挡 电阻器 VΩHz COM	∞ Ω 0 表针指示 4.7.10 数字指示	据对被测阻值的估计，选择恰能测量阻值的最小阻值挡。对数字表来说，若所选量程小于被测电阻的阻值，则数字表表头显示为“1”，这时应改用更大的一挡量程；对于模拟指针表，由于欧姆挡刻度的非线性关系，它的中间一段分度较为精细，因此应使指针指示值在起始的 20%～80%弧度范围内，以使测量更准确。根据电阻误差等级不同，读数与标称阻值之间允许有标示的误差。不相符，超出误差范围，则说明该电阻值变值了

测量时注意事项：

（1）测量前进行零位检查。把两只表笔相互短接，数字万用表显示应为“000”，模拟表指针应指示 0 Ω，两表笔开路，数字万用表显示应为“1”，模拟表指针应指示∞。此举用以校验示值显示是否以 0 为基准；

（2）测量电阻时，两手不能同时捏住电阻脚；不能带电或在线测电阻阻值（有其他连接通道），以免损坏万用表或影响测试精度。

2.1.5 电阻器的正确选用

在电路需要的阻值确定以后，电阻选用应注意把握以下要点：

（1）满足功率要求。选择电阻的额定功率应高于实际消耗功率 2 倍以上，以避免实际工作电阻体过度发热、阻值明显变化、烧毁电阻引发事故。在电路板设计时，应考虑到大功率的电阻将有大的安装体积，且多为线绕电阻（有感）。

（2）满足特定的工作性能要求。在高频电路中，对电阻的无感性、安装方式和产品的小体积化都可能提出较高的要求。减小电阻尺寸有利于减小高频电路尺寸，有利于提高高频电路（近分布参数）的性能。这时，尽可能小的无感贴片电阻将成为首选，随之而来的是对元器件安装工艺有新的要求。在高精度电路中,某些电阻直接决定着电路的精度、稳定性及可靠性,这时应选择温度稳定性等很好的专用电阻。

(3) 无特殊要求时,一般可选金属膜或碳膜电阻。适用、低成本、安装工艺较简单和成熟是其主要特点。

2.2 电 位 器

电位器是常用的电子元器件之一,是一种连续可调的可变电阻器。结构型的传统电位器是具有两个固定端头和一个滑动端头的可变电阻器,其滑动臂(动接点)的接触刷在电阻体上滑动,可获得与电位器外加输入电压和可动臂转角成一定关系的输出电压,如图 2.3 所示。就是说通过调节电位器的转轴,使它的输出电位发生改变,所以称为电位器。在电路中,电位器常用作分压器,见图 2.4(a)。输入电压加在电阻体的 1、3 两端上,通过活动点 2 在电阻体 1、3 两点间的移动,可以调节输出电压 U_o 的大小。电位器也可连接成如图 2.4(b)所示电路,作为可变电阻器使用。

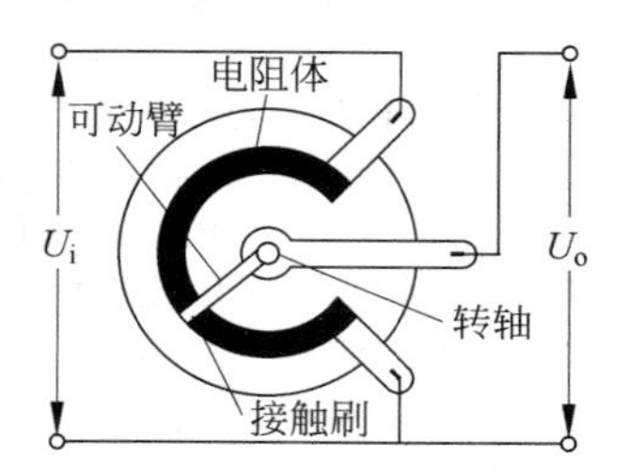

图 2.3 电位器的结构图

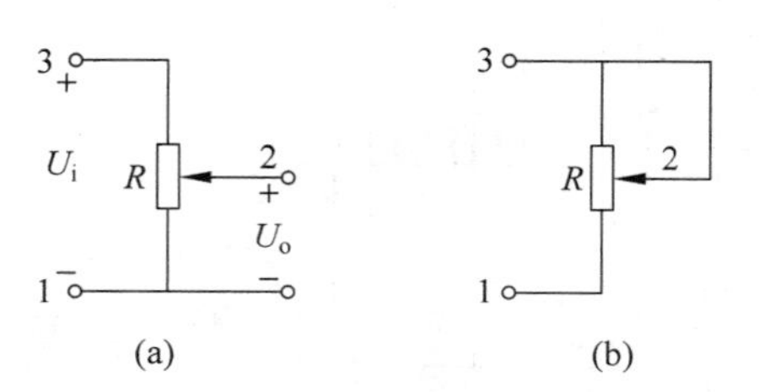

图 2.4 电位器的原理图

(a) 作分压器;(b) 作变阻器

目前已经广泛使用的数字电位器在原理上与传统电位器有根本不同,它不存在滑动触点,而是采用可数控的模拟开关进行固定电阻网络端点之间的切换。由于电阻网络的阻值分段结构所限,数字电位器对电阻值的调整是分段跳变的。如一个 5 位数控码的电位器,最大应有 128 级可调电阻挡位。

2.2.1 电位器的种类

结构型传统电位器有多种分类方法,按电阻体材料的不同,可分为合金(线绕、金属箔)、薄膜、合成(有机、无机)、导电塑料等多种类型;按用途,可以分为普通、精密、微调、功率、高频、高压、耐热等类型;按阻值变化特性可分为线性电位器、对数式电位器(D)、指数式电位器(Z)、正余弦式电位器等;按调节方式可分为旋转式、直滑式,单圈、多圈等。

电位器规格、型号命名及代号并不完全统一,表 2.7 列出了一些常见电位器的种类及应用场合。

表 2.7 常用电位器种类

名称	外形	结构	阻值及功率	主要特点	应用
线绕电位器		电阻丝绕在基体上并弯成圆形,电刷在电阻丝上滑动	4.7 Ω~100 kΩ 0.25~25 W	功率大;精度高;温度系数小;耐高温等	高温、大功率电路及精密调节电路
合成膜电位器(WH)		用碳墨、石墨、碳粉、黏结剂等覆在绝缘基体上经加热聚合而成	100 Ω~4.7 MΩ 0.1~2 W	阻值范围宽;分辨率高;寿命长;但噪声大;温度系数大	民用中低档产品及一般仪器仪表电路
片状微调电位器			10 Ω~10 MΩ 1/16~1/8 W	体积小,性能好,但价格较高	各种要求较高的电路作微调用
有机实芯电位器(WS)		由碳墨、石墨、碳粉及有机黏结剂以热压制成实芯电阻体	100 Ω~4.7 MΩ 0.25~2 W	耐热、耐磨;体积小	用于对可靠性、温度及过载能力要求较高的电路
金属玻璃釉电位器(WI)		将金属粉、玻璃釉粉及黏结混合烧结在基体上而成	20 Ω~2 MΩ 0.5~0.75 W	阻值范围宽,体积小;耐热性能好;过载能力强;高频性能好,耐磨性好,寿命长	要求较高的电路及高频电路
数字电位器		数控模拟开关,一组同值电阻	1 kΩ~数百 kΩ 1 mW~数十 mW	寿命长,数字化,输出为离散量	音视频设备,数字系统

2.2.2 电位器的主要参数

电位器所用的材料与相应的固定电阻器相同,因而主要参数与相应的电阻器类似。由于电位器的阻值是可调的,而且电位器上有触点存在,因而还有其他一些参数。

1. 阻值的最大值和最小值

每个电位器的外壳上都标有阻值,这是电位器的标称阻值,它是指电位器的最大电阻值。最小电阻值又称零位电阻,由于触点存在接触电阻,因此最小电阻值不可能为零,要求越小越好。

2. 阻值的变化特性

为了适合各种不同的用途,电位器的阻值变化规律也不同。常见的电位器变化规律有

3种：直线式(X型)、指数式(Z型)、对数式(D型)。3种形式的电位器其阻值随活动触点的旋转角度变化的曲线如图2.5所示。图中纵坐标表示当某一角度的电阻实际数值与电位器总电阻值的百分数，横坐标是旋转角与最大旋转角的百分数。

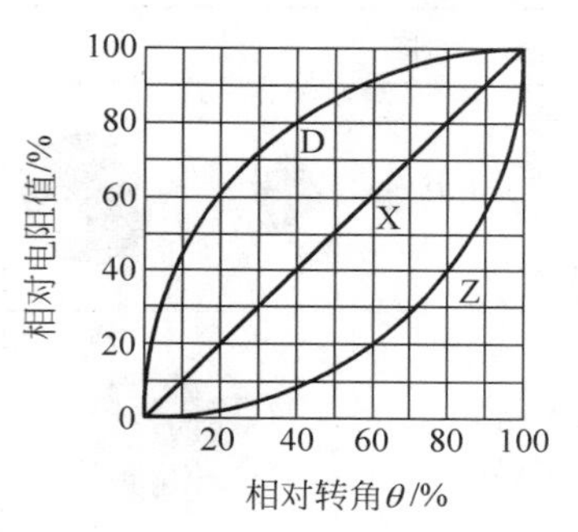

图2.5　电位器阻值变化规律

X型电位器，其阻值变化与转角成直线关系。也就是电阻体上导电物质的分布是均匀的，所以单位长度的阻值相等。它适合一些要求均匀调节的场合，如分压器、偏流调整等电路中。Z型电位器在开始转动时，阻值变化较小而在转角接近最大转角一端时，阻值变化就比较显著。这种电位器适用于音量控制电路。D型电位器的阻值变化与Z型正好相反，它在开始转动时阻值变化很大，而在转角接近最大值附近时，阻值变化就比较缓慢。它适用于音调控制电路。

除上述参数外，电位器还有符合度、线性度、分辨力、平滑性、动态噪声等专门参数，但一般选用时不必考虑这些参数。

2.2.3　电位器的检测

由于电位器在结构上不同于电阻器，它的质量检测方法，除电阻检测的基本步骤外，还应注意：

(1) 旋转机械结构检查(数字电位器除外)。转动旋柄，看旋柄转动是否平滑，听电位器内部接触点和电阻体摩擦的声音是否正常，如有卡滞或“沙沙”声，说明质量不好。

(2) 用数字式(或模拟)万用表电阻挡测量电位器固定两端阻值，并与标称值相符。

(3) 测量滑动端与固定端的阻值变化情况。将万用表表笔接电位器可变端。旋转电位器轴柄，如读数逐渐增大或减少，说明电位器正常(阻值从“0”→标称值或从标称值→“0”变化)。如万用表的读数(或指针)有较大幅度的跳动现象，说明活动触点有接触不良的现象。如数字万用表的读数为“1”则内部开路；如数字万用表的读数为“000”，则内部短路。

2.2.4　电位器的正确选用

1. 电位器种类的选择

在一般要求不高的电路中或环境较好的场合，可选用碳膜电位器；如果需要较精密的调节，而且消耗的功率较大，应选用线绕电位器；在工作频率较高的电路，应选用玻璃釉电位器。

2. 电位器阻值变化特性的选择

根据用途，选择电位器阻值变化形式，如音量控制电位器应选用指数式电位器；用作分压器时，应选用直线式电位器；作音调控制时，应选用对数式电位器。

3. 电位器结构的选择

电位器的体积大小和转轴的轴端式样要符合电路的要求。如经常旋转调整的选用铣平面式；作为电路调试用的可选用带起子槽式。

由于数字电位器无触点、无结构化部件、可数字控制调整等一系列特点，在实现自动阻值调整、恶劣环境或频繁调整阻值应用、一体化设计的数字电路应用中，数字电位器应当成为首选。

2.3 电 容 器

电容器是一种储能元件，它在电子电路中应用十分广泛，主要用于交流耦合、隔离直流、滤波、脉冲旁路(去耦)、RC 定时、LC 谐振选频、电能储存等电路。

2.3.1 电容器的种类与命名

电容器电路符号如图 2.6 所示。电容器的种类和分类方式很多，按结构分有固定电容器、可变电容器和微调电容器等；按材料分有电解质类电容器、气体介质类电容器、无机介质类电容器、有机介质或复合介质类电容器等；按结构形状分有片状、管状、矩形、穿心等形式；还可以按不同材料的制作工艺等进行分类。

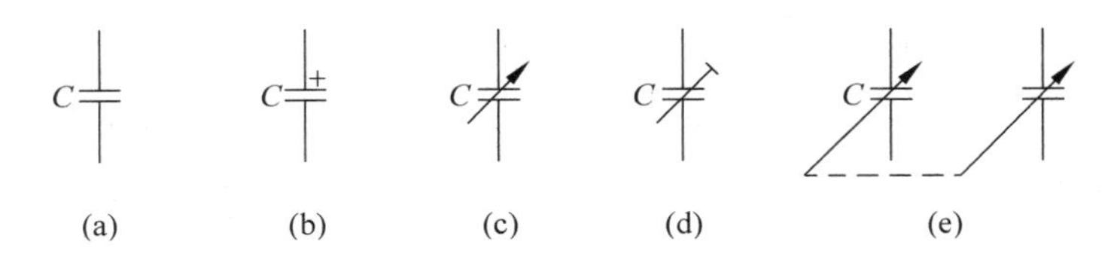

图 2.6 电容器的电路符号

(a) 一般符号；(b) 极性电容器；(c) 可变电容器；(d) 微调电容；(e) 双连同轴可变电容器

根据国家标准，电容器型号命名由 4 个部分组成。

第 1 部分，用字母 C 表示产品主称；第 2 部分，用字母表示产品材料；第 3 部分，用数字表示产品分类，个别用字母表示；第 4 部分，用数字表示产品序号。

电容器具体命名含义参见表 2.8。例如，CD11 表示铝电解电容；CL21 表示涤纶电容器。由于定标较早，后出现的独石电容沿用瓷介的 CC(高频)、CT(低频)表示，为 CC4、CT4 系列，聚丙烯电容沿用 CB 表示，为 CBB 系列，最后一个 B 为“丙”字拼音字头。表 2.9 列出的是部分常用的固定电容器种类及应用场合。

表 2.8 电容器型号命名方法

材料（第2部分）				分类（第3部分）						
字母代号	含义	字母代号	含义	数字代号	含义				字母代号	含义
					瓷介	云母	有机	电解		
C	高频瓷介	Q	漆膜	1	圆片	非密	非密	箔式	T	铁电
Y	云母	D	铝电解质	2	管形	非密	非密	箔式	W	微调
I	玻璃釉	A	钽电解质	3	叠片	密封	密封	烧结粉液体	J	金属化
O	玻璃膜	N	铌电解质	4	独石	密封	密封	烧结粉	X	小型
B	聚苯乙烯	G	合金电解	5	穿心		穿心		S	独石
Z	纸介质	E	其他电解	6	支柱				D	低压
J	金属化纸介			7				无极性	M	密封
H	混合介质			8	高压	高压	高压		Y	高压
L	涤纶			9			特殊	特殊	C	穿心式
F	聚四氟乙烯								G	高功率

表 2.9 常用固定电容器种类

名称	外形	材料/结构	主要参数		主要特点	应用
			电容量	额定电压		
铝电解电容（CD）		铝箔卷绕密封	0.47～10000 μF	6.3～450 V	有极性，容量大，价格低；但损耗大，热稳定性相对较差，漏电大	电源滤波，低频耦合，旁路等
钽电解电容（CA）		采用钽粉烧结	0.1～1000 μF	4～125 V	可有极性，体积小，损耗、漏电小于铝电解电容，热稳定性好，寿命长，但价格较高	可代替铝电解电容；用于计算机板卡、电子手表、收音机等
聚丙烯电容（CBB）		卷绕式或叠片式	1000 pF～10 μF	63～2000 V	无极性，损耗小，稳定性好	可代替云母电容，用于要求较高的电路
涤纶电容（CL）		卷绕式密封	470 pF～4 μF	63～630 V	无极性，体积小，容量大，但稳定性较差	各种仪器仪表、家用电器路的耦合、旁路、隔直等

续表

名称	外形	材料/结构	主要参数		主要特点	应用
			电容量	额定电压		
瓷片电容		薄瓷片两面镀金属膜银而成	1～3600 pF	63～500 V	无极性，耐压高，损耗小，价格低，稳定性好	常用于高频信号耦合、旁路等
独石电容(CC)		若干片厚度为几十微米的陶瓷膜，预先印刷上电极，然后叠放烧结而成	10 pF～10 μF	63～500 V	无极性，容量大，高频损耗小，稳定性好，体积小	广泛应用于各种小型或超小型电子设备中
无感电容器		聚丙烯为介质，铝箔为电极，采用无感卷绕，环氧树脂包封	0.001～1 μF	100～1000 V	高频损耗小，过电流能力强，绝缘电阻高，寿命长，温度特性稳定	适用于节能灯、镇流器、彩电及高频电子仪器、大电流电路

2.3.2 电容器的主要参数与标识

电容器的主要参数有标称容量、允许偏差、额定电压、绝缘电阻、稳定度等，表 2.10 详细介绍了电容器主要的几种参数。

表 2.10 电容器主要参数

主要参数	说明
标称容量及允许偏差	电容器与电阻器一样，也有标称电容量参数，即表示电容器容量的大小。电容器容量及允许误差一般都直接标在电容器上 (1) 采用数码标志容量时，标在电容外壳上的是三位整数，其第一、二位数字分别表示容量的第一、二位有效数字，第三位数字则表示有效数字后面加零的个数，电容单位为 pF。如 223 表示容量为 22×10^3 pF=0.022 μF (2) 采用文字符号标志电容容量时，容量的整数部分写在容量单位标志的前面，容量的小数部分写在容量单位标志的后面，例如，2.2 pF 写为 2p2，6800 pF 写为 6n8 (3) 采用色标法原则上与电阻器相同，其容量单位为 pF
额定电压	电容的额定电压是指在规定温度下，能保证长期连续工作而不被击穿的电压。所有的电容都有额定电压参数，额定电压表示了电容两端所允许施加的最大电压 额定电压的数值及电解电容的极性通常都在电容器上直接标出。常见固定电容器的耐压值有 1.6、4、6.3、10、16、25、32*、40、50*、63、100、125*、160、250、300*、400、450*、500、630、1000 V 等多种等级。其中"*"符号只限于电解电容器用
绝缘电阻	电容器的绝缘电阻是指加到电容器上的直流电压和漏电流的比值，又称漏阻。电容器的漏电流越小越好，也就是绝缘电阻越大越好。一般电容器的绝缘电阻在数百 MΩ 到数 GΩ 数量级

续表

主要参数	说明
稳定度	电容器的主要参数受温度、湿度、气压、振动等外界环境的影响后会发生变化，变化大小用稳定性来衡量。其中温度系数是指在一定范围内，温度每变化1℃，电容量的相对变化值($\Delta C/C$)，以单位 ppm/℃表示(1 ppm=10^{-6}) 电容器的温度系数主要取决于介质材料的温度特性及电容器的结构。云母及瓷介电容稳定性最好，温度系数可达 10^{-4}/℃数量级；铝电解电容器温度系数最大，可达 10^{-2}/℃。多数电容器的温度系数为正值，个别类型电容器的温度系数为负值，如瓷介电容器等

2.3.3 电容器的作用

电容器可以单独构成一个功能电路，更多的情况下与其他元器件构成功能丰富的电路。表2.11详细介绍了电容器在电路中所起的作用。

表2.11 常用电容器在电路中所起的作用

名称	电路图	作用
耦合电容	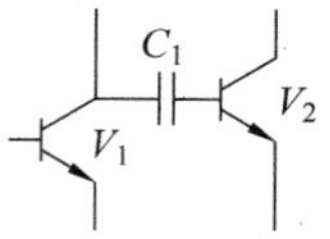 C_1 V_1 V_2	用在耦合电路中的电容器称为耦合电容，C_1 起隔直流，通交流作用
分压电容	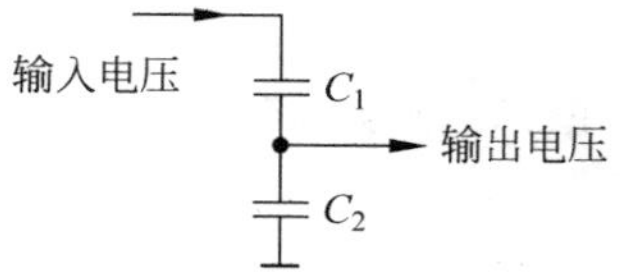 输入电压 C_1 输出电压 C_2	对交流信号可以采用电容进行分压，电路中 C_1 和 C_2 构成分压电路
滤波电容	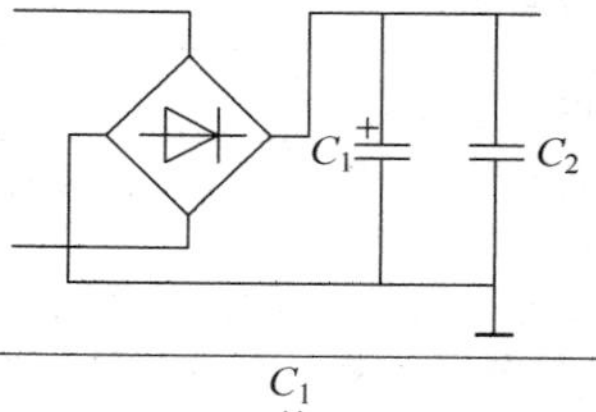 C_1 + C_2	用在滤波电路中的电容为滤波电容。图中 C_1 为电解电容，起低频信号滤波，C_2 为瓷片电容，起高频信号滤波
保护电容	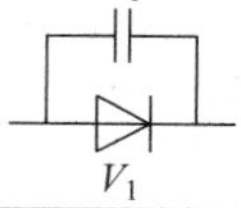 C_1 V_1	在有些整流电路中，在整流二极管 V_1 的两端并联一个小电容，可以防止开机时冲击电流损坏二极管
旁路电容	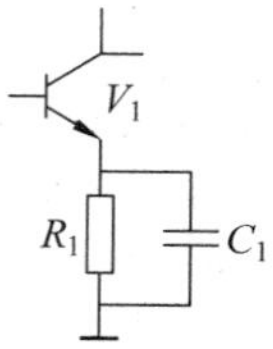 V_1 R_1 C_1	用在旁路电路中的电容称为旁路电容，电路中 C_1 为三极管 V_1 的发射极旁路电容。电路中如果需要去掉某一频段的信号，可以使用旁路电容
退耦电容	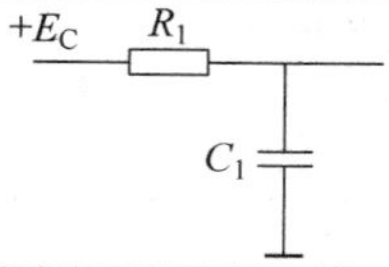 $+E_C$ R_1 C_1	用在退耦电路中的电容称为退耦电容，电路中 C_1 为退耦电容。多级放大电路的直流电压供给电路中使用这种退耦电路，消除每级放大电路之间的低频信号的干扰

续表

名　　称	电　路　图	作　　用
高频消振电容	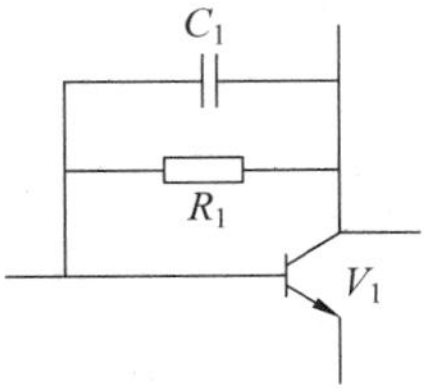 C_1 R_1 V_1	用在高频消振电路中的电容器称为高频消振电容，电路中的 C_1 是音频放大器中的常见高频消振电容，在音频负反馈放大电路中，为了消除可能出现的高频自激，采用这种电容电路，以消除放大器可能出现的高频啸叫
谐振电容	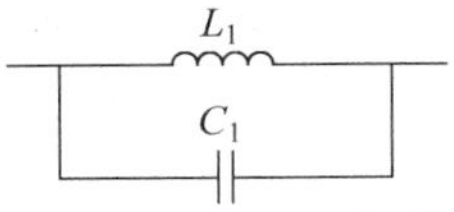 L_1 C_1	用在 LC 谐振电路中的电容器称为谐振电容，电路中的 C_1 为谐振电容
积分电容	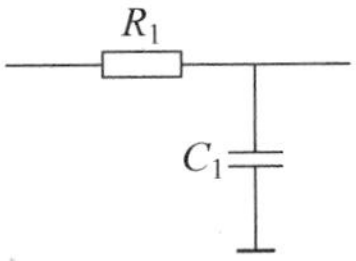 R_1 C_1	用在积分电路中的电容器称为积分电容，利用这种积分电路，可以滤除不需要的干扰信号
微分电容	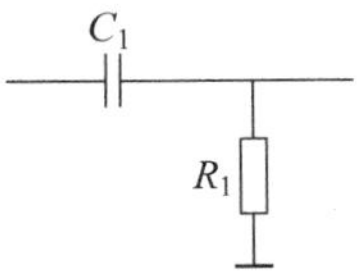 C_1 R_1	用在微分电路中的电容器称为微分电容 触发电路中为了得到尖峰触发信号，采用这种微分电路，以从各类信号中（主要是矩形脉冲）得到尖峰脉冲触发信号
消火花电容	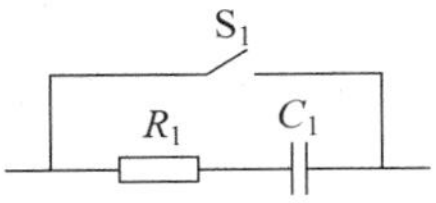 S_1 R_1 C_1	用在消火花电路中的电容器称为消火花电容 在一些有触点的电路中，时常采用这种消火花电路

2.3.4 固定电容器的测量

固定电容器的标称容量准确测量应使用专用测量设备（如 RLC 电桥）。利用数字万用表或指针式模拟万用表对电容的测量，一般只能用作为电容品质定性判断或近似测量。

1. 用模拟万用表检测小电容

用指针式模拟万用表电阻挡可以定性检测电容的好坏，表 2.12 是小电容的检测方法。

表 2.12　小电容的检测方法

接线示意图	表 针 指 示	说　　明
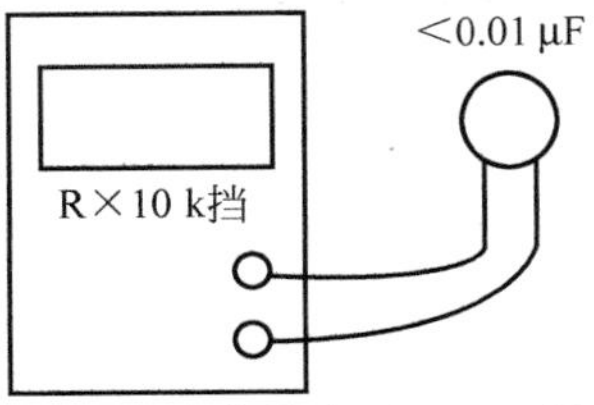 $<$0.01 μF R×10 k挡 测量电容容量小于 0.01 μF	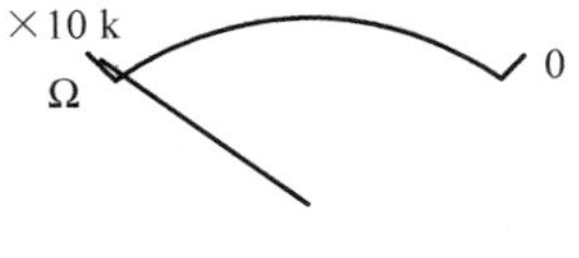 ×10 k Ω 0	因其容量值太小，无法看出充电现象，用万用表 R×10 k 挡只能定性地检查其是否有漏电、内部短路或击穿现象。利用模拟表测量时，阻值为无穷大，说明电容不存在漏电现象
	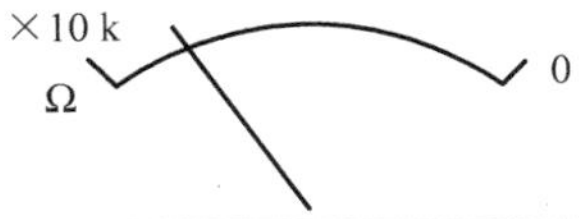 ×10 k Ω 0	若测出有电阻，说明该电容器存在漏电故障；若阻值为零，说明电容内部存在短路或击穿现象

续表

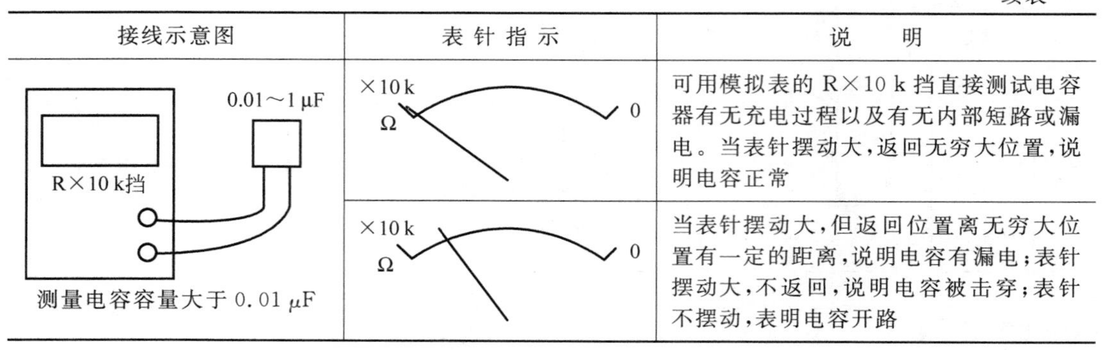

接线示意图	表针指示	说明
0.01～1 μF R×10 k挡 测量电容容量大于 0.01 μF	×10 k Ω 0	可用模拟表的 R×10 k 挡直接测试电容器有无充电过程以及有无内部短路或漏电。当表针摆动大，返回无穷大位置，说明电容正常
	×10 k Ω 0	当表针摆动大，但返回位置离无穷大位置有一定的距离，说明电容有漏电；表针摆动大，不返回，说明电容被击穿；表针不摆动，表明电容开路

2. 用模拟万用表检测电解电容

表 2.13 为用模拟万用表测量电解电容的方法。

表 2.13　模拟万用表测量电解电容的方法

接线示意图	表针指示	说明
电解电容 + − R×10 k挡 黑 红 模拟表测量量程 1～47 μF 之间的电容，可用 R×1 k 挡测量； 大于 47 μF 的电容可用 R×100 挡测量。	表针摆动示意 ∞ 0 Ω	将模拟万用表红表笔接负极，黑表笔接正极，在刚接触的瞬间，万用表指针即向右偏转较大偏度（对于同一电阻挡，容量越大，摆幅越大），接着逐渐向左回转，直到停在某一位置
	∞ 0 Ω	若表针偏转到无穷大，说明电容正常
	∞ 0 Ω	若表针偏转到离无穷大有一定的距离，说明电容存在漏电现象；如果所测阻值很小或为零，说明电容漏电大或已击穿损坏。实际使用经验表明，电解电容的漏电阻一般应在几百 kΩ 以上，否则，将不能正常工作
测量电解电容注意事项： （1）每次测量电容前都必须先放电后测量（无极性电容也一样）； （2）选用电阻挡时要注意万用电池电压（一般最高电阻挡使用 9～15 V，其余使用 1.5 V 电池）不应高于电容器的额定直流电压，否则，测量出来的结果是不准确的； （3）测量无极性电容时，万用表的红黑表棒可以不分，测量方法与有极性电解电容的方法一样。		

3. 用数字万用表检测电容

表 2.14 是用数字万用表检测电容的方法。

表 2.14 用数字万用表检测电容的方法

接线示意图	说　　明
Cx	一般数字万用表上都设有电容容量测量功能。测量电容时将数字万用表置合适量程，把电容插入 Cx 插座，表头读数即为电容的容量，若表头显示与电容的标称值相符，说明电容正常；若被测电容器漏电或超出表的最大测量容量，表头显示“1”

2.3.5 可变电容器的检测

一个较好的例子是收音机的调谐电容器。当用手轻轻旋动转轴时，应感觉十分平滑，无时松时紧的卡滞现象。将转轴向前、后、上、下、左、右等各个方向推动时，转轴不应有松动的现象。将模拟万用表置于 R×10 k 挡，一只手将两个表笔分别接可变电容器的动片和定片的引出端，另一只手将转轴缓缓旋动几个来回，万用表指针都应在无穷大位置不动。在旋动转轴的过程中，如果指针有时指向零，说明动片和定片之间存在短路点；如果碰到某一角度，万用表读数不为无穷大而是出现一定阻值，说明可变电容器动片与定片之间存在漏电现象。

2.3.6 电容器的正确选用

1. 电容器种类的选择

不同的电路应选择不同种类的电容器。在电源滤波和退耦电路中应选择电解电容器；在高频电路和高压电路中应选用瓷介和独石电容；在谐振电路中可选用 CBB、陶瓷和有机薄膜等电容器，用作隔直时可选用涤纶、独石、电解等电容器；用在谐振回路时可选用空气或小型密封可变电容器。钽(铌)电解电容的性能稳定可靠，但价格高，通常用于要求较高的定时、延时等电路中。

2. 电容器耐压的选择

电容器的额定电压应高于其实际工作电压的 10%～20%，以确保电容器不被击穿损坏。

3. 电容器允许误差的选择

在低频耦合电路中的电容器误差允许稍大一些(一般为±10%～±20%)；对于在振荡和延时电路中的电容器，其允许误差尽可能小。

2.4 电 感 器

电感器是一种能够存储磁场能的电子元件，又称电感线圈，它具有通直流、阻交流、通低频、阻高频的特性，主要用于调谐、振荡、耦合、扼流、滤波、陷波、偏转等电路。

2.4.1 电感器的种类

电感器可分为固定电感器和可变电感器两大类。按导磁性质可分为空心线圈、磁心线圈和铜心线圈等；按用途可分为高频扼流线圈、低频扼流线圈、调谐线圈、退耦线圈等；按结构特点可分为单层、多层、蜂房式、磁心式等。

传统电感器由漆包线在特制绝缘骨架上绕制而成，匝间互相绝缘。随着微型元器件技术的不断发展及工艺水平的提高，片状(贴片)线圈和印制线圈等不同工艺形式的电感器产品日渐增多，规格系列也在不断增加。但是，电感器除部分可采用现成产品外，仍有许多非标准元件需根据电路要求自行设计制作。

电感器在电路中的符号如图2.7(a)所示，图2.7(b)为带磁芯的电感器符号，图2.7(c)为磁芯有间隙的电感器符号，图2.7(d)为有磁芯且磁芯位置连续可调的电感器符号。

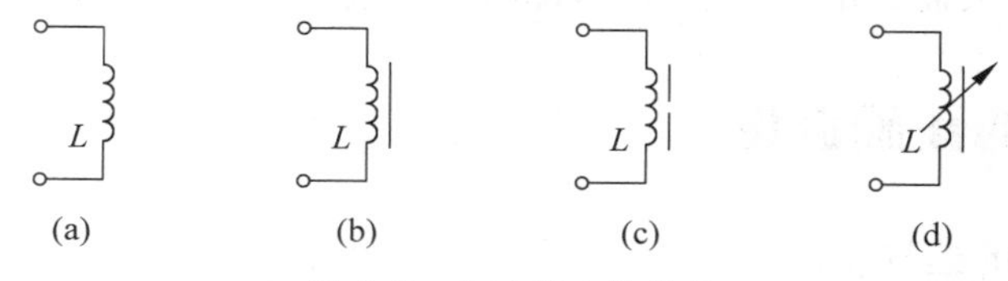

图2.7 电感器电路符号

由于用途、工作频率、功率、工作环境不同，导致电感的基本参数、结构形式的多样化。

电感器的引脚尺寸、间距等一般没有统一的标准，封装形式也多种多样。除图2.8所示几种外观的电感器外，电感器还有多种类似电阻或电容形状的封装形式，如立式圆柱形、粒形、扁式贴片形封装等。全封装的电感器一般额定电流较小，线径也较小。

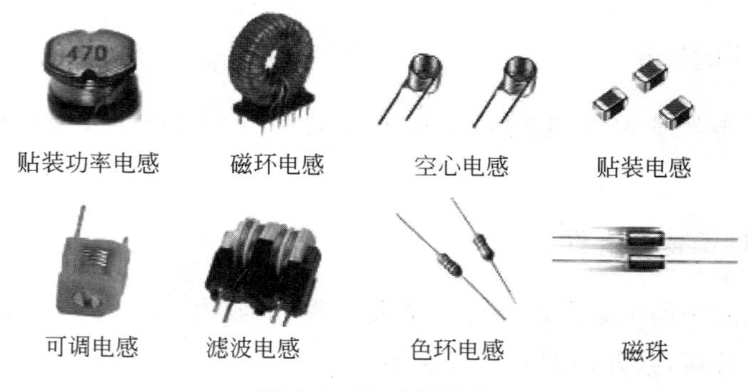

图2.8 电感器外观

2.4.2 电感器的主要性能参数与标识

1. 电感量的标称值以及允许偏差

线圈电感量的大小与电感器线圈的匝数、线圈的直径、磁芯的导磁率有关，匝数越多、导磁率越高，则电感器的电感量越大。带磁芯电感器要比不带磁芯电感器的电感量大得多。电感量的单位为 H、mH、μH 和 nH，$1\ H=10^3\ mH=10^6\ \mu H=10^9\ nH$。

允许偏差表示电感制造过程中电感量偏差的大小，通常有 3 个等级：Ⅰ级允许的偏差为±5%；Ⅱ级允许的偏差为±10%；Ⅲ级允许的偏差为±20%。

系列化生产的部分电感采用 3 种标注方法。色码电感一般使用三环或四环标注法（与电阻色环定义数相同），前两环为有效数字，第 3 环为倍率，第 4 环为误差。直标法在电感表面，直接用数字和单位表示电感值，如 22 m 表示 22 mH，当只用数字时，电感单位为 μH。文字标注法一般使用 3 位数字标注，如 104 为 $10^4\ \mu H=100\ mH$。

2. 品质因数 Q

电感器的品质因数 Q 指在某一工作频率下，线圈的感抗对其等效直流电阻的比值，线圈的 Q 值越高，回路的损耗越小，电路效率越高，谐振电路的选择性越好。线圈的 Q 值通常为几十到几百。

3. 额定电流

额定电流是指在规定的温度下，线圈正常工作时所承受的最大电流值。选用电感元件时，其额定电流值一般要稍大于电路中流过的最大电流。

4. 分布电容

分布电容是指电感线圈的匝与匝间、线圈与地及屏蔽盒之间存在的寄生电容。分布电容使线圈的 Q 值减小、总损耗增大、稳定性变差，因此线圈的分布电容越小越好。

2.4.3 电感器在电路中的作用

电感器在电路中有时单独使用，有时与其他元器件一起构成功能电路或单元电路。表 2.15 详细介绍了电感在电路中所起的作用。

表 2.15 电感器在电路中的作用

名　　称	电　路　图	作　　用
电感滤波电路	L_1 C_1 C_2	电源电路中的滤波电路在接整流电路之后，用来滤除整流电路输出电压中的交流成分 电感滤波电路是用电感器构成的一种滤波电路，其滤波效果相当好

续表

名　称	电　路　图	作　用
LC 串联谐振电路	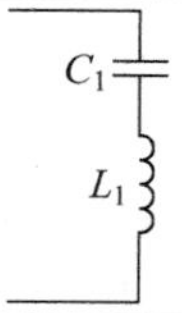 C_1 L_1	LC 串联谐振电路在谐振时阻抗最小，利用这一特性可以构成许多电路，如陷波电路、吸收电路等
LC 并联谐振电路	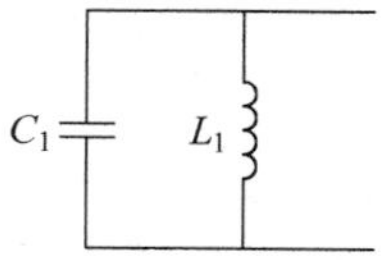 C_1 L_1	LC 并联谐振电路在谐振时阻抗最大，利用这一特性可以构成许多电路，如补偿电路、阻波电路等
高频扼流电路	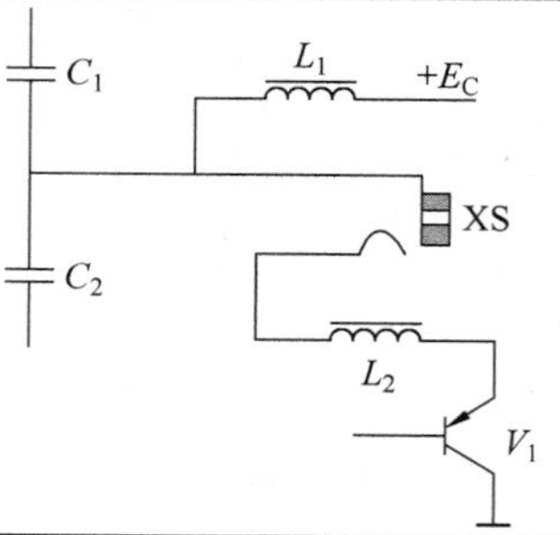 C_1 L_1 $+E_C$ XS C_2 L_2 V_1	图中 L_1、L_2 对来自耳机插座的 FM 收音机的接收信号（频率为 87～108 MHz）有阻碍作用

2.4.4 电感器的检测

1. 外观检查

对电感器的测量首先要进行外观的检查，看线圈有无松散，引脚有无折断等现象。

2. 直流电阻的测量

利用万用表的欧姆挡直接测量电感线圈的直流电阻。若所测电阻为∞，说明线圈开路；如比标称电阻（或按线径、线长计算）小得多，则可判断线圈有局部短路；若为零，则线圈完全短路。如果检测的电阻与原确定的或标称阻值基本一致，可初步判断线圈是好的。

线圈电感量和品质因数 Q 值，可以使用专门的仪器（RLC 测试仪、Q 表等）进行测量。

2.4.5 电感器的选用

(1) 根据电路的要求选择不同的电感器。

(2) 在使用时要注意通过电感器的工作电流要小于它的允许电流。

(3) 在安装时，要注意电感元件之间的相互位置，一般应使相互靠近的电感线圈的轴线相互垂直。

2.5 变 压 器

变压器由铁芯(或磁芯)和线圈组成,线圈有两个或两个以上的绕组,其中接电源的绕组叫初级线圈,其余的绕组叫次级线圈。当初级线圈中通有交流电流时,铁芯(或磁芯)中便产生交流磁通,使次级线圈中感应出电压(或电流)。变压器在电路中的主要作用是变换电压、电流和阻抗,还可使电源与负载之间进行隔离等。变压器广泛应用于家用电器、电子仪器、开关电源等用电设备中。

2.5.1 变压器的种类

变压器电路符号如图 2.9 所示。其中图(a)为电源变压器电路符号;图(b)为自耦变压器电路符号;图(c)为可调磁芯变压器电路符号。

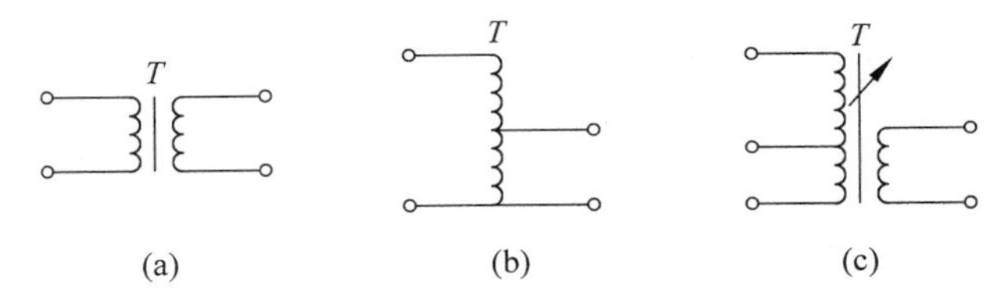

图 2.9 电源变压器电路符号

众多的日用电器设备工作都要靠(380 V 或 220 V)公共电网供电,但一般的电器中,都有低电压供电模块,这种低电压常常要靠降压变压器降压,并经过整流电路,将交流变换为直流后使用。

变压器可以根据其工作频率、用途及铁芯形状等进行分类。表 2.16 列出了变压器的种类划分方法。

表 2.16 变压器的种类

划分方法	种类
按工作频率	高频变压器、中频变压器和低频变压器
按用途	电源变压器(单相、三相、多相)、音频变压器、脉冲变压器、恒压变压器、耦合变压器、自耦变压器、隔离变压器等
按铁芯(或磁芯)形状	芯式变压器(插片铁芯、C 形铁芯、铁氧体铁芯)、壳式变压器(插片铁芯、C 形铁芯、铁氧体铁芯)、环形变压器、金属箔变压器

图 2.10 给出的是几种常用电源变压器图例。针对电源变压器,其铁芯结构形状不同,将一定程度地影响变压器性能。如环形变压器的铁芯由硅钢带卷绕而成,区别于 C 形和 E 形结构,磁路中无气隙,漏磁极小,性能提高,工作时的电噪声也小。

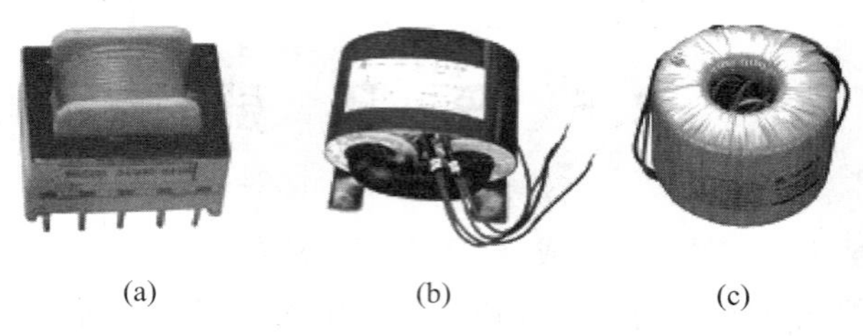

(a) (b) (c)

图 2.10 常用电源变压器图例

2.5.2 变压器的主要参数

变压器的主要性能参数如表 2.17 所示。

表 2.17 变压器主要参数

参数名称	说明
额定功率	额定功率是指在规定的频率和电压下，变压器长时间工作不超过规定温升的最大输出功率，单位为 VA(伏安)
变压比 n	变压比 n 指变压器的初级和次级绕组电压比，这个参数表明了该变压器是升压变压器还是降压变压器。可以有空载电压比和负载电压比两种指标
频率响应	频率响应参数主要针对低频变压器(如电源变压器)，它是衡量变压器传输不同频率信号能力的重要参数
绝缘电阻	绝缘电阻指绕组与绕组间、绕组与铁芯间、绕组与外壳间的绝缘电阻值。绝缘电阻的高低与所使用的绝缘材料的性能、温度高低和潮湿程度有关
效率	变压器输出功率占输入功率的百分数，称为变压器效率。显然，变压器的效率越高，各种损耗就越小。通常变压器的额定功率越大，效率越高
温升	温升指变压器通电后，温度上升到稳定时，变压器的温度高出环境温度的数值。这一参数的大小关系到变压器的发热程度，一般要求其值越小越好

变压器的参数标注方法通常采用直标法。如某电源变压器上标注出 DB-50-2，DB 表示电源变压器，50 表示额定功率为 50 W，2 表示产品的序号。

2.5.3 变压器的检测

对变压器的检测主要是测量变压器线圈的直流电阻和各绕组之间的绝缘电阻。

1. 直流电阻的测量

由于变压器线圈的电阻很小，可以通过万用表测量绕组的电阻值，来判断绕组有无短路或断路现象。

2. 绕组间绝缘电阻的测量

用兆欧表测量初级与次级绕组之间、初级与外壳之间、次级与外壳之间的电阻值。阻值为无穷大时正常；阻值为零则有短路；阻值为大于零的非无穷大定值时有漏电。

2.5.4 变压器的选用

变压器的种类、型号很多，因此在选用变压器时依据以下准测：

(1) 根据不同的使用目的选用不同类型的变压器；

(2) 根据电子设备具体要求选好变压器的性能参数；

(3) 选用时要注意对其重要参数的检测和对变压器质量好坏的判别。

2.6 半导体分立器件

半导体分立器件包括二极管、三极管、场效应管、可控硅及半导体特殊器件等。尽管近年来集成电路在很多场合已代替半导体分立元件，但在高频、高压、大功率等场合，分立半导体器件仍有相当普遍的应用。

2.6.1 半导体器件的命名和封装

按照不同的功能大类，欧洲、美国、日本和我国对半导体元件都有不同的命名方法。随着半导体工业的迅速发展，每一种器件都在材料、参数性能、封装等方面不断发生着变化，一般生产企业可以有自己企业标准下的细化命名定义。因此，关系到半导体器件识别或选用的命名方法，应在学习一些标准命名知识的基础上，从实践中得到更多的积累。附录 A 中的表 A1、表 A2、表 A3 分别给出的是美国电子工业协会(AEIA)制定的标准命名法、日本电子工业协会(JEIA)制定的标准命名法和国际电子联合会推荐的半导体器件型号命名法。

对照表 A2 可得 2SC945A 为高频(改进型)三极管。

对照表 A3 可得 BB910 为硅材料变容二极管。

半导体器件封装一般采用塑料、玻璃、金属、陶瓷等材料，以塑料封装居多。金属(或部分金属)封装主要考虑提高元件散热效果(可加装散热片)，而陶瓷封装则有利于提高元件的高频综合性能。图 2.11 为半导体分立元器件的封装及管脚排列图。

2.6.2 二极管

二极管是电子设备中常用的半导体器件，它是由一个 PN 结加上相应的电极引线和密封壳做成的半导体器件。二极管有两个电极，接 P 型区的引脚为正极，接 N 型区的引脚为负极。二极管主要用于整流、稳压、检波、变频等电路中。

常用二极管的电路符号如图 2.12 所示。图(a)为普通二极管，图(b)为稳压二极管，图(c)为变容二极管，图(d)为发光二极管。

1. 常用二极管种类

二极管按材料可分为锗、硅二极管；按 PN 结的结构分为点接触型和面接触型二极管(点接触型二极管，主要用于小电流的整流、检波、开关等电路；面接触型二极管主要用于功

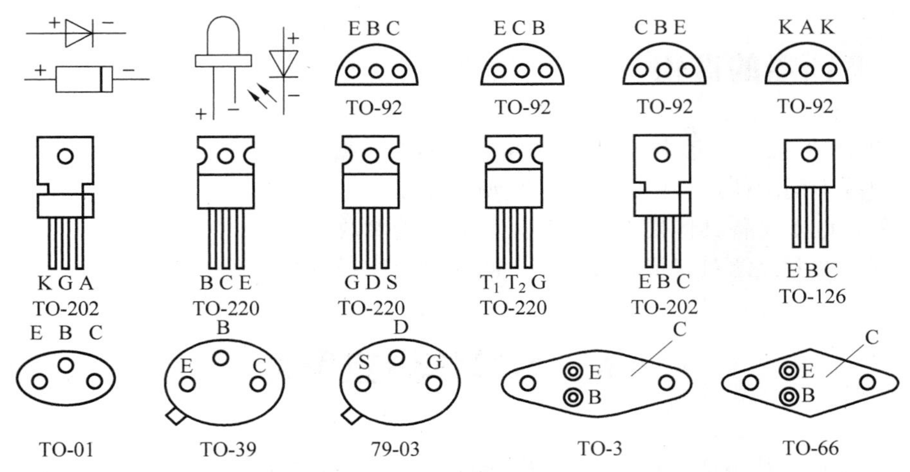

图 2.11　半导体分立元器件封装及管脚排列图

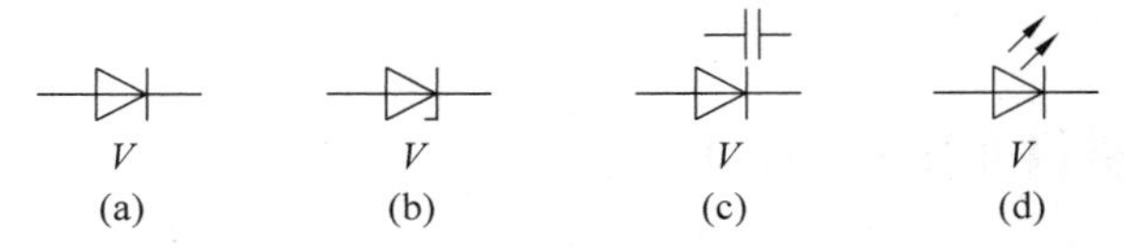

图 2.12　常用二极管的电路符号

率整流电路）；按工作原理分为肖特基二极管、隧道二极管、雪崩二极管、齐纳二极管、变容二极管等；按用途可分为整流二极管、开关二极管、稳压二极管、发光二极管等。各种二极管的应用特点见表 2.18。

表 2.18　常用二极管种类及应用特点

名　　称	主要应用特点
整流二极管	整流二极管主要用于电源整流电路，利用二极管的单向导电性，将交流电变为直流电。由于整流二极管的正向电流较大，所以整流二极管多为面接触型二极管，结面积大、结电容也大，但工作频率低
开关二极管	开关二极管由导通变为截止或由截止变为导通所需的时间比一般二极管短，利用开关二极管的这一特性，在电路中起控制电流接通或关断的作用，成为一个理想的电子开关
稳压二极管	稳压二极管工作在反向击穿状态，主要用于无线电设备和电子仪器中作直流稳压，在脉冲电路中作为限幅器等
变容二极管	变容二极管是利用 PN 结具有电容特性的原理制作的特殊二极管。相当于一个可变电容，工作于反向截止状态。它的特点是结电容随加在管子上的反向电压大小而变化。主要用于收音机、电视机调谐电路
发光二极管	发光二极管采用砷化镓、磷化镓、镓铝砷等材料制作，不同材料制作的二极管，能发出不同颜色的光。发光二极管工作时的正向压降为 1.8～2.5 V，主要用于电路电源指示、通断指示或数字显示，高亮管也可用于照明
快恢复二极管	快恢复二极管是近年生产的一种新型的二极管，具有开关特性好，反向恢复时间短、正向电流大、体积小等优点，可广泛用于脉宽调制器、开关电源、不间断电源中，作高频、高压、大电流整流、续流及保护二极管用

2. 二极管特性及主要参数

二极管伏安特性如图2.13。

当二极管外加正向偏置电压$0<U<U_{on}$时,正向电流为零;当$U>U_{on}$时,二极管才开始导通,故U_{on}称为导通电压,硅二极管的$U_{on}\approx 0.5$ V;锗二极管的$U_{on}\approx 0.1$ V。二极管在正向导通时,若电流在正常的工作范围,硅二极管的压降约为0.5~0.8 V,锗二极管的压降约为0.1~0.3 V。

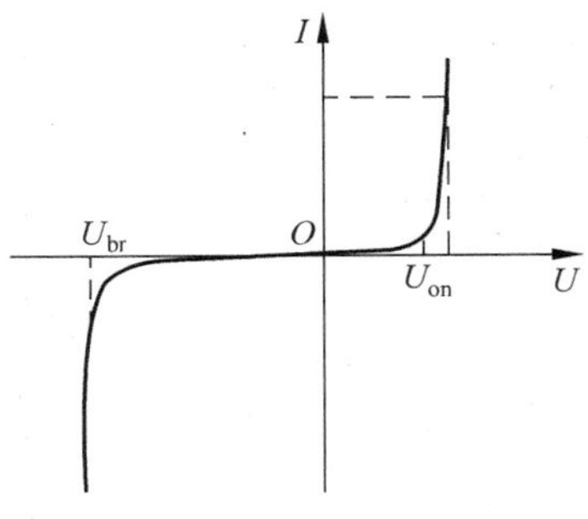

图2.13 二极管伏安特性

当外加反向偏置电压$U_{br}<U<0$时,反向电流很小,且基本不随反向电压的变化而变化,反向电流与温度有着密切的关系,硅二极管比锗二极管在高温下具有更好的稳定性。当$U\geqslant U_{br}$时,反向电流急剧增加,U_{br}称为反向击穿电压。

二极管反向击穿分为电击穿和热击穿。反向击穿并不一定意味着器件完全损坏。如果是电击穿,则外电场撤销后器件能够恢复正常;如果是热击穿,则意味着器件损坏,不能再次使用。工程实际中的电击穿往往伴随着热击穿。为了保证二极管使用安全,规定了最高反向工作电压U_{brm}。

普通二极管主要参数参见表2.19。不同用途的二极管,其参数要求也不同。对于整流二极管重点要求它的最大整流电流和最大反向工作电压;对于稳压二极管,其主要参数有稳定电压U_z、稳定电流I_z、动态电阻R_z等,常用整流二极管的主要参数见表2.20,常用稳压二极管主要参数见表2.21。

表2.19 二极管主要参数

参数名称	符号	说明
最大整流电流	I_m	最大整流电流是指二极管长时间正常工作下,允许通过二极管的最大正向电流
最大反向工作电压	U_{rm}	最大反向工作电压是指二极管正常工作时所能承受的最大反向电压值,约等于反向击穿电压的一半 二极管反向击穿电压是指二极管加反向电压,使二极管不致反向击穿的电压极限值
反向电流	I_{CO}	反向电流是指给二极管加上规定的反向偏置电压的情况下,流过二极管的反向电流。反向电流的大小反映了二极管的单向导电性能
最高工作频率	F_m	最高工作频率是指二极管能正常工作的最高频率 由于二极管的材料、构造和制造工艺的影响,当工作频率超过一定值后,二极管将失去良好的工作特性。因此选用时,必须使二极管的工作频率低于F_m 在一般的电路和低频电路中,如整流电路中,对二极管的F_m参数是没有要求的,主要是高频电路中对这一参数有影响

表 2.20　硅塑封整流二极管的主要参数

产品型号	最大整流电流/A	最大反向电压/V	产品型号	最大整流电流/A	最大反向电压/V	产品型号	最大整流电流/A	最大反向电压/V
1N4001	1	50	1N54	3	25	6A50	6	25
1N4002	1	100	1N5400	3	50	6A100	6	100
1N4003	1	200	1N5401	3	100	6A200	6	200
1N4004	1	400	1N5402	3	200	6A400	6	400
1N4005	1	600	1N5403	3	300	6A600	6	600
1N4006	1	800	1N5404	3	400	6A800	6	800
1N4007	1	1000	1N5405	3	500	6A1000	6	1000
			1N5406	3	600			
			1N5407	3	800			
			1N5408	3	1000			

表 2.21　常用 1N47 系列稳压二极管的主要参数

产品型号	U_z/V	R_z/Ω	I_z/mA	产品型号	U_z/V	R_z/Ω	I_z/mA
1N4728	3.3	10	76	1N4741	11.0	8.0	23
1N4729	3.6	10	69	1N4742	12.0	9.0	21
1N4730	3.9	9.0	64	1N4743	13.0	10.0	19
1N4731	4.3	9.0	58	1N4744	15.0	14.0	17
1N4732	4.7	8.0	53	1N4745	16.0	16.0	15.5
1N4733	5.1	7.0	49	1N4746	18.0	20.0	14
1N4734	5.6	5.0	45	1N4747	20.0	22.0	12.5
1N4735	6.2	2.0	41	1N4748	22.0	23.0	11.5
1N4736	6.8	3.5	37	1N4749	24.0	25.0	10.5
1N4737	7.5	4.0	34	1N4750	27.0	35.0	9.5
1N4738	8.2	4.5	31	1N4751	30.0	40.0	8.5
1N4739	9.1	5.0	28	1N4752	33.0	45.0	7.5
1N4740	10.0	7.0	25				

3. 二极管在电路中的作用

二极管在电路中可起整流、稳压、开关、电源指示等作用，表 2.22 列出了常用二极管在电路中所起的作用。

表 2.22 常用二极管在电路中所起作用

名 称	电 路 图	作 用
整流电路	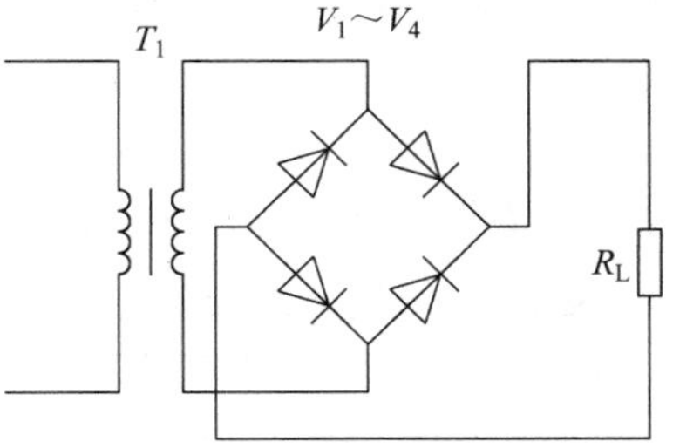 T_1 $V_1 \sim V_4$ R_L	图中 $V_1 \sim V_4$ 为整流二极管，构成桥式整流电路，利用二极管的单向导电性，桥式整流电路将交流电压转换成单向脉动的直流电压
稳压电路	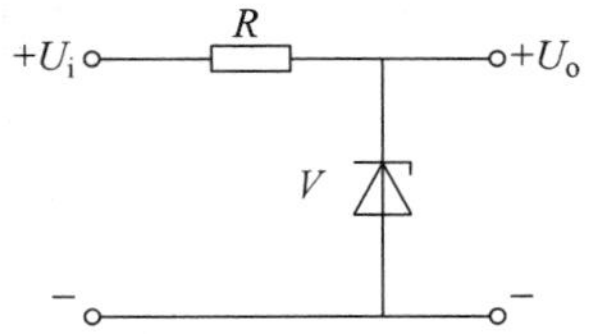 $+U_i$ R $+U_o$ V − −	图中 V 为稳压二极管，由稳压二极管及限流电阻 R 构成的稳压电路能够输出稳定的电压
保护电路	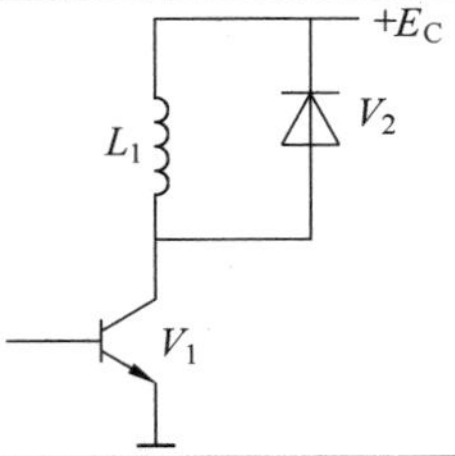 $+E_C$ V_2 L_1 V_1	电路中二极管 V_2 用于保护驱动三极管 V_1。这种保护电路在继电器、直流电机等感性负载驱动电路中有广泛应用
变容电路	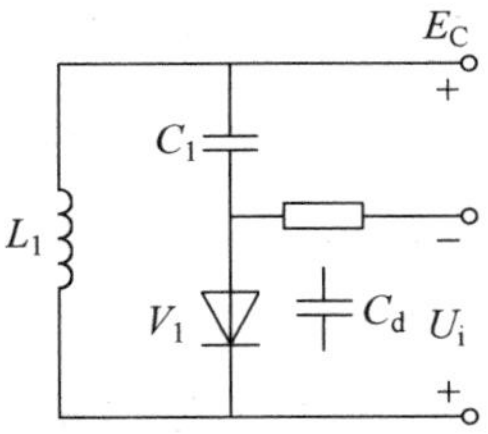 E_C + C_1 − L_1 V_1 C_d U_i +	图中 V_1 为变容二极管，工作在反偏状态，在电路中当可变电容使用，当 U_i 增大时，C_d 减小；当 U_i 减小时，C_d 增大，即通过改变变容二极管的反偏电压，可以改变 LC 并联谐振频率
开关电路	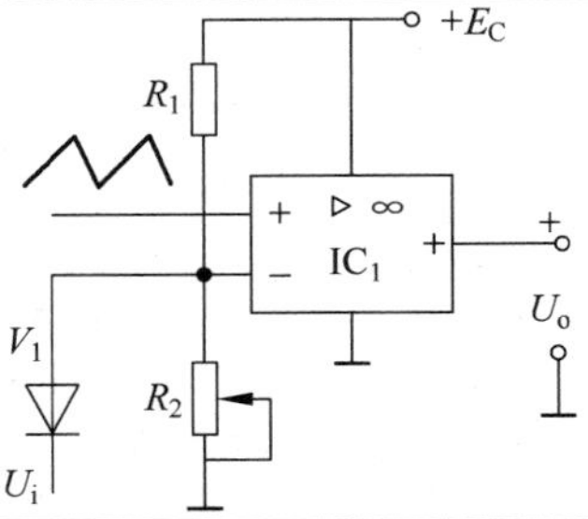 $+E_C$ R_1 + ▷ ∞ + − IC_1 + U_o V_1 R_2 U_i	图中 V_1 为开关二极管，当 U_i 为高电平时，V_1 不导通，U_o 正常输出，当 U_i 为低电平时，V_1 导通，电压比较器 IC_1 的反相端电位降低，U_o 输出受影响，此电路用于过压、过流保护电路
稳压二极管限幅电路	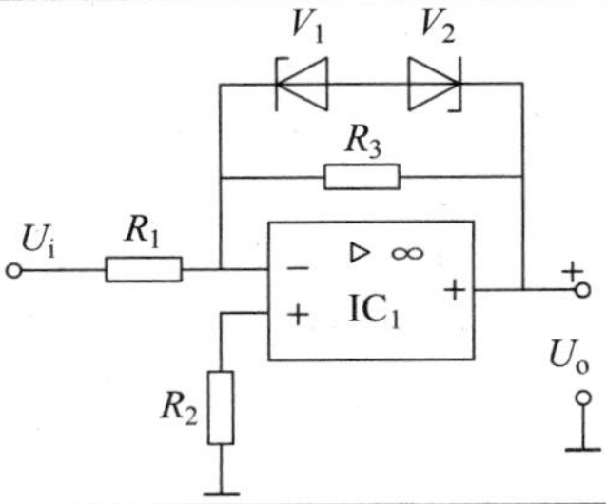 V_1 V_2 R_3 U_i R_1 − ▷ ∞ + IC_1 + + U_o R_2	图中 V_1、V_2 为稳压二极管，在电路中起限幅作用。其限幅电压为 U_z+U_D，其中 U_z 为稳压二极管的反向击穿电压；U_D 为二极管的正向压降

4. 二极管的极性判别及性能检测

根据二极管正向电阻小、反向电阻大的特点,用数字或模拟万用表可判别二极管极性及好坏。

1) 使用模拟万用表检测二极管的方法

表 2.23 为使用模拟万用表检测二极管的极性及好坏的判别方法。

表 2.23 模拟万用表检测二极管方法

接线示意图	表针指示	说明
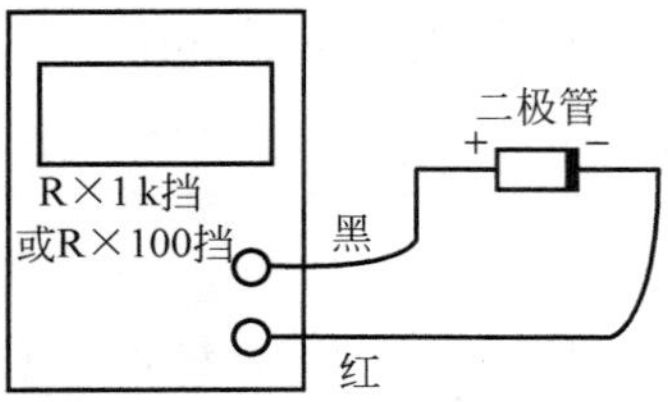 R×1k挡 或R×100挡 黑 红 二极管 + − 模拟表量程 对一般二极管,可用 R×1 k 挡或 R×100 挡测量; 对发光二极管,可用 R×10 k 挡测量	 ×100 或×1k Ω 0	将万用表量程置欧姆挡,将红、黑表笔接触二极管两引脚:若指针偏转大,与黑表笔相接的一端为正极,红表笔相接的一端为负极
	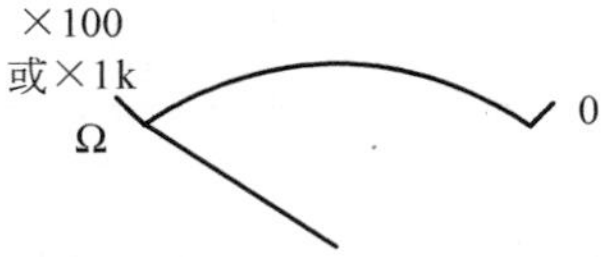 ×100 或×1k Ω 0	若指针无偏转,与红表笔相接的一端为正,黑表笔相接的一端为负
	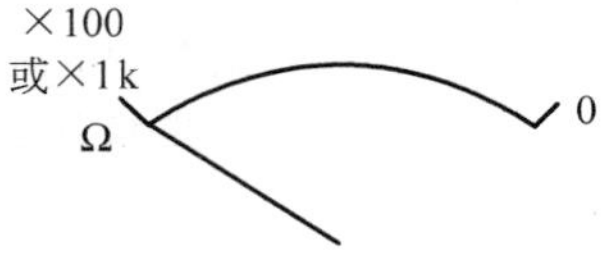 ×100 或×1k Ω 0	若正反向电阻都很大,二极管两端开路
	 ×100 或×1k Ω 0	若正反向电阻相差不大,二极管失效,已失去单向导电特性

2) 使用数字万用表检测二极管的方法

表 2.24 为使用数字万用表检测二极管的极性及好坏的判别方法。

表 2.24 数字万用表检测二极管方法

接线示意图	表头指示数值	说明
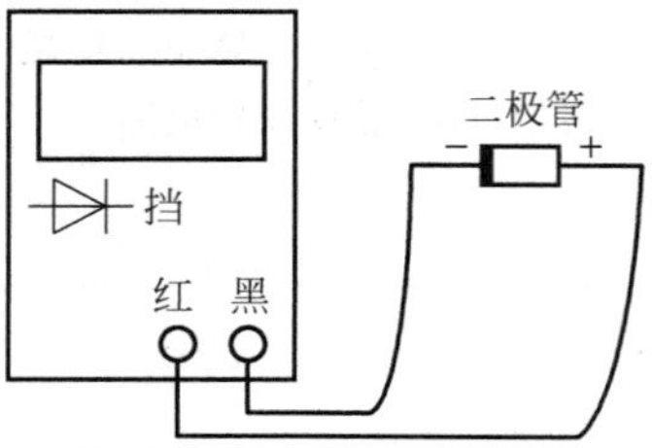 挡 红 黑 二极管 − + 整流、稳压、开关、稳压、发光二极管等正负极测量接线图	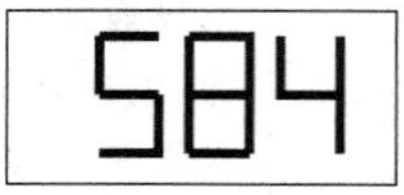 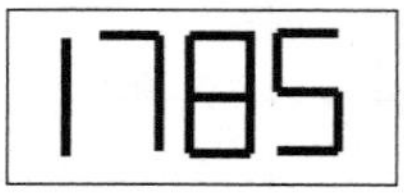 584	把数字万用表量程置在二极管挡,两表笔分别接触二极管两个电极。对一般硅二极管,若表头显示 500~700 mV;对发光二极管,表头显示 1800 mV 左右,则红表笔接触的是二极管的正极,则黑表笔接触的是二极管的负极
	1785	
	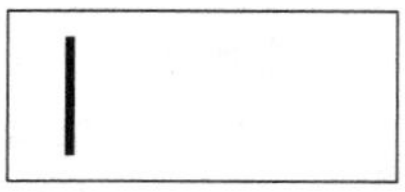 1	若表头显示为“1”,则黑表笔接触的为正极,红表笔接触的是二极管的负极

续表

接线示意图	表头指示数值	说　　明
稳压二极管稳压值测量图	6.198	E_C 可用直流电源，也可用模拟万用表内的高压电池作电源。在测量时，电源电压要大于稳压二极管稳压值，使稳压二极管工作在反向击穿状态，用数字万用表电压挡测稳压二极管稳压值

2.6.3 三极管

三极管是由两个 PN 结和外部三个电极，即发射极、集电极和基极组成的半导体器件，是一种电流控制型器件。由于三极管具有电压、电流和功率放大作用，因此它是各种电路中十分重要的器件之一。用它可以组成放大、开关、振荡及各种功能的电子电路，同时它也是制作各种集成电路的基本单元电路。

1. 三极管的种类

三极管的种类、型号及分类方法很多，按材料可以分为硅管和锗管；按 PN 结不同的组合方式，可以分为 PNP 管和 NPN 管；根据生产工艺，可分为合金型、扩散型、台面型和平面型等三极管；按功率大小，可以分为大功率管、中功率管、小功率管；按工作频率，可分为低频管、高频管、超高频管；按功能和用途，可分为放大管、开关管、低噪管、振荡管、高反压管等。

2. 三极管的主要参数

三极管参数是工程实际中选择三极管的基本依据。表 2.25 列出了三极管主要性能参数，表 2.26 列出了几种常用小功率高频三极管主要参数。

表 2.25　三极管的主要性能参数

参 数 名 称	说　　明
电流放大倍数 β 和 h_{FE}	β 是三极管的交流放大倍数，表示三极管对交流（变化）信号的电流放大能力，$\beta=\Delta I_c/I_b$ h_{FE} 是三极管的直流放大倍数，h_{FE} 是指静态（无变化信号输入）情况下，三极管 I_c 与 I_b 的比值，即 $h_{FE}=\Delta I_c/I_b$
集电极最大电流 I_{CM}	集电极电流大到三极管所允许的极限值时称为集电极最大允许电流。使用三极管时，集电极电流不能超过 I_{CM}
集电极最大允许耗散功率 P_{CM}	三极管工作时，集电结要承受较大的反向电压和通过较大的电流，因消耗功率而发热。当集电极所消耗的功率过大时，就会产生高温而烧坏。因此规定三极管集电极温度升高到不至于将集电结烧坏所消耗的功率为集电极最大耗散功率。三极管在使用时，不能超过这个极限

续表

参 数 名 称	说 明
集电极-发射极击穿电压 BU_{ceo}	BU_{ceo}是指三极管基极开路时，允许加在集电极与发射极之间的最高电压值。通常情况下c、e极间电压不能超过BU_{ceo}，否则会引起管子击穿损坏。所以加在集电极的电压即直流电源电压，不能高于BU_{ceo}。一般应取BU_{ceo}高于电源电压的1倍
集电极-发射极反向电流 I_{ceo}	I_{ceo}是指三极管基极开路时，集电极、发射极间的反向电流，俗称反向电流。I_{ceo}应越小越好
集电极反向电流 I_{cbo}	I_{cbo}是指三极管发射极开路时，集电结的反向电流
特征频率 f_T	三极管工作频率达到一定的程度时，电流放大倍数β要下降，β下降到1时的频率称为特征频率

表 2.26　常用大、中、小功率三极管主要参数

型　号	极性	BU_{ceo}/V	I_{CM}/A	P_{CM}/W	h_{FE}	f_T/MHz
9011	NPN	30	0.30	0.40	30～200	150
9012	PNP	−20	0.50	0.63	90～300	150
9013	NPN	20	0.50	0.63	90～300	150
9014	NPN	50	0.10	0.45	60～1000	150
9015	PNP	−50	0.10	0.45	60～600	100
9016	NPN	20	0.1	0.40	55～600	500
9018	NPN	15	0.05	0.40	40～200	700
8050	NPN	25	1.50	1	85～300	100
8550	PNP	−25	1.50	1	85～300	100
2N5551	NPN	160	0.60	1	80～400	50
2N5401	PNP	−150	0.60	1	80～400	50
2SA1301	PNP	−160	12	120	55～160	30
2SC3280	NPN	160	12	120	55～160	30

3. 三极管的工作状态

三极管有截止、放大、饱和三种工作状态，但作为开关元件时，只能工作在饱和区和截止区，放大区仅是由饱和到截止或由截止到饱和的过渡区。当加在硅管的基极与发射极间电压$U_{be}\approx 0.7$ V时，三极管就处于饱和导通状态，此时的管压降为U_{ce}为0.1～0.3 V，所以三极管饱和导通时如同闭合的开关，而当$U_{be}\leqslant 0.5$ V时，三极管便转入截止区，如同断开的开关，这就是三极管的开关特性，三极管作为开关元件正是利用了这个特性。

当三极管作为放大元件时，放大区内电流I_c随I_b成正比例变化。表2.27列出了三极管工作在不同状态下三极电极呈现的电压、电流关系。

表 2.27 三极管工作在不同状态下三极电极呈现的电压、电流关系

三极管工作状态	三极管三个电极的电压与电流的关系（以硅材料三极管为例）
截止状态	$U_{be}<0.5$ V，$I_b=0$，$I_c=0$，三极管 c、e 极如同一个断开的开关 c b V 截止 e 等效 c e 开关断开 
放大状态	$U_{be}\approx0.5\sim0.7$ V，$I_c=\beta I_b$，即基级电流能够有效控制集电极电流；三极管集电结反偏，发射极正偏，即 $U_c>U_b>U_e$，三极管起线性放大作用 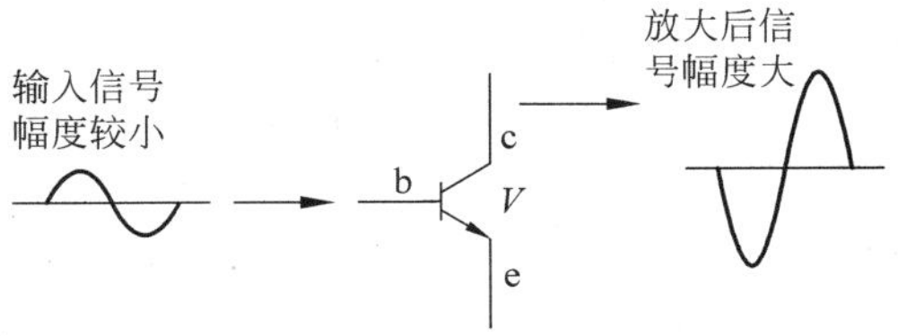 输入信号幅度较小 b c V e 放大后信号幅度大
饱和状态	$U_{be}\approx0.7$ V，$U_{ce}\approx0.1\sim0.3$ V，三极管集电结、发射结都处于正偏，即 $U_b>U_c>U_e$，三极管 c、e 极如同一个闭合的开关  c b V 饱和 e 等效 c e 开关接通

4. 三极管在电路中所起的作用

三极管在电路中除了起放大作用外，还可起无触点开关等作用，表 2.28 列出了三极管在电路中所起的作用。

表 2.28 三极管在电路中的作用

名　称	电 路 图	作　用
放大电路	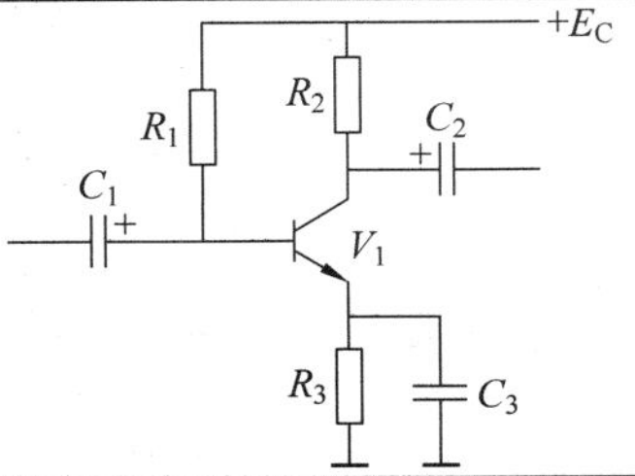 $+E_C$ R_1 R_2 C_2 C_1 V_1 R_3 C_3	三极管主要用于电流、电压、功率的放大，图中三极管起电压放大作用
开关电路	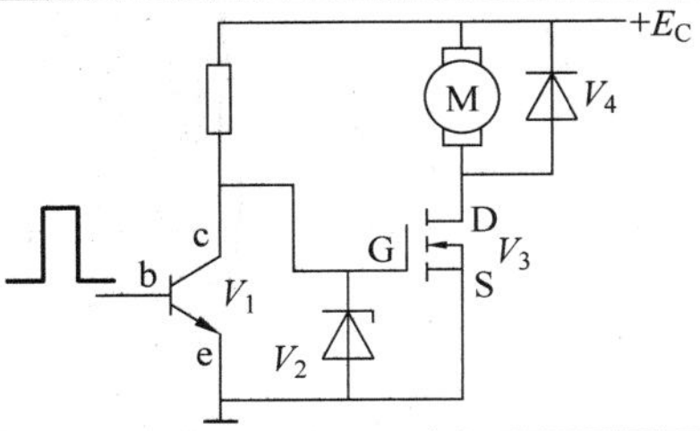 $+E_C$ M V_4 c b V_1 e G D V_3 S V_2	三极管是各种驱动电路的主要元器件，图中三极管 V_1 工作在开关状态，驱动场效应管工作

续表

名　称	电　路　图	作　用
控制电路	V_1 R_L 控制电流	三极管是各种控制电路中的主要元器件，通过调整基极电流，改变集电极电流，从而改变三极管 c、e 之间的电压

5. 三极管的检测

用万用表判别三极管极性的依据是 NPN 型三极管基极到发射极和集电极均为 PN 结的正向，参见图 2.14(a)，而 PNP 型三极管基极到集电极和发射极均为 PN 结的反向，参见图 2.14(b)。

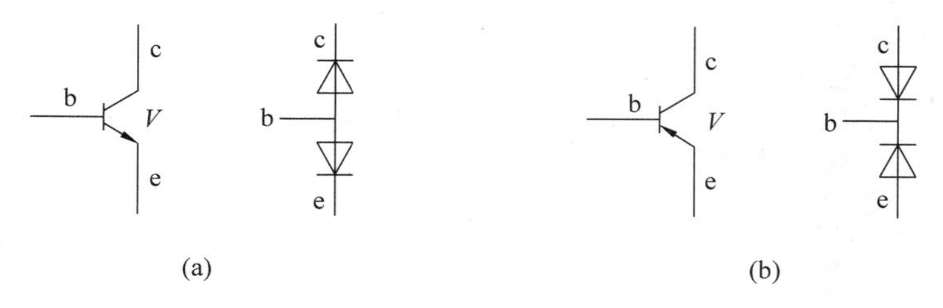

图 2.14　三极管电路图及等效图

(a) NPN 型三极管电路等效图；(b) PNP 型三极管电路等效图

1）用模拟万用表检测三极管

表 2.29 介绍了用模拟万用表检测三极管的方法。

2）用数字万用表检测三极管

表 2.30 介绍了用数字万用表三极管检测三极管的方法。

表 2.29　用模拟万用表检测三极管的方法

接线示意图	表 针 指 示	说　明
R×1 k挡 或R×100挡 黑 红 三极管的基极及管型示意图	×100 或×1 k Ω 0	对于功率在 1 W 以下的中小功率管，用 R×100 挡或 R×1 k 挡测量，对于功率大于 1 W 以上的大功率管，用 R×1 挡或 R×10 挡测量 用黑(红)表笔接触三极管某一管脚，用红(黑)表笔分别接触另两个管脚，如表头指针偏转大，则与黑(红)表笔接触的那一管脚为基极，该管为 NPN (PNP)型三极管

续表

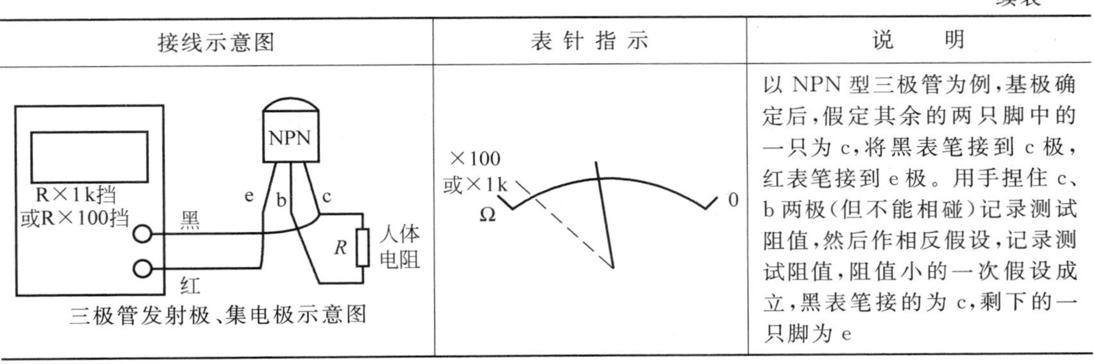

接线示意图	表 针 指 示	说 明
三极管发射极、集电极示意图		以 NPN 型三极管为例，基极确定后，假定其余的两只脚中的一只为 c，将黑表笔接到 c 极，红表笔接到 e 极。用手捏住 c、b 两极（但不能相碰）记录测试阻值，然后作相反假设，记录测试阻值，阻值小的一次假设成立，黑表笔接的为 c，剩下的一只脚为 e

表 2.30 数字万用表检测三极管的方法

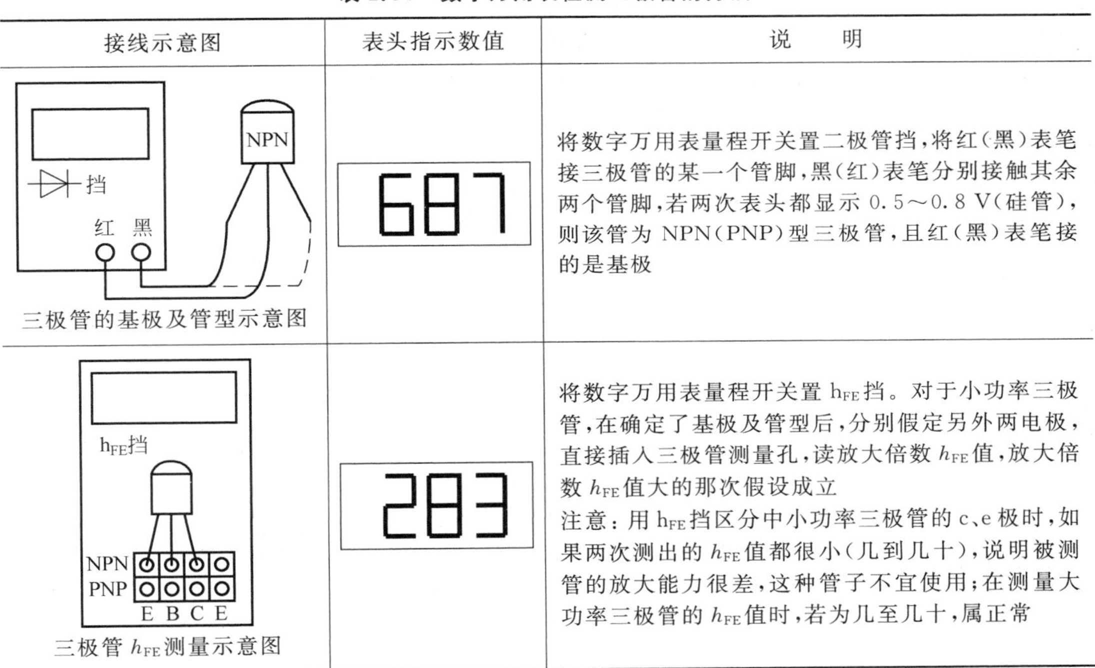

接线示意图	表头指示数值	说 明
三极管的基极及管型示意图	687	将数字万用表量程开关置二极管挡，将红（黑）表笔接三极管的某一个管脚，黑（红）表笔分别接触其余两个管脚，若两次表头都显示 0.5～0.8 V（硅管），则该管为 NPN（PNP）型三极管，且红（黑）表笔接的是基极
三极管 h_{FE} 测量示意图	283	将数字万用表量程开关置 h_{FE} 挡。对于小功率三极管，在确定了基极及管型后，分别假定另外两电极，直接插入三极管测量孔，读放大倍数 h_{FE} 值，放大倍数 h_{FE} 值大的那次假设成立 注意：用 h_{FE} 挡区分中小功率三极管的 c、e 极时，如果两次测出的 h_{FE} 值都很小（几到几十），说明被测管的放大能力很差，这种管子不宜使用；在测量大功率三极管的 h_{FE} 值时，若为几至几十，属正常

3）在路检测三极管好坏

所谓在路检测，是指不将三极管从电路中焊下，直接在电路板上进行测量（电路断电），以判断其好坏。以 NPN 型三极管为例，用数字万用表二极管挡，将红表笔接被测三极管的基极 b，用黑表笔依次接发射极 e 及集电极 c，若数字万用表表头两次都显示 0.5～0.8 V，则认为管子是好的。如表头显示值小于 0.5 V，则可检查管子外围电路是否有短路的元器件，如没有短路元件则可确定三极管有击穿损坏；如表头显示值大于 0.8 V，则很可能是被测三极管的相应 PN 结有断路损坏，将管子从电路中焊下复测。

注意：若被测管 PN 结两端并接有小于 700 Ω 的电阻，而测得的数字偏小时，则不要盲目认为三极管已损坏。此时可焊开电阻的一个引脚再进行测试，此外，测量时应在断电的状态下进行。

2.6.4 场效应管

场效应管是一种输入阻抗很高的半导体器件，属于电压控制器件，在电路中起信号的放大、开关等作用，其输入阻抗高、功耗低、热稳定性好，高频特性好，性能优于三极管。场效应管广泛用于数字电路、通信设备和仪器仪表等方面。场效应集成电路具有功耗小、成本低、容易做成大规模集成等优点，特别适合于导弹、卫星、宇宙航行等要求体积小和省电的仪器设备上。

根据构造和工艺的不同，场效应管分为结型和绝缘栅(MOSFET)两大类。前者因有两个PN结的结构故称为结型；后者的栅极为绝缘体而与其他电极完全绝缘故称为绝缘栅型。这两类场效应管均有源极(S)、栅极(G)和漏极(D)三个电极。

图2.15是MOS场效应管的电路符号，其中图(a)是N沟道MOS场效应管；图(b)是P沟道MOS场效应管。

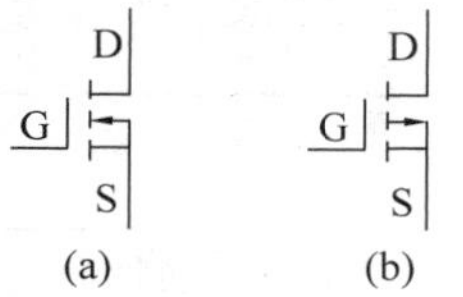

D G S (a)　D G S (b)

图2.15 MOS场效应管的电路符号
(a) N沟道；(b) P沟道

1. 场效应管的主要参数

场效应管的主要参数参见表2.31。

表2.31 场效应管的主要参数

主要参数	说明
夹断电压 U_P	当 U_{DS} 为某一固定数值，使 I_{DS} 等于某一微小电流时，栅极上所加的偏压 U_{GS} 就是夹断电压 U_P
开启电压 U_T	当 U_{DS} 为某一固定值时，使漏、源极开始导通的最小的 U_{GS} 即为开启电压 U_T
饱和漏电流 I_{DSS}	在源、栅极短路条件下，漏源间所加的电压大于 U_P 时的漏极电流称为 I_{DSS}
击穿电压 BU_{DS}	表示漏、源极间所能承受的最大电压，即漏极饱和电流开始上升进入击穿区时对应的 U_{DS}
直流输入电阻 R_{GS}	在一定的栅源电压下，栅、源之间的直流电阻，这一特性又以流过栅极的电流来表示，结型场效应管的 R_{GS} 可达 $10^9\ \Omega$，而绝缘栅场效应管的 R_{GS} 可超过 $10^{13}\ \Omega$
低频跨导 g_m	漏极电流的微变量与引起这个变化的栅源电压微变量之比，称为跨导，即 $g_m=\Delta I_D/\Delta U_{GS}$。它是衡量场效应管栅源电压对漏极电流控制能力的一个参数，也是衡量放大作用的重要参数，此参数的灵敏度常以栅源电压变化1 V时，漏极相应变化多少微安(μA/V)或毫安(mA/V)来表示

2. 场效应管检测

1）用测电阻法判别结型场效应管的极性

根据结型场效应管的PN结正、反向电阻值不一样的特点，可以判别出结型场效应管的三个电极。

将模拟万用表拨在R×1 k挡上，任选两个电极，分别测出其正、反向电阻值。当某两个电极的正、反向电阻值相等，且为几千欧时，则该两个电极分别是漏极D和源极S。因为对结型场效应管而言，漏极和源极可互换，剩下的电极肯定是栅极 G。也可以将万用表的黑表笔(红表笔也行)任意接触一个电极，另一只表笔依次去接触其余的两个电极，测其电阻值。当出现两次测得的电阻值近似相等时，则黑表笔所接触的电极为栅极，其余两电极分别为漏极和源极。若两次测出的电阻值均很大，说明是 PN 结的反向，即都是反向电阻，可以判定是 N 沟道场效应管，且黑表笔接的是栅极；若两次测出的电阻值均很小，说明是正向 PN 结，即是正向电阻，判定为 P 沟道场效应管，黑表笔接的也是栅极。若不出现上述情况，可以调换黑、红表笔按上述方法进行测试，直到判别出栅极为止。

2）用数字万用表检测 N 沟道 MOS 场效应管极性

由于大多数 MOS 场效应管在 D、S 之间内接一个体内二极管，利用该二极管就很容易判断出三个管脚。将数字万用表量程开关置二极管挡，将红表笔接 MOS 管的某一个管脚，黑表笔去接另一管脚，若表头显示为 0.5～0.7 V，则红表笔接的为源极，黑表笔接的为漏极，剩余的一个管脚为栅极。

2.6.5 可控硅

可控硅(SCR)是可控硅整流器的简称，也叫晶闸管，它只有导通和关断两种状态。它不仅具有单向导电性，而且还具有可贵的可控性。可控硅体积小、重量轻、效率高、寿命长、控制方便，被广泛用于可控整流、调压、逆变以及无触点开关等各种自动控制和大功率电能转换的场合。

1. 可控硅种类

常见可控硅的种类有单向、双向、可关断、光控、逆导等多种类型。

1）单向可控硅

图 2.16 是单向可控硅的结构、等效电路和电路符号。由结构图可见，单向可控硅由 PNPN 四层半导体构成的。

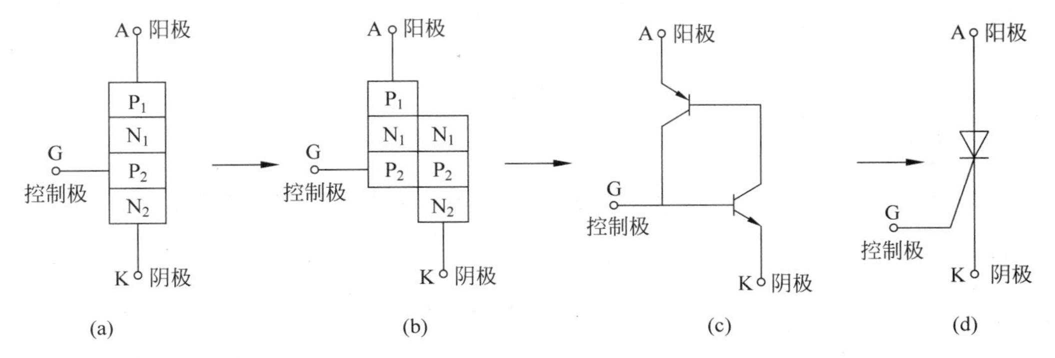

图 2.16 单向可控硅的结构、等效电路及电路符号

(a) 结构；(b) 等效结构；(c) 等效电路；(d) 电路符号

单向可控硅从截止到导通必须同时满足两个条件：一是可控硅阳极 A 电位应高于阴极 K 电位，二是在控制极 G 提供适当的正向控制电压和电流。如阳极电位始终高于阴极电位，且阳极电流大于可控硅特定的维持电流，即使无控制极信号仍可维持可控硅导通。当阳

极电位低于阴极电位，或阳极电流小于维持电流时，可控硅从导通变为关断。与具有两个PN结的三极管相比，可控硅对控制极电流没有放大作用。

2）双向可控硅

双向可控硅的结构及电路符号如图2.17所示。由图可见双向可控硅实质上是两个反并联的单向可控硅，是由NPNPN 5层半导体形成4个PN结构成、有3个电极的半导体器件。3个电极分别为第一阳极 T_1、第二阳极 T_2、控制极G。T_1 和 T_2 无论加正电压或反向电压都能触发导通，而且无论触发信号的极性是正或是负，都可触发双向可控硅使其导通。由于可控硅具有两个方向轮流导通、关断的特性，主要用于交流控制电路，如温度控制、灯光控制、防爆交流开关以及直流电机调速和换向等电路。

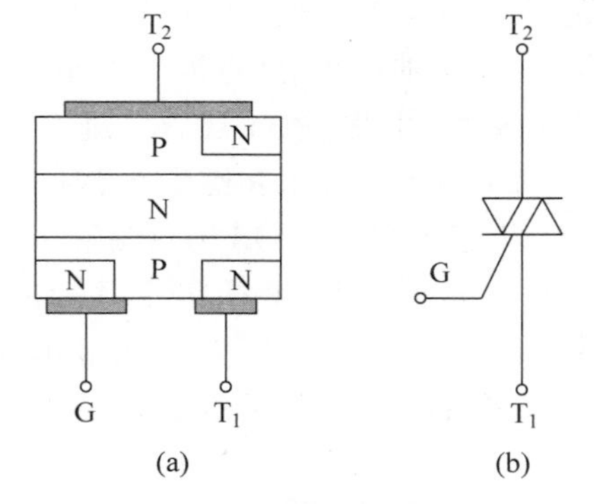

图2.17　双向可控硅的结构及电路符号
(a) 结构；(b) 电路符号

3）可关断可控硅

关断可控硅多为高压、大电流器件，是针对单向可控硅导通后无法控制关断而设计的。当控制极(门极)加负向触发信号时可控硅能自行关断。它广泛用于逆变电路、变频电路及各种开关电路等。

4）光控可控硅

光控可控硅由于其控制信号来自光的照射(波长在0.8～0.9 μm的红外线及波长在1 μm左右的激光)，因此没有必要再引出控制极，所以只有两个电极(阳极A和阴极K)。但它的结构与普通可控硅一样，是由4层PNPN器件构成。为了使光控晶闸管能在微弱的光照下触发导通，必须使光控晶闸管在极小的控制电流下可靠地导通。这样光控晶闸管受到了高温和耐压的限制，在目前的条件下，不可能与普通晶闸管一样做成大功率的。

2. 可控硅的主要参数

可控硅的主要参数参见表2.32。

表2.32　可控硅的主要参数

主要参数	说明
正向阻断峰值电压 U_{DRM}	指在控制极开路、正向阻断条件下，可以重复加在元器件上的正向电压峰值
反向峰值电压 U_{RRM}	指在控制极断路和额定结温下，可以重复加在元器件上的反向电压峰值
正向平均压降 U_F	指在规定的条件下，元器件通过额定正向平均电流时，在阳极与阴极之间电压降的平均值
额定通态平均电流 I_T	指在标准散热条件下，当元器件的单向导通角大于或等于170℃时，允许通过的最大交流正弦电流的有效值
维持电流 I_H	保持可控硅处于导通状态时所需的最小正向电流。控制极和阴极电阻越小，维持电流越大
控制极触发电压 U_G	指在规定的环境温度和阳极、阴极间为一定的正向电压条件下，使可控硅从阻断转变为导通状态时，控制极上所加的最小直流电压

3. 可控硅的检测

根据可控硅的PN结结构(见图2.16、图2.17),可以测出可控硅极性。而根据工作原理,也不难判断其好坏。

1) 单向可控硅检测

(1) 用模拟万用表进行单向可控硅的极性及好坏检测

① 极性判别。选指针式模拟万用表R×100 Ω或R×1 kΩ挡,分别测量各电极间的正反向电阻。若测得的其中两个电极间阻值较大,调换表笔后其阻值较小,此时黑表笔所接电极为控制极G,红表笔所接电极为阴极K,余者为阳极A。

② 好坏判别。模拟万用表量程置在R×10 kΩ挡,测单向可控硅控制极G—阳极A之间,阳极A—阴极K之间的正反向电阻应为无穷大。再将模拟万用表量程置在R×1 Ω挡,黑表笔接阳极A,红表笔接阴极K,黑表笔在保持与阳极K接触的情况下,再与控制极G接触,即给控制极加上触发电压。此时单向可控硅导通,阻值减小,表针偏转。然后黑表笔保持与阳极A接触,并断开与控制极G的接触。若断开控制极G后,可控硅仍维持导通状态,即表针偏转状态不发生变化,则说明可控硅正常。

(2) 用数字万用表进行单向可控硅的极性及好坏检测

① 极性判别。将数字万用表量程开关置二极管挡,红表笔接一引脚,黑表笔先后接另外两个引脚,若表头一次显示0.5~0.8 V,另一次显示“1”,说明红表笔接的是控制极G,表头显示0.5~0.8 V时黑表笔接的是阴极K,余者为阳极A。

② 好坏判别。数字万用表二极管挡所提供的测试电流仅有1 mA左右,故只能用于小功率可控硅检测。将数字万用表量程开关置二极管挡,红表笔接阳极A,黑表笔接阴极K,表头显示为“1”。红表笔在保持与阳极A接触的情况下与控制极G相接,此时管子应能转为导通状态。表头显示值由“1”转变为0.8 V左右,随后将红表笔脱离控制极G,被测管应能继续维持导通状态,表头显示仍为0.8 V左右,则表明管子正常。

2) 双向可控硅检测

根据双向可控硅的结构可知,控制极G与第一阳极T_1较近,与第二阳极T_2较远,故控制极G与第一阳极T_1间的正反向电阻都较小,而第二阳极T_2与控制极G之间、第二阳极T_2与第一阳极T_1之间,正反向电阻都为无穷大,这样很容易判别双向可控硅第二阳极。

(1) 用模拟万用表进行双向可控硅的极性及好坏检测

① 极性判别。根据双向可控硅的特点很容易区分出第二阳极T_2。区分出T_2后,将万用表置R×1 Ω挡,假设一脚为T_1,并将黑表笔接在假设的T_1上,红表笔接在T_2上,保持红表笔与T_2相接触,红表笔再与G极短接,即给G极一个负极性触发信号,双向可控硅导通,内电阻减小,表针偏转。可控硅导通方向为T_1—T_2。在保持红表笔与T_2极相接触的情况下,断开G极,此时可控硅应能维持导通状态。然后将红、黑表笔调换,保持黑表笔与T_2相接触,黑表笔再与G极短接,即给G极一个正极性触发信号,双向可控硅导通,内电阻减小,表针偏转。可控硅导通方向为T_2—T_1。在保持黑表笔与T_2极相接触的情况下,断开G极,此时可控硅应能维持导通状态。因此该管具有双向触发特性,且上述假设正确。

② 好坏判别。双向可控硅具有双向触发能力,则该双向可控硅正常。若无论怎样检测均不能使双向可控硅触发导通,表明该管已损坏。

（2）用数字万用表进行双向可控硅的极性及好坏检测

将数字万用表量程开关置二极管挡，将红黑表笔分别接触管子的任意两个引脚，若表头显示值为0.1～1 V（该电压记为T_1与G之间的压降U_{GT1}），另一个未接表笔引脚为T_2。用红表笔接已测出的T_2，黑表笔接其余两引脚的任一个（假设为T_1），此时表头显示"1"，在保持红表笔与T_2相接触，红表笔再与G极短接，如果表头显示值比U_{GT1}略低，说明管子已被触发导通，以上假定成立，即黑表笔所接的引脚为T_1；如果如果表头仍为U_{GT1}，则需将黑表笔改接另一引脚重复上述步骤。

图2.18所示的可控硅实物图中，图(a)为带散热片的可控硅，图(b)为几种金属封装的可控硅，图(c)为塑料封装的可控硅。

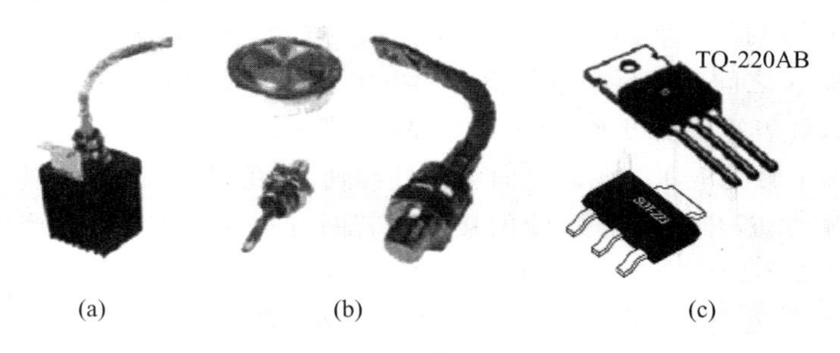

图2.18 可控硅实物图

(a) 带散热片的可控硅；(b) 金属封装的可控硅；(c) 塑料封装的可控硅

2.6.6 半导体分立器件的选用注意事项

1. 二极管

（1）切勿使二极管的电压、电流超过手册中规定的器件极限值，并应根据设计原则选取一定的裕量。点接触二极管工作频率高，承受高电压和大电流能力差，一般用于小电流整流、高频开关电路中，面接触二极管适用于工作频率较低，工作电压、电流较大的场合，一般用于低频整流电路中。

（2）允许使用小功率的电烙铁进行焊接，焊接时间应该小于3～5 s，在焊接点接触型二极管时，要注意保证焊点与管芯之间有良好的散热。

（3）玻璃封装的二极管引线的弯曲处距离管体不能太小，至少2 mm。

（4）安装二极管的位置尽可能不要靠近电路中的发热元件。

（5）接入电路时要注意二极管的极性。

2. 三极管

使用三极管的注意事项与二极管基本相同，此外还要补充几点：

（1）安装时要分清不同电极的管脚位置，焊点距离管壳不得太近。

（2）大功率管的散热器与管壳的接触面应该平整光滑，中间应该涂抹有机硅脂以便导热并减少腐蚀；要保证固定三极管的螺丝钉松紧一致。

（3）对于大功率管，在使用中要防止二次击穿。

3. 场效应管

(1) 结型场效应管和一般晶体三极管的使用注意事项相同。

(2) 对于绝缘栅型场效应管,应该特别注意避免栅极悬空,即栅、源两极之间必须保持直流通路。因为它的输入阻抗非常高,所以栅极上的感应电荷很难通过输入电阻泄漏,电荷的积累使静电电压升高,尤其是在极间电容较小的情况下,少量的电荷会产生很高的电压,以至往往管子还未使用,就已被击穿或出现指标下降的现象。

为避免上述原因对绝缘栅型场效应管造成损坏,在存储时应把场效应管的三个电极短路;在采用绝缘栅型场效应管的电路中,通常在它的栅、源两极之间接入一个电阻或稳压二极管,使积累的电荷不致过多或使电压不致超过某一界限;焊接、测试时应该采取防静电措施,电烙铁和仪器等都要有良好的接地线;使用绝缘栅型场效应管的电路和整机,外壳必须良好接地。

4. 可控硅

(1) 要满足电路对可控硅主要参数的要求。

(2) 在直流电路中可以选用单向或双向可控硅,当用在以直流电源接通或断开来控制功率的直流削波电路中时,由于要求的判断时间短,需选用高频可控硅。

(3) 选用双向可控硅时,应选用管子的额定电流值大于负载电流有效值,对电容性负载还应加过电流保护。

(4) 在使用可关断管时,对控制极导通与关断最好采用强触发,使管子能可靠稳定的工作。为实现强触发,控制极触发脉冲电流一般应为额定触发电流的 3~5 倍,触发电流越大,导通时间越短。为防止管子误导通,减小关断损耗,要限制管子的 dU/dT 的比值,需在管子两端并联阻容器件。

2.7 半导体光电器件

光电二极管和光电三极管均为红外线接收管。这类管子能把接收到的光的变化变成电流的变化,经过放大及信号的处理,用于各种控制目的。它们除用于红外线遥控外,还在光纤通信、光纤传感器、工业测量与自动控制、火灾报警传感器、光电转换仪器、光电读出装置(纸带读出器、条形码读出器、考卷自动评阅机等)、光电耦合等方面得到广泛应用。在机电一体化时代,它成为必不可少的元件。

2.7.1 光电二极管

光电二极管是一种光电变换器件,它和普通二极管一样,是由 PN 结组成的半导体器件,具有单向导电性。不同之处是在光电二极管的外壳上有一个透明的窗口以接收光线照射,实现光电转换,在电路图中的文字符号一般为 VD。

光电二极管工作在反向状态。其工作原理是在一定条件下,当光照到半导体光窗内PN结上时被吸收的光能就转变成电能。无光照时,反向电流(暗电流)非常微弱;有光照时,反向电流迅速增大,称为光电流。光照强度越强,光电流也越大。光电二极管的电路符号如图2.19(a)所示。

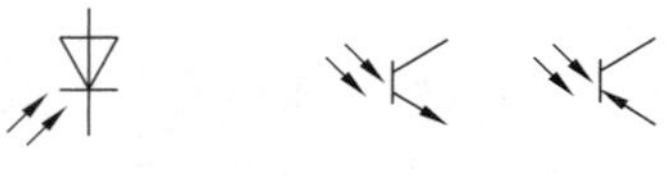

(a) (b)

图2.19 光电器件电路符号
(a) 光电二极管;(b) 光电三极管

光电二极管检测:首先根据外壳上的标记判断其极性,外壳标有色点的管脚或靠近管键的管脚为正极,另一管脚为负载。如无标记可用一块黑布遮住其接收光线信号的窗口,将万用表置R×1 k挡测出正极和负极,同时测得其正向电阻应为10~20 kΩ,其反向电阻应为无穷大,表针不动。然后去掉遮光黑布,光电二极管接收窗口对着光源,此时万用表表针应向右偏转,偏转角度大小说明其灵敏度高低,偏转角度越大,灵敏度越高。

2.7.2 光电三极管

光电三极管的结构与普通三极管基本相同,其工作原理与光电二极管相同,光电三极管外壳也有一个透明窗口,以接收光线照射。光电三极管因输入信号为光信号,所以通常只有集电极和发射极两个引脚线。电路符号如图2.19(b)所示。

光电三极管和一般三极管不同的是,它利用光来改变输出的光电流。它可以获得比一般光电二极管大许多的输出电压,适用于光电开关、光电计数器、烟雾探测器等电路应用。

光电三极管检测:光电三极管管脚较长的是发射极,另一管脚是集电极。检测时首先选一块黑布遮住其接收窗口,将万用表置R×1 kΩ挡,两表笔任意接两管脚,测得结果为表针都不动(电阻无穷大),再移去遮光布,万用表指针向右偏转至15~35 kΩ,其向右偏转角度越大说明其灵敏度越高。

2.7.3 光电耦合器

光电耦合器是以光为媒介,用来传输电信号的器件。把半导体发光器件和光敏器件组合封闭装在一起,当输入端加电信号时,发光器件发出光线,光敏器件接受光照后就产生光电流,由输出端引出,从而实现“电—光—电”转换。由于光电耦合器具有抗干扰能力强、使用寿命长、传输效率高等特点,可广泛用于电气隔离、电平转换、级间耦合、开关电路、脉冲放大、固态继电器、仪器仪表和微型计算机接口电路中。

光电耦合器的种类较多,但在家电电路中,常见的只有4种结构,见表2.33。

表2.33 常用光电耦合器结构

类 型	特 点	内部电路
第1类	为发光二极管与光电晶体管封装的光电耦合器,结构为双列直插4引脚塑封,主要用于开关电源电路中	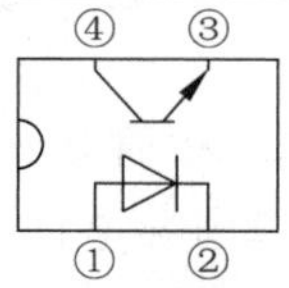 ④ ③ ① ②

续表

类　型	特　　点	内部电路
第 2 类	为发光二极管与光电晶体管封装的光电耦合器，主要区别为引脚结构不同，结构为双列直插 6 引脚塑封，也用于开关电源电路中	⑥ ⑤ ④ ① ② ③
第 3 类	为发光二极管与光电晶体管(附基极端子)封装的光电耦合器，结构为双列直插 6 引脚塑封，主要用于 AV 转换音频电路中	⑥ ⑤ ④ ① ② ③
第 4 类	为发光二极管与光电二极管加晶体管(附基极端子)封装的光电耦合器，结构为双列直插 6 引脚塑封，主要用于 AV 转换视频电路中	⑧ ⑦ ⑥ ⑤ ① ② ③ ④

可用数字万用表来检测光电耦合器，以表 2.33 中的第 3 类光电耦合器为例，检测时将光电耦合器内接二极管的正极端①脚和负极端②脚分别插入数字万用表的 h_{FE} 挡的 c、e 插孔内，此时数字万用表置于 NPN 挡；然后将光电耦合器内接光电三极管 c 极⑤脚接模拟万用表的黑表笔，e 极④脚接红表笔，并将模拟万用表拨在电阻 R×1 kΩ 挡。这样就能通过模拟万用表指针的偏转角度(光电流的变化)，来判断光电耦合器的好坏。指针向右偏转角度越大，说明光电耦合器的光电转换效率越高，即传输比越高，反之越低；若表针不动，则说明光电耦合器已损坏。

2.8 集成电路

集成电路是利用半导体工艺或厚膜、薄膜工艺，将电阻、电容、二极管、三极管、场效应管等元器件按照设计要求连接起来，制作在同一硅片上，形成一个具有特定功能的电路。集成电路具有体积小、重量轻、功耗小、性能好、可靠性高、电路稳定等优点，被广泛应用于电子产品中。

2.8.1 集成电路的型号命名

我国集成电路的型号命名采用与国际接轨的准则，如表 2.34 所示。表 2.35 列出的是各种常见集成电路封装形式。

表 2.34　集成电路型号命名

第 0 部分		第 1 部分		第 2 部分	第 3 部分		第 4 部分	
用字母表示器件符合国家标准		用字母表示器件的类型		用数字表示器件系列和品种代号	用字母表示器件的工作温度范围/℃		用字母表示器件的封装	
符号	意义	符号	意义	意义	符号	意义	符号	意义
C	中国制造	T	TTL	与国际接轨	C	0～70	W	陶瓷扁平
		H	HTL		E	－40～85	B	塑料扁平
		E	ECL		R	－55～85	F	全密封扁平
		C	CMOS		M	－55～125	D	陶瓷直插
		F	线性放大器				P	塑料直插
		D	音响、电视电路				J	黑陶瓷直插
		W	稳压器				K	金属菱形
		B	非线性电路				T	金属圆形
		M	存储器					
		μ	微型机电路					

表 2.35　部分常见集成电路封装

代号	图　例	代号	图　例
DIP	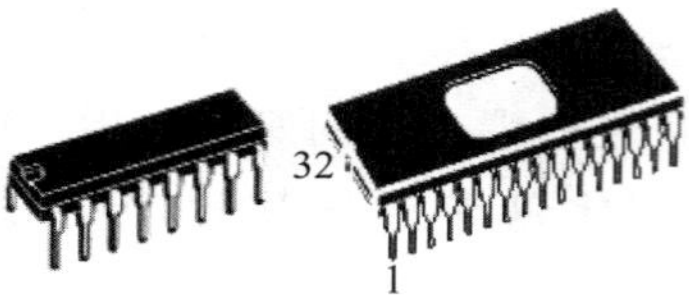 32 1	PGA	
ZIP	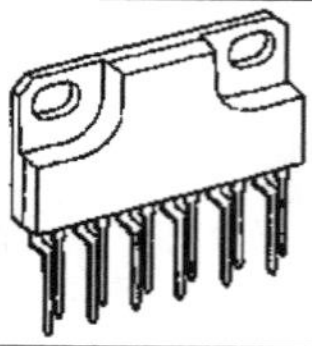	PLCC	
SIP	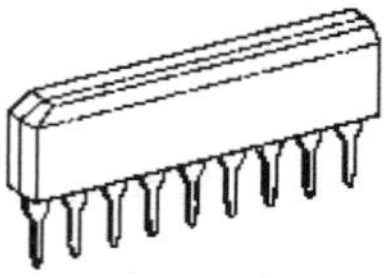	SC	
LQFP		SOJ	
TO	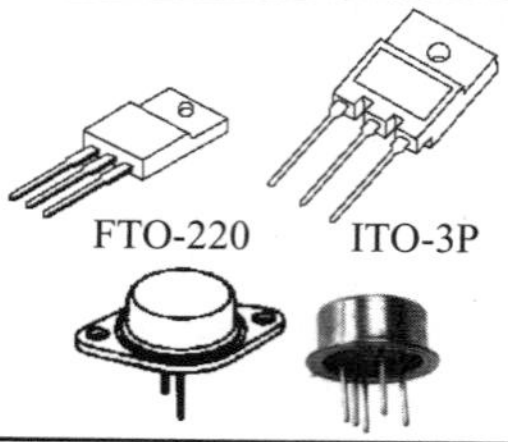 FTO-220　ITO-3P	SOP TSOP	 

2.8.2 集成电路的分类

1. 按功能分类

集成电路按功能可分为数字集成电路和模拟集成电路。

模拟集成电路有运算放大器、功率放大器；音响电视电路、模拟乘法器；模/数和数/模转换器；稳压电源等许多种。其中集成运算放大器是最为通用，品种和数量最为广泛的一种。

数字集成电路中，小规模集成电路有多种门电路，即非门、或门等；中规模集成电路（数百个门）有数据选择器、编/译码器、触发器、计数器、寄存器等；大规模（数万个门）或超大规模集成电路有可编程逻辑器件（PLD）和专用集成电路（ASIC）等。

2. 按芯片工艺及性能分类

集成电路按制造工艺，可以分为半导体集成电路、薄膜集成电路、厚膜集成电路和混合集成电路；在数字集成电路中，根据芯片的工艺设计以及性能，分为 TTL 系列、CMOS 系列、ECL 系列。其中 TTL 系列可满足一般场合的需要；ECL 系列可满足低电压高速度应用；而 CMOS 系列则常用于低功耗的系统中。

2.8.3 集成电路的检测

1. 电阻法

通过测量集成电路各引脚对地正、反向电阻，与器件参考资料或另一块好的集成电路进行比较，从而作出判断。

当含有集成器件的印制电路单元功能不正常，又没有对比资料的情况下，只能使用间接电阻法测量，即通过测量集成电路引脚外围元件（如电阻、电容、三极管）的好坏，以排除法来判断。若外围元件没有损坏，则集成电路有可能损坏。

2. 电压法

测量集成电路引脚对地的动、静态电压，与线路图或其他资料所提供的参考电压进行比较，若引脚电压有较大差别，其外围元件又没有损坏，则集成电路有可能损坏。

3. 波形法

用示波器测量集成电路各引脚波形是否与原设计相符，若发现有较大区别，其外围元件又没有损坏，则集成电路有可能损坏。

4. 替换法

用相同型号的集成电路替换试验，若电路恢复正常，则原集成电路已损坏。

2.8.4 使用集成电路的注意事项

在产品原理设计、PCB布板、元件安装焊接、调试检验等各个环节中，都应该注意到各种类型集成电路的技术规范和使用要求。

1. 设计与参数配合

在使用集成电路时，其负荷不允许超过极限值；当电源电压变化不超过其额定值的±10%的范围内，集成电路的电气参数应符合规定的标准。

输入信号的电平不得超过集成电路电源电压的范围(即输入信号的上限不得高于电源电压的上限，输入信号的下限不得低于电源电压的下限，对于单个正电源供电的集成电路，输入电平不得为负值)。同时使用不同工艺(TTL、ECL、CMOS)的逻辑电路系统中应考虑电平接口问题，必要时应加入电平转换电路。

数字集成电路的负载能力一般用扇出系数 N_0 表示，但它所指的情况是用同类门电路作为负载。当负载是继电器或发光二极管等需要一定驱动电流的元器件时，应该在集成电路的输出端增加驱动电路。

使用模拟集成电路前要仔细查阅它的技术说明书和典型应用电路，特别注意外围元件的配置，保证工作电路符合规范。对线性放大集成电路，要注意调零，防止信号堵塞，消除自激振荡。

在使用高速IC(TTL、ECL、HCMOS等)时，由于其转换速度极快，容易产生射频干扰。因此，要避免引长线交叉或长线并接，还要在芯片的电源与地之间加10 μF以上的电容去耦，以防止高频尖脉冲导致逻辑的错误。

2. PCB布板设计

一般情况下，数字集成电路的多余输入端不允许悬空，否则容易造成逻辑错误。“与门”、“与非门”的多余输入端应该接电源正端，“或门”、“或非门”的多余输入端应该接地(或电源负端)。

在具有模拟和数字混合的电路中，除注意电平外，还要注意数字电路部分对模拟电路的干扰问题，电路设计和实际安装时要把两者分开，并在电路上采取一定的屏蔽措施(如加入光电隔离电路、地线系统分开等)。

3. 焊接与安装

在手工焊接电子产品时，电烙铁应有良好接地，一般应该最后装配焊接集成电路。不得使用大于45 W的电烙铁，每次焊接最长时间视器件散热条件而定，器件、管脚或电路板的相应导热区较小时焊接时间宜短，一般不宜超过3～5 s。

集成电路的使用温度一般在−30～85℃之间。在系统布局时，应使集成电路尽量远离热源。

4. 调试操作

在接通或断开电源瞬间，不得有高电压产生，即不带电插拔元件或接口插座，否则将会击穿集成电路。通电状态不允许触摸 MOS 器件。

对于 MOS 集成电路，要特别防止栅极静电感应击穿。一般测试仪器(特别是信号发生器和交流测量仪器)和线路本身，均需有良好接地。当 MOS 电路的源—漏电压加载时，若栅极输入端悬空，很容易因静电感应造成击穿，损坏集成电路。对于使用机械开关转换输入状态的电路，为避免输入端在拨动开关时的瞬间悬空，应该接一个几十 kΩ 的电阻到电源正极(或负极)上。即使在存储 MOS 集成块时，也必须将其收藏在金属盒内或用金属箔包装起来(外引线全部短路)，防止外界电场将栅极击穿。

在工业化生产中，集成电路的工艺性筛选将在保证整机产品的可靠性中起关键作用。

2.9 开关和继电器

2.9.1 开关

开关在电子设备中起接通和切断电源或信号的作用。开关大多数采用操作方便、价廉可靠的手动式机械结构，几种常用的机械式开关外形见图 2.20。随着技术的发展，各种非机械结构的开关层出不穷，如气动开关、水银开关以及高频振荡式、电容式、霍尔效应式的接近(感应)开关等。

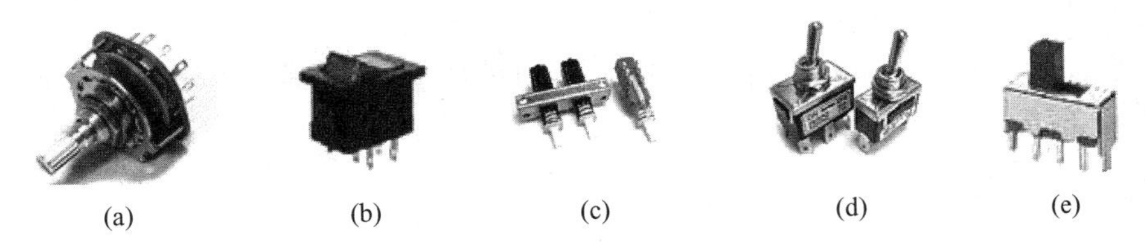

图 2.20 几种常见机械式开关的外形

(a) 波段开关；(b) 船型开关；(c) 琴键开关；(d) 钮子开关；(e) 滑动开关

图 2.21 为几种常用开关的电路符号。

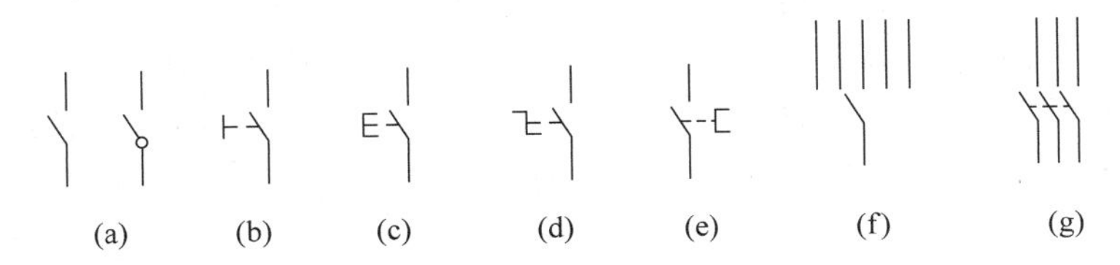

图 2.21 几种开关的电路符号

(a) 一般开关；(b) 手动开关；(c) 按钮开关；(d) 旋钮开关；(e) 拉拔开关；

(f) 单极多位开关；(g) 多极多位开关

开关按动作方式可分为旋转式(波段开关，一般多为多级多位)、按动式(按钮开关、键盘开关、琴键开关、船形开关）、拨动式（钮子开关、滑动开关）。

开关的主要参数如下所述。

（1）额定电压。指在正常工作状态下开关能容许施加的最大电压，对交流电源开关指交流电压有效值。

（2）额定电流。指在正常工作状态下开关所容许通过的最大电流。交流电路中指交流电流有效值。

（3）接触电阻。开关接通时，接触点间的电阻值叫作接触电阻。该值要求越小越好，一般开关多在 0.02 Ω 以下。

（4）绝缘电阻。指定的不相接触开关导体之间的电阻，此值越大越好。一般开关多在 100 MΩ 以上。

（5）耐压（抗电强度）。指定的不相接触的开关导体之间所承受的电压。一般开关耐压至少大于 100 V，其中电源（市电）开关要求大于 500 V。

（6）寿命。是指开关正常条件下能工作的动作次数（或有效时间）。通常要求开关的使用次数为 5000～10000 次以上。

对一般的电子制作实验来讲，选用及调换开关时，除了型号或外形等需考虑外，参数方面只需考虑额定电压、额定电流和接触电阻。

单极开关触点之间是否接触可以用万用表方便地测量。对于多极开关，在明确开关极性和原理结构后也不难判断。

2.9.2 继电器

继电器是在自动控制电路中广泛使用的一种元件，它实质上是用较小电流来控制较大电流的一种自动开关。在电路中起着自动操作、自动调节、安全保护等作用。用继电器也可以构成逻辑、时序电路。

1. 继电器概述

1）电磁继电器

电磁继电器是应用最早、最广泛的一种小型继电器。电磁式继电器一般由铁芯、线圈、衔铁、触点簧片等组成的。只要在线圈两端加上一定的电压，线圈中就会流过一定的电流，从而产生电磁效应，衔铁就会在电磁力吸引的作用下克服返回弹簧的拉力吸向铁芯，从而带动衔铁的动触点与静触点（常开触点）吸合。当线圈断电后，电磁的吸力也随之消失，衔铁就会在弹簧的反作用力下返回原来的位置，使动触点与原来的静触点（常闭触点）吸合。这样吸合、释放，从而达到了在电路中的导通、切断的目的。电磁继电器电路符号见图 2.22 所示。

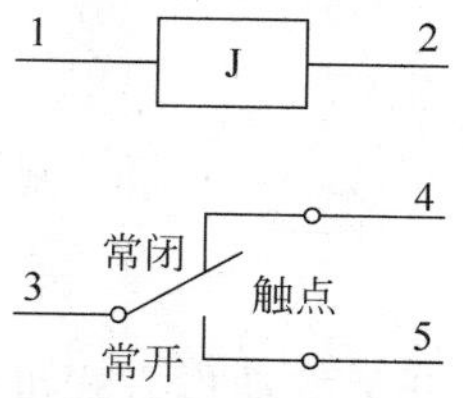

图 2.22 继电器的电路符号

对于继电器的常开、常闭触点，可以这样来区分：继电器线圈未通电时处于断开状态的静触点，称为常开触点；处于接通状态的静触点称为常闭触点。

电磁继电器包括直流电磁继电器、交流电磁继电器、时间继电器、温度继电器、磁保持继电器、极化继电器、舌簧继电器、节能功率继电器等。电磁继电器外形如图 2.23(a)所示。

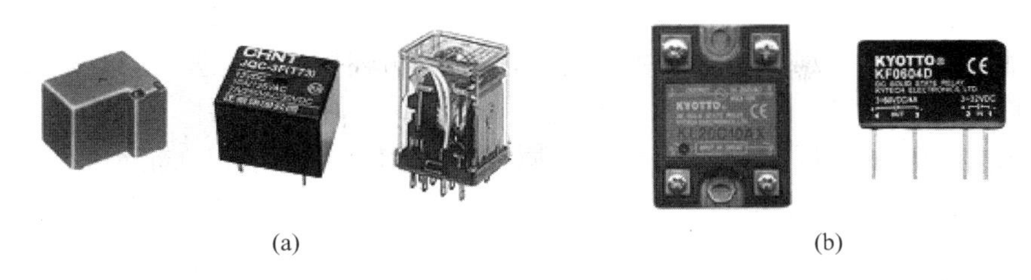

图 2.23　几种常用的电磁继电器外形

(a) 电磁继电器；(b) 固体继电器

2) 热敏干簧继电器

热敏干簧继电器是一种利用热敏磁性材料检测和控制温度的新型热敏开关。它由感温磁环、恒磁环、干簧管、导热安装片、塑料衬底及其他一些附件组成。热敏干簧继电器不用线圈励磁,而由恒磁环产生的磁力驱动开关动作。恒磁环能否向干簧管提供磁力是由感温磁环的温控特性决定的。

3) 固态继电器

固态继电器(SSR)是一种由半导体器件组成的电子开关器件,它依靠半导体器件的电磁或光特性来完成其隔离和继电切换功能。

固态继电器与传统的电磁继电器相比,内部没有机械结构件,也没有开关电触点。因此,在继电切换时无电磁火花,不会出现拉弧烧触头和向外辐射电磁波的情况;无机械切换声音,其工作可靠性和寿命高于电池型继电器。固态继电器所需的驱动功率小,驱动电平直接和逻辑电路兼容,一般不需加驱动缓冲级电路。

固态继电器按负载电源类型可分为交流型和直流型。按开关形式可分为常开型和常闭型。按隔离形式可分为混合型、变压器隔离型和光电隔离型,以光电隔离型为最多。

由于固态继电器的内在特点,目前已广泛应用于工业自动化控制领域,电炉加热、遥控机械、数控机械、电机、电磁阀以及信号灯、闪烁器、舞台灯光切换、医疗器械、复印机、洗衣机、消防保安等等控制系统,都大量应用了固态继电器。图 2.23(b)为两种常见固体继电器外形。

2. 继电器性能参数

(1) 额定工作电压,指继电器正常工作时线圈需要的电压。

(2) 直流电阻,指线圈直流电阻,可以通过万用表电阻挡进行测量。

(3) 吸合电流,指继电器能够产生吸合动作的最小电流。在使用时,给定的电流必须略大于吸合电流,继电器才能可靠的工作。

(4) 释放电流,指继电器释放动作的最大电流。当继电路在吸合状态下电流减小到一定程度时,继电器恢复到未通电的释放状态,这个时候的电流比吸合电流小很多。

(5) 触点的切换电压和电流,指继电器触点允许加载的电压和电流,它决定了继电器控制电压和电流的大小。使用时不能超过此数值,否则将损坏继电器的触点。

虽然一个继电器有很多技术参数,且各种继电器的技术参数也不尽相同,但工程上对继电器的基本技术要求是相同的。

(1) 工作可靠。继电器在电气装置中担任很重要的角色，它的失控不仅影响装置的工作，还会造成更严重的后果。不但要在室温下正常工作，还要在一定温度、湿度、气压及振动等条件下正常工作。

(2) 动作灵敏。不同继电器的灵敏度不同，但总希望继电器可以在很小的驱动电压(电流)下工作，当然首先要保证可靠稳定。

(3) 性能稳定。继电器不但在出厂时应该满足性能要求，长时间使用后继电器性能的变化应该也不大，并希望继电器有更长的寿命(一般寿命为数十万到数百万次)。

3. 继电器检测与选用

(1) 测触点电阻。用万用表的电阻挡，测量常闭触点与动点的电阻，其阻值应为0；而常开触点与动点的阻值就为无穷大。由此可以区别出哪个是常闭触点，哪个是常开触点。

(2) 测线圈电阻。可用万用表 $R\times10\ \Omega$ 挡测量继电器线圈的阻值，从而判断该线圈是否存在着开路现象。继电器线圈的阻值，一般在几十 Ω 到几 kΩ 之间。

(3) 测量吸合电压和吸合电流。利用可调稳压电源和电流表，给继电器输入一组电压，且在供电回路中串入电流表进行监测。慢慢调高电源电压，听到继电器吸合声时，记下该吸合电压和吸合电流。为求准确，可以多试几次而求平均值。

(4) 测量释放电压和释放电流。加电方式同上，当继电器吸合后，再逐渐降低供电电压，当听到继电器再次发出释放声音时，记下此时的电压和电流，亦可多尝试几次而取得平均的释放电压和释放电流。一般情况下，继电器的释放电压约在吸合电压的10%～50%，如果释放电压太小(小于吸合电压的10%)，则继电器不能正常使用了，这样会对电路的稳定性造成威胁，工作不可靠。

选用继电器时首先应了解继电器使用情况：

(1) 控制电路的电源电压，能提供的最大电流；

(2) 被控制电路中的电压和电流；

(3) 被控电路需要几组、什么形式的触点。

选用继电器时，一般控制电路的电源电压可作为选用的依据。控制电路应能给继电器提供足够的工作电流，否则继电器吸合是不稳定的。

其次，可查找相关资料，找出所需继电器的型号和规格。若手头已有继电器，可依据资料核对是否可以利用。最后考虑尺寸是否合适，小型继电器主要考虑电路板安装布局，如玩具、遥控装置则应选用超小型继电器产品。

思考题

2.1 分别写出电阻、电容、电感的电流电压关系式和多个同类元件串联、并联后的关系式。

2.2 实用中对电阻或电容进行串联、并联有何意义？

2.3 电解电容主要应用在什么场合，可选电解电容有哪几种？

2.4 电容设计参数确定后，选择电容主要应考虑哪些问题？

2.5 分别说明电阻、电容、电感的色环标识法的异同点,分别举出实例。

2.6 高频电路应用中,对 RLC 元件选用有何特殊要求?

2.7 变压器在电路中起什么作用?

2.8 半导体器件上的标识一般具有什么含义,有何实用价值?

2.9 半导体器件封装选择有何讲究?

2.10 场效应管有何特点,哪些地方应考虑选用场效应管而不用三极管?

2.11 在测某放大电路时,发现三极管 2N5551 已损坏,而手上只有 90 系列三极管,能否用 90 系列去替代 2N5551,为什么?

2.12 大功率三极管与可控硅有何区别?

2.13 单向可控硅触发导通的基本条件是什么?

2.14 集成运放模块选择应用时需要注意哪些主要参数?

2.15 固态继电器与普通电磁继电器比较有何特点?

2.16 集成温度传感器有哪几种?

2.17 怎样在路判别三极管的好坏?

实训一 电阻、电容和电感器件的识别与检测

1. 实训目的

(1) 了解电阻、电容器的材料组成和结构分类;懂得其型号命名方法及应用。

(2) 熟悉电阻器、电位器和电容器的类别、型号、规格及主要性能。

(3) 掌握电阻器、电位器和电容器的基本检测方法。

(4) 了解电感线圈、变压器的组成和构造;懂得其型号命名方法及应用。

(5) 掌握电感器和变压器的基本检测方法。

2. 实训器材

(1) 数字万用表 1 只。

(2) 元器件板 1 块。

(3) LCR 数字电桥 1 台。

3. 实训步骤

1) 电阻器、电位器和电容器的识别

(1) 观看元器件板上的电阻器、电位器和电容器,了解各种电阻器、电位器和电容器的外形和标志。

(2) 掌握色环电阻的正确读法。

(3) 掌握数字法标注电容容量的正确读法。

2) 电阻器、电位器和电容器的检测

(1) 用数字万用表的电阻挡测量所给的电阻值,并与通过色环法读出的电阻的标称值

进行比较，看其是否在精度允许的范围内。

(2) 用数字万用表测量所给电位器的固定端电阻，并判断是否与标称值相符。可调端电阻是否在 0 Ω 到标称值之间或标称值到 0 Ω 之间变化。

(3) 用 LCR 数字电桥测量电容器的容量及好坏。

3) 电感器、变压器的识别与检测

(1) 观看样品，了解所给电感器、变压器的外形、结构和标志。

(2) 用数字万用表测量变压器的原、副边绕组的直流电阻，判断变压器的好坏。

(3) 用 LCR 数字电桥测量电感器的容量及好坏。

4. 实训报告

把测量数据填入附录 B 的表 B2 中，并对测量数据进行分析。

实训二　半导体器件的识别与检测

1. 实训目的

(1) 熟悉常用晶体管器件的性能、特点，懂得其型号命名方法及应用；对不同集成器件的材料组成、构造及应用有所了解。

(2) 熟悉各种半异体器件的外形及引脚排列规律，掌握识别方法。

(3) 掌握常用半导体元器件好坏的检测。

2. 实训器材

(1) 数字万用表 1 只。

(2) 不同类型、规格半导体若干。

(3) 不同类型的数字集成电路和模拟集成电路若干。

3. 实训步骤

(1) 观看样品，熟悉各种半导体器件的外形、结构和标志。

(2) 用数字万用表判断各种二极管的正负极、好坏，并记录二极管的正向压降。

(3) 用数字万用表判别三极管的管型、管脚排列及用数字万用表的“h_{FE}”挡测量三极管的电流放大倍数。

(4) 用数字万用表判别数字集成电路和模拟集成电路的好坏。

4. 实训报告

把测量数据填入附录 B 的表 B2 中，并对测量数据进行分析。

焊接技术

基本要求

（1）熟悉焊接材料与焊接工具。

（2）掌握电子元器件的安装与常规焊接工艺。

焊接是一项使用焊料合金在两个金属表面之间完成可导电、导热和形成直接机械连接的技术。一台电子仪器设备(计算机、示波器等)有上千个焊点，焊接是保证电子仪器质量好坏的一项关键性工艺。在电子元件日趋集成化、小型化的今天，印制电路板上元器件排列密度越来越高，焊接技术也随之不断地推陈出新。

3.1 手工焊接

3.1.1 手工焊接工具

电烙铁是手工焊接的主要工具。选择合适的电烙铁并合理使用，是保证焊点质量的关键。

1. 电烙铁的种类

随着焊接技术的需要和不断发展，电烙铁的种类不断增加。按加热方式可分为直热式、恒温式、吸焊式、感应式、超声波式、气体燃烧式等电烙铁；按功能不同可分为单用式、双用式、调温式等。最常用的还是单一焊接用的直热式电烙铁，它又可分为内热式、外热式两种。

1）直热式电烙铁

外热式电烙铁是应用广泛的普通型电烙铁，其外形如图 3.1 所示。它的烙铁头安装在烙铁芯里面，故称外热式电烙铁。

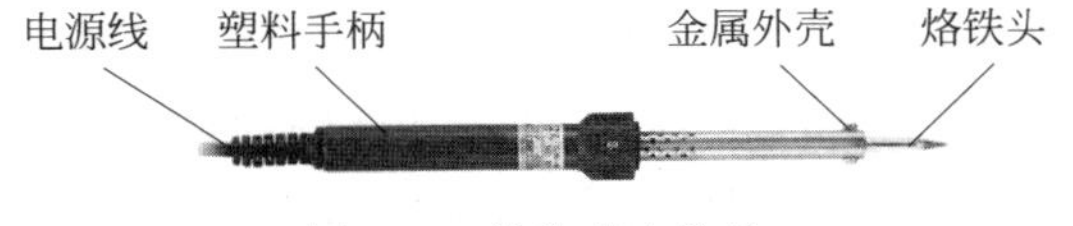

图 3.1　外热式电烙铁

电烙铁芯是电烙铁的核心部件，它是将电热丝平行地绕制在一根空心瓷管上，中间由云母片绝缘，引出两根导线与220 V交流电连接。外热式电烙铁的特点是构造简单、价格便宜，但热效应低、升温慢、体积较大。烙铁头的长短和形状对烙铁的温度有一定影响。

外热式电烙铁一般有20 W、25 W、30 W、50 W、75 W、100 W、150 W、300 W等多种规格。功率越大，烙铁头的温度越高。

内热式电烙铁的外形如图3.2所示，因其烙铁芯装在烙铁头的里面，故称内热式电烙铁。

图3.2 内热式电烙铁

内热式电烙铁的规格有20 W、30 W、50 W等，主要用于印制电路板的焊接。它的特点是体积小、重量轻、升温快、耗电相对较省、热效率高，但烙铁芯内缠绕在密闭陶瓷管上的加热用的镍铬电阻丝较细，很容易烧断。内热式电烙铁的热效率高达85%～90%，烙铁头的温度可达350℃左右。20 W的内热式电烙铁的实用功率相当于25～40 W的外热式电烙铁。

2）感应式电烙铁

感应式电烙铁也称为速热烙铁，它的里面实际上是一个变压器，变压器的次级只有1匝。当变压器初级线圈通电时，次级线圈感应出大电流通过加热体，使同它相连的烙铁头迅速达到焊接所需的温度。

感应式电烙铁的特点是加热速度快。一般通电几秒钟即可达到焊接温度。因此不需像直热式电烙铁那样持续通电。

由于感应式电烙铁的烙铁头实际上是变压器的次级绕组，所以对一些电荷敏感器件，如绝缘栅MOS电路，常会因感应电荷的作用而损坏器件。因此在焊这类电路时，不能使用感应式电烙铁。

3）恒温式电烙铁

直热式（外热式、内热式）电烙铁的温度一般都超过了300℃，这对焊接晶体管、集成电路等是不利的。在质量要求较高的场合，通常需要恒温电烙铁，其烙铁头的工作温度根据不同的设计，一般可在特定范围内任意选取。

恒温电烙铁有电控和磁控两种。电控恒温电烙铁用热电偶作为传感元件来检测和控制烙铁头的温度。当烙铁温度低于规定值时，温控装置内的电子电路控制半导体开关元件或继电器接通电源，给电烙铁供电，使电烙铁温度上升，温度一旦达到预定值，温控装置自动切断。如此反复动作，使烙铁头基本保持恒温。

磁控恒温电烙铁借助于软磁金属材料在达到某一温度（居里点）时会失去磁性这一特点，制成磁性开关来达到控制温度的目的。目前采用较多的是磁控恒温电烙铁。

因恒温式电烙铁采用断续加热，所以它比普通电烙铁节电50%左右，并且升温速度快。由于烙铁头始终保持恒温，因此在焊接过程中不易氧化，可减少虚焊，提高焊接质量；烙铁头也不会产生过热现象，使用寿命长。

4）吸焊式电烙铁

吸焊式电烙铁与普通电烙铁相比，其烙铁头是空心的，而且多了一个吸锡装置。操作时，先加热焊点，待焊点熔化后，按动吸锡装置，焊锡被吸走，使元器件与印制电路板脱焊。

2. 电烙铁的选用

电烙铁选用的主要依据是电子设备的电路结构形式、被焊元器件的热敏感性、使用焊料的特性等。对于一般的研制和生产维修工作，根据不同施焊对象选择不同功率的普通电烙铁，即可满足要求，如有特殊要求可选用感应式、恒温式等电烙铁。选择电烙铁的功率和类型一般根据焊件的大小和性质而定，表 3.1 的选择可供参考。

表 3.1 电烙铁的选择

焊件及工作性质	烙铁头温度/℃ （室温、220 V 电压）	选用电烙铁
一般印制电路板，安装导线	250～400	20 W 内热式，30 W 外热式，恒温式
维修、调试一般电子产品	250～400	20 W 内热式，30 W 外热式，恒温式，感应式
集成电路	250～400	20 W 内热式，恒温式
焊片，电位器，2～8 W 电阻，大电解电容器，大功率管	350～450	35～50 W 内热式，50～75 W 外热式，恒温式
8 W 以上大电阻，2 mm 以上导线等	400～550	100 W 内热式，150～200 W 外热式
汇流排、金属板等	500～630	30 W 外热式

焊接印制电路板时，一般使用 30 W 电烙铁。如果使用的烙铁功率过大，则容易烫坏元器件或使印制电路板的铜箔脱落；如果烙铁的功率太小，则焊锡不能充分熔化，造成焊点的不光滑、虚焊。所以应根据不同的焊接对象，合理选用电烙铁的功率。

电烙铁的烙铁头按照材料可分为合金头和纯铜头。

合金头又称长寿式电烙铁头，它的寿命是一般纯铜电烙铁寿命的 10 倍。因为焊接时是利用烙铁头上的电镀层焊接的，所以合金头不能用锉刀锉。如果电镀层被磨掉，烙铁头将不能再粘锡导热；当电镀层在使用中有较多氧化反应物和杂质时，可以在烙铁架上轻轻擦除。

纯铜头在空气中极易氧化，故应进行镀锡处理。具体做法是先用锉刀锉出铜色，然后上松香镀锡。有些纯铜烙铁头在连续使用过程中，其刀刃发生氧化而凹陷发黑，需要拔下电源插头，用锉刀重新锉好并上锡。如果不是连续使用，应将烙铁头蘸上焊锡置于烙铁架上，拔下电源插头。否则，由于烙铁头上焊锡过少而氧化发黑，烙铁不再粘锡。烙铁头上的毛刺、凹槽都可能直接影响焊点的焊接质量。

对烙铁头形状的选择，一般考虑烙铁头刃口与焊点的配合、焊接面与焊点密度等综合因素而定。要求焊接时接触面积小于焊盘的面积；焊点小的或焊点密集而怕热的元器件应选用尖锥刃口，焊点大的应选用圆斜面刃口。若是普通新电烙铁，可在使用前对电烙铁头进行处理。

3.1.2 焊接材料

焊接材料中有焊料和焊剂之分。能熔合两种或两种以上的金属，使之成为一个整体的易熔金属或合金都叫焊料；焊剂是一种能除去被焊金属表面氧化物，减小熔融焊料的表面张力，增加焊锡流动性的焊接辅助材料。在一些焊接材料产品中，焊料和焊剂是完全复合的。

1. 焊料

焊料是熔点低于被焊金属的易熔金属，焊接不同的金属使用不同的焊料。按其成分不同，焊料可分为锡铅焊料、银焊料、铜焊料等。按其耐温情况，可分为高温焊料、低温焊料以及低熔点焊料等。

在一般电子产品手工焊接装配中，通常使用内部充填了松香（助焊剂）的锡铅焊料（丝）。在自动贴装的工业化焊接生产中，焊膏因其具有可变形的黏弹性和相对高的电导率、热导率，成为焊接材料首选。

焊料的要求是具有良好的导电性、一定的机械强度、较低的熔点（一般选用熔点低于200℃的焊锡丝为宜）。焊料成分一般是含锡量60%～65%的铅锡合金，锡铅含量比为63%∶37%时是一种比较理想的共晶焊锡。焊锡在整个焊接过程中，铅几乎不起反应，在锡中加入铅的主要目的是获得锡和铅都不具备的优良特性。市面上销售的焊锡丝的直径有0.5、0.8、0.9、1.0、1.2、1.5和2.0 mm等。

由于铅是重金属，存在毒性，因此无铅合金焊料已经得到推广。

2. 焊剂

焊剂也称为助焊剂，可分为无机类、有机类和树脂类三类。无机类焊剂俗称焊油，呈油膏状，化学作用最强，常温下即能除去金属表面的氧化膜，但腐蚀性强，在电子产品的焊接中禁用。有机焊剂（焊锡膏）化学作用缓和，腐蚀性较小，有较好的助焊性能，但使用中的腐蚀性对电子产品有影响。树脂焊剂主要是松香焊剂，是一种可靠的焊剂，在电子设备的焊接中被广泛应用。自制松香酒精助焊剂可按松香酒精重量比例3∶1，加适量活性剂配制。

焊剂的作用主要有两个方面：一是去除被焊件的氧化层，这是保证焊接质量的重要手段；二是降低熔化焊锡的表面张力，使焊锡能更好地附着在金属表面。加热金属表面及熔化状态的焊锡比在常温下更容易氧化，助焊剂能较快地覆盖在金属和焊锡表面防止氧化。

用于表面组装再流焊的焊膏，不仅要有足够的黏性，可将元器件黏附在印制电路板上，直到开始再流焊，而且还应有抗氧化特性。焊膏中一般含有8%～15%的助焊剂成分，其主要成分为树脂、活性剂和稳定剂等。

3.1.3 手工焊接技术

1. 焊接正确姿势

焊剂加热挥发出的化学物质对人体是有害的，如果操作时鼻子距离烙铁头太近，则很容易将有害的气体吸入。一般烙铁离开鼻子的距离应不小于 30 cm，通常以 40 cm 左右为宜。

电烙铁有三种拿法，如图 3.3 所示。反握法的动作稳定，长时间操作不易疲劳，适合大功率烙铁的操作；正握法适合中等功率烙铁的操作；一般在操作台上焊接印制电路板等焊件时，多采用握笔法。

焊锡丝一般有两种拿法，如图 3.4 所示。由于焊锡丝成分中铅占一定比例，而铅是对人体有害的重金属，因此操作时应戴手套或操作后洗手，避免食入铅。

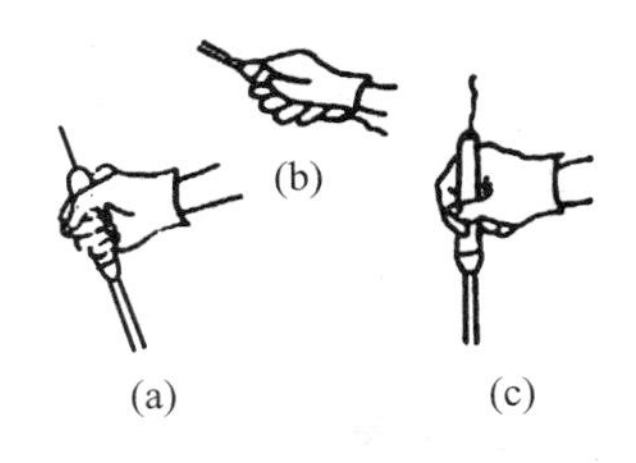

图 3.3 电烙铁的拿法

(a) 反握法；(b) 正握法；(c) 握笔法

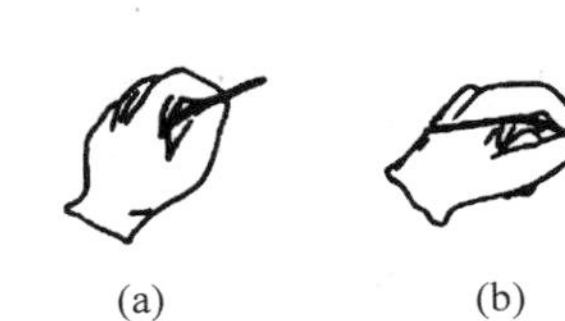

图 3.4 焊锡丝的拿法

(a) 连续焊接时焊锡丝的拿法；(b) 连续焊接时焊锡丝的拿法

电烙铁使用后，一定要稳妥地放在烙铁架上，并注意电源线、导线等物不要碰到烙铁头，以免烫坏电源线，造成漏电等事故。

2. 焊接的基本操作步骤

焊接操作的基本步骤参见图 3.5。

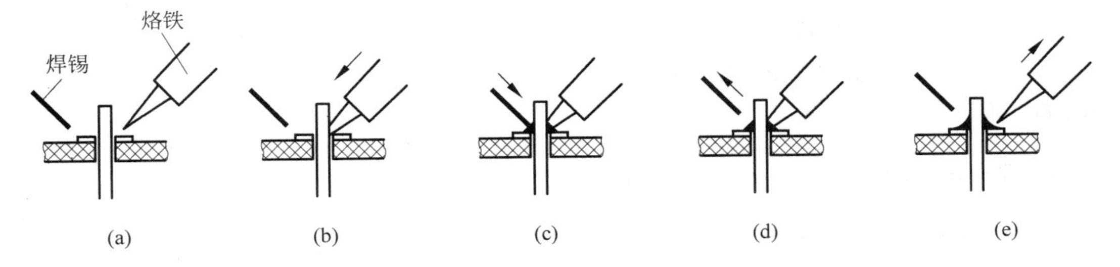

图 3.5 五步焊接法的主要步骤

(a) 施焊准备；(b) 加热焊件；(c) 加焊料；(d) 移开焊锡；(e) 移开电烙铁

(1) 施焊准备。左手拿焊锡丝，右手握电烙铁，准备焊接。要求烙铁头和施焊对象表面保持干净，能够沾上焊锡。

(2) 加热焊件。以一定的角度送电烙铁头与焊盘、元器件引脚接触(面接触)，加热一定时间(能熔化焊锡)。加热时，烙铁头和连接点要有一定的接触压力。

(3) 加焊料。当焊件加热到能熔化焊料的温度后将焊锡丝置于焊点。

(4) 移开焊锡。当熔化一定量的焊锡后将焊锡丝移开。

(5) 移开电烙铁。当焊锡完全润湿后沿 45°方向移开电烙铁，电烙铁能带走焊点上多余的焊锡。

3. 手工焊接的注意事项

手工焊接追求的根本目标是焊出连接可靠、对器件和线路板无损伤且美观的焊点。

（1）焊接时要经常保持烙铁头的清洁。因为焊接时烙铁头长期处于高温状态，又接触焊剂等杂质，其表面很容易氧化并沾上一层黑色杂质，这些杂质几乎形成隔热层，使烙铁头失去加热作用。对明显受到氧化和存在污渍的元件管脚或线路板受焊点，应进行清洁处理，以防造成焊点质量问题。

（2）掌握好焊接时间与温度。烙铁温度低、焊接时间短，焊点易拉毛或虚焊；烙铁温度高、焊接时间长，容易引起元器件过热损坏，印制电路板铜箔脱落，开关等元件的塑料变形，焊点虚焊、无光泽。烙铁向焊件传热和焊点散热的条件，是决定焊接时间和温度的关键。

（3）焊锡量要适当。参见图3.6，过量的焊锡既浪费材料，增加焊接时间和焊点过热的可能性，又可能造成隐性短路；焊锡太少不仅焊点机械强度不够，还可能造成虚焊。

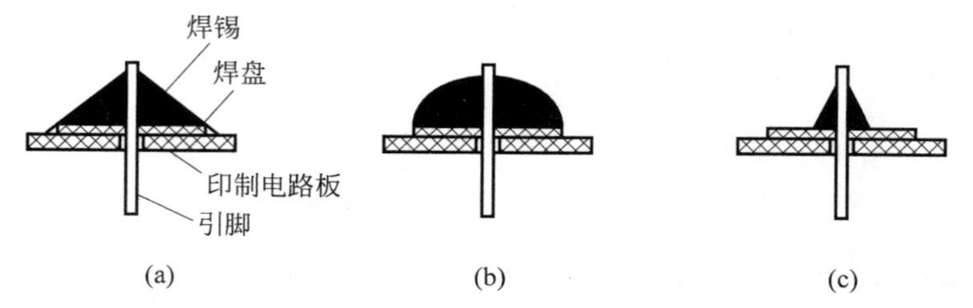

图3.6 焊锡量的掌握

（a）标准焊点；（b）焊料过多；（c）焊料不足

（4）在焊锡凝固前必须保持元器件不动。摇晃或抖动将造成焊点变形，或直接造成虚焊。

（5）焊剂不可过量。焊剂的作用是助焊，但焊剂过多既会延长焊接时间，污染空气，又会使焊点不干净，绝缘受到影响。

（6）不要用烙铁头作为运载焊料的工具。对烙铁任何形式的敲振甩锡，都可能造成烙铁内部电阻丝的断裂。

4. 焊点的质量要求

（1）焊点的机械强度要足够大。元器件管脚与电路板焊盘之间要有足够的焊锡连接面，甚至可采用把被焊元器件的引线端子打弯后再进行焊接，以保证机械连接强度。

（2）焊接可靠，保证导电性能。焊接点的质量将会直接影响导电性能。虚焊是指焊料与被焊物表面没有形成合金结构，只是简单地依附在被焊金属的表面上。一般用仪表测量很难发现虚焊，但随着时间的推移，没有形成合金的虚焊表面就要被氧化，之后便会出现时通时断的现象，造成产品的质量问题。

导电性能与焊料选择也有一定联系。不当的焊料可能导致电路工作时焊点阻抗过大，进而导致工作时焊点过热等问题。特定要求的情况下，可以进行通电检查导电特性。

5. 拆焊

在电子产品的调试和维修中常需更换一些元器件，如果方法不得当，就会破坏印制电路板，也会使换下而并没有失效的元器件无法重新使用。

一般电阻、电容、晶体管等管脚不多，且每个引脚能相对活动的元器件可用烙铁直接拆焊。如图3.7所示，将印刷线路板竖起来夹住，一边用烙铁加热待拆元件的焊点，一边用镊子或尖嘴钳夹住元器件引脚轻轻拉出。也可采用吸焊式电烙铁,在对焊点加热的同时把锡吸入内腔,从而完成拆焊。

为保证拆焊的顺利进行,应注意以下两点:

(1) 烙铁头加热被拆焊点时,焊料一熔化,就应及时按垂直印制电路板的方向拔出元器件的引脚,不管元器件的安装位置如何,都不要强拉或扭转元器件,以免损伤印制电路板和其他元器件。

(2) 在插装新元器件之前,必须把焊盘插孔内的焊料清除干净,否则在插装新元件引脚时,将造成印制电路板的焊盘翘起。

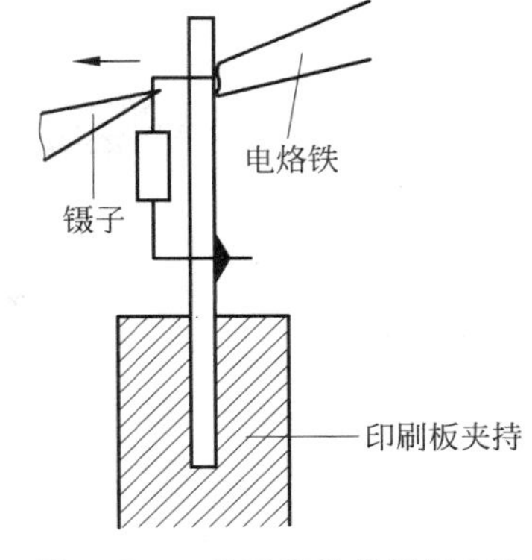

图 3.7 一般元器件的拆焊方法

对于多个直插式管脚的集成元件拆焊,应用吸焊式电烙铁(或烙铁+吸锡器),确保吸尽每个管脚上的焊锡,也可用专用拆焊电烙铁使全部元件管脚同时加热而脱焊拔出。借助于热风枪吹出高温热风拆焊的方法对表面贴片安装电子元器件(特别是多引脚的 SMD 集成电路)是适合的,但对直插式集成元件管脚拆焊未必适合。直插管脚上的焊锡可能贯穿焊板正反两面,焊锡量也比贴片元件多,依靠单面的热风熔化焊点不够现实。

3.2 典型焊接方法及工艺

3.2.1 印制电路板的焊接

正式制作的印制电路板在焊接之前要仔细检查,看其有无断路、短路、孔金属化不良以及是否已有助焊处理等。板上的任何潜在问题,都是整机调试和产品故障的隐患,全部元件焊接完成后的电路板,往往并不能发现板自身存在的问题。

焊接前,根据实际情况,都有一个管脚整形工序,见图 3.8。老式的元器件必须有一个去氧化层镀锡工序。现有多数元器件管脚已有助焊处理,但当元件管脚表面明显不够光亮时,去氧化层工序仍是需要的。

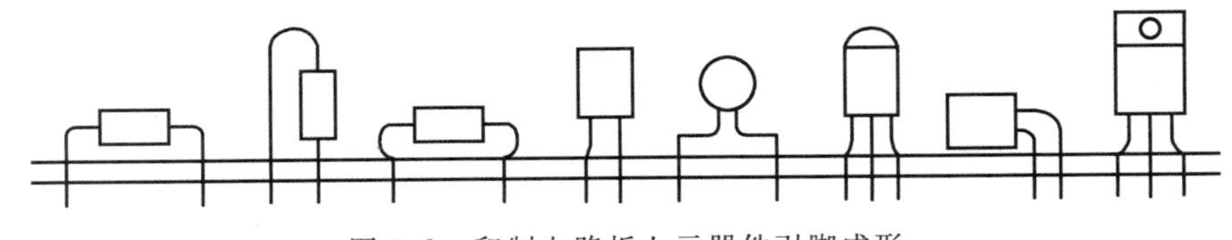
图 3.8 印制电路板上元器件引脚成形

安装和焊接的一般工序步骤是先装焊低矮的元件,再装焊较高的元件。次序是电阻→电容→二极管→三极管→集成电路→其他(大功率)元件。

元器件安装时要注意,二极管、三极管、电容器、集成元件都有管脚极性,应根据管脚标识仔细识别安装。焊接要求元件标记向上,字向一致。装完一种规格再装另一种规格,尽量使元件的高低一致。焊接后将露在印制电路板焊面上多余的引脚线齐根剪去。焊接结束后，需检查有无漏焊、虚焊现象。

3.2.2 集成电路的焊接

MOS电路特别是绝缘栅型，由于输入阻抗很高，极易受外界电磁场或静电的感应而带电，而少量电荷就可在极间电容上形成相当高的电压使内部击穿。双极型集成电路不像MOS集成电路那样娇气，但由于内部集成度高，通常管子隔离层很薄，一旦过热也容易造成损坏。无论哪种电路，都不能承受高于200℃的温度，因此焊接时要非常小心。

集成电路的安装焊接有两种方式：一种是将集成块直接与印制电路板焊接；另一种是通过专用插座（IC插座）在印制电路板上焊接，然后将集成块直接插入IC插座上。

在焊接集成电路时应注意下列事项：

(1) 集成电路引脚如果是镀金银处理的，不要用刀刮，只需用酒精擦洗或绘图橡皮擦干净就可以了。

(2) 对CMOS电路，如果事先已将各引脚短路，焊前不要拿掉短路线。

(3) 焊接时间在保证浸润的前提下应尽可能短，每个焊点最好在3 s时间内焊好，可连续焊接时间与散热条件有关，一般不能超过6～8 s。

(4) 使用烙铁最好是20 W内热式，接地线应保证接触良好。若用外热式，最好采用烙铁断电后的余热焊接，必要时还要采取人体接地的措施。

(5) 工作台上如果铺有橡皮、塑料等易于积累静电的材料，MOS集成电路芯片及印制电路板不宜放在台面上。

(6) 集成电路若不使用插座直接焊在印制电路板上，安全焊接顺序为地端→输出端→电源端→输入端。

3.2.3 导线焊接技术

导线焊接在电子产品装配中占有重要的位置。实践中发现，出现故障的电子产品中，导线焊点的失效率高于印制电路板，因此导线的焊接工艺也是十分关键的。

1. 常用连接导线

电子装配中常用的导线有三类：

(1) 单股导线。绝缘层内只有一根导线，俗称硬线，常用于固定位置连接。漆包线也属此范围。

(2) 多股导线。绝缘层内有4～67根或更多的导线，俗称软线，应用最为广泛。

(3) 屏蔽线。在弱信号的传输中应用十分广泛。同样的结构还有高频传输线，一般叫同轴电缆线。

2. 导线焊前处理

(1) 剥绝缘层。导线焊接前要除去末端绝缘层，一般可用剥线钳，大规模生产中有专门机械。用剥线钳剥线时要注意对单股线不应伤及导线，多股线及屏蔽线不断线，否则将影响接头的质量。

(2) 镀锡。剥好后的多股导线线头要先绞合在一起，然后将导线头浸蘸松香水，再使用锡锅镀锡。

3. 导线焊接

1) 导线同接线端子的连接

(1) 绕焊。焊前先将导线弯曲(图 3.9(a))，把经过上锡的导线端头在接线端子上缠 1 圈，用钳子拉紧缠牢后进行焊接，如图 3.9(b)所示。注意，导线一定要紧贴端子表面，绝缘层不接触端子，一般 $L=1\sim3$ mm 为宜。这种连接可靠性最好。

(2) 钩焊。将导线端子弯成钩形，钩在接线端子上并用钳子夹紧后施焊，如图 3.9(c)所示。

(3) 搭焊，如图 3.9(d)所示。这种连接最方便，但强度可靠性最差，仅用于临时连接或不便缠、钩连接的地方以及某些接插件上。

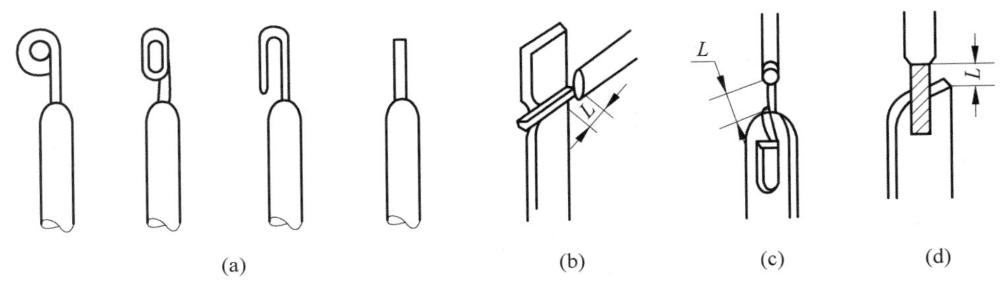

图 3.9 导线与端子之间焊接形式

(a) 导线弯曲形状；(b) 绕焊；(c) 钩焊；(d) 搭焊

2) 导线与导线的连接

导线之间的连接以绕焊为主，操作步骤如下：

(1) 去掉一定长度的绝缘皮；

(2) 端子上锡，并穿上合适的套管；

(3) 绞合，施焊；

(4) 趁热套上套管，冷却后套管固定在接头上。

3) 屏蔽线末端处理

屏蔽线或同轴电缆末端连接对象不同，其处理方法也不同。图 3.10 所示为屏蔽线末端与其他端子焊接时的处理方式，特别强调芯线与屏蔽层的绞合及挂锡时的烛芯反应。热缩套管在加热到 100℃以上时，其直径会缩小到原来的 1/3～1/2，是屏蔽线末端处理时常用的绝缘材料，还要注意不要使同轴电缆的芯线承受拉力，因为同轴电缆的芯线一般较细且线数

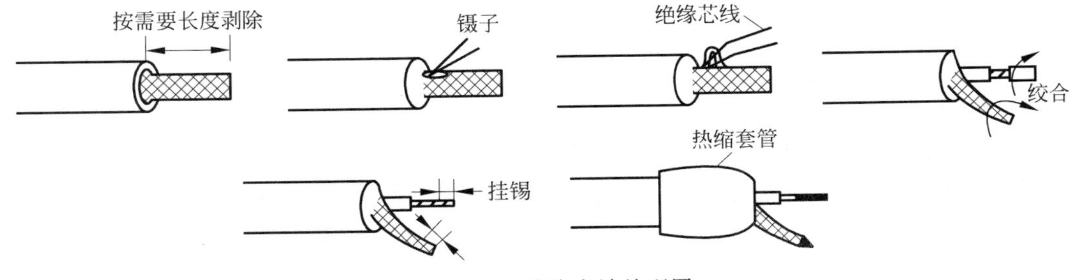

图 3.10 屏蔽线末端处理图

少，芯线承受拉力后容易断开，造成断路故障。

3.3 电子产品工业中常用的焊接技术

电子产品工业中的焊接技术是指大批量生产的自动焊接技术，如浸焊、波峰焊、再流焊等，这些焊接都采用自动焊接机完成。

3.3.1 浸焊

浸焊是将插装好元器件的印制电路板在熔化后的锡槽内浸锡，一次完成印制电路板众多焊点的焊接方法，与手工焊接相比，它不仅大大提高了生产效率，而且可消除漏焊现象。

浸焊比手工焊接效率高，设备也简单，但由于锡槽内的焊锡表面是静止的，表面氧化物易黏在焊接点上，并且印制电路板被焊接表面与焊锡接触，温度高，易烫坏元器件并使印制电路板变形。浸焊是初始的自动化焊接，日前在大批量电子产品生产中已被波峰焊所代替。

3.3.2 波峰焊

波峰焊是采用波峰焊机一次完成印制电路板上全部焊点的焊接，适用于电子产品大批量生产。波峰焊机的主要结构是一个温度能自动控制的熔锡缸，缸内装有机械泵和具有特殊结构的喷嘴。机械泵能根据焊接要求，连续不断地从喷嘴压出液态锡波，印制电路板由传送带按一定的速度和倾斜度通过波峰完成焊接。

波峰焊接工艺流程为：将印制电路板(已经插好元件)装上夹具→喷涂助焊剂→预热→波峰焊接→冷却→切引线头→残脚处理→出线。

波峰焊接工艺流程如图3.11所示。

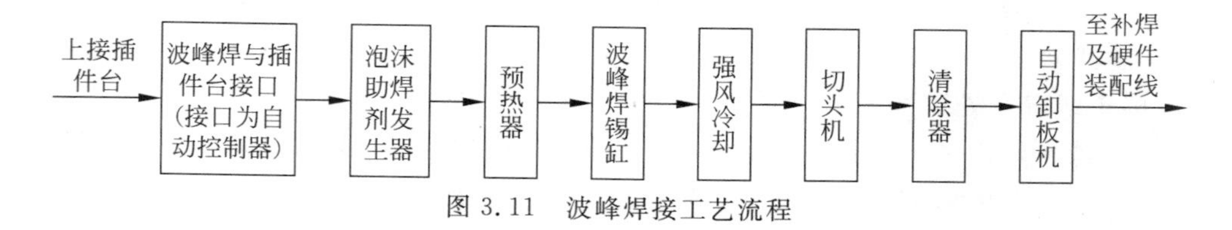

图3.11 波峰焊接工艺流程

3.3.3 再流焊

再流焊，也称回流焊，是伴随微型化电子产品的出现而发展起来的一种新的锡焊技术，目前主要应用于表面安装片状元器件的焊接。

这种焊接技术的焊料是有一定流动性的糊状焊锡膏，用它将元器件黏在印制电路板上，通过加热使焊膏中的焊料熔化而再次流动，达到将元器件焊接在印制电路板上的目的。

再流焊接工艺流程如图3.12所示。再流焊操作方法简单，焊接效率高、质量好、一致性好，而且仅在元器件的电极下有很薄的一层焊料，是一种适合自动化生产的微电子产品装配技术。

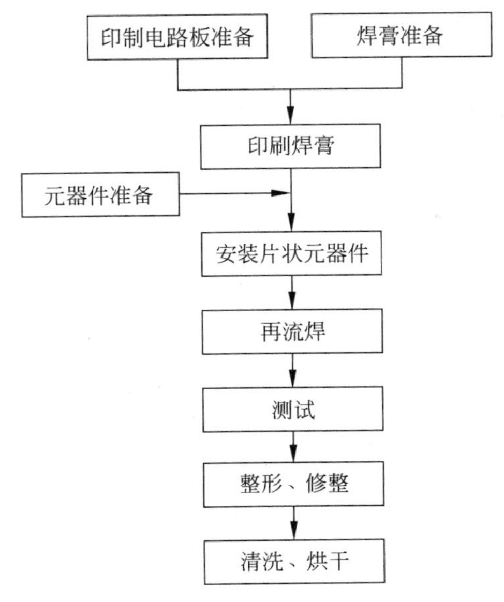

图 3.12 再流焊工艺流程图

3.4 表面安装技术

电子系统的微型化和集成化是当代技术革命的重要标志，也是未来发展的重要方向。安装技术是实现电子系统微型化和集成化的关键。尽管传统的安装技术还将继续发挥作用，但新的安装技术将以不容置疑的优势逐步取代传统方法，这是大势所趋。

表面安装技术(surface mounting technology，SMT)是伴随无引脚元件或引脚极短的片状元件(也称 SMD 元器件)的出现而发展起来的。它打破了在印制电路板上要先进行钻孔再安装元器件、在焊接完成后还要将多余的引脚剪掉的传统工艺，直接将 SMD 元器件平卧在印制电路板的铜箔表面进行安装和焊接。现代电子技术大量采用 SMT，实现了电子设备微型化，提高了生产效率，降低了生产成本。

3.4.1 概述

SMT 是将电子元器件直接安装在印制电路板或其他基板导电表面的装接技术。电子元件在印制电路板上的表面安装如图 3.13 所示。

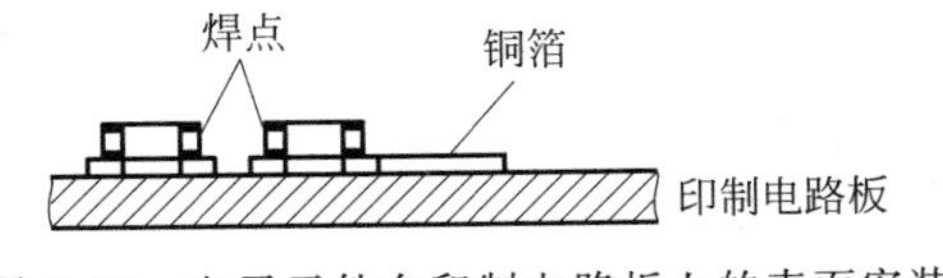

图 3.13 电子元件在印制电路板上的表面安装

1. SMT 的特点

SMT 是将特殊的小型化了的表面安装元件(SMC)和器件(SMD)直接黏附并黏接在印制电路板上。表面安装元器件的特点是无引线(带有焊盘)或引线极短，因此它与传统的通孔元件的装配、焊接截然不同。采用SMT有如下一些特点：

(1) 可以大大提高印制电路板的安装密度，更有效地利用空间，使设备进一步小型化、多功能化。与通孔安装技术相比，印制电路板的空间可节约60%～70%，重量可减轻70%～90%。

(2) 能够减少安装工序，提高生产效率。SMT的采用，可省去传统安装工艺中印制电路板的钻孔工序、元器件成形工序以及有关的加工准备工作，因而可大大提高生产效率，并降低生产成本。

(3) 可以提高印制电路板的可靠性，改善电路特性尤其是高频电路特性。表面安装元件无引线或引线短，使电路的信号路径短，分布参数大大减小，因而能显著改善电路的高频性能。同时这种装配结构的抗振动、抗冲击能力较强，使设备的可靠性也得到提高。

(4) 可以有效地实行自动化生产。采用自动贴装机进行生产与使用自动插装机比较，可以明显提高元件安装密度及自动化程度，整个SMT程序都可以自动进行。

SMT的出现及发展，将在电子设备的装联领域里逐步取代通孔装联技术，而居主要地位。

2. SMT的基本工艺

SMT的基本工艺有两种类型，主要取决于焊接方式。

1) 波峰焊

采用波峰焊的工艺流程如图3.14所示，基本上有4道工序：

(1) 点胶，将胶水点到要安装元件的中心位置。

(2) 贴片，将片状元器件放到印制电路板上。

(3) 固化，使用相应的固化装置将片状元件固定在印制电路板上。

(4) 焊接，将装有片状元器件的印制电路板经过波峰焊机，实现焊接。

这种生产工艺适合大批量生产，对贴片的精度要求比较高，对生产设备的自动化程度要求也很高。

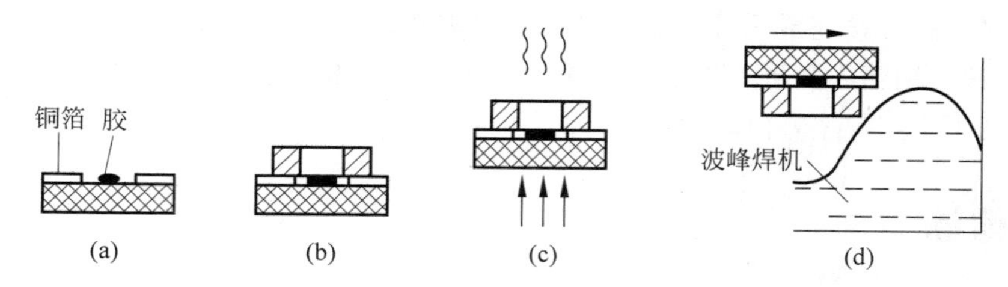

图3.14 采用波峰焊的工艺流程图

(a) 点胶；(b) 贴片；(c) 固化；(d) 波峰焊

2) 再流焊

采用再流焊的工艺流程如图3.15所示，基本上有3道工序：

(1) 涂焊膏，将专用焊膏涂在电路板上。

(2) 贴片，将片状元器件放在电路板上。

(3) 再流焊，将电路板送入再流焊设备中，通过自动控制系统完成对元件的加热焊接。

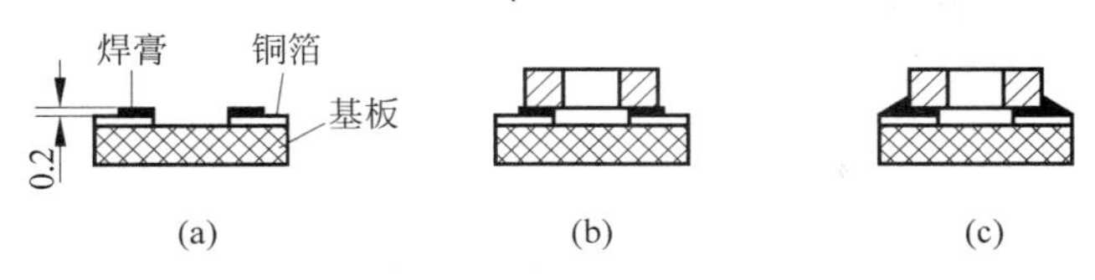

图 3.15 采用再流焊的工艺流程图

(a) 涂焊膏；(b) 贴片；(c) 再流焊

这种方法的生产工艺灵活，既可用于中小批量生产，又可用于大批量生产。采用再流焊对片状元件进行焊接时，因为在元件的焊接处都已经涂上焊膏，通过对焊点的加热，使两种工作上的焊锡重新熔化到一起，实现了电器的连接。

再流焊加热的方法有热板加热、红外线加热、激光加热以及气相加热等。

(1) 热板加热。采用普通的热板隧道炉加热，结构简单，投资少，温度曲线可变。但传热不均匀，不适合双面装配。

(2) 红外线加热。这是目前应用最普遍的再流焊焊接方式。采用红外线辐射加热，升温速度可控，具有较好的焊接可靠性和合适的投资。缺点是要求元件外形不可变化太大，热敏元件要屏蔽起来。

(3) 激光加热。这是辐射加热的一种特殊方法。用激光加热，焊接可局部进行。焊接速度快，可以精确控制脉冲时间和能量等，适于少量要求单独焊接的元件，包括热敏元件。

(4) 气相加热。这种方法通过加热高沸点的惰性液体产生的饱和蒸气加热焊料。这种方法热转换效率高、热传递均匀且热稳定性高。对于热容量不同、组装密度高的元件，气相加热焊接是一种较好的方法。其缺点是设备投资高，热转换介质价格昂贵而且有毒，目前应用还不够普及。

3.4.2 SMT 的基础材料

1. 表面安装元件

由于 SMT 的迅速发展，适合表面安装的元件也不断被研制出来。目前，表面安装元件有如下类型：

(1) 片式矩形元件，如各种电阻器、电容器和电感器等。

(2) 圆柱形元件，如各种电阻器、电容器和电感器等。

(3) 封装元器件，如二极管(SOD)、晶体管(SOT)、小型塑封集成电路(SDIC)、无引线陶瓷封装片状载体(LCCC)和有引线塑料封装片状载体(PLCC)等。

(4) 各种半导体芯片。

(5) 异型元件，如电感器、滤波器、微调电容、石英晶体、开关、插座、继电器和微型电机等。

2. 表面安装用基板

SMT 用基板主要有印制电路板和陶瓷型基板两大类。

3. 表面安装其他材料

1) 黏合剂

常用黏合剂有3种分类方法:按材料分有环氧树脂、丙烯酸树脂及其他聚合物黏合剂;按固化方式分有热固化、光固化、光热双固化及超声波固化黏合剂;按使用方法分有丝网漏印、压力注射、针式转移所用的黏合剂。除了黏合剂的一般要求外,SMT使用的黏合剂要求快速固化,触变性好,耐高温,化学稳定性和绝缘性好。

2) 焊锡膏

焊锡膏由焊料合金粉末和助焊剂组成,简称焊膏。焊膏由专业厂家生产成品,使用者应掌握选用方法。

(1) 焊膏的活性。根据SMT的表面清洁度确定,一般可选中等活性,必要时选高活性或无活性级、超活性级。

(2) 焊膏的黏度。根据涂覆法选择,一般液料分配器用100～200 Pa·s,丝印用100～300 Pa·s,漏模板印刷用200～600 Pa·s。

(3) 焊料粒度选择。图形越精细,焊料粒度应越高。

(4) 电路采用双面焊时,板两面所用的焊膏熔点应相差30～40℃。

(5) 电路中含有热敏电阻元件时应选用低熔点焊膏。

3) 助焊剂和清洁剂

SMT对助焊剂的要求和选用原则,基本上与THT相同,只是更严格,更有针对性。

目前常用的清洁剂有两类:CFC-113(三氧化氯乙烷)和甲基氯仿,在实际使用时,还需加入乙醇酯、丙烯酸酯等稳定剂,以改善清洁剂的性能。

清洗方式除了浸注清洗和喷淋清洗外,还可用超声波清洗、气相清洗等方法。

3.4.3 表面安装设备

表面安装设备主要有三大类:涂布设备、贴片设备和焊接设备。下面简要介绍涂布设备和贴片设备。

1. 涂布设备

涂布设备的作用是往板上涂布黏合剂和焊膏,有以下3种方法。

1) 针印法

针印法是将针状物浸入黏合剂中,提起针头时就挂上一定的黏合剂,将其放到SMB的预定位置,使黏合剂点到板上。

2) 注射法

注射法如同医用注射的方式将黏合剂或焊膏注到SMB上,通过选择注射孔的大小和形状,调节注射压力,就可改变注射胶的形状和数量。

3) 丝印法

用丝网漏印的方法涂布黏合剂或焊膏,是现在常用的一种方法。丝网是用80～200目的不锈钢金属网,通过涂感光膜形成感光漏孔,制成丝印网板。

丝印方法精确度高,涂布均匀,效率高,是目前 SMT 生产中主要的涂布方法。生产设备有手动、半自动、自动式等各种规格型号的丝印机。

2. 贴片设备

贴片设备是 SMT 的关键设备,一般称为贴片机,其作用是往板上安装各种贴片元件。

3.5 电子焊接技术的发展

现代焊接技术主要有以下几个特点。

1)焊件微型化

现代电子产品不断向微型化发展促进了微型焊接技术的发展。

2)焊接方法多样化

(1)锡焊。除了波峰焊向自动化、智能化发展,再流焊技术日臻完善,发展迅速,其他焊接方法也随着微组装技术的发展而不断涌现,目前已用于生产实践的有丝球焊、TAB 焊、倒装焊、真空焊等。

(2)特种焊接。锡焊以外的焊接方法,主要有高频焊、超声焊、电子束焊、激光焊、摩擦焊、扩散焊等。

(3)无铅焊接。由于铅是有害金属,采用无铅焊接已是大势所趋,目前已成功用于代替铅的有铟(In)、铋(Bi)等。

随着计算机技术的发展,在电子焊接中使用微机控制的焊接设备已进入实用阶段。如微机控制电子束焊接已在我国研制成功。还有一种光焊技术,已经应用在 CMOS 集成电路的全自动生产线上,其特点是采用光敏导电胶代替助焊剂,将电路芯片黏在印制电路板上用紫外线固化焊接。随着电子工业的发展,传统的焊接方法将不断完善,新的高效率的焊接方法不断涌现。

3)生产过程绿色化

绿色是环境保护的象征。目前电子焊接中使用的焊料、焊剂以及焊接和焊后清洗过程不可避免地影响环境和人类的健康。因此生产过程绿色化主要包括以下两个方面:

(1)使用无铅焊料。

(2)使用免清洗技术,如使用免洗焊膏,以避免污染环境。

思考题

3.1 焊接中为什么要用助焊剂?其主要作用是什么?

3.2 在手工焊接时,应注意哪些问题?

3.3 选用电烙铁应注意哪些问题?电烙铁的温度如何控制?

3.4 手工焊接的基本方法和操作要领是什么?

3.5 SMT 焊接工艺方法有几种?它们各有什么特点?

3.6 选用焊料时要注意什么问题?

3.7 什么是虚焊、堆焊?如何防止?

3.8 请叙述波峰焊工艺流程。

3.9 什么叫再流焊?它主要用于什么元件的焊接?

实训一 手工焊接训练

1. 实训目的

(1) 了解焊料与焊剂,熟悉焊接工艺。

(2) 了解和掌握焊接工具电烙铁的结构和使用方法。

(3) 电子元件引出线进行表面处理(除去表面氧化层,利用助焊剂进行上锡,整形)。

(4) 根据电子产品焊接工艺要求规范操作,掌握基本焊接工艺要领。

2. 实训器材

(1) 焊接工具1套,焊料、焊剂若干,焊接训练练习板2块,电阻器、单芯导线、多芯导线若干。

(2) 数字万用表1只。

3. 实训步骤

1) 工具认识

手工焊接常用工具参见表1.1。

2) 电烙铁检测

(1) 外观检查:电源插头;电源线绝缘性;烙铁头。

(2) 用数字万用表检测电源插头,其间的阻值应为1.7 kΩ左右,插头与烙铁头之间的阻值为无穷大,参见图3.16。

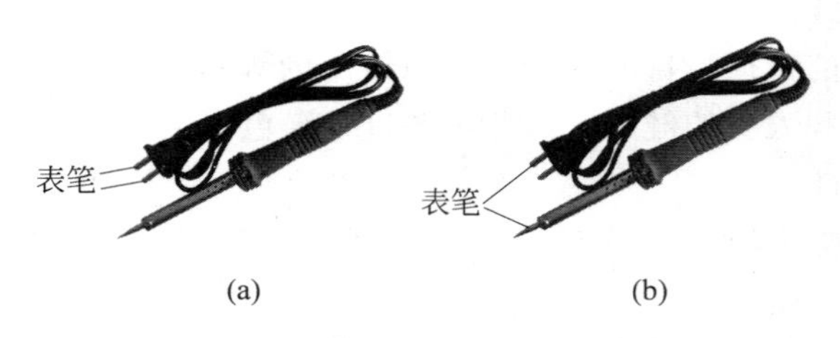

图3.16 数字万用表检查电烙铁

(a) 检测电热丝;(b) 检测绝缘

3) 元器件引脚清洁处理

4) 焊接训练

(1) 在练习板上进行焊接练习,完成30个电阻焊接训练,要求电阻卧式安装,焊点大小均匀,表面光洁,呈偏平的锥形(参见图3.17)。

(2) 将10根单芯导线按图3.18整形后在练习板上完成其安装焊接练习。

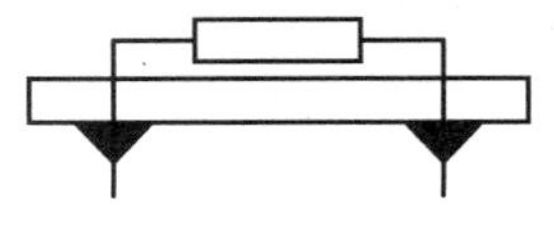

图 3.17 电阻卧式安装

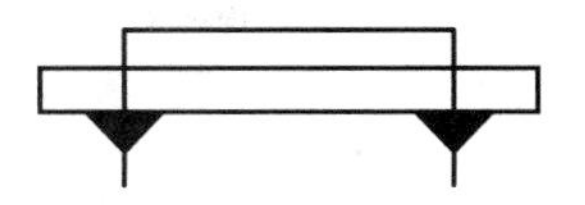

图 3.18 单芯导线安装

(3) 完成多芯导线之间、多芯导线与练习板之间的焊接。

(4) 电阻串、并联电路的焊接训练。按图 3.19 领取电阻(电阻的阻值由教师确定),在电路板上完成电路装配、焊接,并用数字万用表电阻挡测量 A、B 之间的阻值。

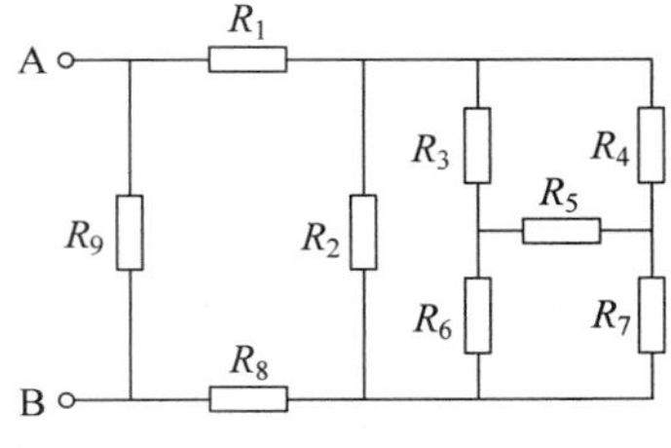

图 3.19 电阻串、并联练习电路图

$R_{AB}=$________ Ω

5) 实训注意事项

(1) 电烙铁使用后,一定要稳妥地放在烙铁架上,并注意电源线、导线等物不要碰到烙铁头,以免烫坏电源线,造成漏电等事故。

(2) 如果电烙铁长时间不使用,需要拔下电烙铁电源插头。

(3) 在焊接时要防止焊盘之间短路。

(4) 用剪线钳剪去焊好的电子元器件多余的引线时,要让引线飞出方向朝着地面,绝不可朝着人或设备。

4. 实训报告

用数字万用表测量图 3.19 中 A、B 之间的阻值。

实训二 手工操作 SMT 技能训练

1. 实训目的

通过对 FM 收音机的安装、调试,了解 SMT 的特点和发展趋势,熟悉 SMT 技术的基本工艺流程,掌握手工 SMT 操作技能。

2. 实训要求

(1) 能看懂 FM 收音机的原理框图、电原理图及装配图。

(2) 熟悉 FM 收音机的装配工艺流程。

(3) 制作一台用 SMT 元件组装的 FM 收音机。

(4) 运用电路知识,分析、排除调试过程中所遇到的问题。根据 FM 收音机的技术指标测试 FM 收音机的主要参数。

3. FM 收音机原理

FM 收音机电路的核心是单片收音机集成电路 SC1088。它采用特殊的低中频(70

kHz)技术，外围电路省去了中频变压器和陶瓷滤波器，使电路简单可靠，调试方便。SC1088采用SOT16脚封装，表3.2是引脚功能，图3.20是FM收音机电路原理框图。

表 3.2　FM收音机集成电路SC1088引脚功能

引脚	功　能	引脚	功　能	引脚	功　能	引脚	功　能
1	静噪输出	5	本振调谐回路	9	IF输入	13	限幅器失调电压电容
2	音频输出	6	IF反馈	10	IF限幅放大器的低通电容器	14	接地
3	AF环路滤波	7	1 dB放大器的低通电容器	11	射频信号输入	15	全通滤波电容搜索调谐输入
4	V_{CC}	8	IF输出	12	射频信号输入	16	电调谐AFC输出

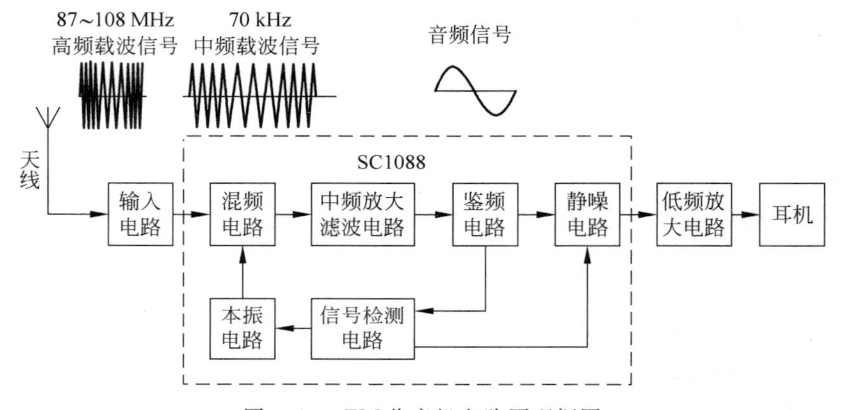

图 3.20　FM收音机电路原理框图

FM收音机原理框图由输入电路、混频电路、本振电路、信号检测电路、中频放大滤波电路、鉴频电路、静噪电路和低频放大电路组成。收音机电路原理图如图3.21所示。

1）输入电路

FM调频信号由耳机线馈入，经C_{14}、C_{15}和L_3组成的输入电路(高通滤波器)进入IC_1的11、12脚混频电路。此处的FM信号没有调谐的调频信号，即所有调频电台信号均可进入。

2）混频电路

混频电路集成在集成电路内，它的作用是把从输入回路送来的高频载波信号与本机振荡电路产生的信号进行差频，产生一个70 kHz的中频载波信号并把它送入中频限幅放大电路进行放大。

3）本振自动调谐电路

本振自动调谐电路由信号检测电路、自动搜台调谐电路组成。

(1) 信号检测电路在集成电路内部，它的作用是检测有无电台信号，并对自动搜台电路发布指令以及控制静噪电路的工作状态。

(2) 自动搜台调谐电路由本机振荡调谐电路(见图3.22)、C_{13}、自动搜台按钮S_1和复位按钮S_2及集成电路内的自动搜台电路组成，参见电路原理图3.21。该电路的作用是自动搜索调谐(选台)及电台锁定。

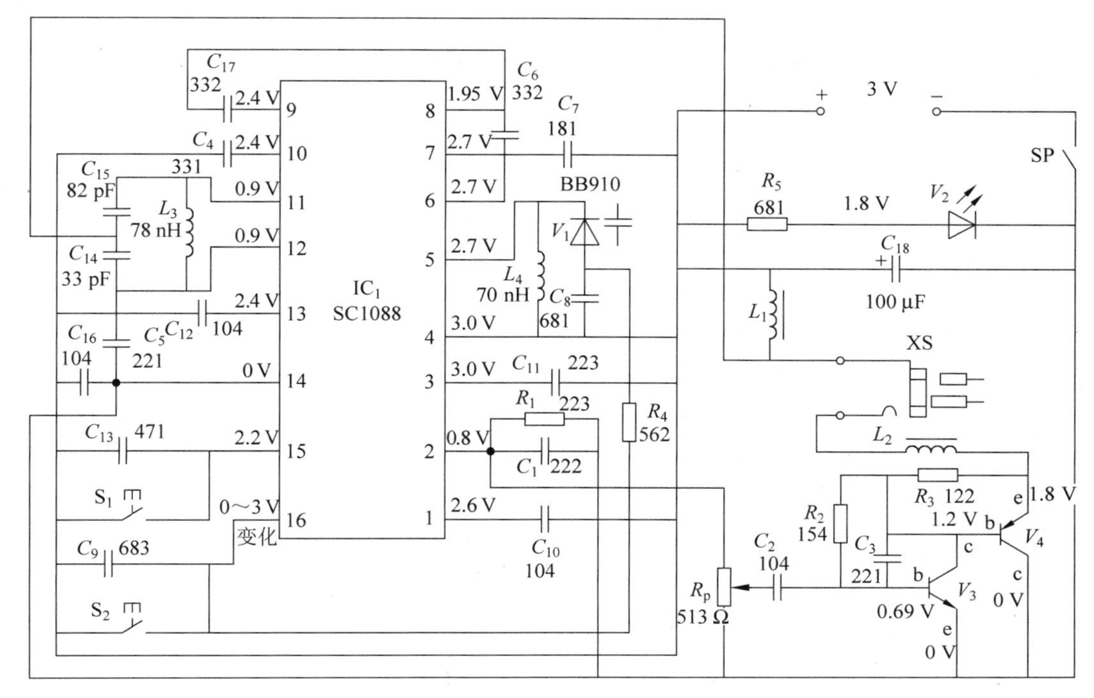

图 3.21 FM 收音机电路原理图

本机振荡电路中的关键元器件是变容二极管，它是利用 PN 结的结电容与反偏电压的有关特性制成的可变电容(见图 3.23(a))。图 3.23(b)为变容二极管加反向电压 U_d 时，其结电容 C_d 与 U_d 的特性图，是非线性关系。这种电压控制的可变电容广泛用于电调谐、扫频等电路。

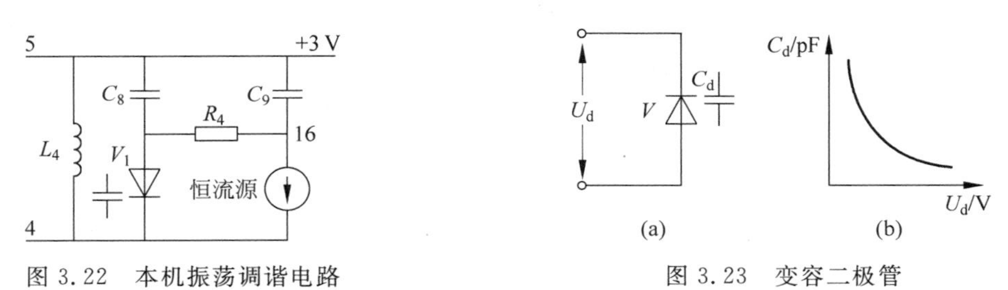

图 3.22 本机振荡调谐电路

图 3.23 变容二极管

本振自动调谐电路的工作过程(如图 3.22 所示)：当按下自动搜台按钮 S_1 后，自动搜台电路内恒流源打开，+3 V 电压对 C_9 恒流充电，使 C_9 两端电压逐渐升高，该变化的电压通过 R_4 加至变容二极管 V_1 正极，使 V_1 两端的反向电压逐渐升高，结电容逐渐变小，由 V_1、C_8、L_4 构成的本振电路的频率逐渐升高，进行搜索调谐(选台)。当收到电台信号时，信号检测电路检出后发一指令给集成电路内的自动搜台电路，自动搜台电路内 AFC 对 C_9 的充电电流进行微调，当达到最佳接收频率时，停止对 C_9 充电，从而锁住所接收电台节目频率，稳定接收电台广播。若要接收其他节目，只要再次按下 S_1 即可继续搜索新的电台。当按下 S_2 后，电容 C_9 放电，本振频率回到最低端。电容 C_8 由于容量比较大，只起到隔直的作用，与本振频率无关。

4）中频放大、限幅与鉴频电路

电路的中频放大、限幅及鉴频电路的有源器件及电阻均在 IC_1 内。FM 广播信号和本振电路信号在 IC 内混频器中混频产生 70 kHz 的中频信号，经内部 1 dB 放大器、中频限幅器，送到鉴频器，把音频信号从 70 kHz 载波信号中解调出来，经内部环路滤波后由 IC_1 的 2 脚输出音频信号。电路中 1 脚的 C_{10} 为静噪电容，3 脚的 C_{11} 为 AF（音频）环路滤波电容，6 脚的 C_6 为中频反馈电容，7 脚的 C_7 为低通电容，8 脚与 9 脚之间的电容 C_{17} 为中频耦合电容，10 脚的 C_4 为限幅器的低通电容，13 脚的 C_{12} 为限幅器失调电压电容，15 脚的 C_{13} 为滤波电容。

5）耳机驱动电路

由于用耳机收听，所需功率很小，本机采用了简单的晶体管放大电路，集成电路 IC_1 的 2 脚输出的音频信号经电位器 R_p 调节电量后，由 V_3、V_4 组成复合管甲类放大。R_1 和 C_1 组成去加重电路，电感线圈 L_1 和 L_2 为射频与音频隔离线圈。这种电路耗电大小与有无广播信号以及音量大小关系不大，不收听时要关断电源。

4. 实训器材

（1）FM 收音机套件 1 套。

（2）直流稳压电源、4½数字万用表各 1 台。

5. 实训步骤

1）安装流程（见图 3.24）

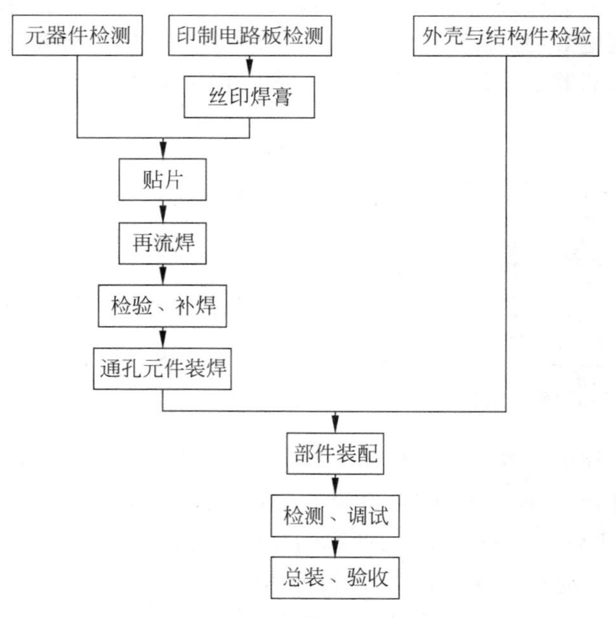

图 3.24　SMT 实习产品装配工艺流程图

2）安装步骤

（1）安装前检查

① 印制电路板检查（对照图 3.25 进行检查）。

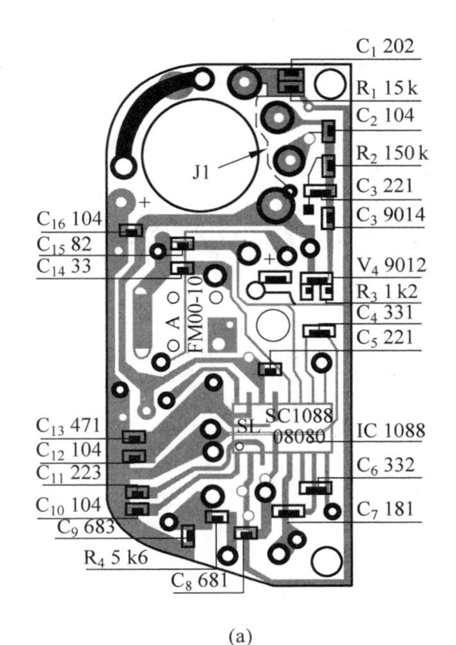

(a)

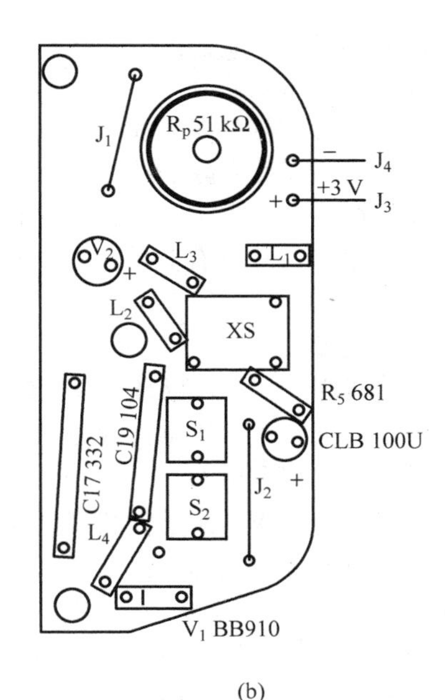

(b)

图 3.25　印制电路板安装

(a) SMT 贴片；(b) THT 安装

- 图形是否完整，有无短、断路缺陷。
- 孔位及尺寸是否正确。
- 表面是否有涂覆层(阻焊层)。

② 外壳及结构件检查。

- 按材料表检查元器件品种规格及数量(见附录 B 的表 B2，表面贴装元器件除外)。
- 检查收音机外壳有无缺陷及外观损伤。
- 检查耳机是否有故障。

③ THT(通孔)元件检测。

- 检测电位器阻值调节特性。
- 检测 LED、电感线圈、电解电容、插座、开关的好坏。
- 判断变容二极管及发光二极管的好坏及极性。

(2) 贴片及焊接(参见图 3.25(a))

① 丝印焊膏，检查印刷情况。

② 按工序流程贴片。

顺序：C_1/R_1，C_2/R_2，C_3/V_3，C_4/V_4，C_5/R_3，C_6/SC1088，C_7，C_8/R_4，C_9，C_{10}，C_{11}，C_{12}，C_{13}，C_{14}，C_{15}，C_{16}。

注意：

- 贴片元件不得用手拿。
- 用镊子夹持不可夹到引线上。
- IC1088 标记方向要正确。
- 贴片电容表面没有标志，一定要保证准确及时贴到指定位置。

③ 检查贴片数量及位置。

④ 用再流焊机焊接。

⑤ 检查焊接质量及修补。

(3) 安装通孔元器件(参考图 3.25(b))

① 跨接线 J_1、J_2(可用剪下的元件引线)。

② 安装并焊接电位器 R_p，注意电位器与印制电路板平齐。

③ 接耳机插座 XS(只有先将耳机插头插入耳机插座中进行焊接，才能保证耳机插座 XS 完好，不致损坏)。

④ 轻触开关 S_1、S_2。

⑤ 接电感线圈 L_1～L_4(磁环 L_1，色环 L_2，8 匝线圈 L_3，5 匝线圈 L_4)。

⑥ 接变容二极管 V_1(注意极性方向标记)，R_5，C_{17}，C_{19}(改为 223)。

⑦ 卧式安装电解电容 C_{18}(100 μF)。

⑧ 接发光二极管 V_2，注意安装高度，如图 3.26 所示。

⑨ 焊接电源连接线 J_3、J_4，注意正负连线颜色。

3) 调试

(1) 所有元器件焊接完成后进行目视检查。

- 检查元器件的型号、规格、数量及安装位置、方向是否与图纸符合。
- 检查焊点有无虚、漏、桥接、飞溅等缺陷。

(2) 测总电流

- 检查无误后将电源线焊在电池片上。
- 在电位器开关断开(逆时钟旋转到底)的状态下装入电池或加入 3 V 直流电压(注意正负极)。
- 插上耳机。
- 用数字万用表 200 mA 跨接在开关两端测电流(图 3.27)。正常电流应为 7～30 mA (与电源电压有关)并且 LED 正常发光。以下是样机测试结果，可供参考。

工作电压/V	1.8	2.0	2.5	3.0	3.2
工作电流/mA	8	11	17	24	28

注意：如果电流为零或超过 35 mA，则应检查电路。

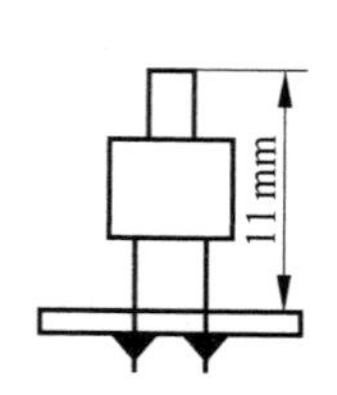

图 3.26 发光二极管安装高度

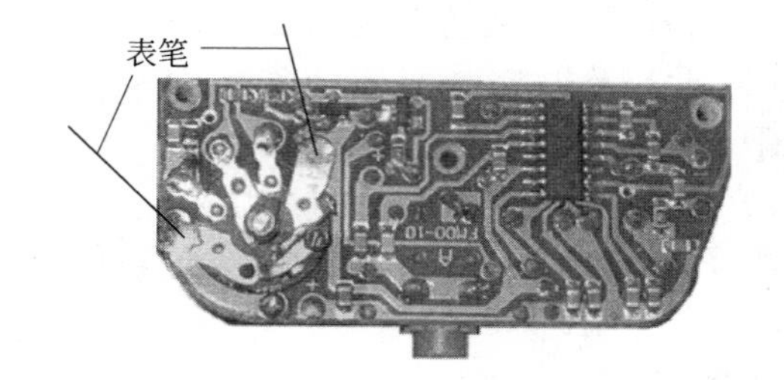

图 3.27 数字万用表表笔接触位置

(3) 搜索电台广播

如果电流在正常范围，可按 S_1 搜索电台广播。只要元器件质量完好，安装正确，焊接可靠，不用调任何部分即可收到电台广播。

如果收不到广播，先检查有无错装(由于片状电容表面无标志，电容错装检查用专用测量电容容量的仪器进行测量并与正常印制电路板上的电容容量进行比较来检查)、虚焊、漏焊等缺陷，然后通电检查集成电路引脚电压及三极管3个电极工作电压是否与正常工作时电压相符等来分析、检查、排除故障。

表3.3为收音机正常工作时集成电路各个引脚所测的电压及三极管 V_3、V_4 的各管脚电压，仅供参考。

表 3.3 集成电路及三极管各引脚电压值

<table>
<tr><td colspan="24">IC 各引脚电压/V</td></tr>
<tr><td colspan="3">U_1</td><td colspan="3">U_2</td><td colspan="3">U_3</td><td colspan="3">U_4</td><td colspan="3">U_5</td><td colspan="3">U_6</td><td colspan="3">U_7</td><td colspan="3">U_8</td></tr>
<tr><td colspan="3">2.56</td><td colspan="3">0.80</td><td colspan="3">3.0</td><td colspan="3">3.0</td><td colspan="3">2.70</td><td colspan="3">2.70</td><td colspan="3">2.70</td><td colspan="3">1.95</td></tr>
<tr><td colspan="3">U_9</td><td colspan="3">U_{10}</td><td colspan="3">U_{11}</td><td colspan="3">U_{12}</td><td colspan="3">U_{13}</td><td colspan="3">U_{14}</td><td colspan="3">U_{15}</td><td colspan="3">U_{16}</td></tr>
<tr><td colspan="3">2.40</td><td colspan="3">2.40</td><td colspan="3">0.90</td><td colspan="3">0.90</td><td colspan="3">2.40</td><td colspan="3">0</td><td colspan="3">2.23</td><td colspan="3">变化</td></tr>
<tr><td colspan="12">V_3(9014)</td><td colspan="12">V_4(9012)</td></tr>
<tr><td colspan="4">U_e</td><td colspan="4">U_b</td><td colspan="4">U_c</td><td colspan="4">U_e</td><td colspan="4">U_b</td><td colspan="4">U_c</td></tr>
<tr><td colspan="4">0</td><td colspan="4">0.63</td><td colspan="4">1.50</td><td colspan="4">2.50</td><td colspan="4">1.80</td><td colspan="4">0</td></tr>
</table>

4) 总装

(1) 蜡封线圈。调试完成后将适量泡沫塑料填入线圈 L_4(注意不要改变线圈形状及匝距)，滴入适量蜡使线圈固定。

(2) 固定印制电路板/装外壳。将外壳平放到桌面上(注意不要划伤面板)，将两个按钮帽放入孔内。

注意：SCAN钮帽上有缺口，放钮帽时要对准外壳上的凸起，RESET钮帽上无缺口。

(3) 将印制电路板对准位置放入外壳内。

① 注意对准LED位置，若有偏差可轻轻掰动，偏差过大必须重焊。

② 注意3个孔与外壳螺柱的配合。

③ 注意电源线，不妨碍外壳装配。

(4) 装上中间螺钉。

(5) 装电位器旋钮，注意旋钮上的凹点位置。

(6) 装后盖，上两边的两个螺钉。

(7) 装卡子。

(8) 检查。

总装完毕后装入电池，插入耳机进行检查，要求：

- 电源开关手感良好，表面无损伤。
- 音量正常可调，收听正常。

6. 实训报告

(1) 把测试结果填入附录B的表B3和表B4中。

(2) 根据故障现象进行分析，写出排除方法。

印制电路板设计与制作

基本要求

(1) 熟悉印制电路板的基础知识。
(2) 掌握PCB基本设计方法和制作工艺。

印制电路板(printed circuit board,PCB)是电子产品的载体,由绝缘底板、连接导线和装配焊接电子元器件的焊盘组成,具有导电线路和绝缘底板的双重作用。印制电路板设计是整机工艺设计中重要的环节,不仅关系到电路在装配、焊接、调试过程中的操作是否方便,而且直接影响整机技术性能。不断发展的PCB技术使电子产品设计、装配走向标准化、规模化、机械化和自动化,缩小了整机体积,降低了生产成本,提高了电子产品的质量和可靠性,便于整机产品的互换和维修。

4.1 概　　述

印制电路板是指完成了印制电路或印制线路加工的板子,它不包括安装在板上的元器件。其中,印制线路是指采用印刷法在基板上制成的导电图形,包括印刷导线、焊盘等,印制电路是指采用印刷法得到的电路,它包括印制线路和印刷元件(采用印刷法在基板上制成的电路元件,如电感、电容等)或由二者组合成的电路等。

印制电路板的种类很多,按印制电路分布的不同可分为单面、双面、多层和软性印制电路板。

1. 单面印制电路板

单面印制电路板是指仅一面上有导电图形的印制电路板,它的导电图形比较简单。

2. 双面印制电路板

双面印制电路板是指两面都有导电图形的印制电路板。由于双面都有导电图形,所以一般采用金属孔化(即孔壁上镀覆金属层的孔)使两面的导电图形连接起来,因而双面印制电路板的布线密度比单面印制电路板更高,使用更方便。

3. 多层印制电路板

多层印制电路板是指由三层或三层以上导电图形和绝缘材料层压合成的印制电路板。

多层印制电路板的内层导电图形与绝缘黏结片间叠放置，外层为敷铜板，经压制成一个整体。其相互绝缘的各层导电图形按设计要求通过金属孔化实现层间的电连接。其特点如下：

(1) 与集成电路相配合，可使整机小型化，减小了整机重量。

(2) 提高了布线密度，缩小了元器件的间距，缩短了信号的传输路径。

(3) 减少了元器件焊接点，降低了故障率。

(4) 由于引入了屏蔽层，使信号的失真减小。

(5) 由于引入了接地散热层，可减少局部过热现象，提高整机的可靠性。

4. 软性印制电路板

软性印制电路板是以软性材料为基材制成的印制电路板，也称挠性印制电路板或柔性印制电路板。其特点是重量轻、体积小，可折叠、弯曲、卷绕，可利用三维空间做成立体排列，能连续化生产。随着电子设备向小型轻量化、高密度装配的发展，软性印制电路板在电子计算机、自动化仪表、通信设备中的应用日益广泛。

4.2 印制电路板设计

印制电路板的设计是将电路原理图转换成印制电路板图，并确定技术加工要求和过程。对于同一张电路图，每一个设计者都可以按照自己的风格和个性进行设计，结果具有很大的灵活性，但必须满足印制电路板设计要求，遵循一些基本设计原则和技巧。

4.2.1 印制电路板的设计方法

印制电路板设计是整机工艺设计中重要的环节，其设计质量不仅关系到元件在焊接、装配、调试中是否方便，而且直接影响整机技术性能。印制电路板设计通常包括设计准备、印制电路板版面设计、草图绘制、制板底图绘制及制板工艺文件的提供等几个过程。

由于电路复杂程度不同，产品用途及要求不同，设计手段不同，设计过程及方法也不尽相同。尽管设计手段、设计过程和方法不尽相同，但设计原则和基本思路都是相同的。下面就按照印制电路板的设计过程来介绍其设计方法和设计基本原则。

在开始设计印制电路板之前，有许多的准备工作要做，设计者应该通过这些工作，尽可能掌握更多的技术资料和产品决策信息，创造成功设计的必要前提。

1. 电路具体要求及参数的确定

在准备阶段，首先要结合 EDA 仿真做电路试验，确定以下具体要求及参数。

(1) 电路原理。了解电路工作原理和组成，各功能电路的相互关系及信号流向等内容，对电路工作时可能发热、可能产生干扰等情况做到心中有数。

(2) 印制电路板的工作环境及工作机制(连续工作还是断续工作等)。

(3) 主要电路参数(如最大工作电压，最大电流及工作频率等)。

2. 印制电路板结构、种类确定

(1) 印制电路板结构的确定。印制电路板结构有两种:单板结构和多板结构。单板结构是指将所有的元器件布设在一块印制电路板上,优点是结构简单、可靠性高、使用方便,但改动困难,功能扩展、工艺调试、维修性差;多板结构也称积木结构,是指所有元器件布设在多块印制电路板上,优缺点与单板结构正好相反。

在电路较简单或整机电路功能唯一确定的情况下,可以采用单板结构,而中等复杂程度以上电子产品应采用多板结构。多板结构分板原则如下:

① 将能独立完成某种功能的电路放在同一板子上,特别是要求一点接地的电路部分尽量置于同一板内。

② 高低电平相差较大,相互容易干扰的电路宜分板布置。

③ 电路分板部位应选择相互之间边线较少的部位以及频率较低的部位,有利于抗干扰,同时又便于调试。

(2) 印制电路板种类的确定。目前最常用的是单面印制电路板和双面印制电路板,单面印制电路板常用于分立元件电路,因为分立元件的引线少,便于排列位置的灵活变换。双面板多用于集成电路较多的电路,因为器件引线的间距小而数目多(少则8脚,多则几十脚或更多)。单面印制线布置不交叉十分困难,较复杂电路几乎无法实现。

3. 板材、形状、尺寸和厚度的确定

(1) 确定板材。这是指对印制电路板的基板材料的选择,不同板材的机械性能与电气性能有很大差别。几种常见敷铜板的规格特点参见表4.1。

表4.1 常用敷铜板的规格及特点

名　　称	标称厚度/mm	铜箔厚/μm	特　　点	应　　用
酚醛纸质敷铜板	1.0,1.5,2.0,2.5,3.0,3.2,6.4	50～70	价格低,阻燃强度低,易吸水,不耐高温	中低档民用品,如收音机等
环氧纸质敷铜板	1.0,1.5,2.0,2.5,3.0,3.2,6.4	35～70	价格高于酚醛纸质敷铜板,机械强度、耐高温和潮湿性较好	工作环境好的仪器、仪表及中档以上民用电器
环氧玻璃布敷铜板	0.2,0.3,0.5,1.0,1.5,2.0,3.0,5.0,6.4	35～50	价格较高,性能优于环氧纸质敷铜板且基板透明	工业、军用设备、计算机等高档电器

对于设计者来说,自然希望选用各项指标都是上乘的材料,往往忽略不同材质在价格上的差异,容易造成产品质量没有明显提高而成本费用却大幅度增加的情况。因此,在选用板材时必须考虑性能价格比,确定板材主要是依据整机的性能要求、使用条件以及销售价格。以民用产品收音机为例,由于机内线路板本身体积小,印制线条宽度较大,使用环境良好,整机售价低廉,所以在选材时主要考虑价格因素,选用酚醛纸质敷铜板即可,没有必要选用高性能的环氧玻璃布敷铜板。否则生产成本太高,对产品的销售十分不利。又如,在微型计算机等高档电子设备中,由于元器件的装配密度高,印制线条窄,板面尺寸大,电路板的制造费用只在整机成本中占有很小的比例,所以在设计选材时,应该以敷铜板的各项技术性能作为

考虑的主要因素，不能片面地要求成本低廉，否则必然造成整机质量下降。

(2) 印制电路板的形状。印制电路板的形状由整机结构和内部空间位置大小决定。外形应该尽量简单，一般为矩形，避免采用异形板。

(3) 印制电路板的尺寸。印制电路板的尺寸应该接近标准系列，要考虑整机的内部结构和板上元器件的数量、尺寸及安装、排列方式来决定。元器件之间要留有一定的间隔，特别是高压电路中，更应该留有足够的间距；在考虑元器件所占用的面积时，要注意发热元器件安装散热片的尺寸；在确定了板的净面积以后，还应当向外扩出 5～10 mm，便于印制电路板在整机中的安装固定；如果印制电路板的面积较大、元器件较重或在振动环境下工作，应该采用边框、加强筋或多点支撑等形式加固；当整机内有多块印制电路板，特别当这些印制电路板是通过导轨和插座固定时，应该使每块板的尺寸整齐一致，有利于它们的固定与加工。

(4) 印制电路板的厚度。在确定板材的厚度时，主要考虑元器件的承重和振动冲击等因素：如果板的尺寸过大或板上的元器件过重（如大容量的电解电容器或大功率器件等），都应该适当增加板的厚度或对电路板采取加固措施，否则电路板容易产生翘曲。敷铜板材的标准厚度参见表 4.1。另外当印制路通过插座连线（参见图 4.1）时，必须注意插座槽的间隙一般为 1.5 mm。若板材过厚则插不进去，过薄则容易造成接触不良。

4. 印制电路板对外连接方式的选择

通常印制电路板只是整机的一个组成部分，必然存在对外连接的问题。例如，印制电路板之间、印制电路板与板外元器件、印制电路板与设备之间都需要电气连接。当然，这些连接引线的总数要尽量少并根据整机结构选择连接方式。总的原则应该使连接可靠，安装、调试、维修方便，成本低廉。对外连接方式可以有很多种，要根据不同的特点灵活选择。

(1) 导线焊接方式。这是一种最简单、廉价而可靠的方法，不需要任何接插件，只要用导线将印制电路板上的对外连接点与板外的元器件或其他部件直接焊牢即可。这种方式的优点是成本低、可靠性高，可以避免因接触不良而造成的故障，缺点是维修不够方便。这种方式一般适用于对外引线较少的场合。采用导线焊接方式应注意如下几点：

① 线路板对外焊点尽可能引到整板的边缘，并按照统一尺寸排列，以利于焊接与维修。如图 4.2 所示。

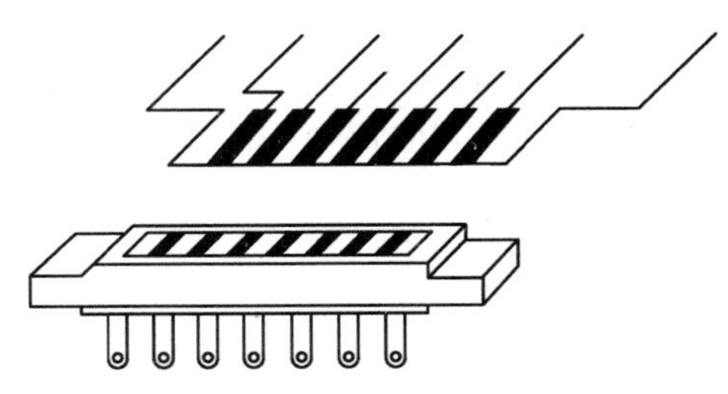

图 4.1 印制电路板经插座对外引线图

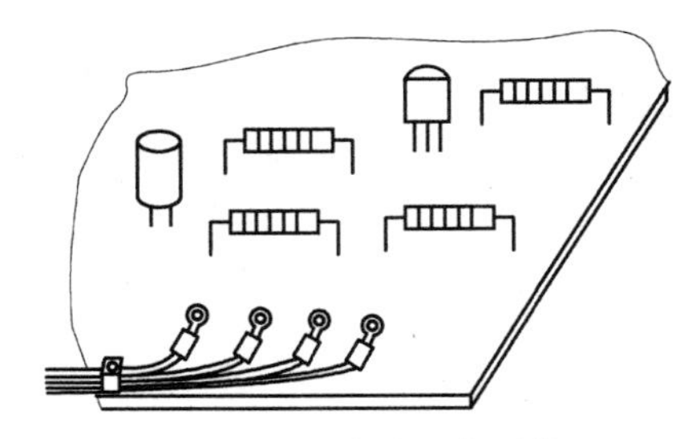

图 4.2 焊接式对外引线

② 为提高导线连接的机械强度，避免因导线受到拉扯将焊盘或印制线条拽掉，应该在印制电路板上焊点的附近钻孔，让导线从线路板的焊接面穿绕过通孔，再从元件面插入焊盘孔进行焊接，如图 4.3 所示。

③ 将导线排列或捆扎整齐，通过线卡或其他坚固件将线与板固定，避免导线因移动而折断，如图 4.4 所示。

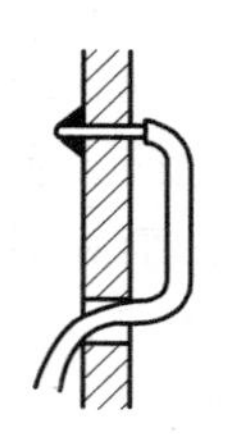

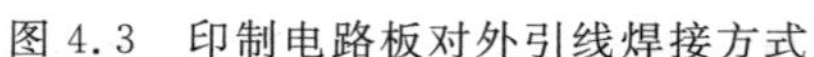

图 4.3 印制电路板对外引线焊接方式

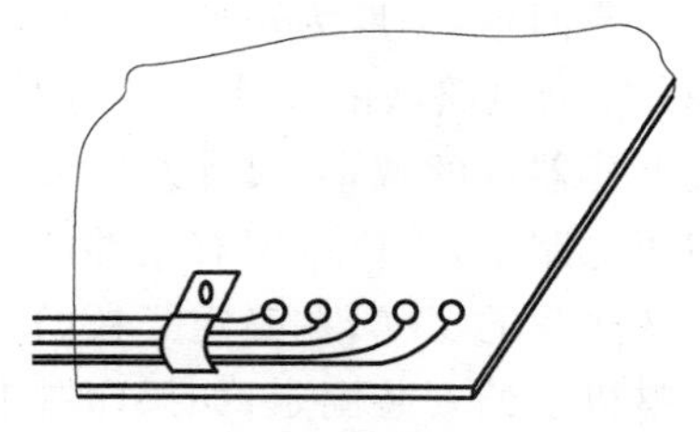

图 4.4 用紧固件将引线固定在板上

(2) 插接件连接。插接件连接是指通过插座将印制电路板上对外连接点与板外元器件进行连接。在一台大型设备中，常常有十几块甚至几十块印制电路板，当整机发生故障时，维修人员不必检查到元器件级，只要判断是哪一块板不正常即可对其进行更换，以便在最短的时间内排除故障，缩短停机时间，这对于提高设备的利用率十分有效。

4.2.2 印制电路板的排版布局

印制电路板设计的主要内容是排版设计。把电子元器件在一定的制板面积上合理布局排版，是设计印制电路板的第一步。

排版设计，不单纯是按照电路原理把元器件通过印制线条简单地连接起来。为使整机能够稳定可靠地工作，要对元器件及其连线在印制电路板上进行合理的排版布局。如果排版布局不合理，就有可能出现各种干扰，以致不能实现合理的原理方案或使整机技术指标下降。有些排版设计虽然能够达到原理设计的技术参数，但元器件的排列疏密不匀、杂乱无章，不仅影响美观，也会给装配和维修带来不便。这样的设计当然也不能算是合理的。这里将介绍排版与布局的一般原则，力求使设计者掌握普通印制电路板的设计知识，使排版设计尽量合理。

1. 布局要求

(1) 首先要保证电路功能和性能指标。

(2) 在此基础上满足工艺性、检测、维修方面的要求。工艺性包括元器件排列顺序、方向、引线间距等生产方面的考虑，在批量生产以及采用自动插装机时尤为突出。考虑到印制电路板间测试信号注入或测试，需设置必要的测试点或调整空间，以便有关元器件的替换和维护。

(3) 适当兼顾美观性，元器件排列整齐，疏密得当。

2. 布局原则

1) 信号流向布放原则

把整个电路按照功能划分成若干个电路单元，按照电信号的流向，依次安排各个功能电路单元在板上的位置，使布局便于信号流通，并使信号流尽可能保持一致的方向。在多数情况下，信号的流向安排成从左到右(左输入、右输出)或从上到下(上输入、下输出)。

2）就近原则

与输入、输出直接相连的元器件应当放在靠近输入、输出接插件或连接器的地方。

3）布放顺序原则

即先主后次，先大后小，先特殊后其他，先集成后分立。先主后次就是先布设每个功能电路的核心元器件，然后围绕它对其他元器件来进行布局，例如，一般是以三极管或集成电路等半导体器件作为核心元器件，根据它们各电极的位置，来排布其他元器件。先大后小就是先安放面积较大的元器件。先特殊就是在着手设计印制电路板的版面、决定整机电路布局的时候，应该分析电路原理，优先确定特殊元器件的位置，然后再安排其他元器件，尽量避免可能产生干扰的因素，并采取措施，使印制电路板上可能产生的干扰得到最大限度的控制。所谓特殊元器件，是指那些可能从电、磁、热、机械强度等几方面对整机性能产生影响，或者根据操作要求固定位置的元器件。先集成后分立就是先布设集成电路，后布设分立元器件。

4）散热原则

印制电路板布局应该有利于散热。常用元器件中，电源变压器、功率器件、大功率电阻等都是发热元器件（以下均称热源），而电解电容是典型怕热元件，几乎所有半导体器件都有不同程度的温度敏感性，设计时可采用以下措施：

（1）装在板上的发热元器件应当布置在靠近外壳或通风较好的地方，以便利用机壳上开凿的通风孔散热。尽量不要把几个发热元器件放在一起，并且要考虑使用散热器或小风扇等装置，使元器件的温升不超过允许值。大功率器件可以直接固定在机壳上，利用金属外壳传导散热；如果必须安装在印制电路板，要特别注意不能将它们紧贴在板上安装，并配置足够大的散热片，还应该同其他元器件保持一定距离，避免发热元器件对周围元器件产生热传导或热辐射。

（2）对于温度敏感的元器件，如晶体管、集成电路和其他热敏元件、大容量的电解电容器等，不宜放在热源附近或设备内的上部。电路长期工作引起温度升高，会影响这些元器件的工作状态及性能。

5）增加机械强度的原则

（1）要注意整个电路板的重心平衡与稳定。对于那些又大又重、发热量较多的元器件（如电源变压器、大电解电容和带散热片的大功率晶体管等），一般不要直接安装固定在印制电路板上。应当把它们固定在机箱底板上，使整机的重心靠下，容易稳定。否则，这些大型元器件不仅要大量占据印制电路板的有效面积和空间，而且在固定它们时，往往可能使印制电路板弯曲变形，导致其他元器件受机械损伤，还会引起对外连接的接插件接触不良。重量在 15 g 以上的大型元器件，如果必须安装在电路板上，不能只靠焊盘固定，应采用支架或卡子等辅助固定措施。

（2）当印制电路板的版面尺寸大于 200 mm×150 mm 时，考虑到电路板所承受重力和振动产生的机械应力，应该采取机械边框对它加固，以免变形。在板上留出固定支架、定位螺钉和连接插座所用的位置。

6）便于操作的原则

（1）对于电位器、可变电容器或可调电感线圈等调节元件的布局，要考虑整机结构的安排。如果是机外调节，其位置与调节旋钮在机箱面板上的位置相适应；如果是机内调节，则应当放在印制电路板上能够方便调节的地方。

（2）为了保证调试、维修安全，特别要注意带高压的元器件（如显示器的阳极高压电路元件），尽量布置在操作时人手不易触及的地方。

3. 一般元器件布局与安装

1）元器件的布设原则

在印制电路板的排版设计上，元器件布设是至关重要的，它决定了版面的整齐美观和印制导线的长短与数量，对整机的可靠性也有一定的影响。布设元器件应该遵循以下几条原则：

（1）元器件在整个版面上分布均匀、疏密一致。

（2）元器件不要占满版面，注意板边四周要留有一定空间。留空的大小要根据印制电路板的面积和固定方式来确定，位于印制电路板边上的元器件，距离印制电路板的边缘至少应该大于2 mm。电子仪器内的印制电路板四周，一般每边都留有5～10 mm空间。

（3）元器件应该布设在印制电路板的一面，并且每个元器件的引出脚要单独占用一个焊盘。

（4）元器件的布设不能上下交叉（如图4.5所示）。相邻的两个器件之间，要保持一定的间距。间距不得过小，避免相互碰接。如果相邻元器件的电位差较高，则应当保持安全距离。一般环境中的间隙安全电压是200 V/mm。

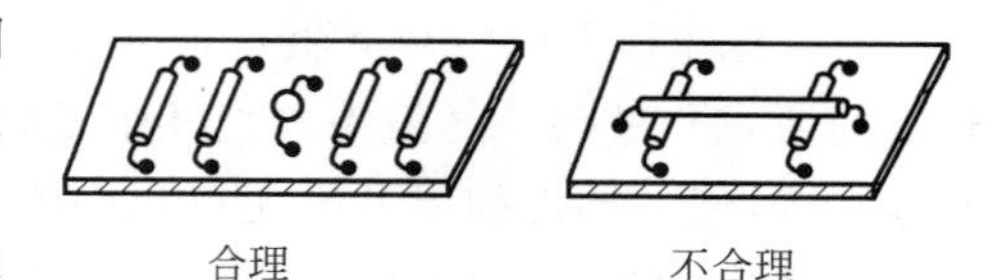

图4.5 元器件布设

（5）元器件的安装高度要尽量低，一般元器件体和引线离开板面不要超过5 mm，过高则承受振动和冲击的稳定性变差，容易倒伏或与相邻元器件碰接。

（6）根据印制电路板在整机中的安装位置及状态，确定元器件的轴线方向。规则排列的元器件，应该使体积大的元器件的轴线方向在整机中处于竖立状态，可以提高元器件在板上固定的稳定性，如图4.6所示。

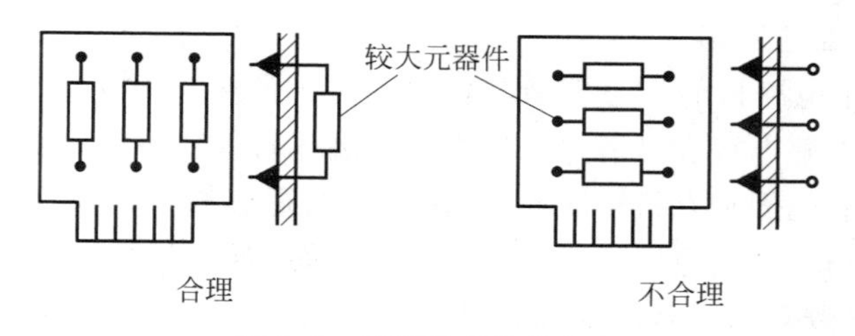

图4.6 元器件布设的方向

（7）元器件两端焊盘的跨距应该稍大于元器件本体和轴向尺寸。引线不能齐根弯折，弯脚时应该留出一定的距离（至少2 mm），以免损坏元器件。

2）元器件的安装固定方式

在印制电路板上，元器件有立式与卧式两种安装固定方式。卧式是指元器件的轴线与印制电路板面平行，立式则是垂直的，如图4.7所示。这两种方式各有特点，在设计印制电路板时应灵活掌握原则，可以采用其中一种方式，也可以同时使用两种方式。但要确保电路的抗振性能好，安装维修方便，元器件排列疏密均匀，有利于印制导线的布设。

（1）立式安装。立式安装的元器件占用面积小，单位面积上容纳元器件的数量多。这

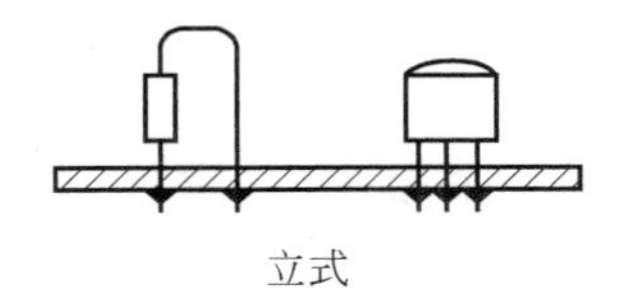

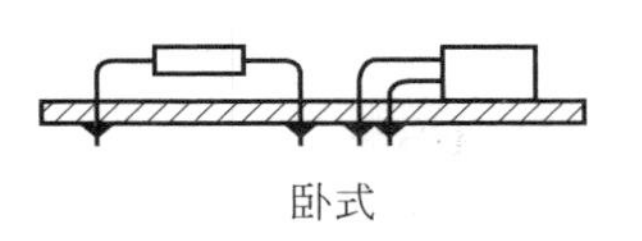

图 4.7 元器件的安装固定方式

种安装方式适用于元器件排列密集紧凑的产品。立式安装的器件要求体积小、重量轻，过大、过重的元器件不宜立式安装。否则整机的机械强度变差，抗振能力减弱，元器件容易倒伏造成相互碰撞，降低了电路的可靠性。

(2) 卧式安装。和立式安装相比，元器件卧式安装具有机械稳定性好、版面排列整齐等优点。卧式安装使元器件的跨距加大，容易从两个焊点之间走线，这对于布设印制导线十分有利。

立式和卧式在印制电路板设计中，可根据实际情况灵活选用，但总的原则是抗振性好、安装维修方便、排列疏密均匀、充分利用印制导线的布设。

3) 元器件的排列格式

元器件应当均匀、整齐、紧凑地排列在印制电路板上，尽量减少和缩短各个单元电路之间和每个元器件之间的引线和连接。元器件在印制电路板上的排列格式，有不规则和规则两种方式。这两种方式在印制电路板上可以单独采用，也可以同时出现。

(1) 不规则排列。如图 4.8 所示，元器件的轴线方向彼此不一致，在板上的排列顺序也没有一定规则。用这种方式排列元器件，看起来显得杂乱无章，但由于元器件不受位置与方向的限制，使印制导线布设方便，并且可以缩短、减少元器件的连线，大大降低了电路板上印制导线的总长度，这对于减少电路板的分布参数、抵制干扰很有好处，特别对于高频电路极为有利。这种排列方式一般还在立式安装固定元器件时被采纳。

(2) 规则排列。元器件的轴线方向排列一致，并与板的四边垂直、平行，如图 4.9 所示。除了高频电路之外，一般电子产品中的元器件都应当尽可能平行或垂直的排列，卧式安装固定元器件的时候，更要以规则排列为主。这不仅是为了版面美观整齐，还可以便于装配、焊接、调试，易于生产和维护。规则排列的方式特别适合于版面相对宽松、元器件种类相对较少而数量较多的低频电路。电子仪器中的元器件常采用这种排列方式。但由于元器件的规则排列要受到方向和位置的一定限制，所以印制电路板上导线的布设可能复杂一些，导线的总长度也会相应增加。

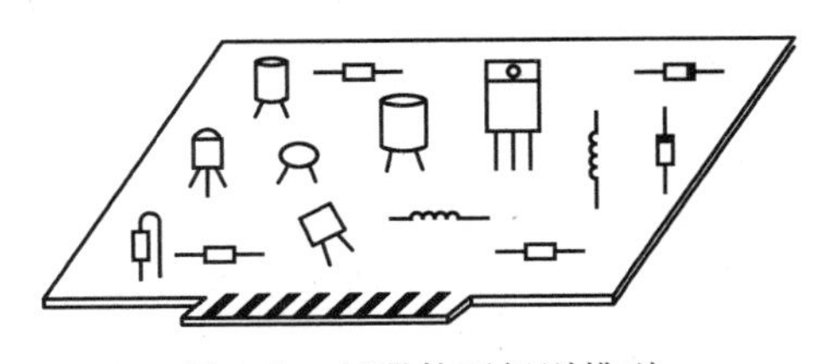

图 4.8 元器件不规则排列

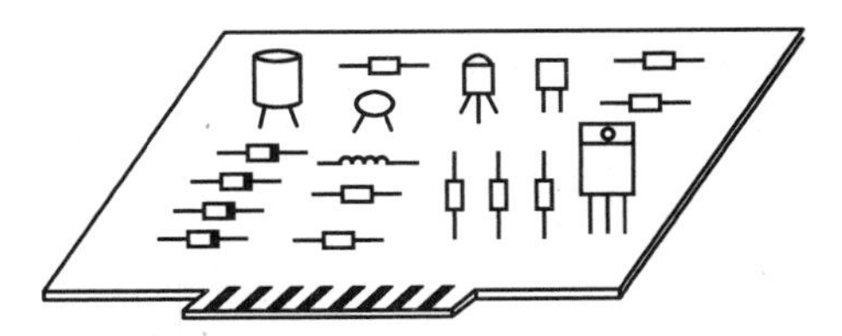

图 4.9 元器件规则排列

4) 元器件焊盘的定位

元器件的每个引出线要在印制电路板上占据一个焊盘，焊盘的位置随元器件的尺寸及其固定方式而改变。对于立式安装和不规则排列的版面，焊盘的位置可以不受元器件尺寸与间距的限制；对于规则排列的版面，要求每个焊盘的位置及彼此间的距离应该遵守一定标准。无论采用哪种固定方式或排列规则，焊盘的中心（即引线的中心）距离印制电路板的边缘不能太近，一般距离应在 2.5 mm 以上，至少应该大于板的厚度。

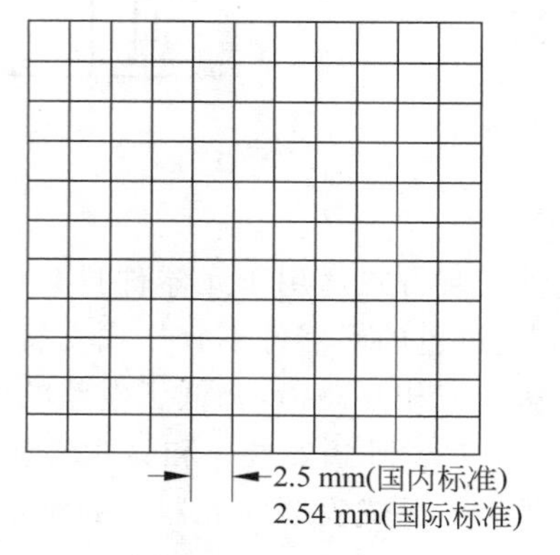

图 4.10　正交网格

焊盘的位置一般要求落在正交网格的交点上，如图 4.10 所示。在国际 IEC 标准中，正交网格的标准格距为 2.54 mm(0.1 in)；国内的标准是 2.5 mm。这一格距标准只在计算机自动设计、自动化打孔、元器件自动化装焊中才有实际意义。对于一般人工钻孔和手工装配，除了双列直插式集成电路的管脚以外，其他元器件焊盘的位置则可以不受此格距的严格约束。但在版面设计中，焊盘位置应该尽量使元器件排列整齐一致，尺寸相近的元件，其焊盘间距应该力求统一(焊盘中心距不得小于板的厚度)。这样，不仅整齐、美观，而且便于元器件装配及引线弯脚。当然，所谓整齐一致也是相对而言的，特殊情况要因地制宜，如图 4.11 所示。

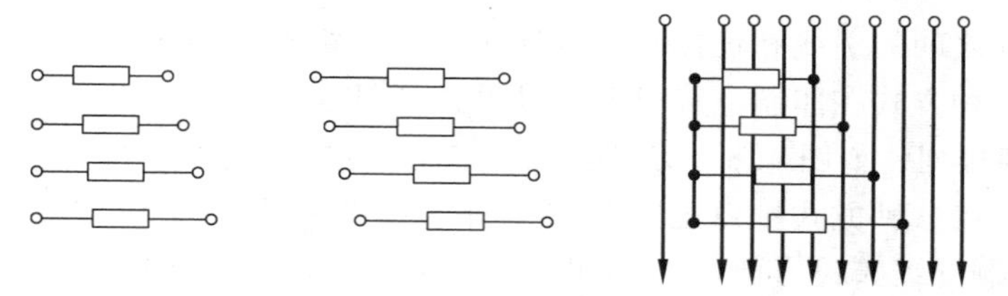

图 4.11　规则排列中的灵活性

4.2.3　印制电路板上的焊盘及导线

元器件在印制电路板上的固定，是靠电极引线焊接在焊盘上实现的。元器件彼此之间的电气连接，依靠印制导线。

1. 焊盘

元器件通过板上的引线孔，用焊锡焊接固定在印制电路板上，印制导线把焊盘连接起来，实现元器件在电路中的电气连接。引线孔及其周围的铜箔称为焊盘。

1）焊盘的形状

(1) 岛型焊盘。如图 4.12 所示，焊盘与焊盘之间的连线合为一体，犹如水上小岛，故称为岛型焊盘。岛型焊盘常用于元器件不规则排列，特别是当元器件采用立式不规则固定时更为普遍。电视机等家用电路产品中大多采用这种焊盘形式。岛型焊盘适用于元器件密集固定，并可大量减少印制导线的长度与数量，能在一定程度上抵制分布参数对电路造成的影响。此外，焊盘与印制导线合为一体以后，铜箔的面积加大，使焊盘和印制导线的抗剥离强度增加，因而能降低所选用的敷铜板的档次，降低产品成本。

(2) 圆形焊盘。如图 4.13 所示，焊盘与引线孔是同心圆。焊盘的外径一般为孔径的

2～3倍。设计时，如果版面的密度允许，焊盘就不宜过小，因为太小的焊盘在焊接时容易受热脱落。在同一块板上，除个别大元器件需要大孔之外，一般焊盘的外径应取为一致，这样显得美观一些。圆形焊盘多在元器件规则排列方式中使用，双面印制电路板也多采用圆形焊盘。

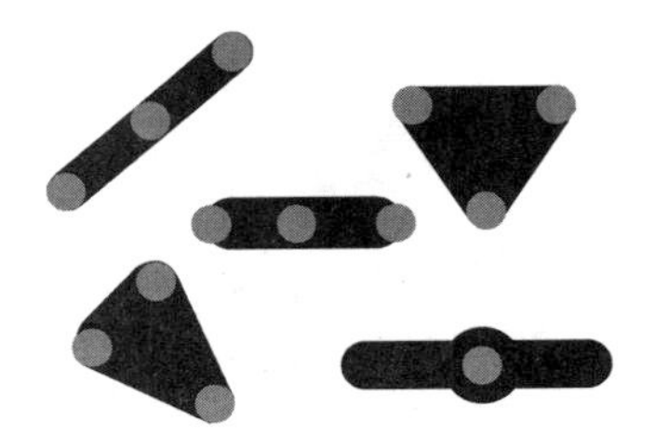

图4.12 岛形焊盘

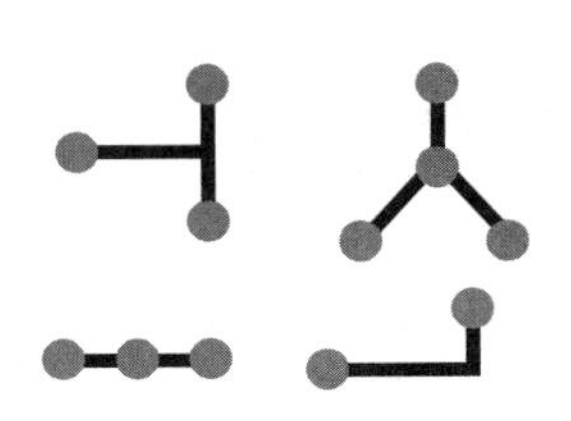

图4.13 圆形焊盘

(3) 椭圆焊盘。如图4.14所示，这种焊盘既有足够的面积来增强抗剥能力，又由于在一个方向上尺寸较小而有利于中间走线。常用于双列直插式器件或插座类元器件。

(4) 灵活设计焊盘。在印制电路板的设计中，不必拘泥于一种形式的焊盘，要根据实际情况灵活变换。在图4.15中由于导线过于密集，焊盘有与邻近导线短路的危险，因此可以改变焊盘的形状，以确保安全。

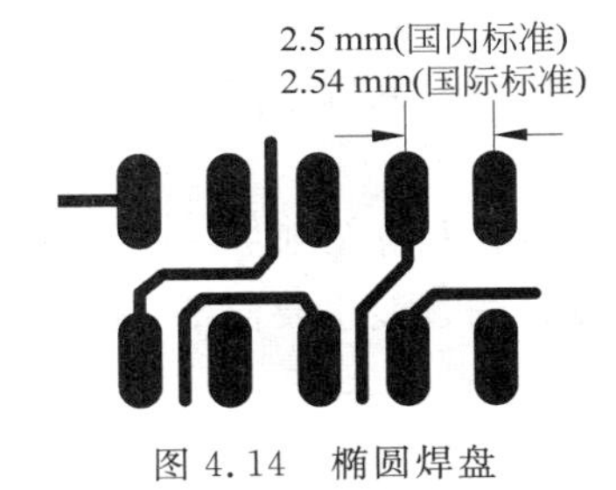

图4.14 椭圆焊盘

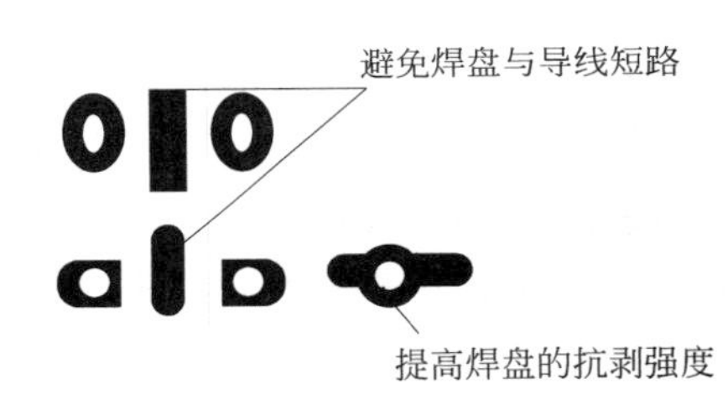

图4.15 灵活设计的焊盘

2) 焊盘外径

(1) 对单面板而言，焊盘抗剥能力较差，焊盘外径一般应比引线孔的直径大1.3 mm以上，即如果焊盘外径为D，引线孔的孔径为d，则有$D \geqslant (d+1.3)$mm。

高密度精密板由于制作要求高，焊盘最小直径可为$D=(d+1)$mm或者更小。

(2) 对双面板而言，由于焊锡在金属孔内也形成浸润，提高了焊接的可靠性，所以焊盘可以比单面板略小一些。$D \geqslant 2d$mm。

3) 孔的设计

(1) 引线孔。引线孔有电气连接和机械固定双重作用，引线孔钻在焊盘的中间，孔径应该比所焊接的元器件引线的直径略大一些，才能方便地插装元器件，但孔径也不能过大；否则在焊接时不仅用锡量多，并且容易造成虚焊，使焊接的机械强度变差。元器件引线孔的直径应该比引线的直径大0.2～0.3 mm。在同一块电路板上，孔径的尺寸规格应当少一些，要尽量避免异形孔，以便降低加工成本。

(2) 过孔。也称连接孔，为不同层间电气连接。尺寸越小布线密度越高，一般过孔直径可取0.6～0.8 mm，高密度板可减小到0.4 mm，甚至用盲孔方式，即过孔完全用金属填充。过孔的最小极限受制板厂技术设备条件的制约。

(3) 安装孔。安装孔用于固定大型元器件和印制电路板，按照安装需要选取，优选系列为2.2、3.0、3.5、4.0、4.5、5.0、6.0，且最好排列在坐标格上。

(4) 定位孔。定位孔是印制电路板加工和检测用的，可以用安装孔代替，亦可单设，一般采用三孔方式，孔径根据装配工艺确定。

2. 印制导线

元器件彼此之间的电气连接，依靠的是印制导线。印制电路板的布线是印制电路板设计的关键步骤，下面介绍设计印制导线的方法和注意事项。

1) 印制导线的布局顺序

印制导线布局的时候，应该先考虑信号线，后考虑电源线和地线。因为信号线一般集中，布置的密度也比较高，而电源线和地线比信号线宽很多，对长度的限制要小一些。接地在模拟板上普遍应用，有些元器件使用大面积的铜箔地线作为静电屏蔽层或散热器(不过散热量很小)。

2) 印制导线的走向和形状

图4.16所示是印制电路板走向和形状的部分实例。在设计印制导线时应注意下列几点：

(1) 以短为佳，能走捷径就不要绕远。但导线通过焊盘之间而不与它们连通时，应该与它们保持最大而相等的间距。

(2) 走线以自然为佳，避免急拐弯和尖角。这是因为很小的内角在制板时难于腐蚀，而在过尖的外角处，铜箔容易剥离或翘起。导线或焊盘的连接处的过渡也要圆滑，避免出现小尖角。

(3) 应尽量避免印制导线出现分支。

(4) 公共地线应尽可能多保留铜箔。

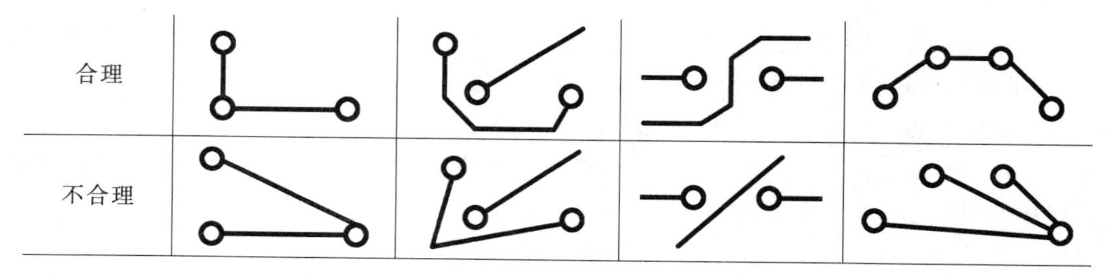

图4.16 印制导线的走向和形状

3) 印制导线的宽度

印制导线的宽度主要由铜箔与绝缘基板之间的黏附强度和流过导线的电流强度来决定，而且应该宽窄适度，与整个版面及焊盘的大小相符合。一般导线的宽度可选在0.3～2 mm。但为了保证导线在板上的抗剥强度和工作可靠性，线条不宜太细，只要板上的面积及线条密度允许，应该尽可能采用较宽的导线。印制导线宽度与最大工作电流的关系如表4.2所示。

表 4.2 印制导线最大允许工作电流

导线宽度/mm	1	1.5	2	2.5	3	3.5	4
导线面积/mm^2	0.05	0.075	0.1	0.125	0.15	0.175	0.2
导线电流/A	1	1.5	2	2.5	3	3.5	4

设计导线宽度时要注意：

(1) 电源线及地线，在版面允许的情况下尽量宽一些，一般取 1.5～2 mm，即使面积紧张也不要小于 1 mm，特别是地线，即使局部不允许加宽，也应在允许的地方加宽以降低整个地线系统的电阻。

(2) 对长度超过 100 mm 的导线，即使工作电流不大，也应适当加宽以减小导线压降对电路的影响。

(3) 如果导线的宽度大于 3 mm，应在导线的中间切槽，如图 4.17 所示，以消除温度变化或焊接时引起的铜箔鼓起或剥落。

(4) 对特别宽的印制导线和为了减小干扰而采用的大面积覆盖接地，对焊盘的形状要进行如图 4.18 所示的特殊处理，这是出于保证焊接质量的考虑。因为大面积铜箔的热容量大而需要长时间加热，在焊接时受热量过多会引起铜箔鼓胀或翘起，同时会因为热量散发快而容易造成虚焊。

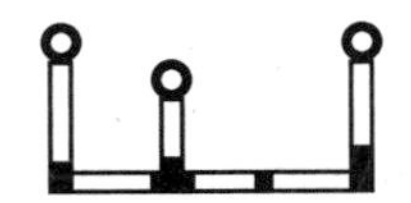

图 4.17 印制导线的切槽

图 4.18 大面积导线上的焊盘

4) 印制导线的间距

导线之间的距离确定，应当考虑导线之间的绝缘电阻和击穿电压在最坏的工作条件下的要求。印制导线越短，间距越大，则绝缘电阻按比例增加。表 4.3 给出的间距/电压参考值在一般设计中是安全的。如果两条导线间距很小，信号传输时的串扰就会增加，所以为了保证产品的可靠性，应该尽量保证导线间距不要小于 1 mm。

表 4.3 印制导线间距最大允许工作电压

导线间距/mm	0.5	1	1.5	2	3
工作电压/V	100	200	300	500	700

5) 避免导线的交叉

在设计电路板时，应该尽量避免导线的交叉。这一点对双面板比较容易实现，对单面板就要困难得多。由于单面板的制造成本低，所以简单电路应该尽量选择单面板。在设计单面板时，有时可能会遇到导线绕不过去而不得不交叉的情况，可以用金属导线制成跳线跨接交叉点，不过这种跨接线应该尽量少。一般跳线的长度不得超过 25 mm。

4.2.4 印制电路板上的干扰及抑制

1. 地线布置引起的干扰及抑制

地线设计是印制电路板布线设计的重要环节，不合理的地线设计使印制电路板产生干扰，达不到设计指标，甚至无法工作，特别是在高频电路和大电流回路中，更要讲究地线的接法。

地线是电路中的电位参考点，又是电流公共通道。地电位理论上是零电位，实际上由于导线阻抗的存在，地线各处电位不都等于零。

在图4.19中，电路Ⅰ与电路Ⅱ共用地线A-B，虽然从原理上说A点与B点同为电位零点，但制成的印制电路板中如果AB两点之间有印制导线存在，就必然存在一定阻抗。假设印制导线宽度为1.5 mm，铜箔厚度为0.05 mm，则根据

$$R=\rho L/S$$

得R=0.013 Ω，若流过这段地线的电流为2 A，则这段地线两端电位差为26 mV，在微弱信号电路中，这26 mV足以干扰信号的工作。

又如，在这个电路中，当通过回路的电流频率高达300 MHz时，A-B间的感抗可高达16 Ω，如此大的感抗，即使流经的电流很小，在A-B间产生的信号也足以造成不可忽视的干扰。可见造成这类干扰的主要原因在于两个或两个以上回路共用一段地线。

为克服这种由于地线布设不合理造成的干扰，在设计印制电路时，应当尽量避免不同回路的电流同时流经某一段共用地线。特别是在高频电路和电流回路中，更要讲究地线的接法。有经验的设计人员都知道，把“交流地”和“直流地”分开，是减少噪声通过地线串扰的有效方法。

在布设印制电路板地线的时候，首先要处理好各级电路的内部接地，同级电路和几个接地点要尽量集中。这称为一点接地，可以避免其他回路中的交流信号窜入本级或本级中的交流信号窜到其他回路中。然后再布设整个印制电路板上的地线，防止各级之间的互相干扰。下面介绍几种接地方式。

(1) 并联分路式。把印制电路板上几部分的地线，分别通过各处的地线汇总到印制电路板的总接地点上，如图4.20所示。

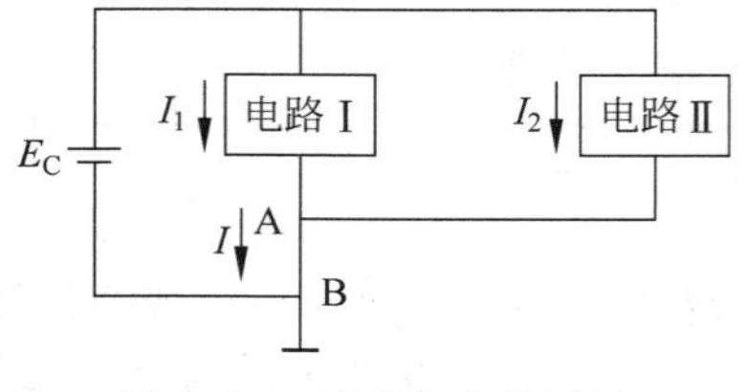

图4.19 地线产生的干扰

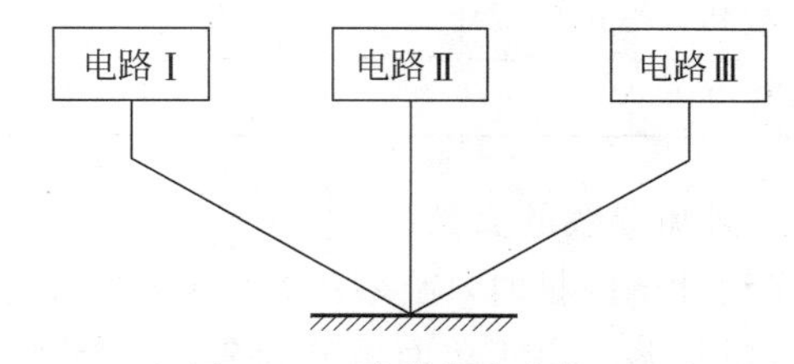

图4.20 并联分路式接地

(2) 大面积覆盖接地。在高频电路中尽量扩大印制电路板的地线面积，可以有效地减小地线中的阻抗，从而削弱在地线上产生的高频信号。同时，大面积接地还可以对电场干扰起到屏蔽作用。

2. 电源产生的干扰与抑制

任何电子仪器(包括其他电子产品)都需要电源供电,并且大多数直流电源是由交流220 V电压通过降压、整流、稳压后供出的。供电电源的质量会直接影响整机和技术指标。除了原理设计的问题以外,电源的工艺或印制电路板设计不合理,也都会引起电源的质量不好,特别是交流电源对直流电源的干扰,因此,在印制电路板设计时要注意以下几点。

1) 尽量使强电、弱电电路分割开

如图4.21所示的稳压电路中,整流管接地过远,交流回路的滤波电容与直流电源的取样电阻共用一段接地导线,这都会因为布线不合理,导致交、直流回路彼此相连,造成交流信号对直流电路产生干扰,使电源的质量下降。为避免这种干扰,应该在设计电源时谨慎处理如上所述现象。直流电源的布线不合理,也会引起干扰。布线时,电流线不要走平行大环形线,电源线与信号线不要靠得太近,并避免平行。

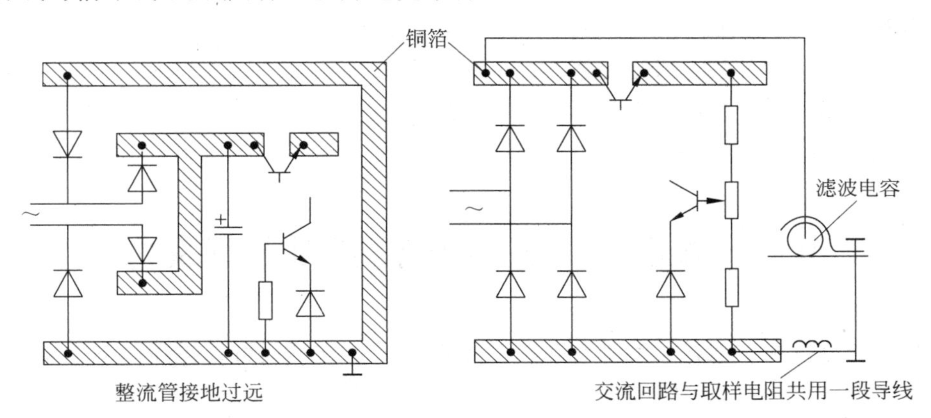

图4.21 电源布线不当产生的干扰

2) 设置滤波电容

为防止电磁干扰通过电源及配线传播,在印制电路板上设置滤波去耦电容是常用的方法。具体做法是:在印制电路板电源入口处加一个大于10 μF的电解电容和一个0.1 μF的陶瓷电容并联。当电源线在板内走线长度大于100 mm应再加一组电容。

在集成电路的电源两端加0.1 μF~680 pF之间的陶瓷电容器,尤其对于多片数字电路IC更不可少。注意,电容必须靠近IC电源处且与其他地线连接。

电容量根据IC速度和电路工作频率选用。速度越快,频率越高,电容量越小且需选用高频电容。

3. 电磁干扰及抑制

印制电路板使元器件安装紧凑、连线密集,这一特点无疑是印制电路板的优点。然而如果设计不当,这个特点也会给整机带来麻烦。例如印制电路板分布参数造成的干扰、元器件相互之间的磁场干扰等,如同其他干扰一样,在排版设计中必须引起重视。

1) 避免印制导线之间的寄生耦合

两条相距很近的平行导线,它们之间的分布参数可以等效为相互耦合的电感和电容,当信号从一条线中通过时，另一条线内也会产生感应信号。感应信号的大小与原始信号的频率及功率有关，感应信号便是分布参数产生的干扰源。为了抑制这种干扰，排版前要分析原理图，区别强弱信号线，使弱信号尽量短，并避免与其他信号线平行靠近。不同回路的信号线，要尽量避免相互平行布设，双面板双面的印制导线走向要相互垂直，尽量避免平行布设。这些措施都可以减少分布参数造成的干扰。

2）印制导线屏蔽

当某种信号密集地平行且无法摆脱较强信号干扰时，可以采用印制导线屏蔽的方法，将弱信号屏蔽起来，其效果与屏蔽电缆相似，使之所受的干扰得到抑制。有时，为了抑制干扰，设置屏蔽地线不失为一种好的选择，比如大面积屏蔽地或专置地线环。设置地线环（参见图4.22）可以避免输入线受干扰。

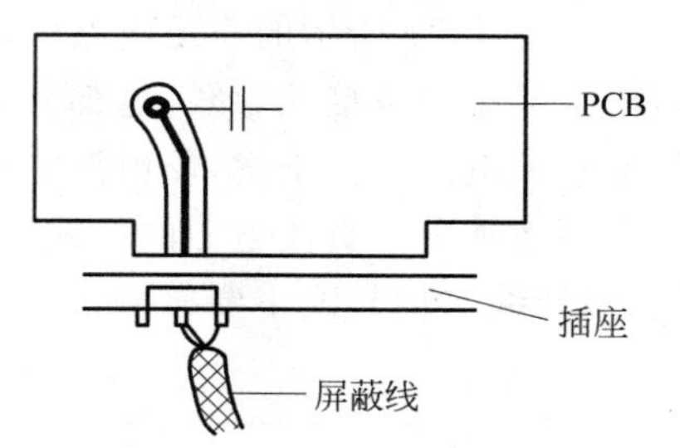

图4.22 设置专用地线环

3）减小磁性元件对印制导线的干扰

扬声器、电磁铁、永磁式仪表等产生的恒定磁场和高频变压器、继电器等产生的交变磁场，对周围的印制导线也会产生影响。要排除这类干扰，一般应注意分析磁场方向，减少印制导线对磁力线的切割。

4.3 板图设计的要求和制板工艺文件

现在印制电路板一般都由专业化生产厂家制造。这样不仅可以提高印制电路板的生产制造工艺水平，提高专用设备的利用率和经济效益，也有利于环境保护，减小酸、碱及其他有毒、有害化学物质的污染。作为电子工程技术人员，在完成了印制电路板的版面设计之后，在委托专业厂家制板的时候，应该提供制板的技术文件。印制电路板制作的技术文件通常包括版面的设计文件及有关技术要求的说明。

4.3.1 板图设计

所谓板图，是指能够准确反映元器件在印制电路板上的位置与连接的设计图，是送交专业制板厂家的依据。在板图中，要求焊盘的位置及间距、焊盘间的相互连接、印制导线的走向及形状、整版的外形尺寸等均按照印制电路板的实际尺寸（或按一定比例）绘制出来。在板图设计完成之后，送到专业制板厂家，由那里的技术人员按照它完成后续生产过程。

绘制板图是把印制电路板设计图形化的关键和主要的工作量，设计过程中考虑的各种因素都要在板图上体现出来。电子工程技术人员应该全面掌握设计印制电路板的原则，才能设计出成功的板图。现在采用计算机设计印制电路板已经非常普及，虽然可以不用在纸上设计板图，而直接在计算机屏幕上绘制电路图，但设计的一般原则仍然要体现在CAD软件的应用过程中。

1. 板图设计的一般原则

在绘制原理图时，一般只要表现出信号的流程及元器件在电路中的作用，便于分析与阅读电路原理，从来不用去考虑元器件的尺寸、形状以及电极引线的排列顺序，因此原理图中走线交叉的现象很多，这对读图毫无影响。而在印制电路板上，导线在同一平面的交叉现象是不允许的。所以在板图设计时，首先保证不交叉单线连接。设计具体步骤如下：

(1) 将原理图中应放置于板上的元器件根据信号流向或排版方向，重新排列元器件的位置，使元器件在同一平面上按照电路接通，并且彼此的连线不能交叉。

(2) 如果遇到交叉，就要重新调整元器件的排列位置与方向，来解决或避免这种情况，如图 4.23 所示。

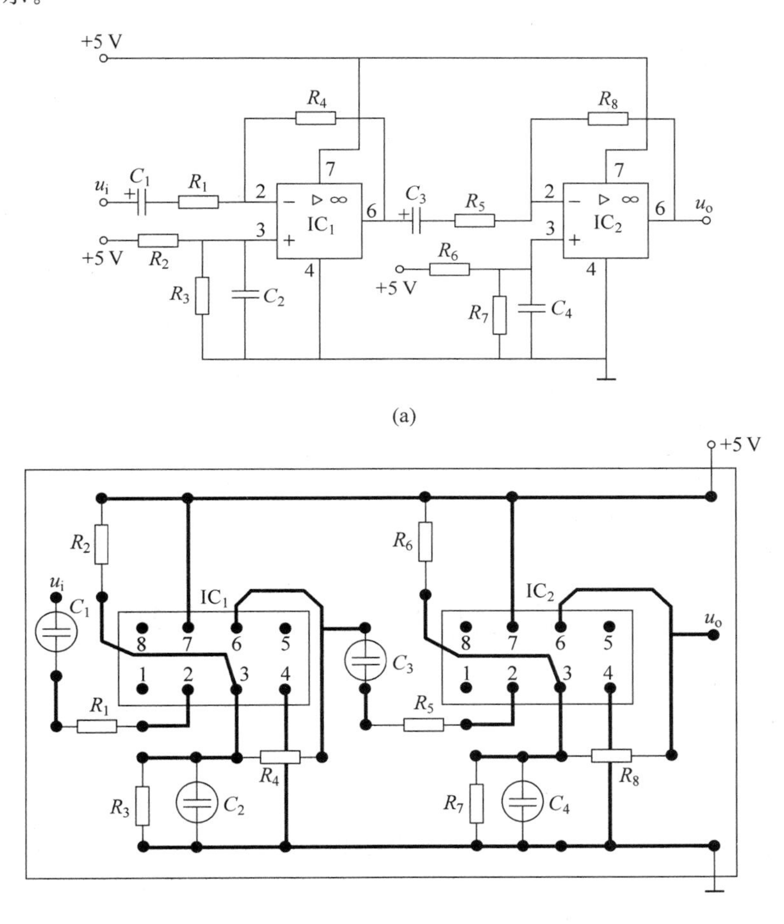

图 4.23 原理图和单线不交叉图

(a) 原理图；(b) 单线不交叉图

(3) 在单面板上采用"跳线"来保证不交叉单线连接。跳线即跨接导线，在印制导线的交叉处断掉一根，用一根短路线从板的元件面跨接过去。当然这种跨接线只有在迫不得已的情况下使用，如果"跳线"过多，便会影响印制电路板的设计质量。

2. 板图设计的要求

(1) 根据元器件的位置及尺寸，在确定的制板面积上实际排定印制导线，应当尽量做到短、少、疏。通常需要多次调整元器件位置或方向，几经反复才能达到满意的结果。

(2) 印制电路板的设计稿，要求版面尺寸、焊盘位置、印制导线的连接与走向、板上各孔的尺寸及位置等，都要与实际版面相同，并明确地标注出来。同时应该在设计文档中注明电路板的各项技术要求。打印输出的图纸的比例，应该根据印制电路板上图形的密度和精度决定，可以取 1∶1、2∶1、4∶1 等不同的比例。

4.3.2 制板工艺文件

在委托专业厂家做印制电路板时，要向厂家提交印制电路板的技术要求。这些技术要求不仅要作为与厂家签订合同的依据，也将作为双方交接的质量认定标准之一。在整机生产厂家里，这些制板工艺要求还作为产品工艺设计文件的一部分永久存档保管。

制板的技术要求，应该用文字准确、清晰、条理地写出来，主要内容包括：

(1) 板的材质、厚度、板的外形及尺寸、公差；

(2) 焊盘外径、内径、线宽、焊盘间距及尺寸、公差；

(3) 焊盘钻孔的尺寸、公差及孔金属化的技术要求；

(4) 印制导线和焊盘的镀层要求(指镀金、银、铅锡合金等)；

(5) 板面助焊剂、阻焊剂的使用；

(6) 其他具体要求。

采用计算机设计印制电路板，可以把装有绘图文件(包括布线图、阻焊图、板面印字图等)的软盘交给厂家；也可以提供已经绘(贴)好的黑白图纸，由厂家照相制作胶片。

4.4 印制电路板的制造工艺

电子工业的发展，特别是微电子技术的发展，对印制电路板的制造工艺和质量、精度也提出了新的要求。印制电路板从单面板、双面板发展到多层板和挠性板；印制线条越来越细、间距越来越小。目前不少厂家都可制造线宽和间距在 0.2 mm 以下的高密度印制电路板。但现阶段应用最为广泛的还是单、双面印制电路板，所以下面简单介绍这类印制电路板的制造工艺。

4.4.1 印制电路板制造的基本环节

印制电路板的制造工艺发展很快，不同类型和不同要求的印制电路板采用不同制造工艺，但这些不同的工艺流程中，有许多必不可少的环节是类似的。

1) 底图胶片制板

底图胶片制板可利用计算机辅助设计系统和光学绘图机直接绘制出来。首先应用

CAD 软件进行布线，使感光胶片曝光，经过暗室操作制成原板底片，用 CAD 光绘法制作的底图胶片精度高、质量好。

2）图形转移

把底图胶片上的印制电路图形转移到敷铜板上，称为图形转移。具体方法有丝网漏印法、光化学法等。

3）化学蚀刻

蚀刻在生产线上也称烂板。它是利用化学方法去除板上不需要的铜箔，留下组成焊盘、印制导线焊盘、印制导线及符号等图形。

4）孔金属化与金属涂覆

（1）孔金属化。双面印制电路板两面的导线或焊盘需要连通时，可以通过金属孔化实现。即把铜沉积在贯通两面导线或焊盘的孔壁上，使原来非金属的孔壁金属化。金属化了的孔称为金属化孔。在双面和多层印制电路板的制造过程中，孔金属化是一道必不可少的工序。

（2）金属涂覆。为提高印制电路的导电、可焊、耐磨、装饰性能，延长印制电路板的使用寿命，提高电气连接的可靠性，可以在印制电路板图形铜箔上涂覆一层金属。金属镀层的材料有金、银、铅锡合金等。

涂覆方法可用电镀或化学镀两种。

5）助焊剂与阻焊剂

印制电路板经表面金属涂覆后，根据不同的需要可以进行助焊或阻焊的处理。

（1）助焊剂。在电路图形的表面上喷涂助焊剂，既可以保护镀层不被氧化，又能提高可焊性。酒精松香水是最常用的助焊剂。

（2）阻焊剂。阻焊剂是在印制电路板上涂覆的阻焊层（涂料或薄膜）。除了焊盘和元器件引线孔裸露以外，印制电路板其他部位均覆盖在阻焊层之下。阻焊剂的作用是限定焊接区域，防止焊接时搭焊、桥连造成的短路，改善焊接的准确性，减少虚焊；防护机械损伤，减少潮湿气体和有害气体对板面的侵蚀。

在高密度的镀铅锡合金、镀镍多印制电路板和采用自动焊接工艺的印制电路板上，为使板面得到保护并确保焊接质量，均需要涂覆阻焊剂。

4.4.2 印制电路板的生产工艺

1. 单面印制电路板的生产工艺流程

单面印制电路板的生产工艺流程如图 4.24 所示。

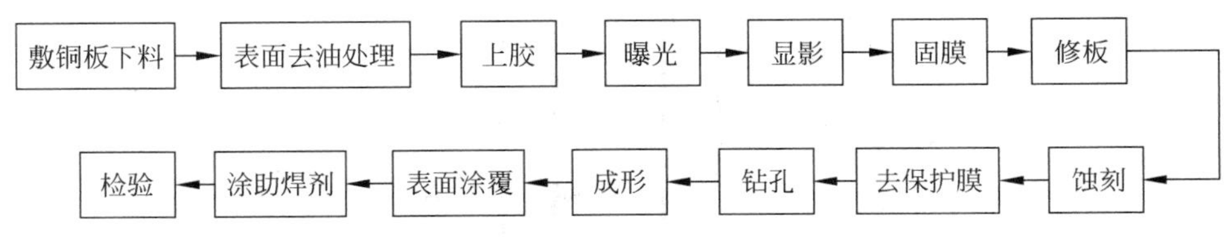

图 4.24 单面印制电路板的生产工艺流程

单面板工艺简单，质量易于保证。但在进行焊接前还应再度进行检验，内容如下：

(1) 导线焊盘、字与符号是否清晰、无毛刺，是否有桥接或断路；

(2) 镀层是否牢固、光亮，是否喷涂助焊剂；

(3) 焊盘孔是否按尺寸加工，有无漏打或打偏；

(4) 板面及板上各加工尺寸是否准确，特别是印制电路板插头部分；

(5) 板面是否平直无翘曲等。

2. 双面印制电路板的生产工艺流程

双面板与单面板的主要区别在于增加了孔金属化工艺，即实现两面印制电路的电气连接。由于孔金属化的工艺方法较多，相应双面板的制作工艺也有多种方法。采用常用的堵孔法和图形电镀法的生产工艺流程参见图4.25和图4.26。

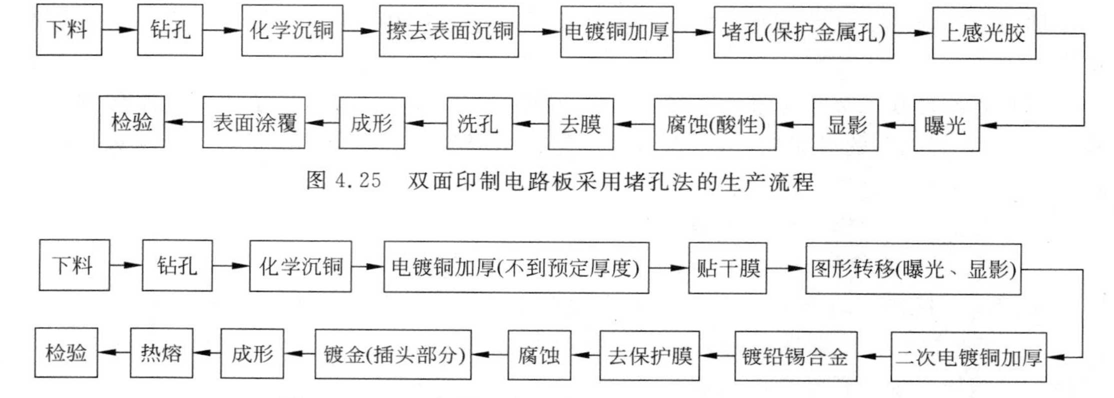

图4.25 双面印制电路板采用堵孔法的生产流程

图4.26 双面印制电路板采用图形电镀法的生产流程

图形电镀法是较为先进的制作工艺，特别是生产高精度和高密度的双面板中更显示出优越性。采用这种工艺可制作线宽和间距在0.2 mm以下的高密度印制电路板。目前大量使用集成电路的印制电路板大都采用这种生产工艺。

3. 多层印制电路板的生产工艺流程

随着微电子技术的发展，大规模集成电路日趋广泛应用，为适应一些应用场合，如遥测系统、航天、通信设备、高速计算机、微型化计算机等产品对印制电路不断提出新要求，多层印制电路板在近几年得到了推广。

多层板是在双面板基础上发展起来的，在布线层、布线密度、精度等方面都得到了迅速的提高。图4.27为多层印制电路板的剖面图。

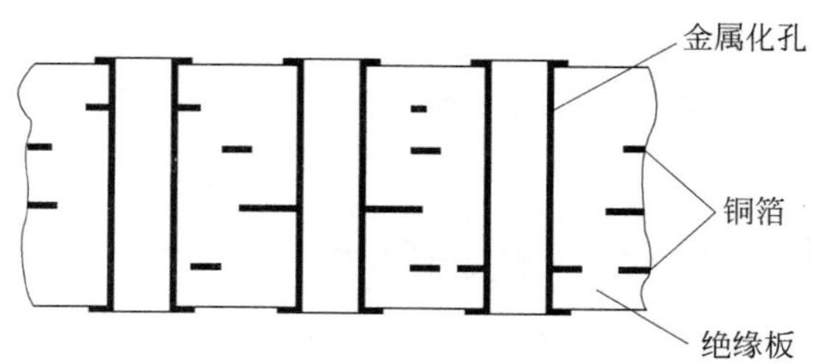

图4.27 多层印制电路板的剖面图

目前国内多层板的制板技术已经有能力打造的板层数高达20层，印制导线的宽度及间距可达到0.2 mm以下。

多层板和工艺设计比普通单、双面板要复杂得多。首先，在设计前必须了解制板厂家的工艺流程、技术文件及生产能力，以便自己的设计符合厂家的工艺要求(指按厂家的要求绘制板图，编制有关技术文件)。一般设计多层板需要确定下列要求：①成品板的图形及尺寸；②焊盘内外直径、导线的宽度；③各层布线图；④层数、板材及板的最终厚度；⑤铜箔厚度、电镀层厚度等。

由于多层板的几个电路层通过金属化孔实现相互之间的电气连接，因此在设计中，各层定位孔的设置、各个图形尺寸的公差都要严格准确。在不同平面的电路层上，都应该确保定位孔与各焊盘、导线之间的尺寸公差，这是产品质量的关键保证。

多层板的制作过程中，不仅金属化和定位精度比一般双面印制电路板有更加严格的尺寸要求。而且增加了内层图形的表面处理、半固化片层压工艺及孔的特殊处理。图4.28列出了多层印制电路板的生产工艺流程。

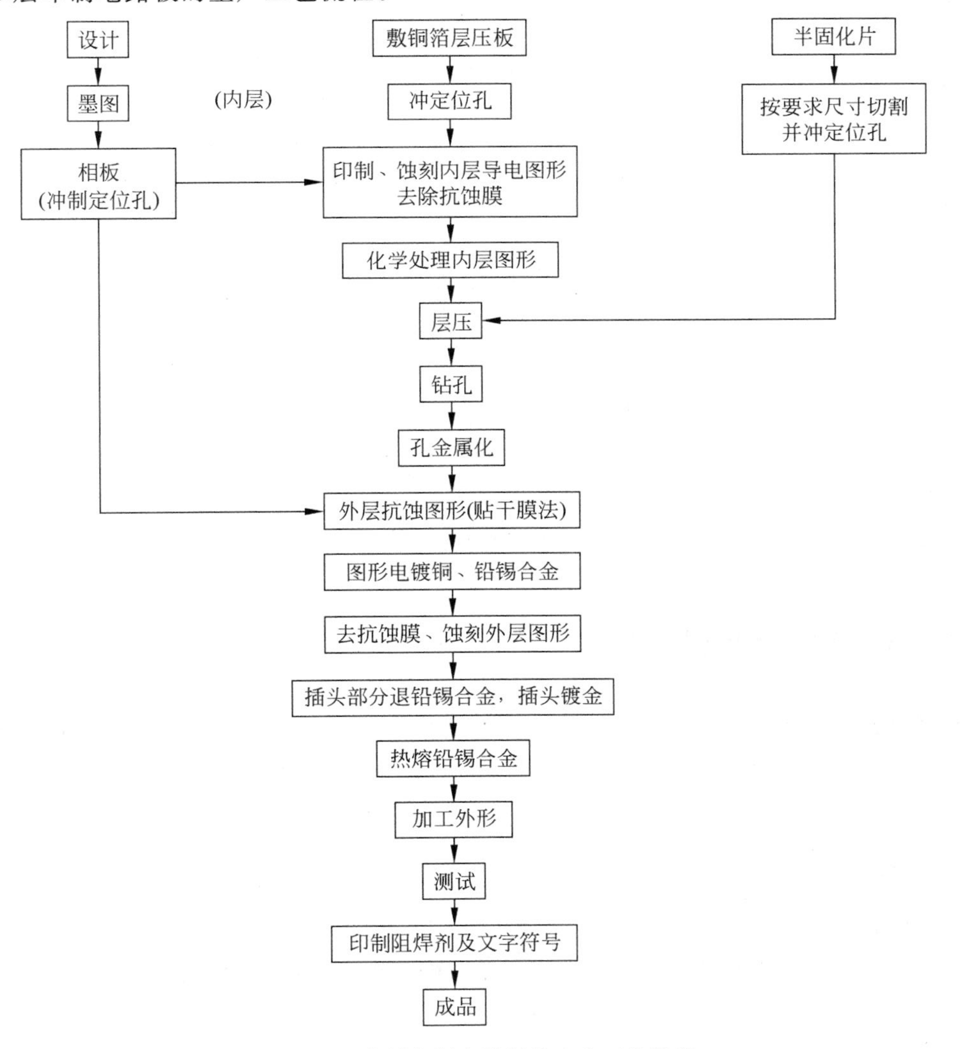

图4.28　多层印制电路板的生产工艺流程

4. 挠性印制电路板的生产工艺流程

电子产品的装配密集度、可靠性和小型化，正在以极快的速度不断提高，与半导体集成器件有着密切关系的挠性印制电路板应运而生。已经普及的双面板金属化通孔技术、产品尺寸容量及材料规格的进步，都为挠性印制电路板的发展奠定了良好的基础。现在挠性印制电路板正在被多种产品广泛应用，特别是高档电子产品，如笔记本电脑、手提电话和通信设备、军事仪器设备及汽车仪表电路，甚至照相机等，都使用了挠性电路板。挠性电路板未来的应用范围和发展前景是无可限量的。

挠性印制电路板的生产工艺流程如图 4.29 所示，与制造其他印制电路板不同的是压制覆盖层。

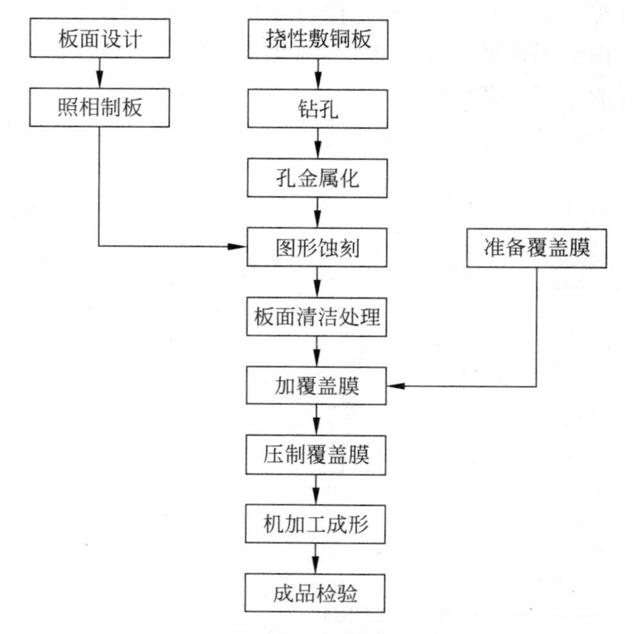

图 4.29 挠性印制电路板的生产工艺流程

4.4.3 印制电路板的检验

印制电路板作为基本的重要电子部件，制成后必须通过必要的检验，才能进入装配工序。尤其是批量生产中对印制电路板进行检验是产品质量和后续工序顺利进展的重要环节。

1. 外观检验

外观检验主要检验如下内容：

(1) 印制电路板外形尺寸与厚度是否在要求的范围内，特别是与插座导轨配合的尺寸。

(2) 导电图形的完整和清晰，有无短路或断路、毛刺等。

(3) 表面质量：是否光滑、平整，是否有凹凸不平点或划伤的痕迹。

(4) 检查焊盘孔及其他孔的位置及孔径，有无漏打或打偏情况。

(5) 镀层质量：镀层平整光亮，无凸起缺损。

(6) 涂层质量：阻焊剂均匀牢固，位置准确，助焊剂均匀。

(7) 板面平整无翘曲。

(8) 字符标志应清晰、干净，无渗透、划伤、断线等现象。

2. 电气性能检验

1) 连通性检验

一般可以使用万用表对导电图形的连通性进行检验，重点是双面板的金属化孔和多层板的连通性能。

2) 绝缘性能检验

检测同一层不同导线之间或不同层导线之间的绝缘电阻，以确认印制电路板的绝缘性能。检测时应在一定的温度和湿度下，按照印制电路板标准进行。

3) 工艺性能检验

(1) 可焊性，检验焊料对导电图形的润湿性能。

(2) 镀层附着力。检验镀层附着力，可以采用简单的胶带试验法。将质量好的透明胶带黏到要测试的镀层上，按压均匀后快速掀起胶带并扯下，镀层无脱落为合格。

此外，还有铜箔抗剥离强度、镀层成分、金属化孔抗拉强度等多项指标，应该根据对印制电路板的要求选择检测内容。

4.5 印制电路板CAD

在现代电子工业的发展中，各种新型器件尤其是集成电路的应用越来越广泛，电路板的走线越来越复杂和精密，计算机的普及和计算机辅助设计(CAD)印制电路板软件的发展，为印制电路的设计与生产开辟了新的途径。因此软件厂商纷纷推出了电子CAD软件，其中以Altium公司(前身为Protel国际有限公司)推出的Altium Designer最为著名，本书主要介绍Altium Designer的使用。

4.5.1 关于绘图软件Aitium Designer

Altium Designer是Altium公司继Protel系列产品(Tango、Protel for DOS、Protel for Windows 、Protel 98、Protel 99、Protel 99 SE、Protel DXP、Protel DXP 2004)之后推出的高端设计软件，主要用于原理图、印制电路板、可编程逻辑电路设计等，该软件更加贴近电子设计师的应用需求，符合未来电子设计的发展趋势。

1. Altium Designer组成

Altium Designer主要由5部分组成：电路原理图(SCH)设计、印制电路板(PCB)设计、电路仿真、可编程逻辑电路设计及信号完整性分析。本教材主要介绍电路原理图(SCH)设计和印刷电路板(PCB)设计两部分。

1）电路原理图(SCH)设计

电路原理图设计系统由电路原理图(SCH)编辑器、原理图元器件库(SCHLib)编辑器和各种文本编辑器等组成。其主要功能有：

(1) 绘制和编辑电路原理图；

(2) 制作和修改原理图元器件符号或元器件库等；

(3) 生成原理图与元器件库的各种报表。

2）印制电路板(PCB)设计

印制电路板(PCB)设计系统由印制电路板(PCB)编辑器、元器件封装编辑器(PCBLib)和板层管理器等组成。其主要功能有：

(1) 印制电路板设计与编辑；

(2) 元器件的封装与管理；

(3) 板型的设置与管理。

2. PCB项目设计工作流程

1）创建PCB项目

Altium Designer引入设计项目的概念，一般先建立一个项目，该项目定义了项目中各个文件之间的关系。从原理图到PCB板图的设计，需要原理图文件和PCB文件包含在同一个项目里面，编译、更新等操作才可以正常完成。

2）创建元器件符号库和封装库并绘制元器件符号及封装

虽然系统提供了非常多的元器件符号库和封装库供用户调用，但是新型的元器件层出不穷，元器件封装也推陈出新，必要时需读者动手设计原理图元器件，建立自己的元器件库。

3）创建原理图文件并设计原理图

创建原理图文件后，从元器件库调取需要的元器件符号，进行原理图的绘制。根据电路的复杂程度决定是否需要使用层次原理图。完成原理图后，用ERC(电气法则检测)工具查错，找到错误原因并修改原理图，重新查错到没有原则性错误为止，完成原理图的设计。

4）创建PCB文件并设计PCB图

创建PCB文件后，首先绘出PCB的轮廓，设置好工艺文件，如板层、线宽及间距等，然后将原理图更新到PCB中来，在网络表、设计规则和原理图的引导下布局和布线，辅以设计规则检查等工具查错，完成PCB的设计，根据需要输出相关的数据文件。

3. Altium Designer 设计管理器

成功安装Altium Designer后，系统会在Windows“开始”菜单栏中加入程序项，并在桌面上建立Altium Designer的启动快捷键。

启动Altium Designer快捷键即可进入工作界面，如图4.30所示。Altium Designer设计管理器工作环境主要由以下几个部分组成。

1）工作区

Altium Designer主要文档编辑区，如图4.30中间工作区所示。不同种类的文档在相应的文档编辑器中进行编辑，例如原理图文档使用Schematic Editor编辑、PCB文档使用PCB Editor编辑、VHDL文档使用VHDL编辑器编辑。打开Altium Designer时，最常见的初始任务显示在Home Page中，以方便选用。

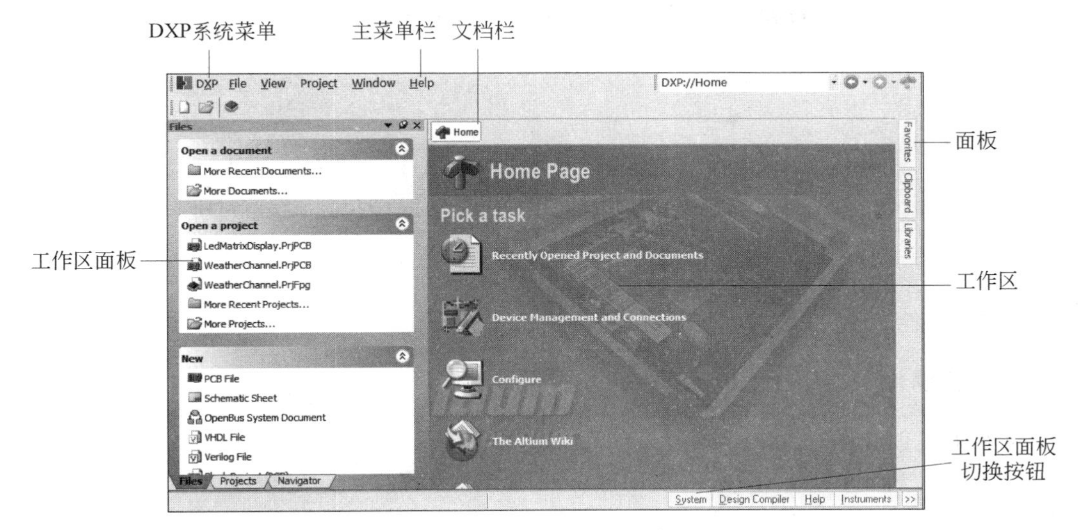

图 4.30 Altium Designer 设计管理器

2）Workspace 面板

Altium Designer 有很多操作面板，默认设置为一些面板放置在应用程序的左边，一些面板可以弹出的方式在右边打开，一些面板呈浮动状态，另外一些面板则为隐藏状态。所有的工作面板也可从 View/Workspace Panels 子菜单中访问。

3）菜单栏

主要有 DXP 系统菜单和主菜单：DXP 系统菜单主要用于系统参数的设置；主菜单包含各种操作命令及局部参数设置等。

4. 系统参数设置

执行菜单“DXP/Preferences”命令，弹出系统参数设置对话框，与系统相关的所有参数都可以在这里进行设置，下面主要介绍最常用的设置。

1）系统常规参数设置

单击“System/General”，进入 General/常规参数设置界面，主要用来设置系统的基本特性，如图 4.31 所示，勾选后表示使用本地化资源显示中文对话框和菜单。确定后重启 Altium Designer 系统即变为中文界面。

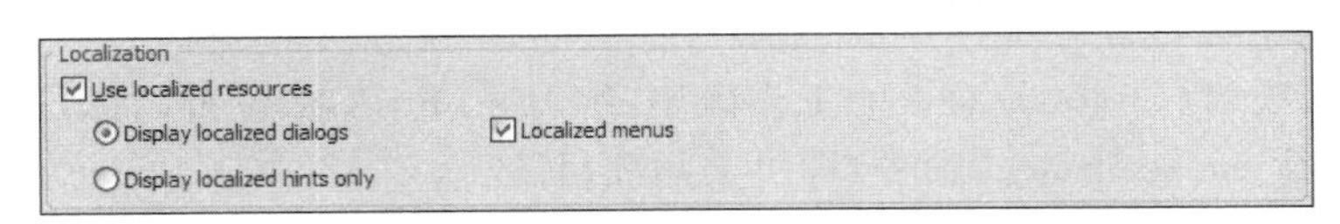

图 4.31 设置中文界面

2）系统备份参数设置

单击“System/Backup”，进入备份参数设置界面，在所有打开的文档里，在固定的时间间隔下自动保存文件，如图 4.32 所示，勾选后表示使用每 10 分钟自动保存一次。

3）原理图常规参数设置

单击“Schematic/General”，进入原理图 General/常规参数设置界面，主要用来设置原

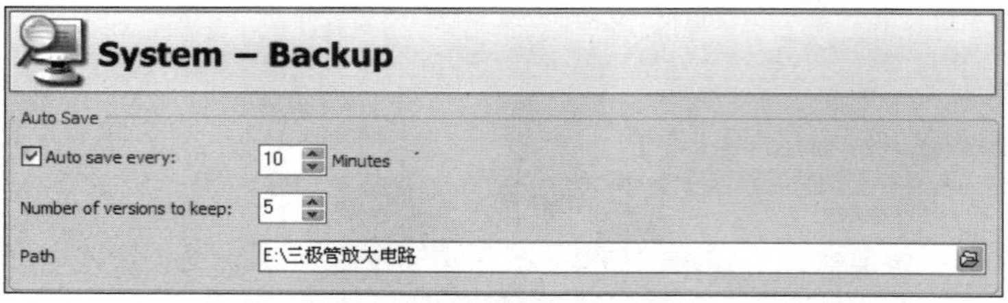

图 4.32　备份参数设置

理图的基本特性。

5. 项目操作

1）新项目创建

执行菜单“File/New/Project/PCB Project”命令，系统将创建一个 PCB 项目工程，其默认的文件名为：PCB_Project1. PrjPCB，如图 4.33 所示。

2）项目的保存及命名

执行菜单“File/New/Save Project” 或“Save Project As”命令或将鼠标移到 PCB_Project1. PrjPCB 处，右击，选中 Save Project，此时系统弹出对话框，在该对话框中可以指定这个项目工程保存的位置和文件名(如练习一)，单击保存按钮即可，参见图 4.34。

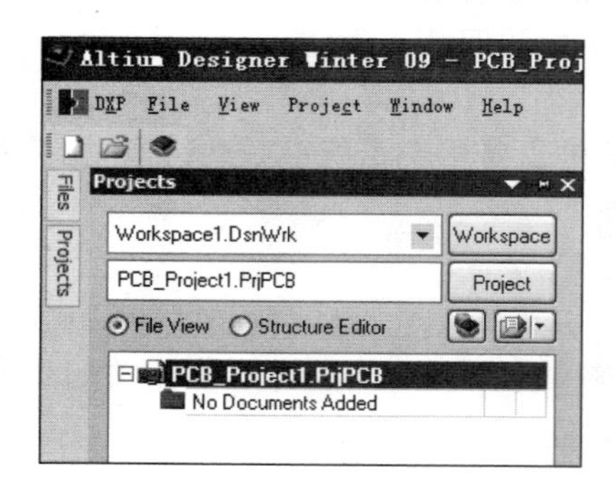

图 4.33　新建项目

图 4.34　项目的保存及命名

3）项目的打开或关闭

执行“File/Open Project” 菜单命令，在弹出的窗口中选中要打开的项目，单击打开即可打开当前选中的工程。

将鼠标移到项目(Projects)面板的工作区中“练习一. PrjPCB”位置，右击，弹出如图 4.35 所示的菜单，执行 Close Project 命令，即可关闭项目。

4）向项目添加与移除文件

(1) 新建项目里面没有任何文件，执行菜单“Project/Add New to Project”(添加新的原理图)或“Add Existing to Project”(已有原理图或 PCB 文件)命令，在弹出的窗口中选中需要添加到项目的文件，单击打开，即可把选中的文件添加到项目。

(2) 当需要从项目中移除文件时，先执行菜单“File/Close”命令，把当前编辑中的文件先关闭，鼠标移到项目面板中要移去的文件上，右击，在弹出的菜单中执行“Remove from Project”命令，单击 Yes 后，即可把相应的文件移除。

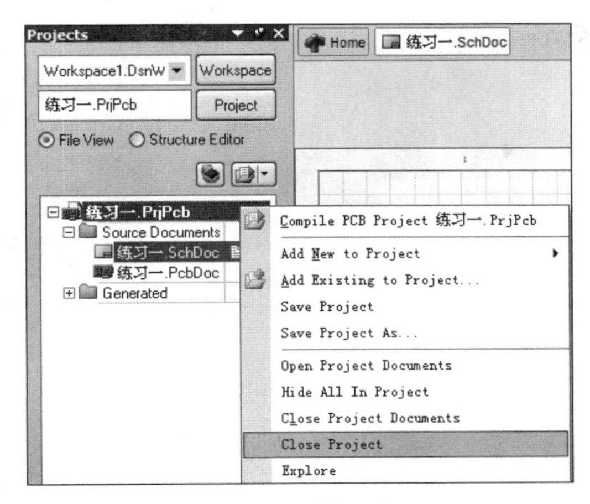

图 4.35 关闭项目

4.5.2 Altium Designer 集成库的创建

Altium Designer 采用了集成库的概念，它将器件的原理图符号、PCB 封装、仿真模型、信号完整性分析、3D 模型集成在一起。

尽管 Altium Designer 内置的元器件集成库已经相当完整，但是在绘制原理图的时候还是会遇到一些在已有的集成库中找不到的元件。因此 Altium Designer 提供了一个完整的创建集成库的工具——元件编辑管理器来生成和创建集成库。

集成库的创建主要有以下几个步骤：

（1）创建集成库项目；

（2）原理图库的创建；

（3）封装图库的创建；

（4）编译集成库。

下面以创建三位共阳数码管集成库为例进行介绍。

1. 新建一个集成元器件库

执行菜单“File/New/Project/Integrated Library”命令，系统将创建一个默认文件名为 Integrated_Library. Libpkg 的集成库项目。

将鼠标移到 Integrated_Library. Libpkg 处，右击，选中 Save Project 命令，可将文件改名（如改成数码管. Libpkg）、保存等。

2. 原理图库创建

1）原理图库文件创建

在已建数码管工程项目中添加一个 Schematic Library 文件，并将文件改名为数码管元件. SchLib 保存，如图 4.36 所示。

2）元器件符号绘制及参数设置

（1）元器件符号绘制

以三位数码管绘制为例，进入原理图文件库编辑工作界面，根据需要使用矩形等工具绘

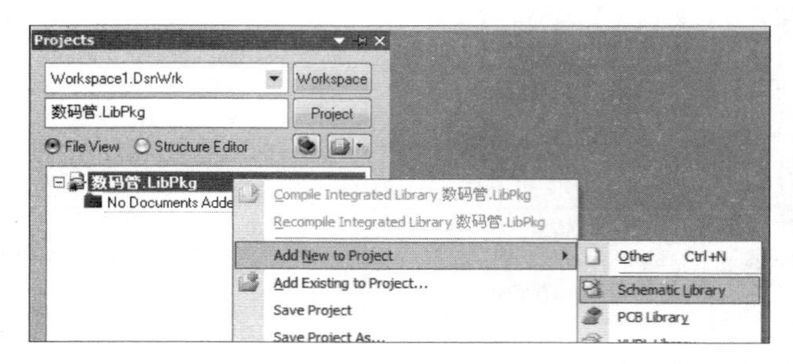

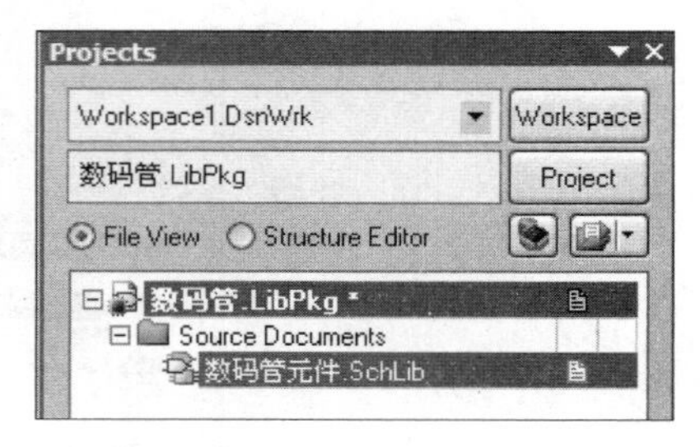

图 4.36 原理库文件创建、命名、保存

制元器件的外形。

① 执行菜单“Place/Rectangle”命令在图纸中心放置一个大小合适的矩形。

② 执行菜单“Place/Line 和 Place→ Ellipse”(椭圆) 命令绘制“8. 8. 8. ”。

③ 执行菜单“Place/Pin”命令放置 10 个管脚，管脚的节点朝向元器件的外侧(在英文输入法下通过空格键来旋转引脚直到需要的方向)，同时双击管脚修改其属性(参见图 4.37)，绘制完成的数码管元器件图如图 4.38 所示。

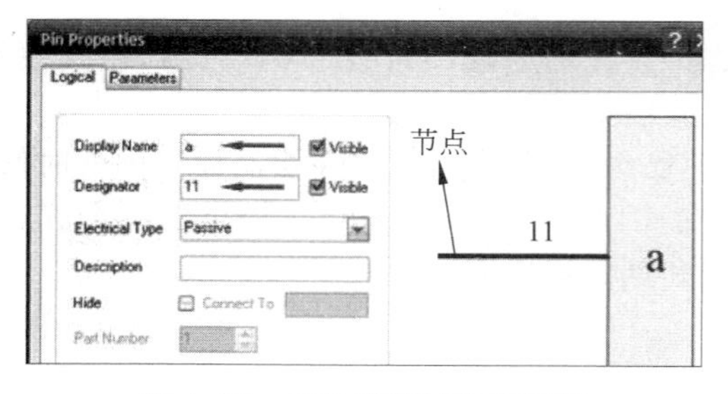

图 4.37 元件引脚属性对话框

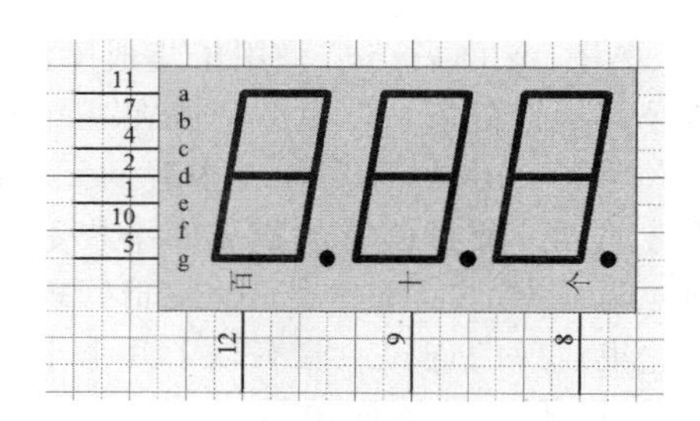

图 4.38 绘制完成的三位数码管

(2) 元器件属性设置

执行菜单“Tools/Component Properties”命令，弹出库元器件属性对话框，其元器件属性设置部分如图 4.39 所示。

Library Component Properties

Properties

Default Designator: DIS? ☑ Visible ☐ Locked

Comment: 数码管 ☑ Visible

<< < > >> Part 1/1 ☐ Locked

Description:

Type: Standard

Library Link

Symbol Reference: 数码管

图 4.39 库元器件属性对话框元器件属性设置部分

① Default Designator/默认的符号：用来设置元器件编号，一般集成芯片用“U?”或“IC?”，电阻用“R?”，电容用“C?”等。

② Comment/注释：用来设置元器件的型号或参数。

③ Description/描述：用来设置元器件的作用描述等，可以不设置。

(3) 元器件封装设置

执行菜单“Tools/Component Properties”命令，弹出库元器件属性对话框，其封装部分如图 4.40 所示。单击 Add 按钮，有 4 种模式：Footprint(PCB 封装)、Simulation(仿真)、PCB3D(3D 模型)、Signal Integrity(信号完整性)。在此只介绍 PCB 封装，确定后弹出封装浏览框。如果有现成的封装，则单击 Browse，查找到合适的封装即可，如没有现成的封装，则需要创建。

3. 封装库创建

1) 封装库文件的创建

执行菜单“File/New/Library/PCB Library”命令，或将鼠标移到项目面板的工作区中的数码管. LibPkg 位置，右击，在弹出的右键菜单中执行“Add New to Project/PCB Library”命令，系统新建一个默认文件名为 PcbLib1. PcbLib 的封装库，将文件改名为数码管封装. PcbLib 保存，如图 4.41 所示，双击文件打开。

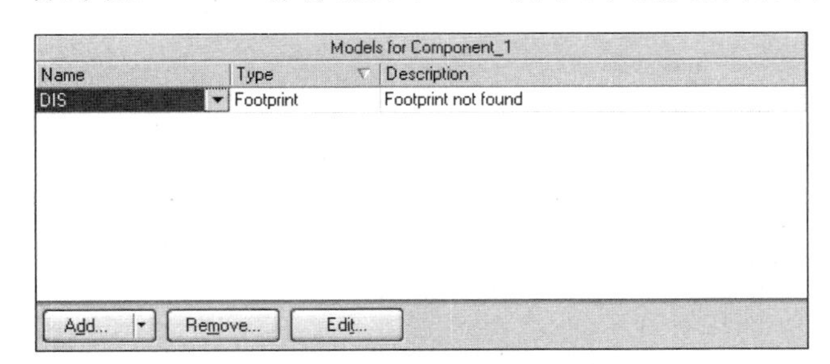

图 4.40 库元器件属性对话框封装部分

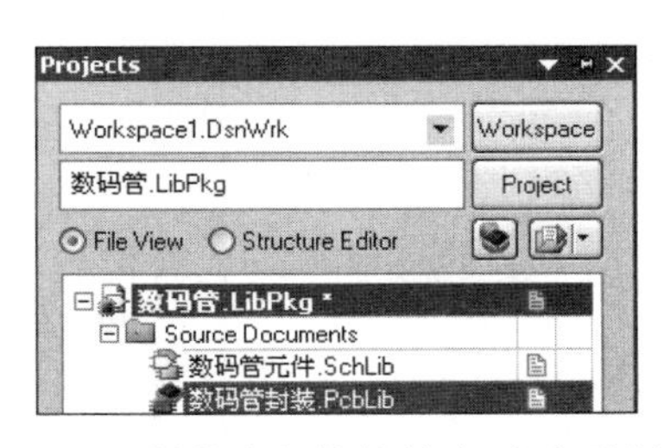

图 4.41 封装库文件的创建、命名及保存

2) 设置环境参数

执行菜单“Tools/Library options”命令，进入环境设置对话框，如图 4.42 所示。主要参数是元器件栅格和捕获栅格，可以根据需要调整(将 Grid1 改为 10 mil，Grid2 改为 100 mil)。单击左上角的标志或按 Ctrl+Q 键，可以进行单位(英制 mil 和公制 mm)转换。

3) 元器件封装绘制

(1) 绘制元器件封装外形轮廓

① 根据数码管实际外形尺寸，在 Toper Overlay 层执行菜单“Place/Line”命令精确绘制元器件的外形。单击导线弹出如图 4.43 所示对话框，可改变导线的粗细。

② 执行菜单“Place/Fill Circle”命令绘制小数点，在弹出对话框(见图 4.44)中可改变线径的粗细及小数点大小。

(2) 放置焊盘

在 Toper Multi-Layer(复合)层执行菜单“Place/Pad”命令，出现十字光标并带有焊盘符号，进入放置焊盘状态，焊盘没放下之前，按“Tab”键；焊盘放下来后，双击焊盘，进入焊盘属性设置对话框，如图 4.45 所示。主要参数是焊盘标志、孔洞信息、焊盘尺寸和外形。

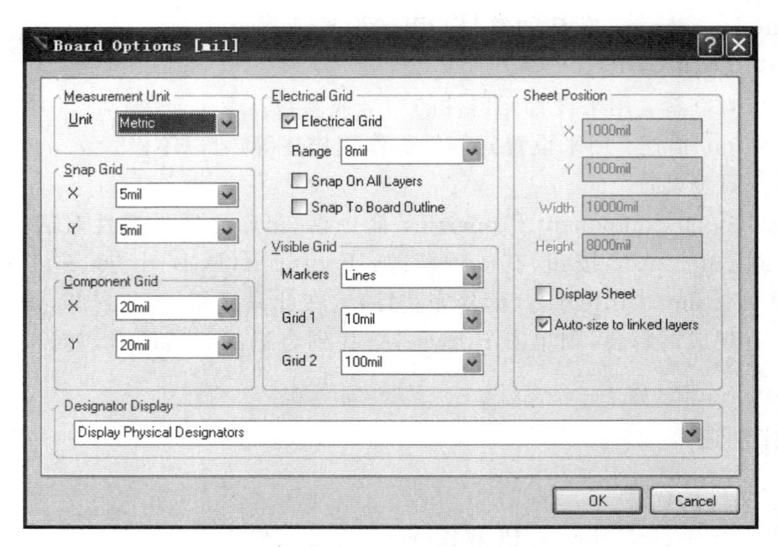

图 4.42　封装库文件环境设置对话框

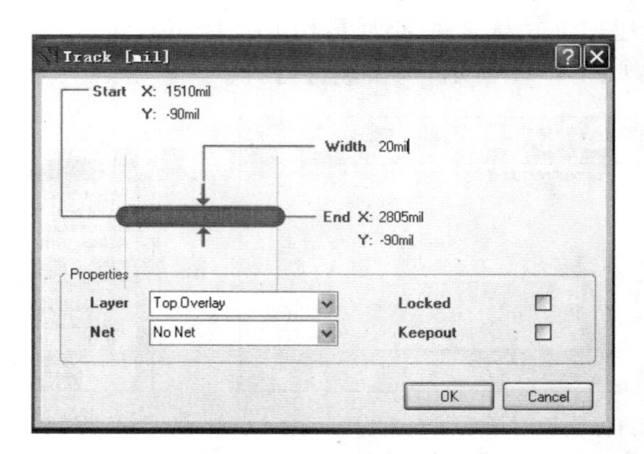

图 4.43　导线粗细修改对话框

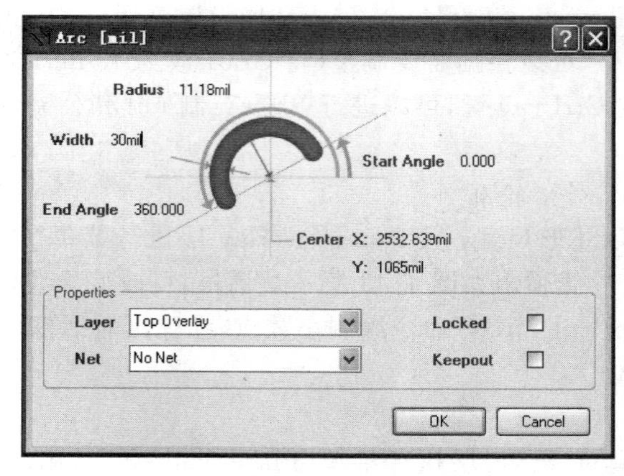

图 4.44　小数点大小修改对话框

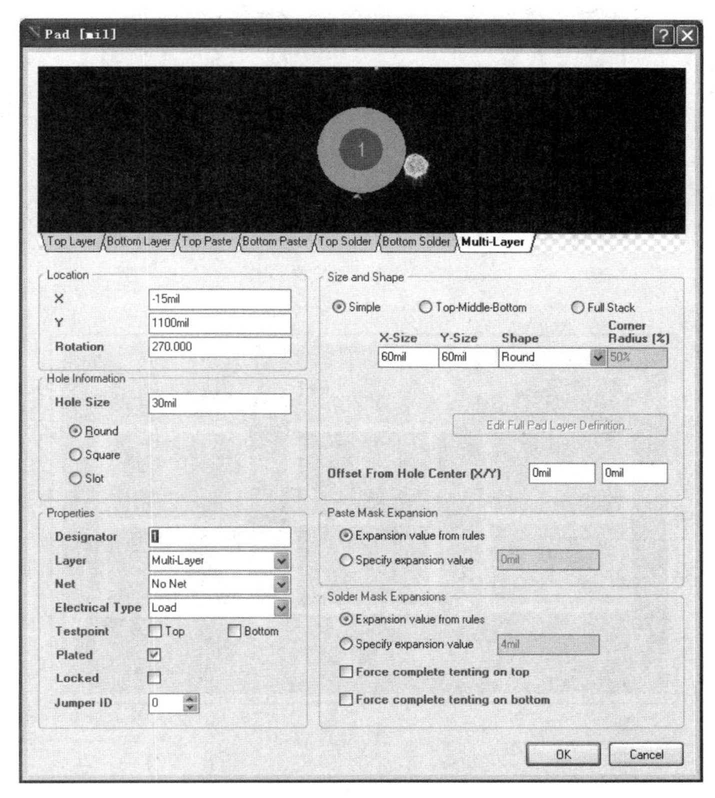

图 4.45 焊盘属性设置

① Designator/焊盘标志：必须与原理图库中元器件符号中的 Designator 引脚号一一对应。

② Hole Information/孔洞信息：根据元器件引脚大小确定，一般设为比引脚略大一点为宜，形状由元器件引脚决定。

③ Size and Shape/焊盘尺寸和外形：一般设置为孔洞尺寸的 2～3 倍，通常 1 号焊盘设置为方形。

(3) 修改封装名称

执行菜单“Tools/Component Properties”命令修改封装名称，封装名称前后统一，如图 4.46 所示。

(4) 设置元器件封装的参考点

执行菜单“Edit/Set Reference/Pin 1”命令设置参考点在第一个管脚上(参见图 4.47)，也可设置在其他位置。

绘制完成的数码管封装图如图 4.47 所示。

4. 编译集成库

执行菜单“Project/Compile integrated Library 数码管. LibPkg”命令，对集成库文件进行编译，在当前文件夹下\Project Outputs for 数码管目录将自动生成新的集成库目标文件数码管. IntLib。

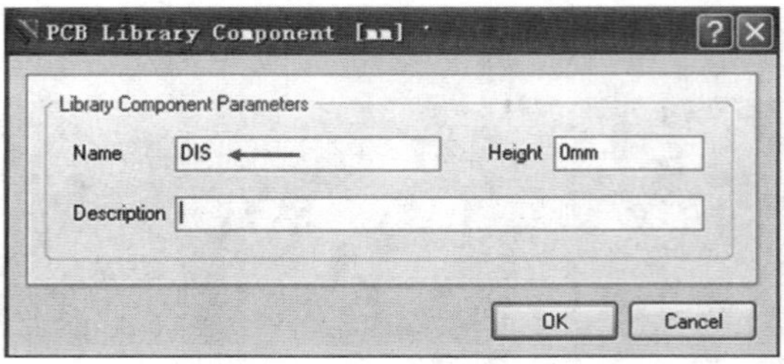

PCB Library Component [mm]
Library Component Parameters
Name
DIS
Height
0mm
Description
OK
Cancel

图 4.46 修改封装名称

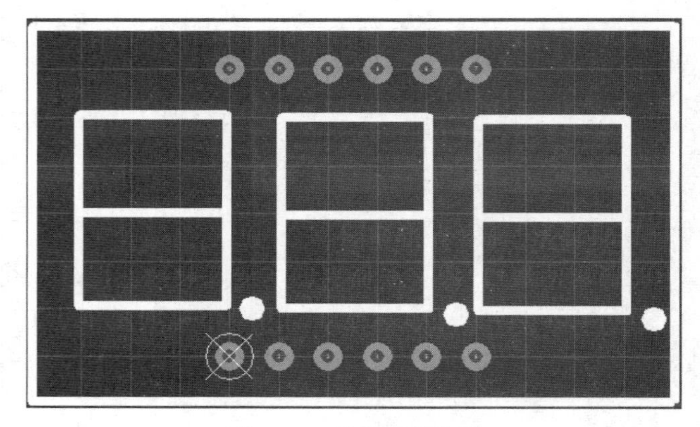

图 4.47 数码管封装图

4.5.3 用 Altium Designer 软件绘制电路原理图

1. 电路原理图的设计流程

使用 Altium Designer 绘制电路原理图的设计流程可分为几个步骤，如图 4.48 所示。

1）新建原理图文件

开机后进入 Altium Designer，执行菜单“File/New/Schematic”命令，建立一个新的原理图文件，扩展名为.SchDoc。

2）设置工作环境参数

可根据实际电路的复杂程度来设置图样的大小，一般情况下图样大小设为 A4。

3）装入元器件库

元器件保存在元器件库里面，放置元器件之前必须先把需要用到的元器件对应元器件库添加。

4）放置元器件

从元器件库中选取元器件，摆放到图样合适的位置，并对元器件的名称、封装进行定义和设定。

5）原理图布线

根据实际电路的需要，利用 SCH 提供的各种工具、指令进

开始
新建原理图文件
设置工作环境参数
装入元器件库
放置、排列元器件
原理图布线
原理图电气检查及编译
原理图报表输出
结束

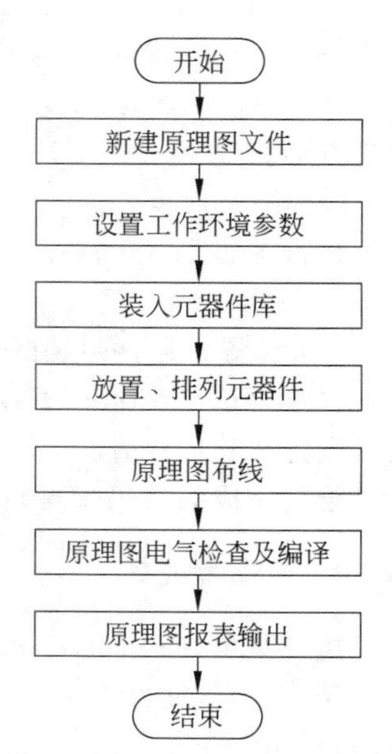

图 4.48 电路原理图设计流程

行连线，构成一幅完整的电路原理图。

6）原理图的电气检查及编译

当完成原理图连线后，需要设置项目选项来编译当前项目，利用 Altium Designer 提供的错误检查报告修改原理图，直到原理图通过电气检查，原理图才算完成。

7）原理图报表输出

Altium Designer 提供了利用各种报表工具生成的报表（如网络表、元器件清单等），同时可以对设计好的原理图和各种报表进行存盘和输出打印，为印制电路板电路的设计做好准备。

2. 电路原理图绘制前的准备工作

1）启动 Altium Designer 软件

执行菜单"开始/所有程序/Altium Designer"或者双击桌面上 Altium Designer 快捷图标，即可启动 Altium Designer。

2）新建一个 PCB 项目工程

执行菜单"File/New/Project/PCB Project"命令，系统将创建一个 PCB 项目工程，其默认的文件名为 PCB_Project1. PrjPCB，将文件名改为 555 定时电路. PrjPCB 保存（为后面绘制 555 定时电路原理图准备）。

3）新建一个原理图文件

执行"File/New/Schematic"菜单命令，系统将创建一个新的原理图设计文件，其默认的文件名为：Sheet1. SchDoc。通过执行菜单"File/Save"命令对原理图进行保存。此时可输入用户需要的文件名如 555 定时电路，扩展名为. SchDoc，单击保存即可对原理图文件，如图 4.49 所示。双击文件即可打开原理图文件。

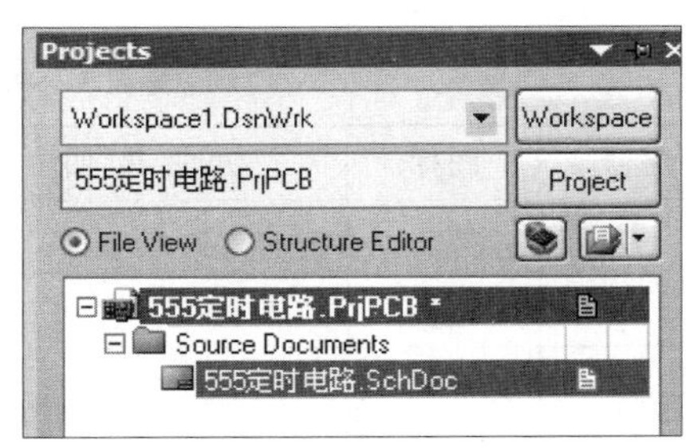

图 4.49 新建原理图文件

3. 工具栏的使用

1）绘制电路原理图及 PCB 图的主工具栏

绘制电路原理图及 PCB 图的主工具栏如图 4.50 所示，其各图标按钮的作用参见表 4.4 所示。

图 4.50 主工具栏

表 4.4 主工具栏中各图标按钮的功能

图标	功 能 说 明	图标	功 能 说 明
	打开任何文件		橡皮图章（可粘贴选定对象）
	打开任何存在的文件		选取
	保存当前文件		移动选取的对象
	打印预览文件		取消选择

续表

图标	功能说明	图标	功能说明
	生成当前文件的打印预览		清除当前过滤器
	缩放窗口		恢复
	缩放选择		不同层次电路间切换
	剪切		对文件进行交叉探测
	复制		浏览器件
	粘贴		

2）绘制原理图的布线工具栏

执行菜单命令“View/Toolbars/Wiring”，即可打开布线工具栏，如图4.51所示，各按钮功能参见表4.5。

图4.51 布线工具栏

表4.5 布线工具栏中各个按钮的功能

序号	图标	功能说明	相应菜单命令	相应热键命令
1		放置导线	Place\Wire	P—W
2		放置总线	Place\Bus	P—B
3		放置信号线束	Place\Harness\Signal Harness	
4		放置总线入口	Place\Bus Entry	
5		放置网络标号	Place\Net Label	
6		GND端口	Place\Power Port	
7		VCC电源端口		
8		放置器件	Place\Part	P—P
9		放置图表符	Place\Sheet Symbol	P—S
10		放置图纸入口	Place\Add Sheet Entry	
11		放置器件图表符	Place\Device Sheet Symbol	
12		放置C代码符号	Place\C Code Symbol	
13		放置C代码入口	Place\Add C Code Entry	
14		放置线束连接器	Place\Harness\Harness Connector	
15		放置线束入口	Place\Harness\Harness Entry	
16		放置端口	Place\Port	
17		放置没有ERC标志	Place\Directives\No ERC	

3）常用快捷键操作（在英文输入法下才有效）

常用快捷键操作参见表 4.6。

表 4.6 常用快捷键操作说明

快捷键	功能说明	快捷键	功能说明
Ctrl 键＋C	复制	鼠标左键选中元件＋X 或＋Y	元件水平或垂直方向切换
Ctrl 键＋V	粘贴	鼠标左键选中元件＋TAB 键	打开元件属性编辑器
Ctrl 键＋X	剪切	鼠标左键选中某元件＋空格键	元器件旋转
Ctrl 键＋D	复制一个	鼠标右键＋移动鼠标	上下左右移动视图
Ctrl＋R	复制多个	Ctrl 键＋鼠标滚轮	放大、缩小视图
S＋A	选中所有的元件	Shift 键＋滚动鼠标滚轮	视图左右移动
X＋A	取消选中功能		

4. 实际绘制一个电路原理图

本节以图 4.52 所示由 555 定时器构成的定时电路原理图为例，介绍 Altium Designer 绘制电路原理图的实际操作方法。

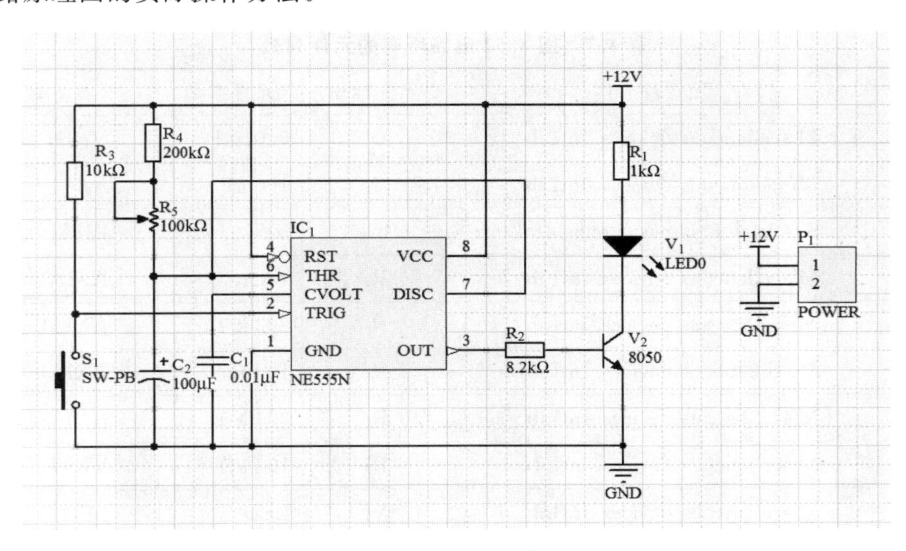

图 4.52 555 定时电路原理图

1）打开原理图文件

通过执行“Fill/Open”菜单，选中文件单击“打开”即可打开需要的原理图文件。如果文件已在 Projects 面板（参见图 4.49），直接双击即可打开原理图文件，进入编辑状态。

2）原理图工作环境设置

执行“Design/Document Options”菜单命令，系统将弹出如图 4.53 所示对话框，在其中选择 Sheet Options 选项卡进行设置图纸的大小、方向、网格大小及标题栏。

执行“View/Fit Document”菜单命令，可使原理图全屏显示。

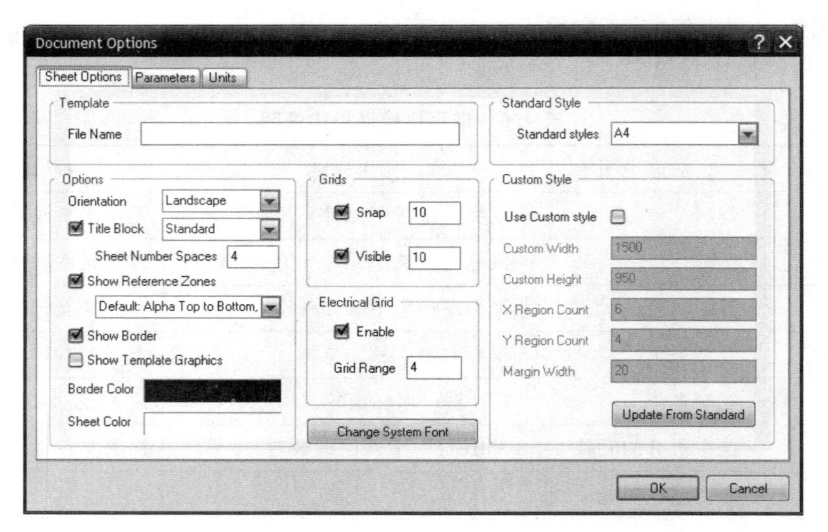

图 4.53　原理图工作环境设置对话框

3）加载/移除元器件库及查找元器件

在设计电路原理图时，要先装入元器件库，然后才能在元器件库中取出元器件将其放入图纸中。根据所要绘制的电路图（见图 4.52），对电路中的元件进行整理，参见表 4.7。

表 4.7　图 4.52 电路所有的元件列表

元件名	元　件　库	元件标识	元件参数	封　装　名
Cap	Miscellaneous devices. IntLib	C_1	0.01 μF	Vp32—3.2
Cap Pol1	Miscellaneous devices. IntLib	C_2	100 μF	B
NE555N	ST Analog Timer Circuit. IntLib	IC_1	555	DIP8
Res2	Miscellaneous devices. IntLib	R_1	1 kΩ	AXIAL0.4
Res2	Miscellaneous devices. IntLib	R_2	8.2 kΩ	AXIAL0.4
Res2	Miscellaneous devices. IntLib	R_3	10 kΩ	AXIAL0.4
Res2	Miscellaneous devices. IntLib	R_4	200 kΩ	AXIAL0.4
Rpot	Miscellaneous devices. IntLib	R_5	100 kΩ	VR5
LED0	Miscellaneous devices. IntLib	V_1	LED	LED-0
NPN	Miscellaneous devices. IntLib	V_2	8050	T0-92A
SW-PB	Miscellaneous devices. IntLib	S_1		SPST-2
Header2	Miscellaneous Connectors. IntLib	P_1		HDR1X2

由表 4.7 可知，这个电路的所有元件都来自 Miscellaneous Devices. IntLib、Miscellaneous Connectors. IntLib 及 ST Analog Timer Circuit. IntLib 这三个元器件库，所以把这三个元器件库装入设计文件中，才能从中取用元器件。

（1）加载元器件库

执行菜单“Design/Add/Remove Library”命令或在右边 Libraries 面板上单击

“Libraries”按钮，系统弹出如图 4.54 所示对话框，通过此对话框就可以装载(Install)或卸载(Remove)元件库。

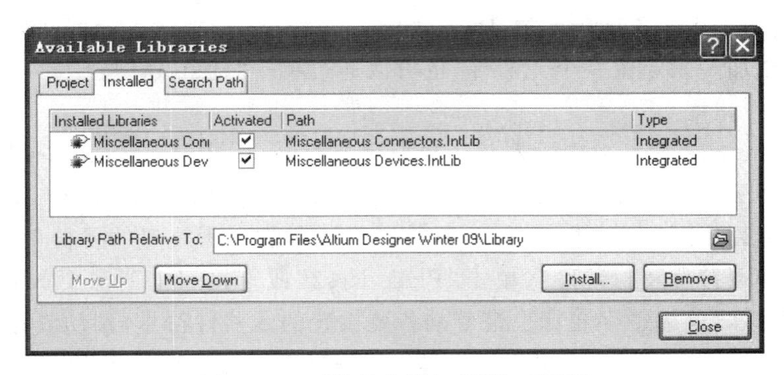

图 4.54 元器件库添加/删除对话框

Altium Designer 系统默认打开的集成元器件库有两个：常用分立元器件 Miscellaneous Devices. IntLib 和常用接插件库 Miscellaneous Connectors. IntLib(参见图 4.54)。一般常用的分立元器件原理图符号和常用接插件符号都可以在这两个元器件库中找到。其他元器件及集成电路的原理图符号和封装，可以在安装目录下的“库”文件夹中找到(厂家名称. IntLib)。如 NE555 库文件可在“Altium Designer Winter 09\Library\ST Microelectronics\ST Analog Timer Circuit. IntLib 找到。如果集成元器件库里没有，则需要自主设计其原理图符号及封装(参见 4.5.2 节)。

(2) 查找元器件

选择菜单“Tools/Find Component”命令或在“Libraries”面板上单击“Search”按钮，系统弹出如图 4.55 所示的搜索库窗口，输入要搜索的元器件名称等信息，确定搜索范围，单击“Search”即可对元器件进行搜索，搜索结果如图 4.56 所示。

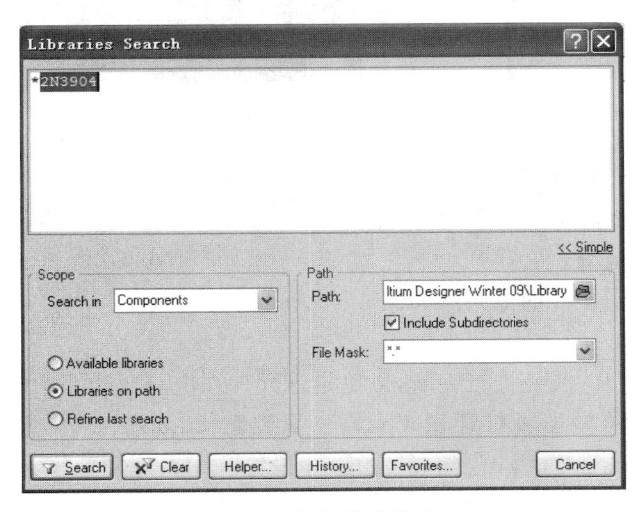

图 4.55 高级搜索库窗口

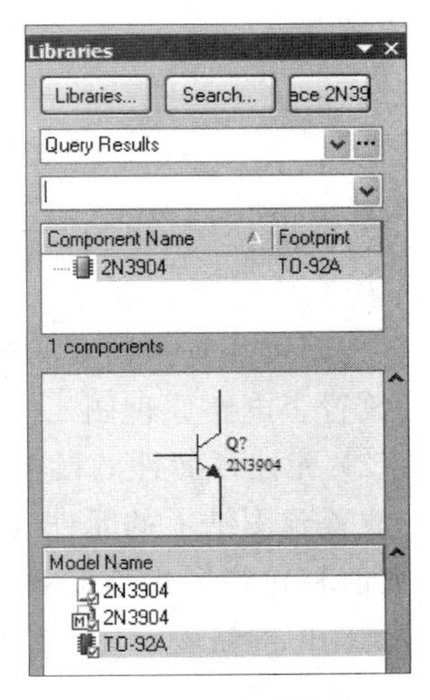

图 4.56 搜索结果

4) 元器件放置及排列

绘制电路原理图首先要将元器件从元器件库中取出，放置在图纸合适的位置上。

(1) 元器件放置

① 执行“Place/Part”命令(P—P)或在布线工具栏(见图 4.51)中单击按钮，即打开放置元器件对话框，如图 4.57 所示，在 Physical Component 栏中输入元器件名或单击浏览按钮通过搜索和添加库来定位一个元器件，也可以通过单击“History”按钮来放置先前用过的元器件。

② 利用 Libraries 面板放置元器件。执行菜单“Design/Browse Library”命令或单击设计图右边的“Libraries”按钮，在弹出的 Libraries 面板上选中要用的库文件，则库里面所包含的元器件全部列出来，在图 4.58 右上角的红线框内输入所放置的元器件名，如 Res2，即可显示电阻原理图符号及封装图。单击“Place Res2”或直接双击所需要放置的元器件，鼠标移到绘图区，此时鼠标十字光标上带着准备要放置的元器件符号，移动鼠标到所需要的位置，单击即可放置元器件，可以使用“Ctrl＋鼠标滑轮”对图样进行放大缩小操作。

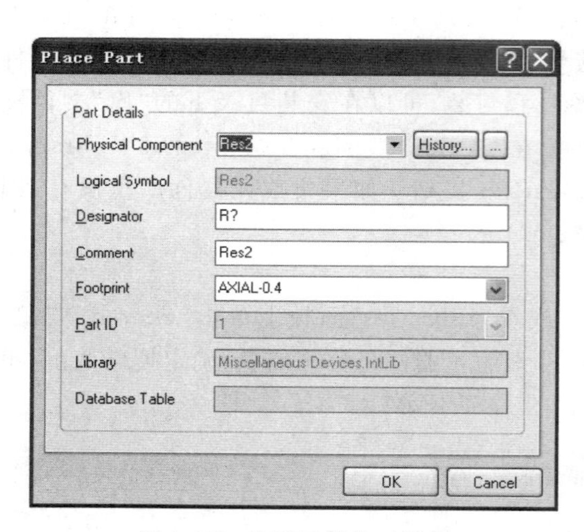

图 4.57　放置元器件对话框

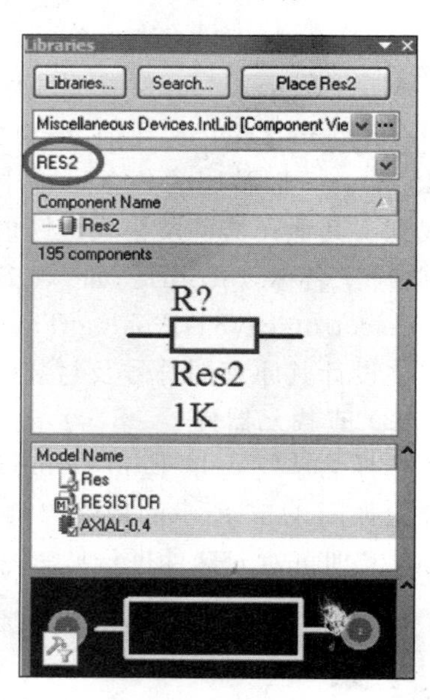

图 4.58　使用元器件库放置元器件

参考表 4.7 给出的元器件名继续完成电路原理图 4.52 中所需元器件的放置。

③ 完成电源和接地端放置。在布线工具栏中单击“VCC”、“⏚”按钮，把鼠标移到合适位置，单击即可放置所需要的电源和接地端。

放置了电路原理图 4.52 中所有元器件的电路图如图 4.59 所示。

(2) 元器件属性的设置

放置到图纸上的元件，必须对它们的属性进行编辑，以确定该元件在电路原理图中的类别、数值和封装形式等。双击元器件符号即可打开相应元器件属性窗口，如图 4.60 所示。Designator 栏输入元器件的编号，如 R_1、R_2；C_1、C_2 等；Comment 栏输入元器件的型号、参数等，如 1 kΩ、8.2 kΩ、0.01 μF、100 μF 等。查看是否已有封装，如果有是否正确，否则需重新指定元器件的封装。

(3) 元件在图纸上位置的调整

元件位置的调整就是利用各种命令或工具将元件移动到图纸上最合适的位置，并将元

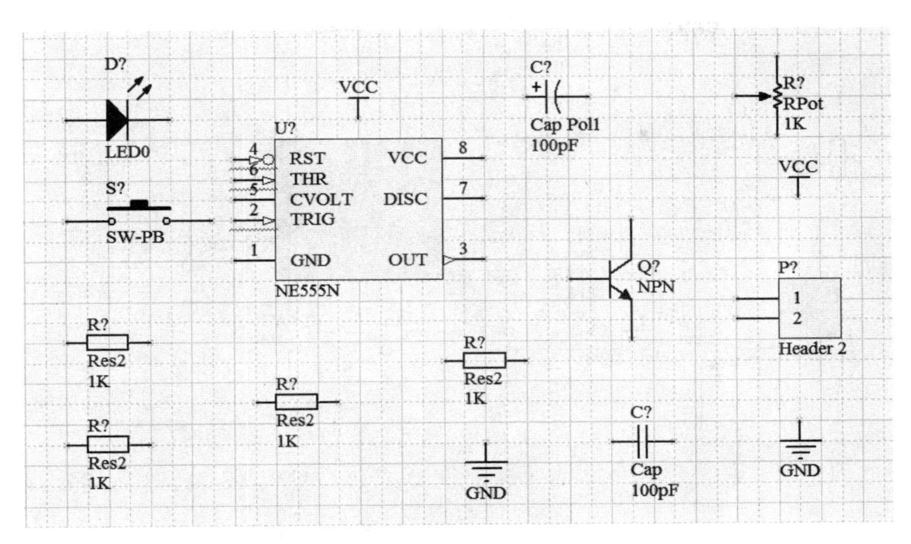

图 4.59 完成元器件放置的原理图

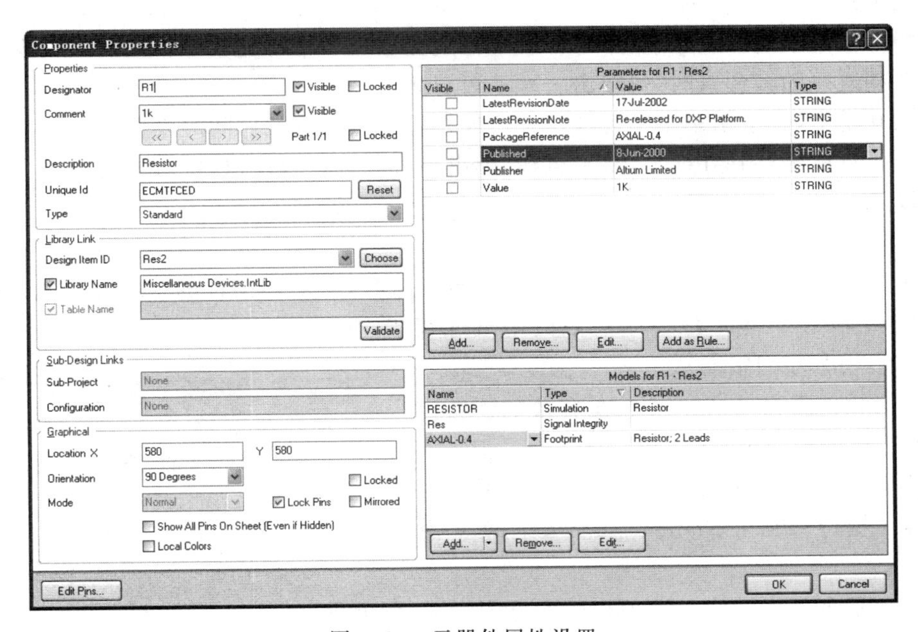

图 4.60 元器件属性设置

件转成绘图所需要的方向(鼠标左键选中某元件+空格可使元器件旋转);若某种类型的元件数量不够,还可以用复制、粘贴的方法对元件进行复制。调整元件位置的最简单而实用的方法就是单击该元件并按住鼠标左键不放,拖动该元件到图纸上合适的位置后松开鼠标左键即可。

经编辑和调整后的电路原理图如图 4.61 所示。

5) 元件间连线和放置节点

(1) 元件间的连接操作

连线的目的是按照电路设计的要求建立元件间的电气连接。单击布线工具栏上的电路

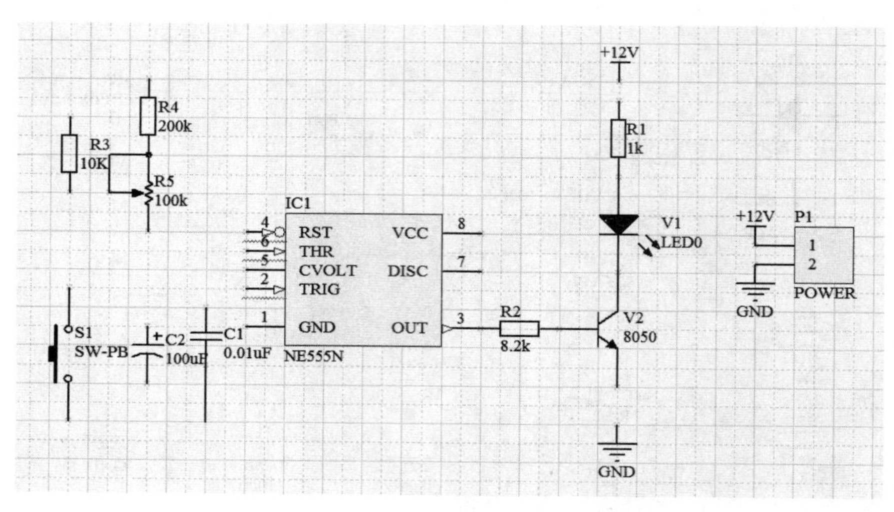

图 4.61 元件经过编辑和调整后的电路图

绘图连线工具≈按钮（参见图 4.51）或执行“Place/Wire”命令，鼠标指针会变成大十字形。将鼠标指针指向欲连导线的元件一端并单击，就会出现一个可随鼠标移动的预拉线，当鼠标指针移动到连线的转弯点时，每单击一次就可以定位一次转弯。当拖动虚线到另一个元件的引脚上并单击，就会结束本次连线。按此操作可完成所有元件间的连线操作，右击可结束连线工作。将鼠标移到导线上，双击鼠标，弹出导线属性设置窗口，可对导线线宽、颜色进行自定义设置。

（2）放置节点

当预拉线的指针移动到一个可建立电气连接点时，十字形指针的中心将自动出现一个黑点，单击会在该位置形成一个有效的电气连接点（参见图 4.62 左图接点）。

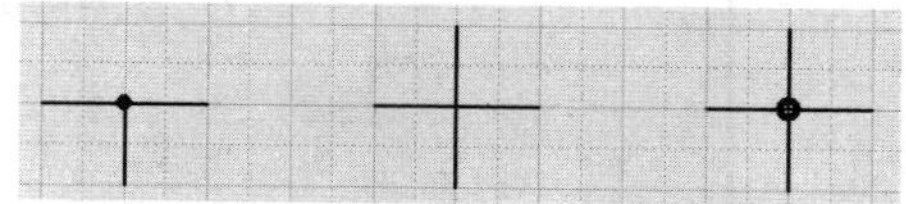

图 4.62 电路十字交叉节点

注意：软件会自动产生节点在有效的连接点上，包括 T 形连接线及导线跨过引脚端点，但十字交叉不会自动添加连接点（参见图 4.62），需通过手动添加：执行“Place/Manual Junction”菜单命令，单击放置节点（红色），参见图 4.62 右图。

绘制完成的 555 定时电路原理图参见图 4.52 所示。

6）编译原理图的电气连接

原理图完成后，可以执行“Project/Compile PCB Project”菜单命令进行编译。当项目被编译后，执行菜单“View/Workspace Panels/System/Messages”命令或执行设计窗口右下部的“System/Messages”命令，即可显示 555 定时电路项目编译检查结果。如果电路绘制正确，Messages 面板是空白的；如果报告给出错误，则需要检查电路并确认所有的导线和连接是否正确。

7）查看封装管理器

执行菜单“Tools/Footprint Manager”命令可以查看封装管理器，如图 4.63 所示。注意：元器件的标识号（Designator）、封装栏（Footprint）不能有空白。

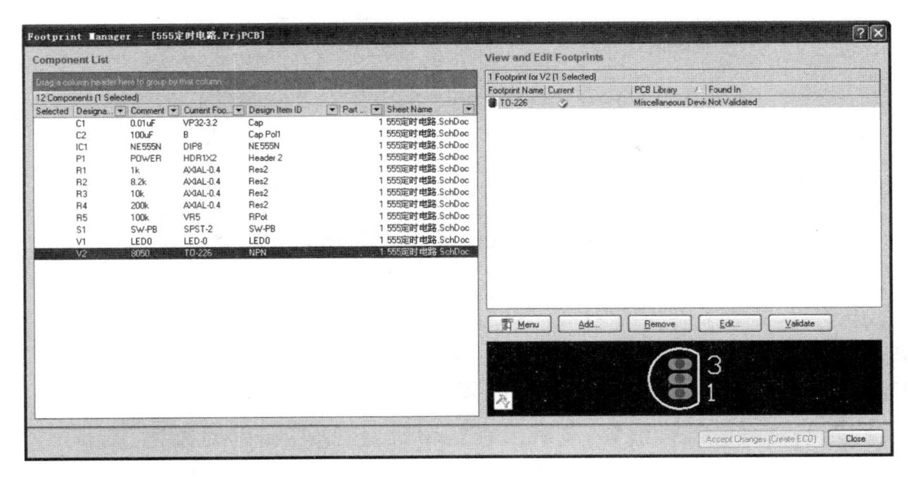

Selected	Designa...	Comment	Current Foo...	Design Item ID	Part ...	Sheet Name
	C1	0.01uF	VP32-3.2	Cap	1	555定时电路.SchDoc
	C2	100uF	B	Cap Pol1	1	555定时电路.SchDoc
	IC1	NE555N	DIP8	NE555N	1	555定时电路.SchDoc
	P1	POWER	HDR1X2	Header 2	1	555定时电路.SchDoc
	R1	1k	AXIAL-0.4	Res2	1	555定时电路.SchDoc
	R2	8.2k	AXIAL-0.4	Res2	1	555定时电路.SchDoc
	R3	10k	AXIAL-0.4	Res2	1	555定时电路.SchDoc
	R4	200k	AXIAL-0.4	Res2	1	555定时电路.SchDoc
	R5	100k	VR5	RPot	1	555定时电路.SchDoc
	S1	SW-PB	SPST-2	SW-PB	1	555定时电路.SchDoc
	V1	LED0	LED-0	LED0	1	555定时电路.SchDoc
	V2	8050	TO-226	NPN	1	555定时电路.SchDoc

Footprint Name	Current	PCB Library	Found In
TO-226		Miscellaneous Devi	Not Validated

图 4.63 元器件封装管理器

8）生成原理图报表

原理图编辑器可以生成许多报表，主要有网络表、材料清单报表等，可用于存档、对照、校对及设计 PCB 时使用。

（1）生成网络表文件

网络表是指电路原理图中元器件引脚等电气节点相互连接的关系列表，它的主要用途是为 PCB 制板提供元器件信息和线路连接信息。由原理图生成的网络表可以制作 PCB，由 PCB 生成的网络表可以与原理图生成的网络表进行比较，以检验设计是否正确。

① 在打开项目. PrbPcb 和原理图. SchDoc 文件的前提下执行“Design/Netlist for Project/Protel”命令，系统就会生成 Protel 网络表，默认名称与项目名称相同，后缀名为. NET，保存在当前项目 Generated/Netlists files 目录下。

② 在项目 Projects 面板中，双击 555 定时电路. NET 文件，系统将进入 Altium Designer 的文本编辑器，并打开 555 定时电路. NET 文件，如图 4.64 所示。

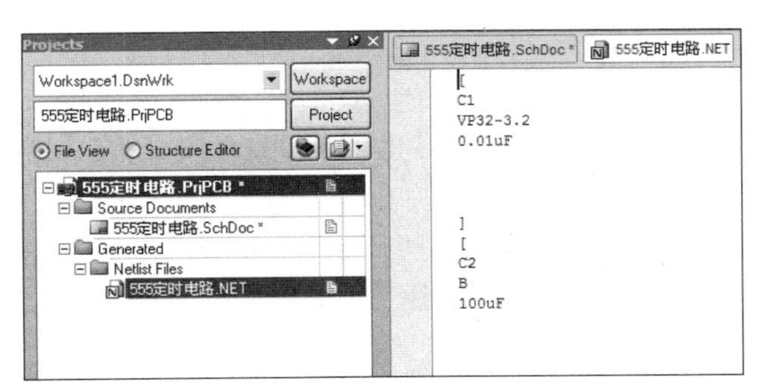

图 4.64 系统自动生成的网络表

（2）生成元件报表

元件的列表主要用于整理一个电路或一个项目文件中的所有文件，主要包括元件的名称、标注、封装等内容。

打开项目工程文件及原理图文件，执行“Reports/Bill of Material”命令，系统会弹出报表管理器，此对话框用来设置输出报表的格式等。

在导出元件报表之前可选择导出文件格式，如图4.65所示，默认为Excel格式。

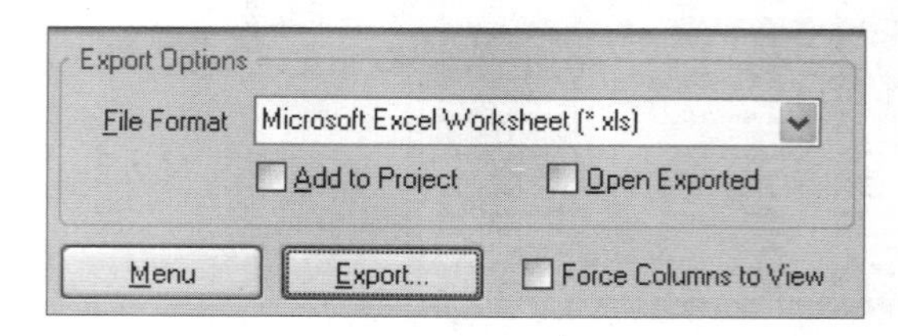

图4.65 设置导出报表文件格式

9）原理图打印输出

原理图绘制结束后，往往要通过打印机或绘图仪输出，以供设计人员参考、备档。用打印机输出，首先要对页面进行设置，然后设置打印机，包括打印机的类型、纸张大小、原理图纸等内容。

4.5.4 用 Altium Designer 设计印制电路板图 PCB

1. PCB 电路板设计基础

1）PCB 印制电路板选用

印制电路板主要有单面板、双面板和四层板、六层板、八层板等多层板，广泛应用于各种电子设备中。

（1）单面板是单面敷铜，通常是 Bottom（底层），因此只能利用它敷了铜的一面设计电路导线和元器件的焊接，常用于直插器件（THT）电路。

（2）双面板是包括 Top（顶层）和 Bottom（底层）的双面都敷有铜的印制电路板，双面都可以布线焊接，中间一层为绝缘层，是一种常用的电路板。

（3）如果在双面板的顶层和底层之间加上别的层，即构成了多层板，一般用于复杂的电子电路。

2）板层设计

通常的 PCB 板，包括顶层、底层和中间层，层与层之间是绝缘层，用于隔离布线层。它的材料要求耐热性和绝缘性好。用 Altium Designer 软件设计 PCB 时，每一个板层都有其固定的特定用途：

（1）Top Layer：顶层铜箔走线层（默认红色）。

（2）Bottom Layer：底层铜箔走线层（默认蓝色），单面板一般只用底层走线；双面板则用顶层和底层走线。

（3）Mechanical-Layer1-4：机械层，用于尺寸标注等。

（4）Top Overlay：顶层丝印层，用于字符的丝网露印（默认黄色）。

（5）Bottom Overlay：（可选）底层丝印层。

（6）Keep-Out Layer：边框层，主要用于绘制印制电路板的边框尺寸。

（7）Multi-Layer：复合层，主要用于放置焊盘。

（8）Solder Mask/阻焊层：在 PCB 电路板布上铜箔导线后，还要在顶层和底层上印制一层 Solder Mask（阻焊层），它是一种特殊的化学物质，通常为绿色。该层不粘焊锡，防止在焊接时相邻焊点的多余焊锡短路。阻焊层既可防止铜箔在空气中氧化，又不覆盖焊点。对于双面板或者多层板，阻焊层分为"Top Solder/顶层阻焊层"和"Bottom Solder/底层阻焊层"两种。

3）过孔、印刷导线、焊盘的设计

过孔、印刷导线、焊盘的设计参见 4.2.3 节。

4）元器件的封装

元器件的封装是印制电路板的设计中很重要的概念。元器件的封装就是实际元器件焊接到印制电路板的焊接位置与焊接形状，包括了实际元器件的外形尺寸、所占空间位置、各管脚之间的间距等。因此在制作电路板时必须要知道元器件的名称，同时也要知道该元器件的封装。

普通元器件封装有针脚式封装和表面贴装式封装两大类。

（1）针脚式元器件的封装

针脚式封装的元器件安装时必须把相应的针脚插入焊盘过孔中，再进行焊接。因此所选用的焊盘必须为穿透式过孔，设计时焊接板层的属性要设置成 Multi-Layer。

常用针脚式分立元器件（电阻、电容、二极管、三极管）封装如图 4.66 所示。

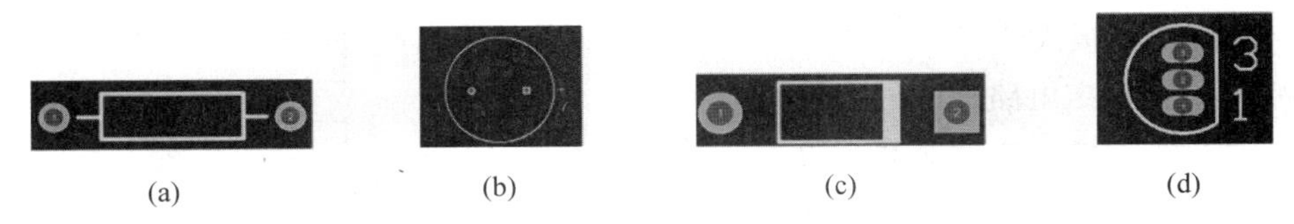

(a) (b) (c) (d)

图 4.66 常用针脚式分立元件封装图

（a）电阻类元件封装（AXIAL0.4）；（b）电解电容封装（RB7.6-15）；（c）二极管类元件封装（DO-41）；（d）三极管封装（TO-226）

常用针脚式集成电路封装如图 4.67 所示。

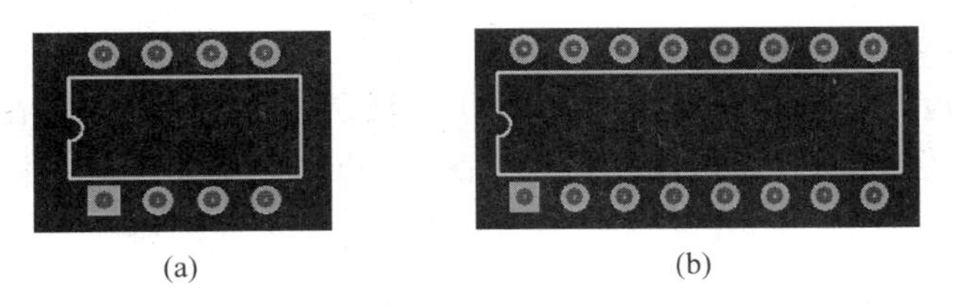

(a) (b)

图 4.67 常用针脚式集成电路封装

（a）DIP-8 封装；（b）DIP-16 封装

（2）表面贴装式元件的封装

常用表面贴装式元件的封装如图 4.68 所示。

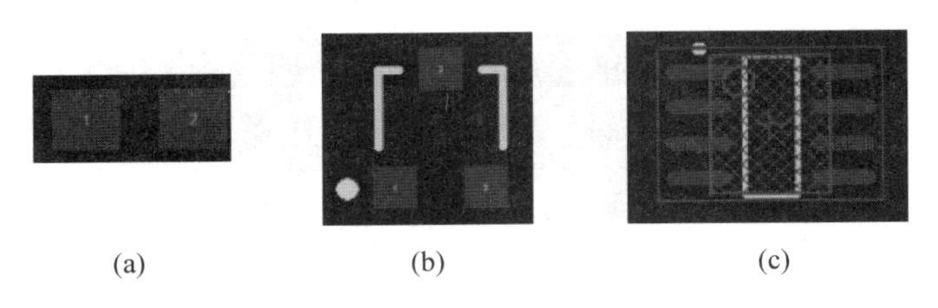

(a) (b) (c)

图 4.68 常用表面贴装式元件封装

（a）电阻；（b）三极管；（c）DIP-8 封装

2. PCB板的设计过程

PCB板的设计流程如图4.69所示，现将各个设计步骤简述如下。

(1) 新建PCB文件。建立一个新的PCB文件，扩展名为.PcbDoc。

(2) PCB工作环境设置。主要是板图参数设置，如度量单位、跳转栅格、组件栅格、电栅格、可视化栅格等。

(3) 导入原理图的设计。在确保原理图元器件有相应的封装、PCB编辑下加载了相应封装库的前提下，从原理图SCH更新PCB，把原理图的信息全部更新到PCB上来。

(4) 布线规则设置。系统提供了强大的布线规则，对于比较复杂的电路，采用自动布线的话需要设置详细的布线规则；对于简单的电路，一般情况下必须要设置线宽、间距、板层等。

(5) 规划电路板大小。根据电路的复杂程度或者配合外壳形状的需要确定电路板的外形尺寸。

(6) 元器件布局。主要是布局好每一个元器件在PCB上的位置(参见4.2.4节)。注意做到抑制干扰源，切断干扰传播路径，保证满足电磁干扰要求。

(7) PCB布线。根据电路的复杂程度合理使用自动布线和手动布线，对于比较复杂的电路一般采用手动—自动—手动的布线流程；对于简单的电路，如果要求布线质量好的话，一般采用手动布线。

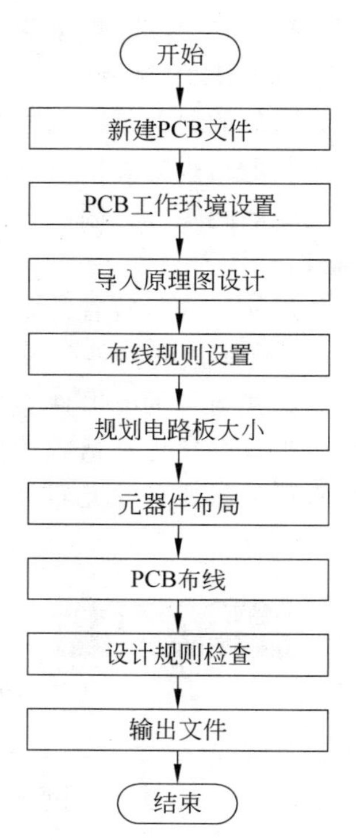

图4.69 印刷电路板的设计流程

(8) 设计规则检查。PCB设计完成后，为了保证所进行的设计工作比如元器件布局、布线等符合所定义的设计规则，通过设计规则检查，对PCB的完整性进行检查。

(9) Gerber文件输出。Gerber文件是一种国际标准的光绘格式文件，将设计好的PCB文件转换为Gerber文件和钻孔数据后交付工厂加工。

3. 绘制PCB图工具栏的使用

绘制PCB图主工具栏的功能参见表4.4。布线工具栏是画PCB图中用得最多的工具栏。执行菜单"View/Toolbars/Wiring"命令，即可打开布线工具栏，如图4.70所示。

图4.70 画线工具栏

画线工具栏中的各个按钮功能参见表4.8。

表 4.8　画线工具栏中各个按钮的功能

序号	图标	功能说明	相应菜单命令	相应热键命令
1		交互式布线	Place\Interactive Routing	P—T
2		智能布线	Place\Interactive Multi Routing	
3		差分对布线	Place\Interactive Routing	
4		放置焊盘	Place\Pad	P—P
5		放置过孔	Place\Via	P—V
6		通过边沿放置圆弧	Place\Are(Edge)	
7		放置敷铜(矩形填充)	Place\Fill	P—F
8		放置敷铜(多边形填充)	Place\Polygon Pour	
9		放置字符串	Place\String	P—S
10		放置元件	Place\Component	P—C

4. 实际绘制电子产品 PCB 图的步骤

以 555 定时电路 PCB 板图设计为例进行介绍。

1) 建立一个新的 PCB 文件

打开已经存在的原理图文件,通过执行"Fill/New/PCB"菜单命令,新建一个 PCB 文件,右击保存为"555 定时电路. PcbDoc",如图 4.71 所示。

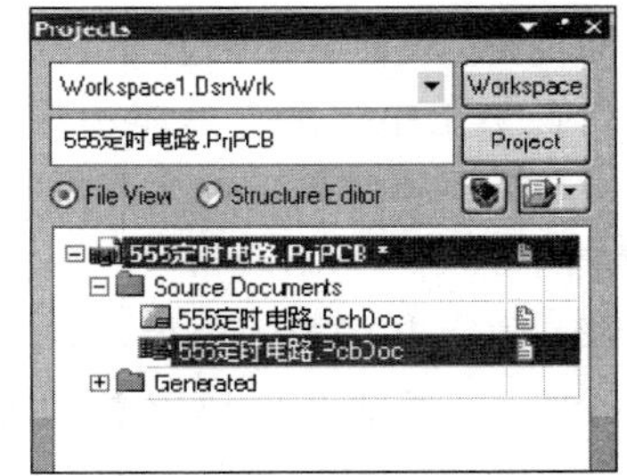

图 4.71　PCB 文件的创建、命名、保存

2) PCB 工作环境设置

执行菜单"Design/Board Options"命令,进入如图 4.72 所示的 PCB 板图参数设计窗口。

(1) Measurement Unit/度量单位: 用于 PCB 编辑状态下设置的度量单位,可选择英制(Imperial)或公制(Metric)度量单位(也可通过 Ctrl+Q 键转换)。

(2) Snap Grid/可捕捉格点或栅格: 用于设置图样捕获格点的距离即工作区的分辨率,也就是鼠标移动的最小距离。

(3) Component Grid/元器件格点或组件栅格: 分别用于设置 X 和 Y 方向的元器件格点,一般选默认值。

(4) Electrical Grid/电气栅格: 用于系统在给定范围内进行电气点的搜索和定位。

(5) Visible Grid/可视化栅格: 选项区域中的"Markers/标记"选项用于选择所显示格点的类型: Lines——线状的;Dots——点状的。"Grid1/栅格 1"和"Grid2/栅格 2"分别用于设置"可见格点 1"和"可见格点 2"的值,也可使用系统默认的值。

在此例中,"Measurement Unit"选择英制(Imperial);"Component Grid"选择 X-5mil, Y-5mil;其他选项按默认设置。

除了板参数设置还有颜色显示以及布线板层和非电层设置等。执行菜单"Design/Board Layers & Colors"(或按 D+L 键),进入颜色显示设置,可根据需要设定各个层的颜色。

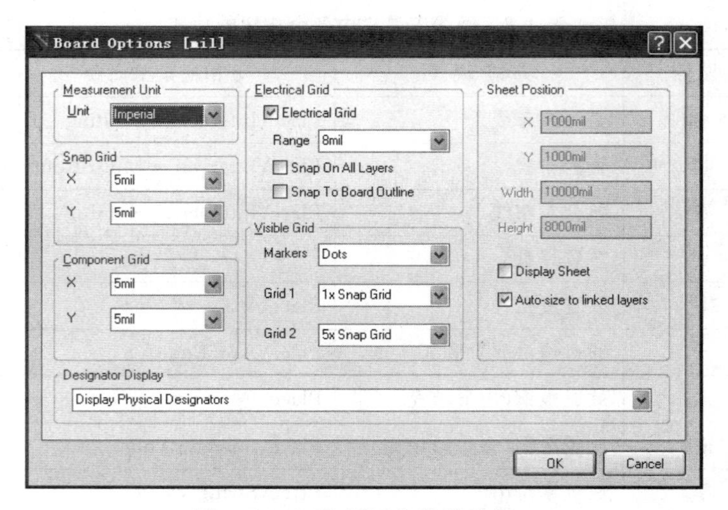

图 4.72 PCB板图参数设置窗口

3) 确定 PCB 板边界

设置 PCB 禁止布线区就是确定 PCB 的电气边界。电气边界用来限定布线和元器件放置的范围,它是通过在禁止布线层上绘制边界来实现的,禁止布线层(Keep-Out Layer)是 PCB 编辑中一个用来确定有效放置和布线区域的特殊工作层。在 PCB 的自动编辑中,所有信号层的焊盘、过孔、元器件等目标对象和走线都将被限制在电气边界内,即禁止布线区内才可以放置元器件和导线,在手工布局和布线时,可以先不画出禁止布线区,但作为表示电路板的外框,根据电路的复杂程度确定禁止布线区还是必要的。

设置禁止布线区的具体步骤如下:

(1) 在 PCB 编辑器的工作状态下,设定当前的工作层面为"Keep-Out Layer"。单击工作窗口下方的"Keep-Out Layer"标签,即可将当前的工作平面切换到 Keep-Out Layer 层面。

(2) 确定电路板的边界。执行"Place/Line"菜单命令,光标变成十字光标,表示当前处于画线状态,可以绘制 PCB 板边界。

(3) 设定原点。可执行"Edit/Origin/Set"菜单命令在 PCB 边框的左下角设定原点。

4) 导入原理图

(1) 在 PCB 编辑器中,执行"Design/Import Change From 555. PrjPcb"命令,单击"Execute Changes"按钮,系统开始执行原理图的传送。如果没有错误,自动选中"Done",如图 4.73 所示。单击 Close 按钮,可关闭对话框。

(2) 执行菜单"View/Fit Document"命令后,可显示出所有元件以及元器件之间的连接关系,如图 4.74 所示。图中红色 Room 不是一个实际的物理器件,只是一个区域,可以将其删除,单击 Room 区域,按"Delete"键即可将其删除。

5) 布线规则设置

在 Altium Designer 系统中,布线规则提供了 10 种不同的设计规则,包括电气、布线制造、放置、信号特性等,大部分可以采用系统默认的设置。

在 PCB 编辑环境下,执行"Design/Rules"命令打开规则设置对话框。所有的布线规则和约束都在这里设置。左侧显示的是布线规则的类型;右侧显示对应布线规则的设置属性;

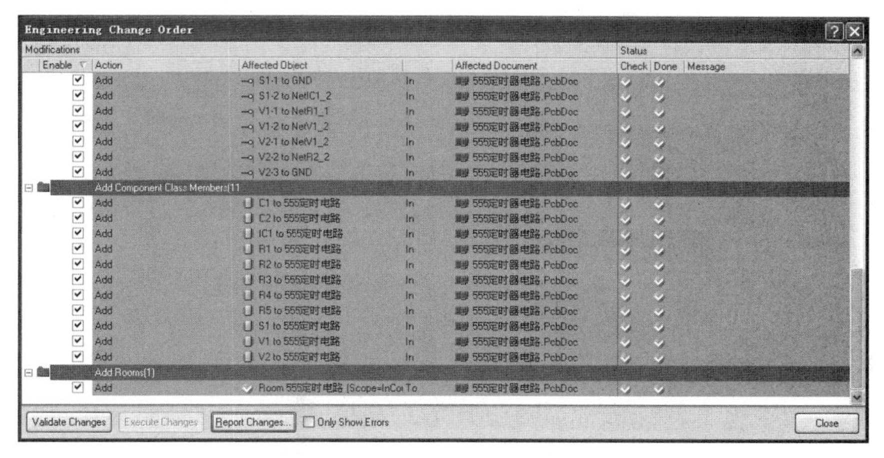

图 4.73 完成原理图的传送对话框

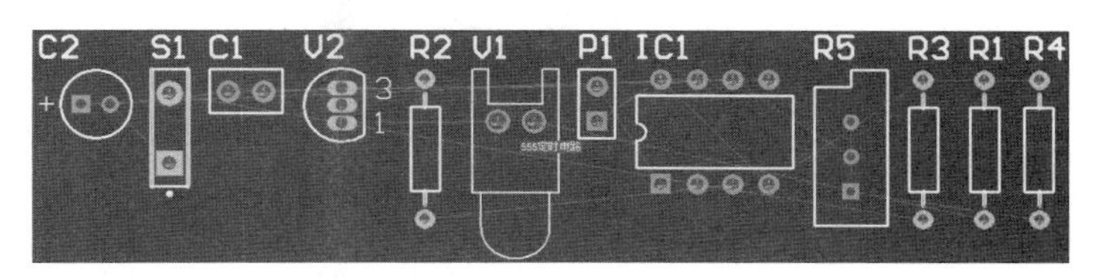

图 4.74 更新后的 PCB 图

该对话框的左下角按钮“Priorities/优先权”,可以对同时存在的多个布线规则进行优先权设置。对这些布线规则的基本操作有几种:新建规则、删除规则、导出和导入规则等。

(1) 设置间距。执行“Design/Rules” 命令,选中图 4.75(a) Electrical 下的 Clearance 选项修改最小电气间距,设定最小间距为 0.3 mm。

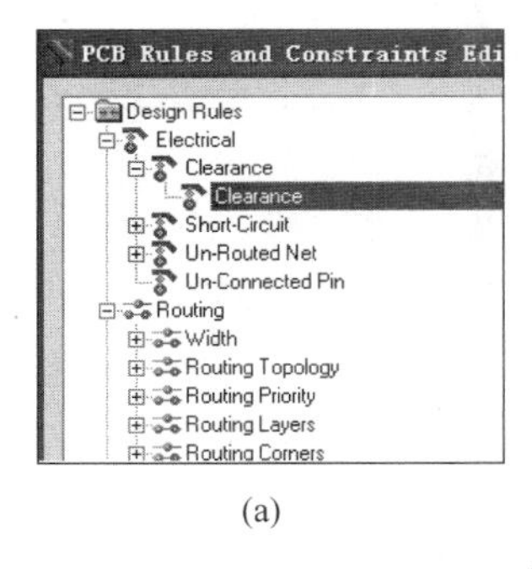

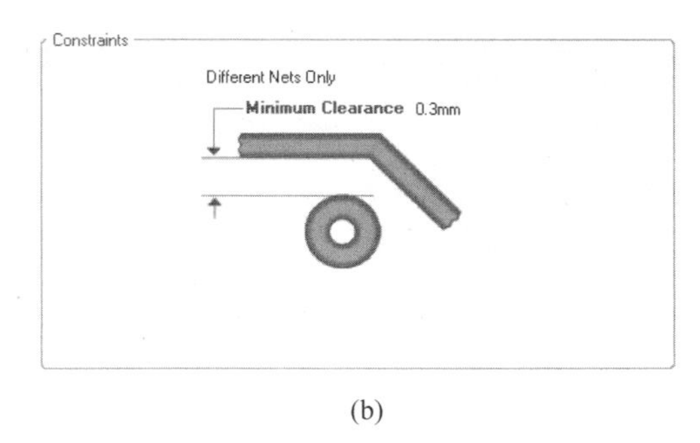

(a) (b)

图 4.75 间距的设置

(2) 设置导线的宽度。执行“Design/Rules”命令,选中图 4.76(a)中 Routing 下的 Width 选项可修改布线的宽度。

① 信号线宽度设置。如将信号线 Single 线宽改为 0.4 mm:单击 Width,Name 栏内容改成 single,线宽改为 0.4 mm,如图 4.77 所示。

② 电源线(VCC)设置。如将 VCC 线宽改为 0.8 mm:用鼠标选定 Width,右击弹出菜单,选择“New Rule”,自动添加了一个默认名为 Width 的线宽规则,在 Name 栏自定义名称,如“+12 V”,Net 栏选择“+12 V”,线宽改为 0.8 mm。如图 4.78 所示。

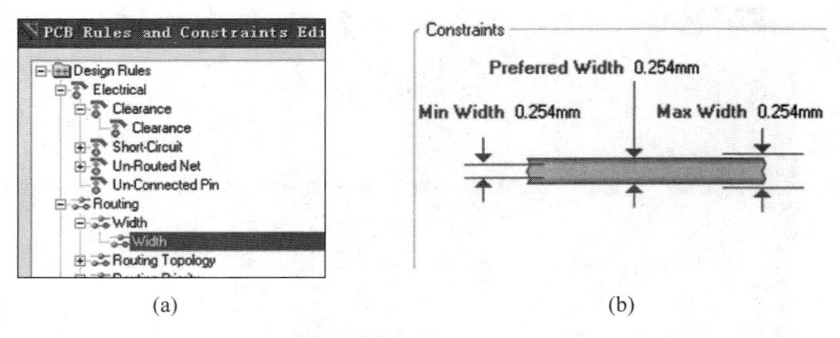

(a)　　　　　　　　(b)

图 4.76　设置导线宽度

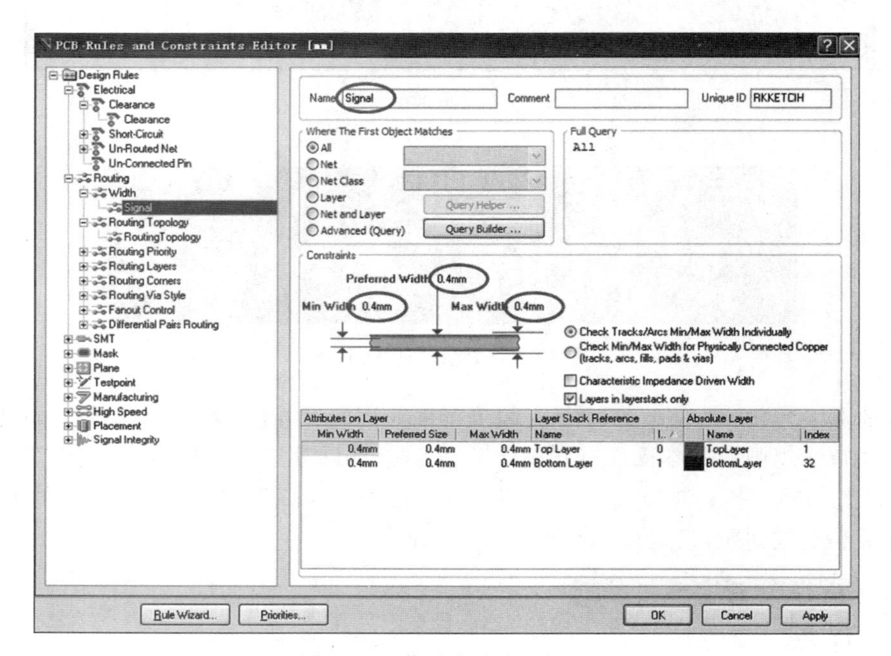

图 4.77　信号线线宽的设置

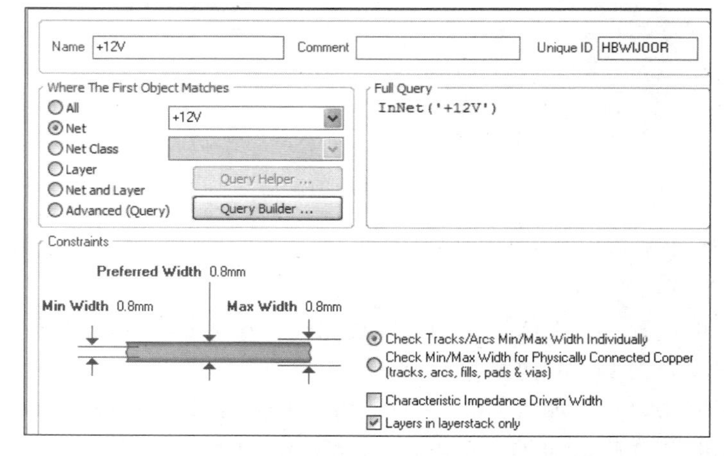

图 4.78　电源线线宽的设置

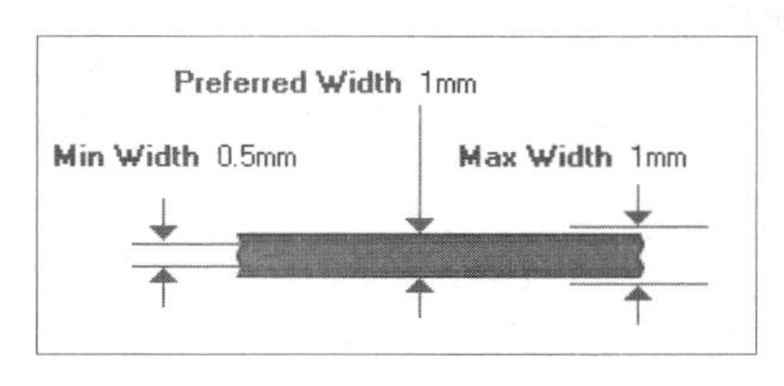

图 4.79 地线线宽的设置

③ 地线(GND)宽度设置。用同样的方法把 GND 线的线宽改为 0.5～1 mm,如图 4.79 所示。

④ 线宽优先级设置。图 4.77 所示对话框左下角有按钮“Priorities/优先权”,单击该按钮,可以对同时存在的多个布线规则进行优先权设置,如图 4.80 所示。

(3) 设置布线层。设置了布线层就确定了所设计的是单面板或是双面板。从图 4.75 左边布线规则类型

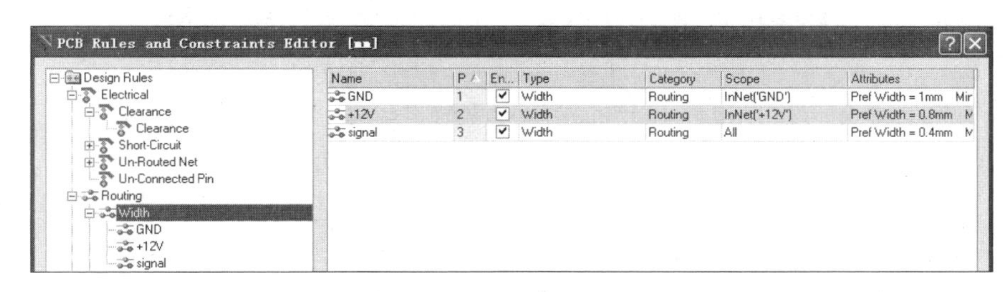

图 4.80 布线优先权

中选中 Routing 下的 Routing Layers 显示布线层的放置。系统默认的双面板,如果需要设置为单面板,则取消顶层的勾,如图 4.81 所示。

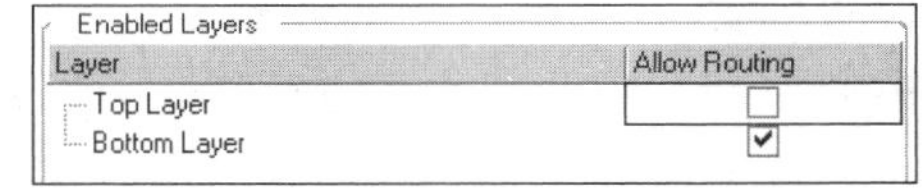

图 4.81 设置布线层

6) PCB 布局

元器件的布局有自动布局和手工布局两种方式,在设计时可根据自己的习惯和需要选择,在一般情况下,需要两者结合才能达到较好的效果。

(1) 自动布局。在 PCB 编辑器中,执行菜单“Tools/Comment Placement/Auto Place”命令,弹出元器件自动布局对话框,可选择元器件自动布局的方式,如图 4.82 所示。

设置完成后,单击“OK”按钮,关闭对话框,进入自动布局,布局完成后,所有元器件将布置在 PCB 内,如图 4.83 所示。

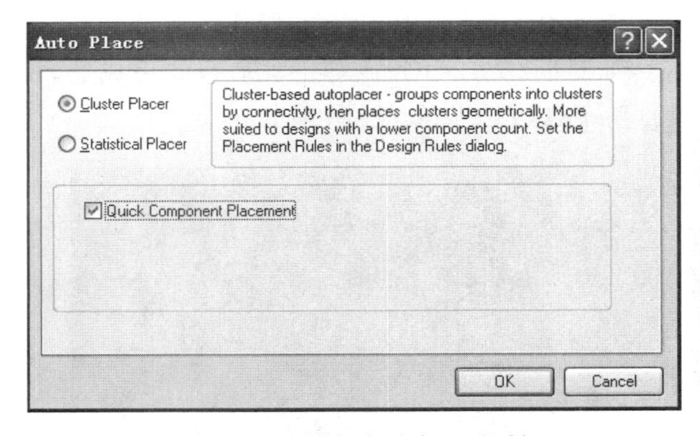

图 4.82 元器件自动布局对话框

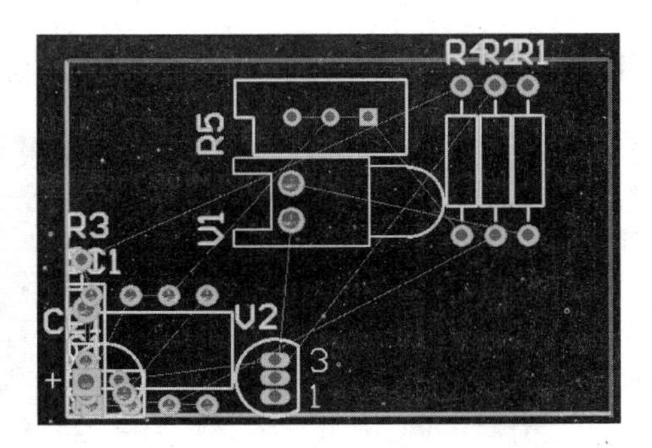

图 4.83 自动布局的 PCB

虽然自动布局的速度和效率很高,但是布局结果并不令人满意。元器件之间的标志会有重叠的情况,布局后的元器件非常凌乱(见图 4.83),因此必须采用手工布局对布局结果进行局部调整。

(2) 手工布局。本例要求手工布局，元件手工布局按照如下规则进行：

- 高频元件之间的连线越短越好，隶属于输入或输出电路的元件之间的距离越远越好。
- 发热量大的元件应该远离热敏器件。
- 可以调节的元件应该放在比较容易调节的地方，比如要跟机壳面板一致。如果没有特殊要求，尽可能按照原理图的元件安排进行布局，信号从左边进入、从右边输出，或从上面输入、从下边输出。
- 以每个功能电路为核心，围绕这个核心电路进行布局，元件应该安排的均匀、整齐、紧凑。
- 数字电路部分与模拟电路部分的接地应该分开。
- 走线的长度尽可能短，拐角为圆角或斜角，不能为锐角。
- 线宽一般要大于 10 mil，手工制作电路板时，线宽要大于 20 mil，最小线间距应该大于 10 mil，否则会对加工造成困难。
- 电路板上应该尽可能多地留有铜箔做地线。
- 顶层、底层走线尽可能垂直，避免互相平行，尽可能减少过孔的数量。

手工调整元器件方法和 SCH 原理图设计中使用的方法类似，即将元器件选中进行重新放置到 PCB 内部。比如元器件移动、旋转、选取、排列、对齐、丝印层字符调整等，均可使用鼠标左键选中元器件后进行操作，此过程中元器件的飞线不会断开。

完成元器件手工布局后执行"Design/Board Shape/Redefine Board Shape"菜单命令，选中粉紫色区域裁剪电路板，裁剪完成的电路板图如图 4.84 所示。

7) PCB 布线

在完成元器件的布局后，就可进行布线操作。元器件的布线有自动布线和手工布线两种方式，可根据自己的习惯和电路的复杂程度合理选择自动布线、手工布线或自动-手工布线相结合。

(1) 自动布线。执行菜单"Auto Route/All"，弹出布线对话框，如果已设置布线规则，单击"Route All"按钮，即可进入自动布线状态，可以看到 PCB 开始了自动布线，同时弹出"Messages"显示框，上面详细显示布线信息，如时间、完成百分比等。自动布线完成后，按键盘 End 键可以刷新显示 PCB 画面，完成自动布线，如图 4.85 所示。

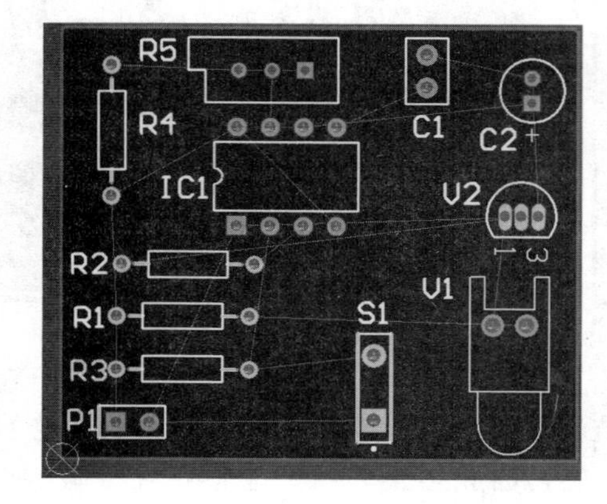

图 4.84 完成手工布局的 PCB 图

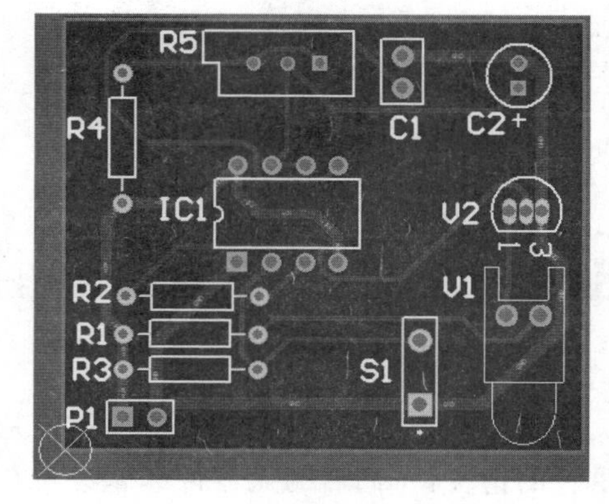

图 4.85 自动完成布线的 PCB

(2) 手工布线。自动布线虽然效率高,但结果不如人意,需通过手工调整,使 PCB 板既能实现电气网络的连接,又能满足要求。下面介绍手工布线操作方法。

① 布线之前必须确定布线的层。如果是单面板,则一般布线层是“Bottom Layer”,单击“Bottom Layer”激活为当前工作层。

② 执行菜单“Place/Interactive Routing”命令或单击布线工具栏图标(参见图 4.70),进入导线放置状态,光标变成十字形状,表示当前处于导线放置模式。

③ 移动光标到要画线的位置单击,确定导线的第一点,此时按键盘空格键可以改变走线的方向,按“Shift+空格键”可以改变导线转角的方式,移动光标到合适位置再单击,固定这一段导线;按照同样的方法继续完成其他导线的绘制。右击或按“Esc”键可取消导线的放置模式。

④ 在 PCB 边框的左下角设定原点。可执行菜单“Edit/Origin/Set”菜单命令完成。

本例要求自动布线+手工调整,完成布线的电路板如图 4.86 所示。

8) 添加泪滴

在导线与焊盘或导线的连接处有一过渡段,使过渡的地方变成泪滴状,形象地称为添加泪滴。添加泪滴的主要作用是在钻孔时,避免在导线与焊盘的接触点出现应力集中而使接触处断裂。

执行菜单“Tools/Teardrops”弹出添加泪滴对话框,如图 4.87 所示。设置完成后,单击“OK”按钮,即可进行添加泪滴操作。

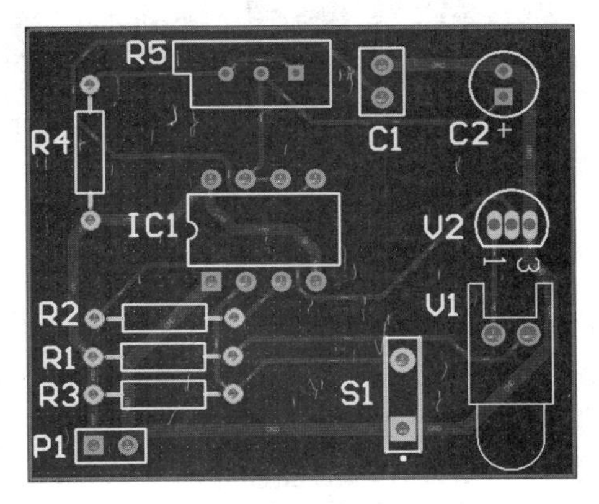

图 4.86 经过手工调整布线的 PCB

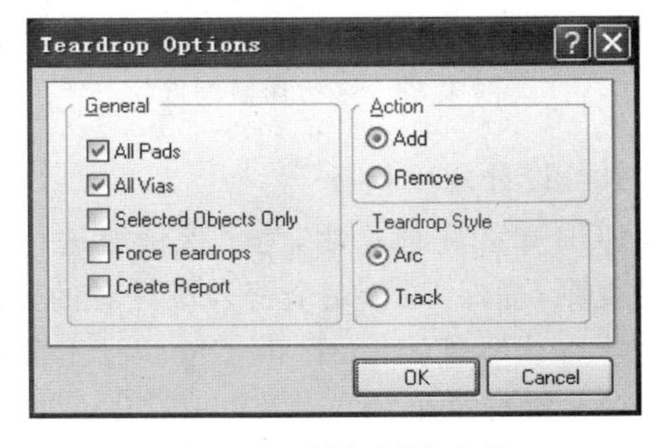

图 4.87 添加泪滴选项

9) 放置敷铜

放置敷铜是将 PCB 空白的地方用铜箔铺满,主要目的是提高 PCB 的抗干扰能力。通常将铜箔与地(GND)相接,这样 PCB 中空白的地方就铺满了接地的铜箔,PCB 的抗干扰能力就会大大提高。

常用的填充方式有两种:“Full/矩形填充”和“Polygon Plane/多边形填充”。

(1) Full/矩形填充。执行菜单“Place/Full”,进入放置状态;单击确定矩形区域的起点,再次单击确定对角线上的另一顶点,即可完成对该区域的填充;按键盘 Tab 键或双击填充区域,弹出矩形填充设置对话框,可对矩形填充所处工作层面、连接网络、放置角度、两个对角的坐标、锁定和禁止布线参数设定。

（2）Polygon Pour/多边形填充。执行菜单“Place/Polygon Pour...”，弹出多边形敷铜设置对话框，如图 4.88 所示，主要有填充模式、属性、网络选项等。

① 填充模式，主要有三种：Solid(Copper Regions)/实体填充；Hatched(Tracks/Arcs)/线状填充；None(Outlines Only)/边框填充。

② 属性(Properties)，主要设置多边形填充的工作层面，单面板则选中底层，双面板则需要顶层、底层分别敷铜。

③ 网络选项(Net Options)，主要设置多边形敷铜连接的网络，一般情况下将铜箔与地(GND)相接，放置了敷铜的 PCB 图如图 4.89 所示。

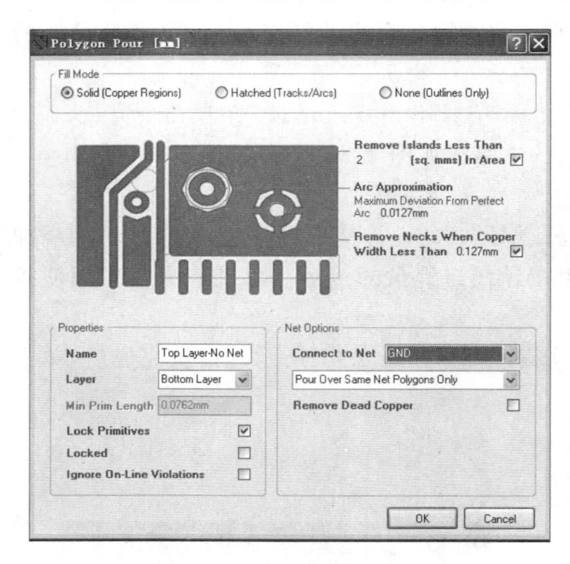

图 4.88 多边形敷铜选项

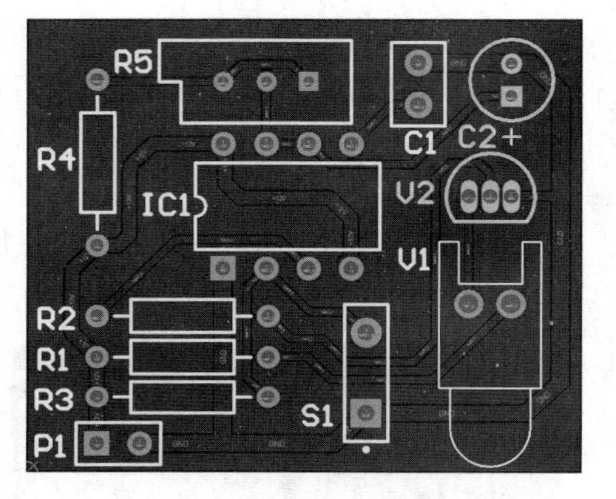

图 4.89 放置了敷铜的 PCB 图

10）设计规则检查

PCB 布线完成之后，为了保证所进行的设计工作，比如元器件的布局、布线等符合所定义的规则，确保 PCB 完全符合设计者的要求，即所有的网络均已正确连接，系统提供了设计规则检查功能(Design Rule Checker，DRC)，对 PCB 的完整性进行检查。

（1）执行菜单“Tools/Design Rule Checker”，即可启动设计规则检查对话框，如图 4.90 所示。

（2）对话框中，左边框为可以设置需要检查的项目，右边框为选中的项目下可以勾选是否在线进行设计规则的检查，或在设计规则检查时一并检查。一般情况下按系统默认的检查规则即可。

（3）单击“Run Design Rule Checker”按钮，系统开始运行 DRC 检查，其结果显示在“Messages”面板中。

如果布线没有违背所设定的规则，“Messages”面板是空的；如果“Messages”面板显示了违反设计规则的类别、位置等信息，同时在设计的 PCB 中以绿色标记标出违反规则的位置，则双击“Messages”面板中的错误信息，系统会自动跳转到 PCB 中违反规则的位置，用户可以回到 PCB 编辑状态下相应位置对错误的设计进行修改，再重新运行设计规则检查，直到没有错误为止，才能结束 PCB 的设计任务。

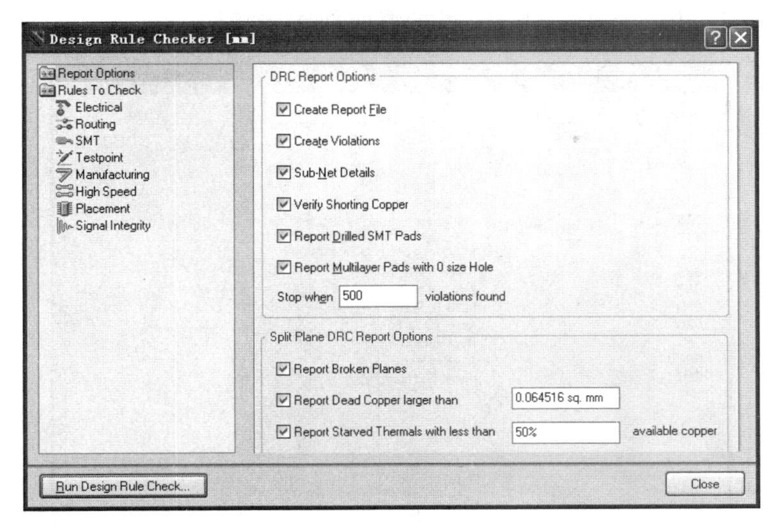

图 4.90 设计规则检查对话框

11）电路板 3D 显示

执行菜单“Tools/Legacy Tools/Legacy 3D View”命令，即可 3D 显示电路板，如图 4.91 所示。

图 4.91 电路板 3D 显示图

12）Gerber 文件输出

Gerber 文件是把 PCB 中的布线数据转换为用于光绘机生产 1∶1 高精度胶片的光绘数据，能被光绘机处理的文件格式，PCB 生产厂商用这种文件来进行 PCB 制作。

（1）执行菜单“File/Fabrication Outputs/Gerber Files”命令，打开 Gerber 设定界面，如图 4.92 所示，主要有概要、层、钻孔图层、光圈、高级选项等选项卡。

① General/概要：用于指定输出 Gerber 文件中使用的单位（Units）和格式（Format），如图 4.92 所示。格式栏中 2∶3，2∶4，2∶5 代表文件中使用的不同数据精度，主要由 PCB 设计中用到的单位精度和 PCB 厂商制造工艺来决定。

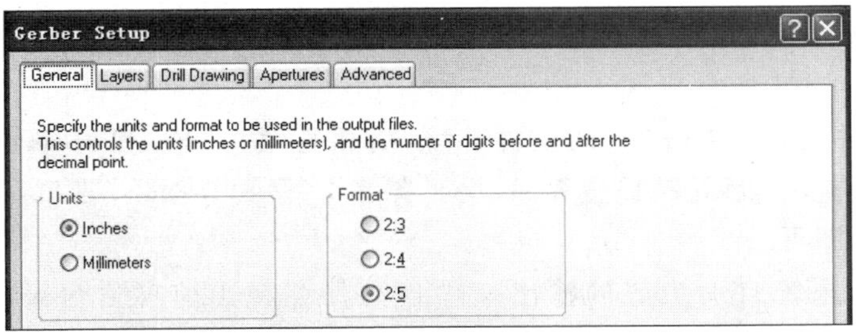

Gerber Setup
General | Layers | Drill Drawing | Apertures | Advanced
Specify the units and format to be used in the output files.
This controls the units (inches or millimeters), and the number of digits before and after the decimal point.
Units: Inches / Millimeters
Format: 2:3 / 2:4 / 2:5

图 4.92 Gerber Setup-General 对话框

② Layers/层：用于生成 Gerber 文件的层面，如图 4.93 所示。

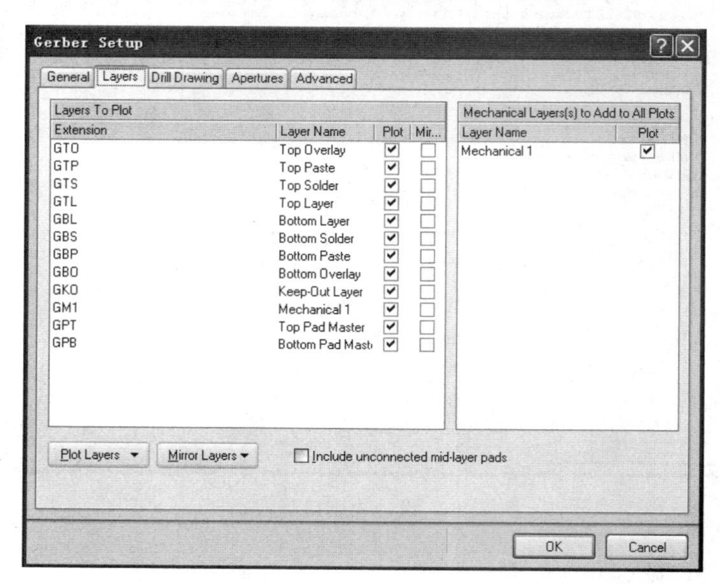

图 4.93　Gerber Setup-Layer 对话框

③ Drill drawing/钻孔图层：用于选择是否输出钻孔空位图和钻孔的中心孔图，如图 4.94 所示。

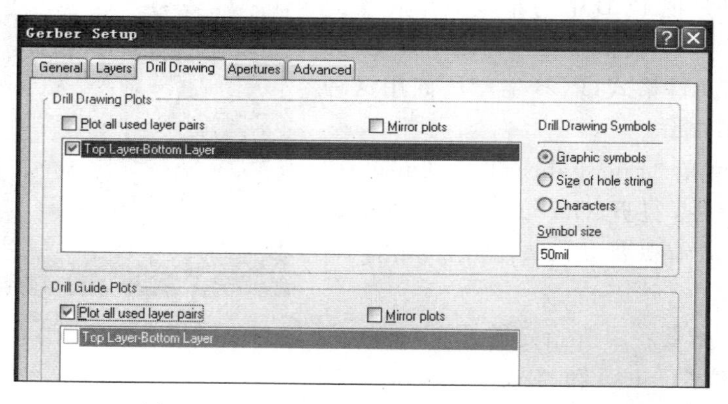

图 4.94　Gerber Setup-Drill Drawing 对话

④ Apertures/光圈：设定光圈。

完成以上的设置后，单击“OK”按钮，生成的文件在工程面板中相应的工程 Generated 目录下。

(2) 钻孔文件输出。在 PCB 的文件环境下，执行菜单“File/Fabrication Outputs/NC Drill Files”命令，进入 NC 钻孔设置界面，主要有单位、格式等选项，要和上一步设置保持一致，其他选项默认即可。

以上步骤中，系统自动生成的输出文件自动保存在当前项目目录文件夹目录下的“Project outputs for 555 定时电路”文件中，这些输出文件中就包含了完整的 PCB 信息，交给 PCB 厂商即可进行印制电路板的生产制造。

实训一 用 Altium Designer 绘制电路原理图

1. 实训目的

(1) 要求学生基本掌握用 Altium Designer 绘制电路原理图。
(2) 掌握用 Altium Designer 绘制电路原理图所需要的各种工具的使用方法。
(3) 实际进行一个电路原理图的绘制,并打印出来。

2. 实训器材

(1) 已经安装了 Altium Designer 的计算机。
(2) 电子产品的电路原理图。

3. 实训步骤

(1) 学习使用 Altium Designer 绘制电路原理图的方法与步骤。
(2) 在计算机上建立绘图文件。
(3) 进行电路原理图的绘制。

4. 实训报告

总结用 Altium Designer 绘制电路原理图的方法与步骤。

5. 思考题

怎样绘制三位数码管的原理图符?

实训二 用 Altium Designer 绘制印制电路板图

1. 实训目的

(1) 要求学生基本掌握用 Altium Designer 绘制印制电路板图。
(2) 掌握用 Altium Designer 绘制印制电路板图所需要工具的使用方法。
(3) 实际进行一个印制电路板图的绘制,并打印出来。

2. 实训器材

(1) 已经安装了 Altium Designer 的计算机。
(2) 电子产品的电路原理图。

3. 实训步骤

(1) 学习使用 Altium Designer 绘制印制电路板图的方法与步骤。

（2）在计算机上建立绘制PCB图的文件。
（3）进行电子产品印制板图的设计及绘制。

4. 实训报告

总结用Altium Designer绘制印制电路板图的方法与步骤。

5. 思考题

（1）怎样根据三位数码管和传感器的实物正确绘制其封装？
（2）在导入原理图时，如果有错误该如何修改？

实训三　印制电路板的制作

1. 实训目的

（1）让学生了解印制电路板的制作过程。
（2）实际制作一块印制电路板。

2. 实训器材

（1）已经安装了Altium Designer的计算机。
（2）激光打印机、转印机、视频高速钻、快速腐蚀箱各一套。

3. 实训步骤

1）制板的工艺流程如图4.95所示。

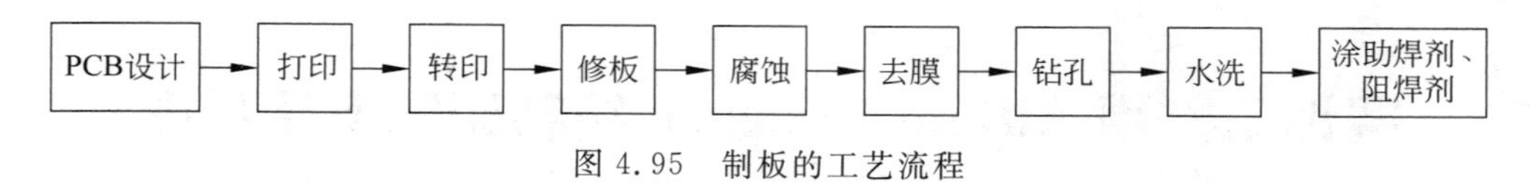

图4.95　制板的工艺流程

2）PCB板图的准备

要利用印制板快速制作系统进行电路板的制作，在Altium Designer制图过程中需要针对本系统的特点，作相应的处理工作，主要是以下几点。

（1）导线宽度要足够：一般线宽不要小于0.5 mm，因为如果太细，在后面的腐蚀过程中容易把所需要的导线也腐蚀掉，而导致线路断开。

（2）焊盘足够大：一般焊盘直径不小于1.5 mm左右，因为如果太小，不容易打孔和焊接牢固。

（3）导线与导线的间距要足够：一般不小于0.5 mm，这样才能保证转印的质量。

3）PCB图的打印

下面以一个实例来介绍PCB图的打印输出。在Altium Designer的PCB图中，按菜单File/Print Preview形成打印预览，如图4.96所示。

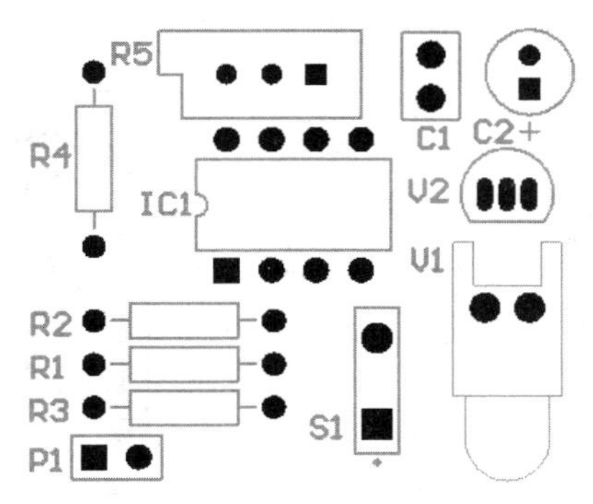

图 4.96 PCB 图打印预览

从图 4.96 中可以看到，该图中包括了元器件、元器件封装等，缺少导线和边框等信息，需要自行设置。执行菜单“File/Page Setup”命令设置打印属性，如图 4.97 所示。

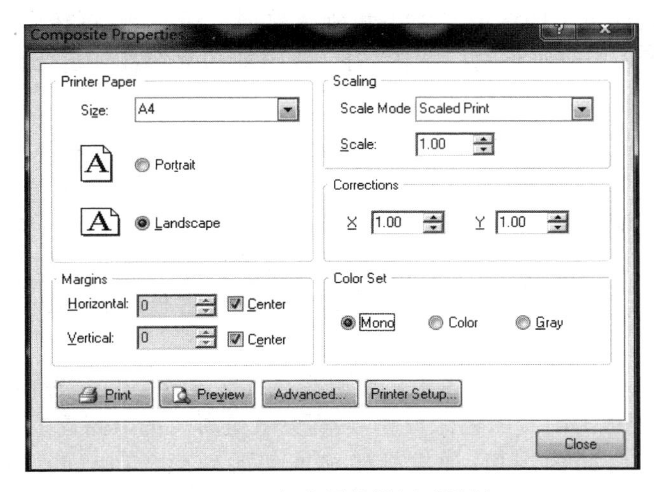

图 4.97 打印属性设置对话框

单击“Advanced”按钮，弹出高级设置对话框，需要添加 Bottom Layer，Keep-Out Layer 这两个层面。完成设置后的相应属性如图 4.98 所示。

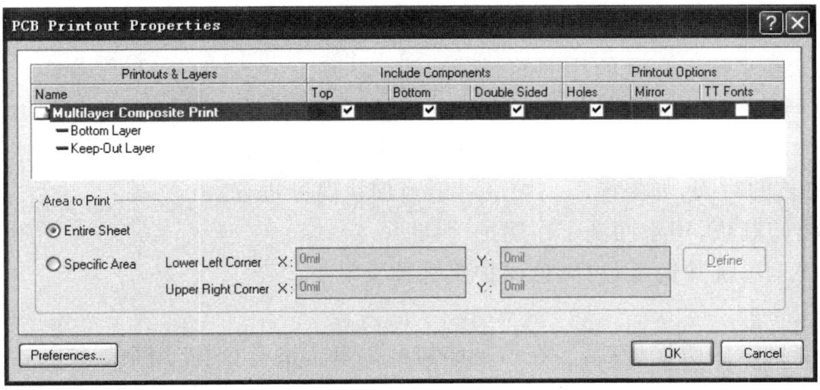

PCB Printout Properties

Printouts & Layers	Include Components			Printout Options		
Name	Top	Bottom	Double Sided	Holes	Mirror	TT Fonts
Multilayer Composite Print	☑	☑	☑	☑	☑	☐
—Bottom Layer						
—Keep-Out Layer						

Area to Print
Entire Sheet
Specific Area Lower Left Corner X: 0mil Y: 0mil Define
Upper Right Corner X: 0mil Y: 0mil
Preferences... OK Cancel

图 4.98 设置后的打印属性对话框

设置完毕后可以得到如图4.99所示的PCB图，只要连接上打印机，装上专用的打印纸，即可打印输出。

注意：转印前应先确认转印面——转印纸有胶的一面较光滑，印制板电路图一定要打印在转印纸的转印面，否则将不能正确转印。打印后，应检查图形是否断线，如果有缺陷，必须重新打印。

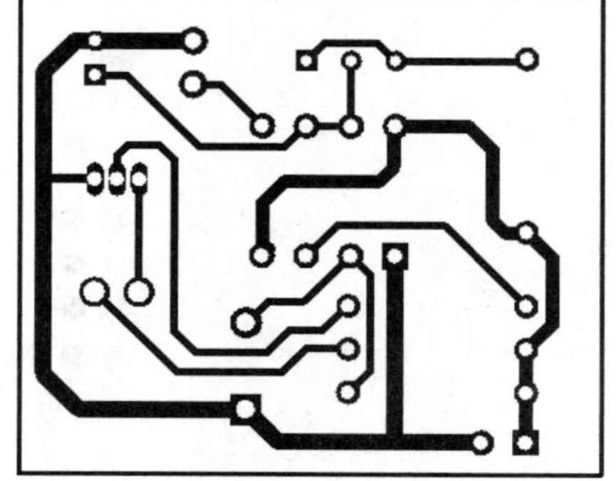

图4.99　PCB打印图

4）转印

转印的过程一般分以下几个步骤。

（1）备敷铜板：按尺寸下料并除去边缘毛刺，去除铜箔上的氧化膜及油污等，使铜箔面光亮、清洁。清洁铜箔面的方法：①用去污粉擦洗。②浸入三氯化铁腐蚀液中片刻，清水冲洗。

（2）粘纸：将转印纸上的图剪成大小和所选敷铜板相一致，将转印纸印有电路图的一面贴向铜箔板面，再用胶带纸将它们粘在一起（转印纸和敷铜板一定要紧紧贴在一起，尽量少留空隙，以免无法将图完整地转印到敷铜板上）。

（3）预热：打开转印机电源，预热一段时间，直到定影系数的显示达到设定值；定影系数一般设置在150～160。

（4）转印：松开前导轮（左前侧摇把转向垂直方向），将有转印纸一面向上，水平将敷铜板推入转印机，压紧前导轮（左前侧摇把压到水平位置），可轻触一下向前的方向键（▲），就可自动进入工作状态，进行转印。在自动输入时，需快速进板（或退板）时，可按住方向键▲（或▼）不放。

（5）冷却：敷铜板从转印机里出来后应自然冷却至室温，再揭去转印纸（否则图形会受损），就可以看到敷铜板上附着黑色保护膜，这部分就是所要的电路连线。

（6）修板：检查转印的图形，如有砂眼或断线等缺陷，可用油性笔、油漆、松香水等修补。

5）腐蚀

转印完成后，要把敷铜板上的除黑色体部分（即非电路部分）的附铜腐蚀掉。这个过程用化学腐蚀的方法进行，整个过程要注意安全，以免人身受到腐蚀液的损伤。

（1）配制蚀刻溶液：①用36%～38%盐酸，≥30%双氧水和水按2∶1∶4的比例配制；②用三氯化铁和水按6∶10的比例配制腐蚀液。

（2）选择适当的混合液倒入大小合适的容器，然后将敷铜板浸入混合液中，注意观察，盐酸＋双氧水腐蚀液大概1分钟后就可以完成腐蚀过程；而三氯化铁腐蚀液则需要10～20分钟，甚至更长的时间，如果搅动腐蚀液可适当加快腐蚀进程。

（3）取出印制板，用水冲洗干净腐蚀溶液。

（4）用丙酮清洗敷铜板，将黑色保护膜去掉。

6）打孔

得到了腐蚀后的敷铜板后，要在该电路板的焊盘上进行打孔，用来焊接元器件。

（1）开启钻机后侧电源，这时荧光屏点亮。

（2）按触钻机右侧按钮，启动运转。

(3) 注意：为减少空转对电机的磨损，当超过10秒不钻孔时，该高速电机会自动停止，要继续钻孔，需重复上一步。

(4) 电路板放到工作台上，将有印制图形的一面向上，左手用力按住电路板，防止钻孔时，板被顶起而使钻头折断。右手轻按侧边电键，钻头自下而上，将孔钻成。

注意事项：

(1) 该机钻头安装在工作台板的下面，工作时由下往上运动钻孔，在放入印制板前，请先检查钻头是否露出工作台平面，若露出会在移动板件时碰断合金钻头。请重新安装钻头。

(2) 工作前，打开电源后请先检查钻头是否处于荧屏坐标中心，如发现偏离请重新调整。

(3) 必须在主轴电机停转后再切断钻机电源，否则钻头不能复位。

7) 表面处理

(1) 去污粉打磨印制板图形，使焊盘及图形光亮无污渍。

(2) 清水冲洗电路板(特别是过孔)。

(3) 风干后立即涂抹助焊剂(松香酒精溶液)。

4. 实训报告

总结制作印制电路板的方法与步骤。

电子产品设计、生产工艺流程

基本要求

(1) 了解电子产品设计、生产工艺流程。
(2) 熟悉电子产品装配与调试工艺流程。
(3) 初步掌握电子产品装配和调试技术。

电子产品一般都经过新产品的研制、鉴定,新产品生产性试制、鉴定,最后投入大批量生产和销售等基本过程。

5.1 新产品研制

电子工业发展迅速,更新快,竞争激烈,厂家只有不断地开发新产品,适应市场需求,才能保证企业的生存。

开发电子产品的方式主要有3种:①独立研制方式;②技术引进方式;③技术引进和研制相结合的方式。

试制新产品主要有下面几个阶段。

5.1.1 调研、选题

1. 调研、选题的主要任务

(1) 收集资料,了解和掌握国内外市场的需求(市场调查)及国内外同类产品的现状及发展趋势,确定新产品的研制方案。

(2) 写出新产品研制任务书。

2. 任务书的主要内容

(1) 新产品的类型、用途、要求;
(2) 开发的理由和根据;
(3) 新产品的技术先进性和经济合理性分析;
(4) 新产品的设计原则和技术特性;

(5) 研制方法、人员、经费等。

5.1.2 预研新产品、设计样机、试制

1. 预研新产品

预研新产品应首先进行样机的安装和试验,做好试验记录,为选择最佳设计方案创造条件。在预研的基础上,进行新产品的设计。

2. 新产品设计的主要任务

(1) 明确新产品的技术要求;
(2) 制定新产品试制、制造和使用所需的全部图纸和技术文件;
(3) 提供新产品试制和制造所需的全套工艺文件和工装设备。

3. 样机试制的目的

样机试制的目的是检验新产品的设计质量和可生产性。样机试制后必须进行全面的试验(性能、寿命、环境试验等),鉴定产品的技术性能和参数指标,最后作出产品质量分析报告和产品的可生产性报告,提交给设计定型鉴定会作出评价。

4. 产品质量分析报告

产品质量分析报告包括:①产品标准,包括各种规格、技术要求、使用环境、标志、包装运输、存储等;②产品全面测试报告,包括性能测试、环境测试、现场试验、可靠性试验、可使用性试验等;③安全设计报告。

5. 产品的可生产性报告

产品的可生产性报告包括:①标准化审查报告;②原材料、元器件、配套产品的货源情况和质量论证情况报告;③关键工艺实施情况报告;④成本核算与产品价值分析报告;⑤产品进入小批量生产的报告。

5.1.3 小批量试制——生产性试制

1. 小批量试制的目的

小批量试制的目的有:考核和改进工艺,全面验证各种技术文件的正确性,为大批量生产做好技术准备。最后完成下列任务:①编制完整的工艺文件;②设计和制造生产必需的工艺装置和设备;③为正式生产做好技术准备和组织工作。

小批量试制结束后,进行新产品的鉴定。新产品鉴定必须在企业领导主持下,有工程技术人员以及生产单位、同行厂家和用户代表参加,一般分为两部分工作:一部分是技术文件和工艺文件的检查鉴定;另一部分是产品各项技术指标的测试鉴定。

2. 新产品鉴定

新产品鉴定的主要内容有：

(1) 产品的技术文件是否齐备并合乎正式生产要求；

(2) 成批生产所需的工艺装备、专用设备、仪器和试验手段是否齐全；

(3) 正式投产前的生产技术准备情况（包括技术关键问题的解决、生产组织、技术培训等）是否齐备。

新产品通过鉴定并经上级主管部门批准后，方可投入大批量生产和销售。

5.2 电子产品整机生产的基本工艺流程

正式投入生产的电子整机产品（又称电子设备）的生产工艺过程如图5.1所示。

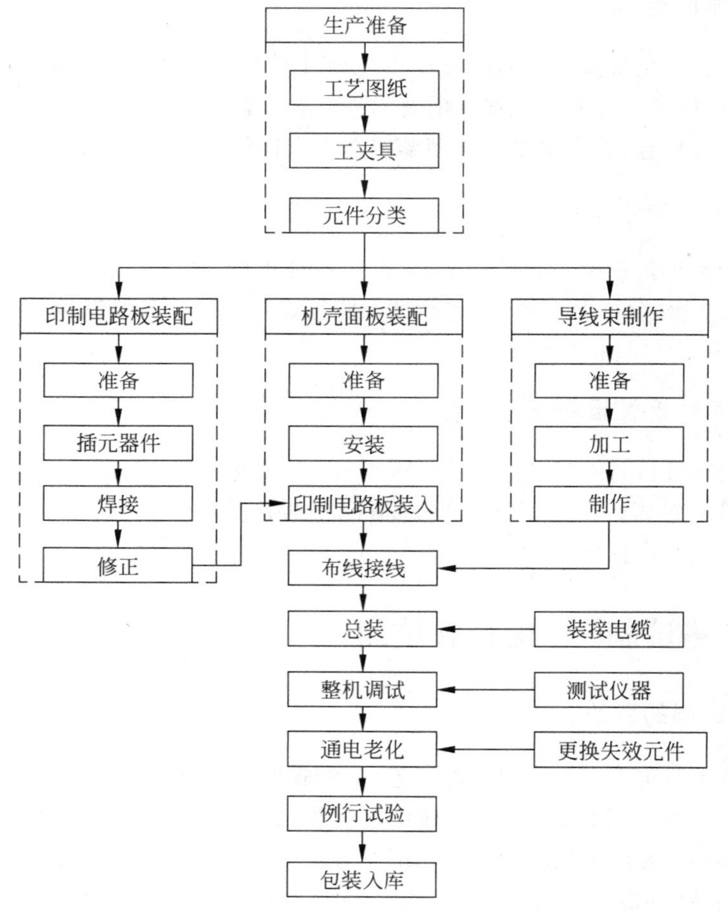

图5.1 整机产品的生产工艺过程

5.2.1 生产准备

生产准备包括技术准备和材料准备。

1. 技术准备

技术准备包括两方面：一是准备好生产所需的全部技术资料(图纸、工艺)；二是进行人员培训，使操作者具备安全、文明、熟练生产的素质。

2. 材料准备

材料准备是指对产品生产所需的原材料、元器件、工装设备等进行准备，如原材料质量抽验、元器件测量筛选、机械加工件和紧固件的准备和质量检查等。

5.2.2 印制电路板的装配工艺

1. 元器件的安装方法

元器件的安装方法有手工安装和机械安装。前者简单易行，但效率低，误装率高；后者安装速度快，误装率低，但设备成本高，引线成形要求严格。一般有以下几种安装形式：

(1) 贴板安装。如图 5.2 所示，它适用于防振要求比较高的产品。元器件紧贴印制电路板基板面，安装间隙小于 1 mm。当元器件为金属外壳，安装面又有印刷导线时，应加垫绝缘衬垫或套绝缘管。

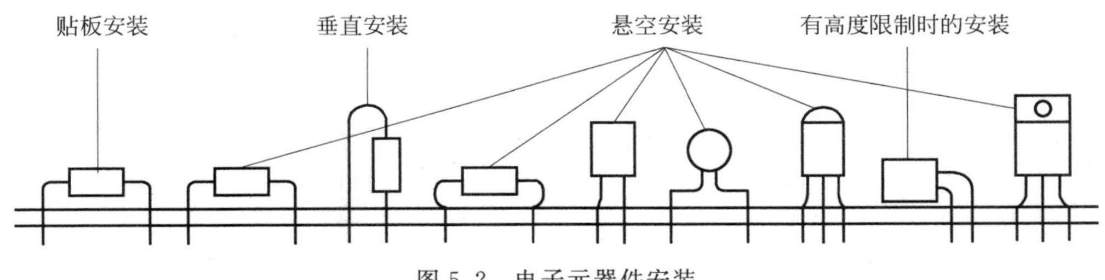

图 5.2 电子元器件安装

(2) 悬空安装。如图 5.2 所示，它适合于发热元件的安装。元器件距印制基板面有一定的高度，安装距离一般在 3～8 mm 范围内。

(3) 垂直安装。如图 5.2 所示，它适用于安装密度较高的场合。元器件垂直于印制基板面，但对大质量、细引线的元器件不宜采用这种形式，如图 5.2 所示。

(4) 有高度限制时的安装。如图 5.2 所示，元器件安装高度的限制一般在图纸上是标明的，通常的处理方法是垂直插入后，再朝水平方向弯曲。对大型元器件要特殊处理，以保证足够的机械强度，经得起振动和冲击。

(5) 支架固定安装。如图 5.3 所示，它适用于重量较大的元件。如小型继电器、变压器和阻流圈等，一般用金属支架在印制电路板上将元件固定。

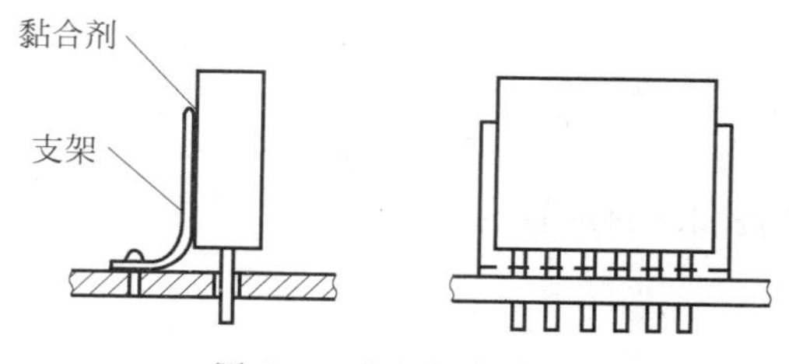

图 5.3 支架固定安装

2. 元器件安装注意事项

（1）元器件插好后，有弯头的要根据要求处理好，所有弯脚的弯折方向都应与铜箔走线方向相同。

（2）安装二极管时，除注意极性外，还要注意外壳封装，特别是玻璃壳易碎，引线弯曲时易爆炸，在安装时可先将引线绕1～2圈后再装。对于大电流二极管，有的则将引线体当作散热器，故必须根据二极管规格中的要求决定引线的长度，也不宜把引线套上绝缘套管。

（3）为了区别晶体管的电极和电解电容的正负端，一般在安装时加带有颜色的套管，以示区别。

（4）大功率三极管一般不宜装在印制电路板上，因为它发热量大，易使印制电路板受热变形。

3. 印制电路板组装工艺流程

根据电子产品生产的性质、生产批量、设备条件等情况的不同，需要采用不同的印制电路板组装工艺，常用的组装工艺有手工装配工艺和自动装配工艺。

1）手工装配的工艺流程

（1）在产品的样机试制阶段或小批量试生产时，印制电路板装配主要靠手工操作，即操作者把散装的元器件逐个装接到印制基板上。操作的顺序是：待装元件引脚整形→插装→调整位置→焊接→剪切引线→检验。这种操作方式，每个操作者要从开始装到结束，效率低，而且容易出错。

（2）对于设计稳定、大批量生产的产品，印制电路板装配工作量大，宜采用流水线装配。这种方式可大大提高生产效率、减小差错并提高产品合格率。

流水线操作是把印制电路板组装的整体装配分解为若干道简单的工序，每道工序固定插装一定数量的元器件。在划分工序时注意，每道工序所用的时间要相等，这个时间就称为流水线的节拍。装配的印制电路板在流水线上一般都是用传送带移动的。传送带运动方向通常有两种：一种是间歇运动（即定时运动）；另一种是连续匀速运动，每个操作者必须严格按照规定的节拍进行。完成一种印制电路板的操作和工序划分，要根据其复杂程度、日产量或班产量以及操作者人数等因素确定。一般工艺流程是：每排元件（约6个）插入→全部元器件插入→一次性切割引线→一次性锡焊→检查。

引线切割一般用专用设备——割头机，一次切割完成，锡焊通常用波峰焊机完成。

目前大多数电子产品（如电视机、开关电源等）的生产采用印制电路板插件流水线的方式，插件形式有自由节拍形式和强制节拍形式两种。

自由节拍形式分手工操作和半自动操作两种。手工操作时，操作者按规定插件、剪切引线、焊接，然后在流水线上传递。半自动化操作时，生产线上配备有铲头功能的插件台，每个操作者1台，印制电路板插装完成后，通过传输线送到波峰焊机上。

采用强制节拍形式时，插件板在流水线上连续运行，每个操作者必须在规定的时间内把所要求插装的元器件准确无误地插到电路板上。这种方式带有一定的强制性。在选择分配每个工序的工作量时，要留有适当的余地，以便既保证一定的劳动生产率，又保证产品的质量。这种流水线方式，工作内容简单，动作单纯，可减少差错，提高工效。

2) 自动装配的工艺流程

手工装配虽然可以不受各种限制，灵活方便而广泛应用于各道工序或各种场合，但其速度慢，易出差错，效率低，不适应大批量生产的需要。对于设计稳定、产量大和装配工作量大而元器件又无需选配的产品，宜采用自动装配方式。自动装配一般使用自动或半自动插件机和自动定位机等设备。先进的自动装配机每小时可装1万多个元器件，效率高，节省劳力，产品合格率大大提高。

自动装配和手工装配的过程基本上是一样的，都是将元器件逐一插入到印制电路板上。所不同的是，自动装配要求限定元器件的供料形式，整个插装过程由自动装配机完成。

(1) 自动插装工艺。过程框图如图5.4所示。经过处理的元器件装在专用的传输带上，间断地向前移动，保证每一次有一个元器件进到自动装配机的装插头的夹具里，插装机自动完成切断引线、引线成形、移至基板、插入、弯角等动作。

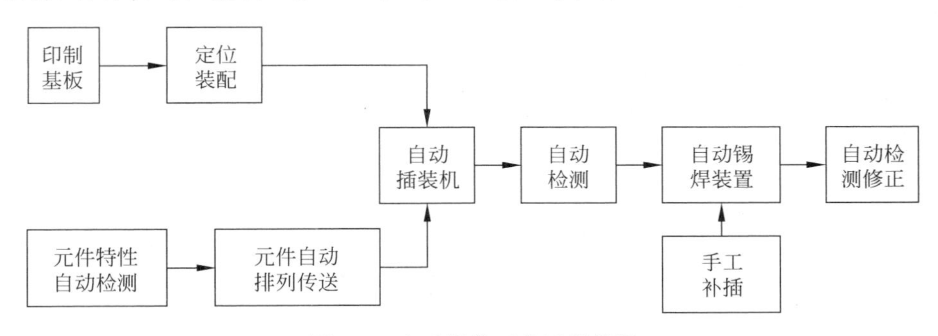

图5.4 自动插装工艺过程框图

(2) 自动装配对元器件的工艺要求。自动插装是在自动装配机上完成的，对元器件装配的一系列工艺措施都必须适合于自动装配的一些特殊要求，并不是所有的元器件都可以进行自动装配，在这里最重要的是采用标准元器件的尺寸。

对于被装配的元器件，要求它们的形状和尺寸尽量一致，有互换性等。有些元器件，如金属圆壳形集成电路，虽然手工装配时有容易固定等优点，但自动装配很困难；而双列直插式集成电路却适合于自动装配。另外，还有一个元器件的取向问题。即元器件在印制电路板什么方向取向，对手工装配没有什么限制，也没有什么根本差别；但在自动装配中，则要求沿着 x 轴或 y 轴取向，最佳设计要指定所有元器件只有一个轴上取向。为了使机器达到最大的有效插装速度，就要有一个最好的元器件排列。元器件的引线孔距和相邻元器件引线之间的距离，也都应标准化，并尽量相同。

5.2.3 布线及扎线工艺

电子设备的装配质量，在一定程度上是由布线和接线的工艺性决定的。各种元器件安装完毕之后，要用导线在它们之间按设计要求连接起来，完成整机电路。这些连接导线（包括印制导线）是用来传输信号和电能的。因此，除正确地选用合适的导线外，还应考虑合理的布局。布线是指整机内电路之间、元器件之间的布局。布线的好坏必然对整机性能和可靠性产生一定的影响。现在国内大部分电子设备都采用印制电路技术和导线的锡焊连接相结合的布线方法。合理的布线、整齐的装配和可靠的焊接是保证整机质量和可靠性的几项主要措施。

正确选用导线（配线）、布线和接线是接线技术的主要内容。

1. 配线

1）导线的性能

电子设备常用的裸线是指没有绝缘层的单股或多股铜线、镀锡铜线等。电磁线是指有绝缘层的圆形或扁形铜线。绝缘层由涂漆或包缠纤维构成。电线、电缆就是通常所说的安装线和安装电缆，一般由线芯、绝缘层和保护层组成。在机构上有硬型、软型和特软型之分。线芯有中芯、二芯、三芯及多芯等。通信电缆包括电信系统中各种通信电缆、射频电缆、电话线和广播线等。

2）导线的选用

导线选用时应考虑各种因素。选用导线时，要考虑的因素较多，并且各种因素之间存在一定的影响，如图5.5所示。

（1）导线截面的选择。选用导线，首先要计算流过导线的电流。这个电流的大小，决定了导线线芯截面的大小。绝缘导线多用在有绝缘和耐热要求的场合。导线中允许的电流值将随环境温度及导线绝缘敷层的耐热温度的不同而不同。

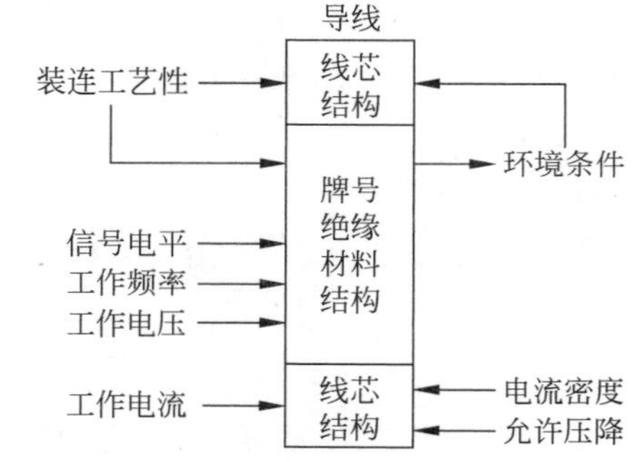

图5.5 各种因素之间的影响

（2）导线颜色的选用。布线中使用不同颜色的导线，便于区分电路的性质和功能，以及减少接线的错误。例如，红色表示正高压、正电路，黑色表示地线、零电位（对机壳）等。随着电子工业的发展，电子设备日趋复杂化、多功能化，有限的几种颜色不可能满足复杂电路布线的要求。因此，布线色别的功能含义就逐渐淡薄了。目前，除某些生产厂家还有具体规定外，配线色别的主要目的是减少连线中的错误，便于正确装连、检查和维修。当导线或绝缘套管的颜色种类不能满足供应时，可用光谱相近的颜色代用，如常用的红、蓝、白、黄和绿色的代用色依次为粉红、天蓝、灰、橙和紫色。

2. 布线原则

1）应减小电路分布参数

电路分布参数是影响整机性能的主要因素之一。在布线时必须设法减小电路的分布参数,如连接线应尽量短,尤其是高频电路的连线更要短而直,使分布电容和分布电感减至最小;工作于高速数字电路的导线也不能太长,否则会使脉冲信号前、后沿变差。

2）避免相互干扰

对于不同用途的导线,布设时应该紧贴或合扎在一起。例如,输入信号线和输出信号线以及电源线;低电平信号线与高电平信号线;交流电源线与滤波后的直流馈电线;不同回路引出的高频线;继电器电路内小信号系统的接点连线与线包接线或功率系统接点连线;电视中行脉冲输入线与中频通道放大器的信号连线等。这些线最好的处理方法是相互垂直交叉走线,也可将它们分开一定的距离或在它们之间设置地线,做简单的隔离。公用电源向各级的馈线应分开,并应有各自的去耦电路。有时,为了减小相互耦合和外界干扰的影响,常采用绞合线地走线方法,有近似于同轴电缆的功能。

3）尽量消除地线的影响

在电子线路中,为了直流供电的测量及人身安全,常将直流电源的某极作为电压的参考点,即零电位,也就是电路中的“地”点。连接这些“地”的导线称为地线。一般电子设备的外壳、机架和底板等都与地相连。实际上地线本身也有电阻,电路工作时,各种频率的电流都可能流经地线的某些段而产生压降,这些压降叠加在电源上,造成其他阻抗耦合而产生干扰。

在布线时,一般对地线作如下处理:

(1) 采用短而粗的接地线,增大地线截面积,以减小地阻抗。在高频时,由于集肤效应,地线中的高频电流是沿地线的表面流过的,因此,不但要求地线的截面积大,而且要求截面的周界长,所以地线一般不用圆形截面,而是用矩形截面。

(2) 当电路工作在低频时,可采用一点接地的方法,每个电路单元都有自己的单独地线,因此不会干扰其他电路单元。当电路工作在高频时,就不能使用一点接地的方法。因为地线具有电感,一点接地的方法会使地线增长、阻抗加大,还会构成各接地线之间的相互耦合而产生干扰。因此,高频设备为减小地线阻抗,往往采用多点接地,以减小地线阻抗及高频电流在流经地线时产生的辐射干扰。

(3) 对于不同性质电路的电源地回路线,应分别引接至公用电源地端,不让任何一个电路的电源经过别的电路的地。

(4) 对多级放大电路,不论其工作频率相近或相差较大,一般允许其电源地回路线相互连接后引出一根公共地线接到电源的地端,但不允许后级电路的大电流通过前级的地电流流向电源负极。

4）应满足装配工艺性的要求

(1) 在电性能允许的前提下,应使相互平行靠近的导线形成线束,以压缩导线布设面积,做到走线有条不紊,外观上整齐美观,并与元器件布局相互协调。

(2) 布设时应将导线放置在安全和可靠的地方,一般的处理方法是将线束固定于机座,保证线路结构牢固和稳定,耐振动和冲击。

(3) 走线时应避开金属锐边、棱角和避免不加保护地穿过金属孔,以防导线绝缘层破坏,造成短路故障。走线还应远离发热体(如功率管、变压器和功率电阻等),一般距离在10 mm以上,以防导线受热变形或性能变差。

(4) 导线布设应有利元器件或装配件的查看、调整和更换的方便。对于可调元器件,导线长度应留有适当的余量；对于活动部位的线束，要具有相适应的活动范围。

3. 布线方法

(1) 应尽可能贴近底板走，竖直方向的线应紧沿框架角或面板走，使其在结构上有依附性，也便于机械固定。对于必须架空通过的线束，要采用专用支架支撑固定，不能让线束在空中晃动。

(2) 线束穿过金属孔时，应率先在板孔内嵌装橡皮套或专用塑料嵌条，也可在穿孔部位包缠聚氯乙烯带。对屏蔽层外露的屏蔽导线，在穿过元件引线或跨接印制线路等情况时，应在屏蔽导线的局部或全部加套绝缘套管，以防短路发生。

(3) 处理地线时，为方便和改善电路的接地，一般考虑用公共地线(即地母线)。常用较粗的单芯镀锡的铜线做地母线，用适当的接地焊片与底座接通，也起到固定其位置的作用。地母线形状决定于电路各接点的实际需要，一般地母线均不构成封闭的回路。

(4) 线束内的导线应留1～2次重焊备用长度(约20 mm)，连接到活动部位的导线长度要有一定的活动余量，以便能适应修理、活动和拆卸的需要。

(5) 为提高抗外磁场干扰能力以及减少长线回路对外界的干扰，常采用交叉扭绞布线。单个回路的布线在中间交叉，回路两半的面积相等。在均匀磁场中，左右网孔所感生的电势相等、方向相反。所以整个回路的感生电势为零。在非均匀磁场中，对一个较长回路的两条线，给予多次的交叉(通称麻花线)，则磁场在长线回路中的感生电势亦为零。

4. 扎线工艺

电子设备的电气连接主要是依靠各种规格的导线实现的。但机内布线纵横交错，长短不一，若不进行整理，不仅影响美观和多占空间，而且还会妨碍电子设备的检查、测试和维修。因此在整机组装中，根据设备的结构和安全技术要求，用各种方法，预先将相同走向的导线绑扎成一定形状的导线束(也称线扎)，固定在机内，这样可以使布线整洁，提高设备的商品价值。

1) 线束绑扎的技术要求

(1) 绑入线扎中的导线应排列整齐，不得有明显的交叉和扭转。

(2) 应把电源线和信号线捆在一起，以防止信号受到干扰。导线束不要形成环路，以防止磁力线通过环形线，产生磁、电干扰。

(3) 导线端头打印标记或编号，以便在装配、维修时容易识别。线扎内应留有适量的备用导线，以便于更换。备用导线应是线扎中最长的导线。

(4) 要用绳或线扎搭扣绑扎，但不易绑得太松或太紧。绑得太松会失去线扎的作用，太紧又可能损伤导线的绝缘层。同时打结时不应倾斜，也不能系成椭圆形，以防止线束松散。

(5) 线结与结之间的距离要均匀，间距的大小要视线扎直径的大小而定，一般间距取线扎直径的2～3倍。在绑扎时还应根据线扎的分支情况适当增加或减少结扎点。为了美观，线扣一律打在线束下面。

(6) 线扎分支处应有足够的圆弧过渡，以防止导线受损。通常弯曲半径应比线扎直径大2倍以上。

(7) 需要经常移动位置的线扎，在绑扎前应将线束拧成绳状，并缠绕聚氯乙烯胶带或套上绝缘套管，然后绑扎好。

(8) 扎线时不能用力拉线扎中的某一根导线，以防止把导线中的线芯拉断。

2) 扎线

所谓扎线就是把导线捆扎起来，这样做一方面可以将连线整齐地归纳在一起，少占空间；另一方面也有利于稳定质量。

扎线要领如图 5.6 所示。要求线端留有一定的长度，应从线端开始扎线；走线时应排列整齐，而且要有棱有角；为了防止连线错误，按各分支扎线；扎线的标准间距为 50 mm，可根据连线密度及分支数量有所改变。

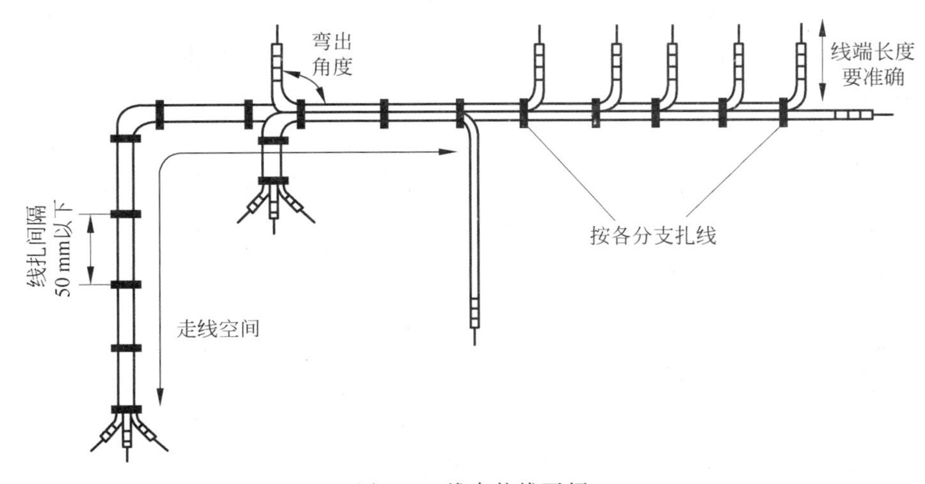

图 5.6 线束扎线要领

5.2.4 机壳面板装配工艺

(1) 装配前应进行面板、机壳质量检查，将外观检查不合格的工件隔离存放，做好记录。

(2) 在生产流水线工位上，凡是面板、机壳接触的工作台面上，均应放置塑料泡沫垫或橡胶软垫，防止装配过程中划伤工件外表面。

(3) 面板、机壳的内部注塑有各种凸台和预留孔，用来装配机芯、印制电路板及其部件。装配面板、机壳时，一般是先里后外，先小后大。搬运面板、机壳时，要轻拿轻放，不能碰压。

(4) 面板、机壳上使用风动旋具紧固自攻螺钉时，风动旋具与工件应互相垂直，不能发生偏斜。扭力矩大小要合适，力度太大时，容易产生滑牙甚至出现穿透现象，将损坏面板。

(5) 在面板上贴铭牌、装饰、控制指示片等，应按要求贴在指定位置，并要端正牢固。

(6) 面板与外壳组合装配时，用自攻螺钉紧固应无偏斜、松动，并准确装配到位。装配完毕，用“风枪”清洁面板和机壳表面，然后装塑料袋封口，并加塑料泡沫衬垫后装箱。

5.2.5 整机总装工艺

电子整机产品总装是指在各部件、组件安装和检验合格的基础上进行整机联装，通常简称为总装。电子整机总装包括机械装配与电气装配两大部分，它是电子产品与设备生产过程中的重要环节。

1. 整机总装方式

总装的方式一般以整机的结构来划分，有整机装配和组合件装配两种。

1）整机装配

整机是一个不可分割的整体。对整机装配来说，它把零件、部件、整件通过各种连接方法安装在一起，组成一个不可分割的整体。这个整体具有独立的功能，如收音机、电视机、数字万用表等。

整机的连接方式有两类：一类是可拆卸的连接，即拆散时操作方便，不易损坏任何零件，如螺钉、销钉、夹紧和卡扣连接等；另一类是不可拆卸连接，即拆卸时会损坏零部件或材料，如黏接、铆接等。

2）组合件装配

有些电子设备为了扩大使用范围，在使用过程中，对不同的操作对象需要不同的组合件。在这种情况下，组合件的装配要便于随时拆换，如大型控制台、计算机等。

2. 整机总装的基本原则及要求

1）基本原则

整机总装的基本原则是：先轻后重，先小后大，先铆后装，先里后外，先低后高，易碎后装，上道工序不得影响下道工序的安装。安装的基本要求是牢固可靠，不损伤元件，避免碰坏机箱及元器件的涂覆层，不破坏元器件的绝缘性能，安装位置与方向要正确。

2）基本要求

各部分之间要牢靠，不损伤元器件与零部件，避免碰伤机壳、元器件和零部件的表面涂覆层，不破坏整机的绝缘性能，安装的方向、位置、极性要正确，保证产品的各项性能指标稳定，并有足够的机械强度和稳定度。

3. 电子整机总装的一般工艺流程

电子整机总装的一般工艺流程如下：准备→机架→面板→组件→机芯→导线连接→传动机械→总装检验。

4. 整机总装质量的检验

整机总装完成后，按质量检查的内容进行检验。检验工作要始终坚持自检、互检和专职检验的制度。

通常整机质量的检查包括以下几个方面。

1）外观检查

装配好的整机表面无损伤，涂层无划痕、脱落，金属结构件无开焊、开裂，元器件安装牢固，导线无损伤，元器件和端子套管的代号符合产品设计文件的规定。整机的活动部分活动自如，机内无多余物（如焊料渣、零件、金属屑等）。

2）装联正确性检查

装联正确性检查又称为电路检查，目的是检查电气连接是否符合电路原理和接线图的要求，导电性能是否良好。

通常用数字万用表蜂鸣挡对各检查点进行检查。批量生产时，可根据预先编制的电路检查程序表，对照电路图进行检查。

5.2.6 电子产品调试工艺

电子产品整机装配完成后，必须通过调试才能达到规定的技术要求。装配工作仅仅是把成百上千个元器件按照设计图纸要求连接起来，每个元器件的特性参数都不可避免地存在着微小的差异，其综合结果会使电路的各种性能出现较大的偏差，加之装配过程中产生的各种分布参数的影响，不可能使整机电路组装起来之后马上就正常工作，使各项技术指标达到设计要求。因此必须进行调试。

电子产品的调试包括两个工作阶段：研制阶段的调试、生产阶段的调试。研制阶段的调试往往与电路的原理性设计同时进行，是对设计方案的验证性试验，是设计印制电路板的前提条件。根据研制阶段调试的步骤、方法、过程，设计出合理、科学、高质、高效的调试工艺方案，有利于后阶段的调试。电子整机产品的调试是生产过程中的工序，安排在印制电路板的装配以后进行。各个部件必须通过调试后才能进入总体装配工序，形成整机。这两个阶段调试工作的共同之处是，包括调整与测试两个方面，即用测试仪器、仪表调整各个单元电路的参数，使之符合预定的性能指标，然后再对整个产品进行系统的测试。

下面主要介绍电子产品生产过程中的调试工艺。

1. 调试工艺方案设计

调试工艺方案是指一整套适用于调试某产品的具体内容与项目(例如工作特性、测试点、电路参数等)、步骤与方法、测试条件与测试的仪表、有关注意事项与安全操作规程。调试工艺方案的优劣直接影响后阶段的效率和产品质量，所以制定调试工艺方案时调试内容要具体、切实、可行，测试条件必须具体、清楚，测试仪器选择合理，测试数据尽量表格化(以便从数据中寻找规律)。调试工艺方案一般有5个内容。

1）确定调试项目及每个项目的调试步骤和要求

2）合理安排调试工艺流程

调试工艺流程的安排原则是先外后内；先调试结构部分，后调试电气部分；先调试独立项目，后调试有相互影响的项目；先调试基本指标，后调试对质量影响较大的指标。整个调试过程是循序渐进的。例如，电视机各个单元电路——电源电路、放电路、扫描电路、视放电路、伴音电路等都调试好后，才进行整机调试。

3）合理安排调试工序之间的衔接

在工厂的流水线作业式生产中对调试工序之间的衔接要求很高，否则整条生产线会出现混乱甚至瘫痪。为了避免重复或调乱可调元件，要求调试人员除了完成工序调试任务外，不得调整与本工序无关的部分，调试完成后还要做好标记，并且要协调好各个调试工序的进度。在本工序调试项目中，若遇到有故障的底板且在短时间内较难排除时，应做好故障记录，再转到维修线上修理，防止影响调试生产线的正常运行。

4）选择调试手段

（1）要营造一个优良的调试环境，尽量减小如电磁场、噪声、湿度、温度等环境因素的影响。

（2）根据每个调试工序的内容和特性要求配置好一套有合适精度的仪器。

（3）熟悉仪器仪表的正确使用方法，根据调试内容选择出一个合适、快捷的调试操作方法。

5）编制工艺文件，主要包括调试工艺卡、操作规程、质量分析表

2. 调试仪器

1）调试仪器的选择原则

在调试工作中，调试质量的好坏，在某种程度上取决于调试仪器的选择与使用是否正确。为此，在选择仪器时应掌握以下原则：

（1）测量仪器的工作误差应远小于被调参数所要求的误差。在调试工作中，通常要求调试中产生的误差，对于被测参数的误差来说，可以忽略不计。在调试中所产生的误差，除调试仪器的工作误差外，还要考虑测试方法及测试系统的误差，但后者在制定测试方案时就已经考虑到了，并采取了措施加以消除，故该误差可以忽略不计。

（2）仪器的测量范围和灵敏度应符合被测电量的数值范围。例如，选用测量用信号源，若工作频率较低，可选用低频信号发生器，输出信号幅度为几十毫伏至几伏；若工作频率较高，可选用高频信号发生器。当然在选择信号源时，信号输出方式、输出阻抗等指标也要满足要求。

（3）调试仪器量程的选择应满足测量精度的要求。如指针式仪表，被测量值越接近满度值误差就越小。如果选用数字式仪表，其测量误差一般多发生在最后一位数字上，所以测量量程的选择，应使其测量值的有效数字位数尽量等于所指示的数字位数。

（4）测量仪器输入阻抗的选择，要求在接入被测电路后应不改变被测电路的工作状态，或者接入电路后所产生的测量误差在允许范围之内。

（5）测量仪器的测量频率范围（或频率响应）应符合被测电量的频率范围（或频率响应），否则就会因波形畸变而产生测量误差。

2）调试仪器的组成

一般通用电子测量仪器，都只具有一种或几种功能。要完成某一产品的测试工作，往往需要多台测试仪器及辅助设备、附件等组成一个调试、测试系统。

在调试、测试流水作业线上，每个调试、测试工序（位）所需的仪器、仪表，在调试工艺文件中都有明确规定。操作者必须按连接示意图正确接线，然后按调试工艺卡的要求完成调试、测试。为了保证仪器、仪表的正常工作和测试结果的精度，在现场布置和接线方面需要注意以下几个问题：

（1）调试、测试线上所用的仪器、仪表，都应经过计量并在有效期内（一般每年进行一次计量校准）。

（2）仪器的布置应便于操作和观察，做到调节方便、舒适、灵活、视差小、不易疲劳。

（3）仪器、仪表统一接地，并与待调试的地线相连，且接线最短。

（4）仪器、仪表重叠放置时，应注意安全稳定。把体积小、重量轻的放在上面。有的仪器把大功率晶体管安装在机壳的外面，重叠时应注意不要造成短路。对于功率大、发热量多

的仪器,要注意仪器的散热和对周围仪器的影响。

(5) 为了保证测量精度,应满足测量仪器的使用条件。对于需要预热的仪器,开始使用时应达到规定的预热时间。

(6) 对于高增益、弱信号或高频的测量,应注意不要将被测件的输入与输出接线靠近或交叉,以免引起信号的串扰及寄生振荡。

3) 调试中的干扰

在电子技术中,一般把来自设备系统外部的无用信号称为干扰,而把由设备或系统内部产生的无用信号称作噪声。这些无用信号在测试过程中,以不同形式对有用信号产生干扰。在正常情况下,所使用的仪器都是经过计量合格的仪器,其内部噪声产生的影响可以忽略不计。因此测试过程中所受影响主要是外部各种干扰,这些干扰影响主要表现为仪器读数显著地偏大或偏小、读数不稳、随机跳动,甚至使仪器不能正常工作。一旦发现这种情况,应查明原因,采取相应的措施加以抑制。

3. 整机产品调试

1) 调试人员技能要求

(1) 懂得被调试产品整机电路的工作原理,了解其性能指标的要求和使用条件。

(2) 能正确、合理地选择和使用测试仪器、仪表。

(3) 掌握测量、调试方法及测试数据处理的方法。

(4) 能运用电路基础知识分析和排除调试过程中出现的故障。

(5) 严格遵守安全操作规程。

2) 电子整机产品调试基本步骤

(1) 整机通电前的检查。在通电前检查整机连线及接插件是否安装正确,各仪器连接及工作状态是否正常。

(2) 测量电源工作情况。若调试单元是外加电源,则先测量其供电电压是否适合;若由自身电路产生,则应先断开负载,检测其在空载和接入假定的负载时的电压是否正常,若电压正常,则再接原电路。

(3) 通电观察。电路通电后不要急于调试,首先观察有无异常现象,如冒烟、异味、元件发烫、保险丝熔断等。若发生异常现象,就立即关断电源,查明原因。

(4) 根据电路的功能分块进行调试。分块调试比较理想的调试程序是按信号的流向进行,这样可以把前面调试过的输出信号作为后一级的输入信号,为最后整机调试创造条件。

(5) 参数调整。在进行上述调试时,可能需要对某些元器件的参数加以调整。调整参数的方法一般有以下两种:

① 选择法,即通过替换元器件来选择合适的电路参数。电路原理中,在这种元件的参数旁边通常标注有“*”号,表示需要在调整中才能准确地选定。因为反复替换元件很不方便,一般总是先接入可调元件,待调整确定了合适的元件参数值后,再换上与选定参数值相等的固定元件。

② 调节可调元件法。在电路中已经装有可调整元件,如电位器、微调电容器或电感器。其优点是调节方便,并且电路工作一段时间以后,如果状态发生变化,可以随时调整。但可调元件的可靠性差一些,体积也比固定元件大。

(6) 整机性能测试和调试。由于使用分块调试方法，有较多调试内容已在分块调试中完成，因此整机调试只需测试整机性能技术指标是否与设计指标相符，若不符合再做出适当的调整。

(7) 整机通电老化。大多数的电子产品在调试完成后，均需进行通电老化，目的是提高电子产品工作的可靠性。

(8) 环境试验。环境试验就是对稳定产品进行常规考核，以考验电子产品在相应环境下正常工作的能力。

4. 小型电子整机或单元电路板的调试

小型电子整机指功能单一、结构简单的整机，如收音机、随身听、电视机等，它们的调试工作量较小，单元电路板的调试是整机总装和总调的前期工件，其调试质量会直接影响电子产品的质量和生产效率，它是整机生产过程中的一个重要环节。小型电子整机和单元电路板的调试方法、步骤等大致相同，其调试的一般工艺过程如图5.7所示。

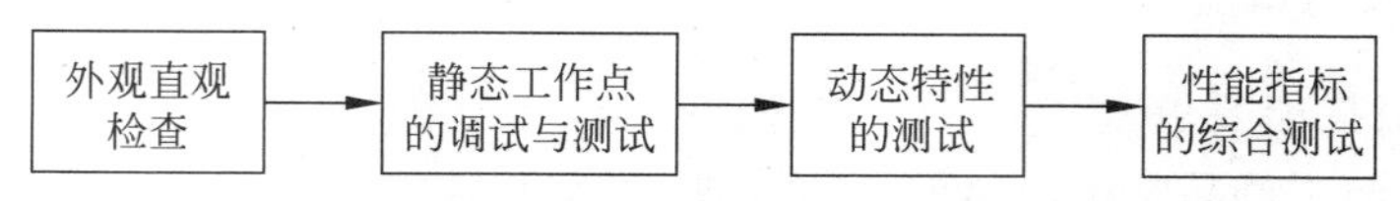

图5.7 小型电子整机或单元电路板调试的一般工艺过程

1) 外观直观检查

小型电子整机或单元电路板通电调试之前，应先检查印制电路板上有无明显的元器件插错、漏焊、拉丝焊和引脚相碰短路等情况，检查无误后方可通电。

2) 静态工作点的调试和测试

静态工作点是电路正常工作的前提。因此电路通电后，首先应测试静态工作点。静态工作点的调试就是调整各级电路无输入信号时的工作状态，测量其直流工作电压和电流是否符合设计要求。因为测量电流时需要将电流表串入电路，可能引起电路板连接的变动，很不方便。而测量电压，只要将电压表并联在电路两端就行了。所以一般静态工作点的调整，都是测量电压。若需知道直流电流的大小，可根据阻值的大小计算出来。也有一些电路，为了测试方便，在印制电路板上预留有测试用断点，待接入电流表测量出电流数值后，再用焊锡连接好。

(1) 晶体管静态电流工作点的调整。调整晶体管的静态工作电流就是调整它的偏置电阻，使它的集电极电流达到电路设计要求的数值。调整是从最后一级开始，逐级往前进行。各级调整完毕后，接通所有的各级集电极电流的检测点，即可用电流表检查整机静态电流。

(2) 集成电路静态调整。由于集成电路本身的结构特点，其静态工作点与晶体管不同，集成电路能否正常工作，一般看其各脚对地电压是否正确。但有时还需对整个集成块的功耗进行测试，除能判断其是否能正常工作外，还能避免可能造成的电路元器件的损坏。测试的方法是将电流表接入供电电路中，测量电流值，计算耗散功率。

3) 动态特性的测试

(1) 波形、点频测试与调整。静态工作点正常以后，便可进行波形、点频(固定频率)的调试。小型电子整机需要进行波形、点频的测试与调整的单元部件较多。例如，放大电路需要测试波形；接收机的本机振荡器既要测试波形，又要测试频率。测试单元电路板的各级波形时，一般需要在单元电路板的输入端输入规定频率、幅度的交流信号，测试时应注意仪器与单元电路板的连接线。特别是测试高频电路时，测试仪器应使用高频探头，连接线应采用屏蔽线，且连线尽量短，以避免杂散电容、电感，以及测试引线两端的耦合对测试波形、频率准确性的影响。

(2) 频率特性的测试与调整。频率特性是指输入信号电压幅度恒定时，电路的输出电压随输入信号频率的变化而变化的特性。它是收音机、电视机等产品的主要性能指标。因此在调试电子产品时，频率特性的测量是一项重要的测试技术。在单元电路的调试中，一般采用扫频法。扫频法测量是利用扫频信号发生器实现频率特性的自动或半自动测试。因为信号发生器的输出频率是连续扫描的，因此扫描简捷、快速，而且不会漏掉被测频率特性的细节。

4) 性能指标的综合测试

单元电路板经静态工作点、波形、点频以及频率特性等项目调试后，还应进行性能指标的综合测试。不同类型的单元电路板其性能指标各不相同，调试时应根据具体要求进行，保证将合格的单元电路板提供给整机进行总装。

5. 电子产品调试中故障的查找和排除

电子产品在生产过程中由于元器件及工艺问题，难免会出现一些故障，因此检修必将成为调试工作的一部分。如果掌握了一定的调试方法，就可以较快地找到产生故障的原因，使检修过程大大缩短。一个具有相当电路知识的、积累了丰富经验的调试人员，往往根据故障现象很快就判断出故障的大致部位和原因。因此，研究和掌握一些故障查找和排除的方法是十分有益的。

故障查找和排除的方法很多，采用适当的方法，查找、判断和确定故障具体部位及其原因，是故障检测的关键。下面介绍的各种故障检测方法，是在长期实践中总结归纳出来的行之有效的方法。具体应用中还要针对具体检测对象，交叉、灵活地加以运用，并不断总结适合自己工作领域的经验方法，以快速、准确、有效地排除故障。

1) 观察法

观察法是通过人体感觉发现电子产品故障的方法，是各种仪器设备通用的检测过程的第一步。观察法又可分为不通电观察法和通电观察法。

(1) 不通电观察法。在不接通电源的情况下，打开产品外壳进行观察。用直观的方法和使用万用表电阻挡检查有无断线、脱焊、短路、接触不良，检查绝缘情况、保险丝通断、变压器好坏、元器件有无烧坏等。

查找原因一般先采用不通电观察。因为很多故障的发生往往是由于工艺上的原因，特别是刚刚装配好还未经过调试的产品或者装配质量很差的产品，而这种故障原因大多凭眼睛观察就能发现。注意：只有当采用不通电观察法不能发现问题时，才可以采用下面的需要通电才能检查的方法。

(2) 通电观察法。接通电子产品电源开关，观察是否有冒烟、烧断、烧焦、打火、元器件发烫等异常现象，若发现异常立即断电分析原因。通过观察，有时可以确定故障原因，但大部分情况下并不能确认故障的确切部位及原因，必须配合其他检测方法，分析判断，才能找出故障所在。

2）数值检测法

借助万用表对电子线路的电压、电流、电阻的数据进行检测，以判断故障所在。

（1）电阻法。电阻法就是用万用表电阻挡来检测电阻、电容、二极管、三极管、集成电路等元器件的好坏及整机电路是否有短路、开路现象。

① 故障元件的检测。对有怀疑的元器件，从电路板上拆下，根据第2章学过的知识，用万用表电阻挡对元器件进行测试，从而判断元器件的好坏。

② 测量直流稳压电源输出端对地电阻是否正常，从而判断电源电路是否有对地短路或开路故障。

③ 集成电路在路电阻测量。集成电路的内部电路或外围元件损坏，绝大多数情况都会表现出电阻值的变化，因此测量集成电路引脚的在路电阻，与正常值进行比较，就可以发现阻值异常的部位。

（2）电压法。电子线路正常时，线路各点都有一个确定的工作电压，通过测量电压来判断故障的方法称为电压法。电压法是通电检测手段中最基本、最常用的方法。

检测直流电压一般分为3步：①测量稳压电路输出端是否正常；②测量各单元电路及电路的关键点电压是否正常；③测量电路主要元件如三极管、集成电路各管脚电压是否正常。

（3）电流法。由于万用表直接测量电流较为麻烦，需要焊开元件，串入电流表，故此法在检修中较少使用。而使用较多的是间接法，即测量电路中某一已知电阻上的压降，用欧姆定律求得电流。

3）跟踪法

信号传输电路，包括信号获取（信号产生）、信号处理（信号放大、转换、滤波、隔离等）以及信号执行电路，在现代电子电路中占很大的比例。这种电路的检测关键是跟踪信号的传输环节，采用的方法有信号寻迹法和信号替代法两种。

（1）信号寻迹法：用单一频率的信号源加在整机输入单元的入口，然后使用示波器或万用表等测试仪器，从前到后逐级观测各级的输出电压波形或幅度，直到查出故障。

（2）信号替代法：利用不同的信号源加入待修产品有关单元的输入端，替代整机工作时该级的正常输入信号，以判断各级电路的工作情况是否正常，从而迅速确定产生故障的原因和所在单元。检测的次序是从产品的输出端单元开始，逐步移向最前面的单元。这种方法适用于各单元电路是开环连接的情况，缺点是需要各种信号源，还必须考虑各级电路之间的阻抗匹配问题。

4）波形观察法

用示波器检查整机各级电路的输入和输出波形是否正常，是检修波形变换电路、振荡器、脉冲电路的常用方法。这种方法对于发现寄生振荡、寄生调制或外界干扰及噪声等引起的故障，具有独到之处。

5）替换法

替换法是用规格性能相同的元器件、电路或部件，代替电路中被怀疑的相应部分，从而判断故障所在的一种检测方法，也是电路调试、检修中最常用、最有效的方法之一。

6）整机比较法

整机比较法是用正常的整机，与待修的产品进行比较，还可以把待修产品中的可疑部件插换到正常的产品中进行比较，在比较中发现问题，找出故障所在。

比较法与替代法没有原则的区别，只是比较的范围不同。二者可配合起来进行检查，这样可以对故障了解更加充分，并可以发现一些其他方法难以发现的故障原因。

7）分割测试法

分割测试法是逐渐断开各级电路的隔离元件或逐块拔掉各块印制电路板，使整机分割成多个相对独立的单元电路，测试其对故障现象的影响。这种方法对于检查短路、高压和击穿等一类有可能进一步烧坏元件的故障，有一定的控制作用，是一种比较好的检修方法。

8）电容旁路法

在电路出现寄生振荡或寄生调制的情况下，利用适当容量的电容器，逐级跨接在电路的输入端或输出端上，观察接入电容后对故障现象的影响，可以迅速确定有问题的电路部分。

6. 调试的安全措施

在调试过程中，调试人员要接触到各种电源以及可能遇到高压电路，高电压、大容量的电容器等，为保证调试人员的人身安全和避免测试仪器和元器件的损坏，必须严格遵守安全操作规程，并注意以下各项安全措施。

1）测试周围环境的安全

测试场所除注意整洁外，室内要保持适当的温度和湿度，场地内外不应有剧烈的振动和很强的电磁干扰，测试台及部分工作场地必须铺设绝缘橡胶垫。在调试大型机高压部分时，应在机器周围铺设合乎规定的地板或绝缘胶垫，并将场地用拉网围好，必要时可加“高压危险”警告牌，并应放好电棒。工作场地必须有消防设备，灭火器应适用于灭电气起火，不会腐蚀仪器设备。

在使用及调试 MOS 器件时，由于 MOS 器件输入阻抗很高，容易因静电感应高电势而被击穿，因此必须防静电。操作工作台面最好使用防静电垫板，操作人员需手带静电接地环。使用或存放 MOS 器件时，不能使用尼龙及化纤等材料的容器，周围空气不能太干燥；否则各种材料的绝缘电阻会很大，造成静电的产生和积累。

2）供电设备的安全

测试场所内所有的电源开关、保险丝、插头座和电源线等，不允许有带电导体裸露部分，所用的电器材料的工作电压和工作电流不能超过额定值。

当调试设备使用调压变压器时，注意调压器的接法。由于输入端与输出端不隔离，因此接到电网时必须使公共端接零线，这样比较安全。如果在调压器后面接一个隔离变压器，则输入线无论如何连接，均可保证安全。后面连接的电路必要时可另接地线。

3）测量仪器的安全措施

测试仪器设备的外壳易接触的部分不应带电，非带电不可时，应加以绝缘覆盖层防护。仪器外部超过安全低电压的接线端口不应裸露，以防止使用者触摸到。

仪器及附件的金属外壳都应良好接地，与机壳相通的接线柱的标志为“⊥”，不与机壳通用的公用接线柱或插孔的标志为“＊”。仪器电源线必须采用三芯的，地线必须与机壳相连，电缆长度应不短于 2 m，电源插头外壳应采用橡皮或软塑料绝缘材料。

4）操作安全措施

在接通电源前，应检查电路及连线有无短路等情况。接通后，若发现冒烟、打火和异常发热等现象，应立即关掉电源，由维修人员来检查并排除故障。

调试时应至少有两人在场,以防不测。操作人员不允许带电操作。若必须和带电部分接触,则应使用带有绝缘保护的工具操作。调试时,应尽量学会单手操作,避免双手同时触及裸露导体,以防触电。在更换元器件或改变连接线之前,应关掉电源,待滤波电容放电完毕后再进行相应的操作。

调试工作结束或离开工作场所前应将所有仪器设备关掉,并拉下电源总闸,方可离去。

5.3 整机产品检验

在电子设备的生产过程中,为保证产品的质量,自始至终都要重视做好检验工作。产品的检验工作一般可分为3个阶段,即元器件、材料及零部件等入库前的检验,生产过程中的检验以及整机检验。这里主要介绍整机检验。

整机检验是检查电子产品经过调试之后是否达到了预定的技术指标,检验产品能否通过规定的各种试验,达到可靠性指标要求。

整机检验的主要内容是:对外观及使用功能等进行直观检验;对整机的主要技术指标进行测试;对整机性能进行各方面的试验(包括对安全要求进行测试)。

1) 直观检验

(1) 外观检查。检查的主要内容及要求是:机壳及面板的表面涂覆层及设备应用的各种标志(如型号、名称、生产厂名和商标等)是否齐全,有无损伤;机械的各种连接装置(如同轴电缆、接线柱、插头座和插入单元等)是否完好,并符合规定的要求;机械的各种结构件有无变形、断裂等现象。

(2) 使用操作的检查。检查机器各种控制机构的标志位置、转动方向以及数字或字母的标度等,是否有清晰的标度和量值符号,散热及通风设备安装是否正确,使用是否正常等。

2) 主要性能指标的测试

测试整机产品的性能指标,是整机检验的主要内容之一。测试应按国家颁布的有关技术标准来进行,通过使用符合规定精度的仪器和设备进行检验,查看产品是否达到了国家技术标准。

5.3.1 整机产品的老化和环境试验

为保证电子产品的生产质量,通常在整机装配、调试和常规检验完成后,不仅要进行整机通电老化,还要进行产品设计质量、材料质量和生产过程质量的认证。需要定期对产品进行环境试验。虽然两者都属于质量范畴,但它们有如下几点区别:

(1) 电子产品整机老化通常是在一般条件(例如室温)下进行,环境试验却要在模拟的环境极限条件下进行。所以老化属于非破坏性试验,而环境试验往往使受试产品受到损伤。

(2) 通常每一件产品在出厂前都要经过老化,而环境试验只不过是对少量产品进行试验。例如,新产品通过设计鉴定或生产鉴定时要对样机进行环境试验;当生产过程(工艺、设备、材料、条件)发生较大改变、需要对生产技术和管理制度进行检查评判或对同类产品进行质量评比的时候,要对随机产品进行环境试验。

(3) 老化是企业的常规工序,而环境试验一般要委托具有权威性的质量认证部门、使用专门的设备才能进行,需要对试验结果出具证明文件。

1. 整机产品的通电老化

整机产品在总装调试完成后,通常要按一定的技术规定对整机实施较长时间的连续通电考验,即加电老化试验。加电老化的目的是通过老化发现并剔除早期失效的电子元器件,提高产品的工作可靠性及使用寿命,同时稳定参数,保证调试质量。

电子产品在老化时,应密切注意产品的工作状态,如果发现个别产品出现异常情况,要立即使它退出通电老化。

在老化电子整机产品的时候,如果只接通电源,没有给产品注入信号,这种状态称为静态老化;如果同时还向产品输入工作信号,就称为动态老化。以电视机为例,静态老化时显像管上只有光栅;而动态老化时从天线输入端送入信号,屏幕上显示图像,喇叭里发出声音。显然动态老化是更有效的老化方法。

2. 整机环境试验

当电子产品进行大批量稳定生产时,必须采取一系列措施,使产品达到预定的质量稳定性,同时达到成品率指标。环境试验就是对稳定产品进行常规考核,也是控制产品质量的重要措施之一。

环境试验的样品以抽样方式进行,但是其样品必须有代表性,这样才能反映产品质量的真实情况,达到环境试验的目的。

1) 环境试验的条件

电子产品的应用十分广泛。存储、运输、工作过程中所处的环境条件是复杂多变的,除了自然环境以外,影响产品的因素还包括气候、机械、辐射、生物和人员条件。制定产品的环境要求,必须以它实际可能遇到的各种环境及工作条件作为依据。例如,温度、湿度的要求由产品使用地区的气候、季节情况决定;振动、冲击等方面的要求与产品可能承受的机械强度及运输条件有关;还要考虑有无化学气体、盐雾、灰尘等特殊要求。以电子测量仪器为例,我国原电子工业部对环境要求及其试验方法颁布了标准,把产品按照环境要求分为3组。

Ⅰ组:在良好环境中使用的仪器,操作时要细心,只允许受到轻微的振动。这类仪器都是精密仪器。

Ⅱ组:在一般环境中使用的仪器,允许受到一般的振动和冲击。实验室中常用的仪器一般属于这一类。

Ⅲ组:在恶劣环境中使用的仪器,允许在频繁的搬动和运输中受到较大的振动。室外和工业现场使用的仪器都属于这一类。

电子产品种类繁多,不可能对各种产品分别提出具体的要求。在设计制造的时候,可以参照仪器的分组原则确定环境要求。显然,对于一般的电子整机产品来说,降低环境要求,将使它难以适应更多的用户和环境变化;过高地提出环境要求,必将使产品的制造成本大大增加。一般民用电子产品,通常可以对照Ⅱ组仪器规定环境要求。

2) 环境试验的内容和方法

我国原电子工业部颁布的标准中,同时还规定了对电子测量仪器的环境试验方法。其主要内容如下所述。

(1) 绝缘电阻和耐压的测试

根据产品的技术条件，一般在仪器有绝缘要求的外部端口（电源插头或接线柱）和机壳之间、与机壳绝缘的内部电路与机壳之间、内部互相绝缘的电路之间进行绝缘电阻和耐压的测试。

测试绝缘电阻时，同时对被测部位施加一定的测试电压（选择 500 V、1000 V 或 2500 V）达 1 min 以上。

进行耐压测试时，试验电压要在 5～10 s 内逐渐增加到规定值（选择 1 kV、3 kV 或 10 kV），保持 1 min，应无表面飞弧、扫掠放电、电晕和击穿现象。

(2) 对供电电源适应能力的试验

一般要求输入交流电网的电压在（220±22）V 和频率在（50±4）Hz 之内，仪器仍能正常工作。

(3) 温度试验

把仪器放入温度试验箱，进行额定使用范围上限温度试验、额定使用范围下限温度试验、存储运输条件下限温度试验。对于Ⅱ类仪器，这些试验的条件分别是＋40℃、－10℃；＋55℃、－40℃，各 4 h。

(4) 湿度试验

把仪器放入湿度试验箱，在规定的温度下通入水气，进行额定使用范围潮湿试验和存储运输条件潮湿试验。对于Ⅱ类仪器，这些试验的条件分别是：湿度分别为 80％和 90％；温度均为＋40℃；持续时间均为 48 h。

(5) 振动和冲击试验

把仪器紧固在专门的振动台和冲击台上进行单一频率振动试验、可变频率振动试验和冲击试验。试验有 3 个参数：振幅、频率和时间。对于Ⅱ类仪器，只做单一频率振动试验和冲击试验，这两项试验条件分别是 30 Hz、0.3 mm/1.28 g 和 10～50 次/min、5 g，共 1000 次。

(6) 运输试验

把仪器捆在载重汽车的拖车上行走 20 km 进行试验，也可以在 4 Hz、3 g 的振动台上进行 2 h 的模拟试验。

5.3.2 包装工艺

电子整机产品经过调试、检验合格后，就进入最后一道工序——包装。

1. 包装的种类

产品的包装是产品生产过程中的重要组成部分。进行合格的包装是保证产品在流通过程中避免机械物理损伤，确保其质量而采取的必要措施。包装的种类有：

(1) 运输包装。运输包装即产品的外包装，其主要作用是确保产品数量与保护产品的质量，便于产品存储和运输，最终使产品完整无损地送到消费者手中。因此，应根据不同产品的特点，选用适当的包装材料，采取科学的排列和合理的组装，并运用各种必要的防护措施，做好产品的外包装。

(2) 销售包装。销售包装即产品的内包装，是与消费者直接见面的一种包装，其作用不仅是保护产品，便于消费者使用和携带，而且还要起到美化产品和广告宣传的作用。因此要根据产品的特点、消费者的使用习惯和心理进行设计。

(3) 中包装。中包装起到计量、分隔和保护产品的作用，是运输包装的组成部分。但也有随同产品一起上货架与消费者见面的，这类中包装则应视为销售包装。

2. 包装的要求

1) 对产品的要求

在进行包装前，合格的产品应按照有关规定进行表面处理(消除污垢、油脂、指纹、汗渍等)。在包装过程中保证机壳、荧光屏、旋钮、装饰件等部分不被损伤或污染。

2) 包装与防护

(1) 合适的包装应能承受合理的堆压和撞击。产品外包装的强度要与内装产品相适应。在一般情况下，应以外包装损坏是否影响到内装商品为准，不能无限制地加强包装牢固度，以免增加包装费用。

(2) 合理压缩包装体积。产品包装的类型应考虑到人体功能。因为产品存储运输时可以用机械操作，一般为集合包装，但单件仍要人力搬运和开启，应力求轻而小。产品包装体积还要考虑产品的特点以及对产品质量和销售的影响。产品包装体积的合理设计也要考虑便于集装箱运输，以降低运输费用。

(3) 防尘。包装应具备防尘条件，使用发泡塑料纸(如 PEP 材料等)或聚乙烯吹塑薄膜等与产品外表面不发生化学反应的材料进行整体防尘，防尘袋应封口。

(4) 防湿。为了防止流通过程中临时降雨或大气中湿气对产品的影响，包装件应具备一般防湿条件。必要时，应对装箱进行防潮处理。

(5) 缓冲。包装应具有足够的缓冲能力，以保证产品在流通过程中受到冲击、振动等外力时，免受机械损伤或因机械损伤使其性能下降或消失。缓冲措施离不开必要的衬垫即包装缓冲材料，它的作用是将外界传到内装产品的冲击力减弱到最低限度。包装箱要装满、不留空隙、减少晃动，以提高防潮、防振效果。

3) 装箱及注意事项

(1) 装箱时，应清除包装箱内的异物和尘土。

(2) 装入箱内的产品不得倒置。

(3) 装入箱内的产品、附件和衬垫以及使用说明书、装箱明细表、装箱单等内装物必须齐全。

(4) 装入箱内的产品、附件和衬垫不得在箱内任意移动。

3. 包装的封口和捆扎

当采用纸包装箱时，用 U 形钉或胶带将包装箱下封口封合。当确认产品、衬垫、附件和使用说明书等全部装入箱内并在相应的位置固定后，用 U 形钉或胶带将包装箱的上封口封合，必要时，对包装件选择适用规格的打包带进行捆扎。

4. 包装的标志

设计包装标志应注意以下几点：

(1) 包装上的标志应与包装箱大小协调一致。

(2) 文字标志的书写方式由左到右，由上到下，数字采用阿拉伯数字，汉字用规范字。

(3) 标志颜色一般以红、蓝、黑3种颜色为主。

(4) 标志方法可以印刷、粘贴、打印等。

(5) 标志内容应包括：①产品名称及型号；②商品名称及注册商标图案；③产品主体颜色；④包装件重量(kg)；⑤包装件最大外部尺寸($l \times b \times h$，单位为mm)；⑥内装产品的数量(台等)；⑦出厂日期(年、月、日)；⑧生产厂名称；⑨储运标志(向上、怕湿、小心轻放、堆码层数等)；⑩条形码，它是销售包装加印的符号条形码。

5. 存储和运输

产品存储和运输应注意：

(1) 环境条件。一般存储环境温度为$-15 \sim 45$℃，相对湿度不大于80%，并要求库房周围环境中无酸、碱性或其他腐蚀性气体，还应具备防尘条件。

(2) 存储期限。存储期限一般为1年，超过1年期应随产品一起进行检验合格后，方能再次进入流通过程中。

(3) 运输时，必须按照包装箱上的存储标志内容进行操作，将包装件固定牢固。

思考题

5.1 电子产品为什么要进行调试？调试工作的主要内容是什么？

5.2 如何制定电子产品的调试方案？

5.3 电子产品故障查找有哪些常用的方法？请举例说明。

5.4 在电子产品调试中，一般采用哪些安全措施？

5.5 整机产品为什么要进行老化？

5.6 请叙述电子产品的设计、生产工艺流程。

5.7 调试仪器的布置和连接要注意哪些基本内容？

5.8 电子整机产品调试的基本步骤是什么？

5.9 对调试人员的技能有哪些要求？

5.10 整机检验工作的主要内容有哪些？

综合实习产品

实训一 数字万用表装调实训

1. 实训目的

通过对一台正式产品数字万用表的安装、调试，让学生了解电子产品的生产工艺流程，掌握常用元器件的识别和测试及电子产品生产基本操作技能，培养学生的动手能力。

2. 实训要求

(1) 能看懂数字万用表的原理框图、电原理图及装配图。

(2) 熟悉数字万用表的装配工艺流程。

(3) 独立完成一台数字万用表的安装、调试。

(4) 运用电路知识，分析、排除调试过程中所遇到的问题。根据数字万用表的技术指标测试数字万用表的主要参数及波形。

3. 数字万用表原理

数字万用表原理框图由功能、量程选择，参数转换电路，ICL7106 集成电路及液晶显示器 4 大部分组成。图 6.1 是数字万用表的原理框图。

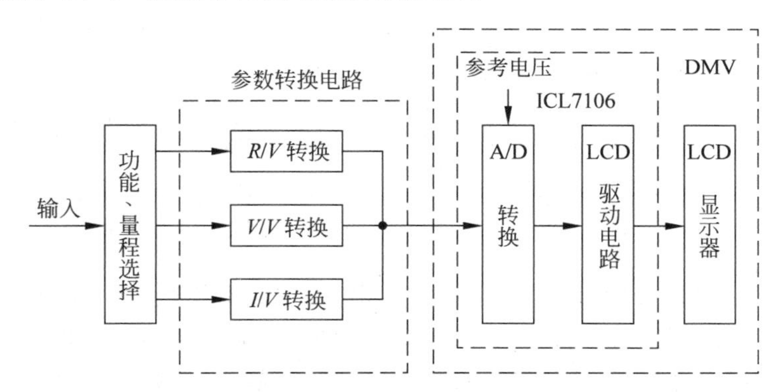

图 6.1 数字万用表原理框图

1) 功能、量程选择

功能、量程选择由手动转换开关实现。

2）测量参数转换电路

通常被测量参数除了直流电压无需转换，其他被测量都须经过转换电路转换成相应的直流电压，然后送入 ICL7106，最后得到显示结果。

数字万用表的各类转换电路一般由一些无源的分压或分流电阻网络构成，而交直流转换电路由有源元器件（二极管）等实现，数字表的功能和量程选择由转换开关实现。

3）ICL7106 集成电路

ICL7106 是把双积分式 A/D 转换，七段译码，LCD 显示驱动，基准源和时钟等电路都集成在同一块芯片上的 CMOS 集成电路，它有 40 个引脚，采用双列直插式封装，在袖珍式数字万用表 DT830B 中有用电路板一体化封装的芯片，特点是体积小，成本低廉。

（1）双积分式 A/D 转换器的工作原理

由图 6.1 可知，A/D 转换器是数字万用表的关键电路，从根本上决定了数字万用表的整体性能。A/D 转换器的基本工作原理是把一个数量上连续变换的模拟量转换为一个数量上离散变换的数字量。数字万用表中通常采用双积分式的 A/D 转换器，它把输入模拟电压与参考电压作比较，通过两次积分过程转换为两个时间间隔的比较，由此将模拟电压转换为与其平均值成正比的时间间隔，然后用时钟脉冲计数器测量这一时间间隔，所得的计数值为 A/D 转换结果。

A/D 转换器工作原理图如图 6.2 所示，它在一个测量周期内的工作过程可分为两个阶段来描述。

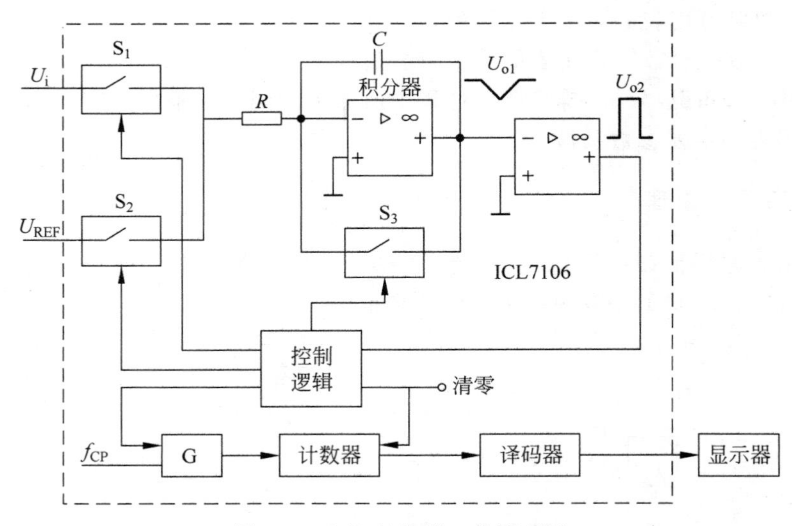

图 6.2　A/D 转换器工作原理图

第一阶段 T_1：测试开始，计数器清零，C 放电，控制逻辑使 S_2、S_3 断开，S_1 接通，积分器对被测电压 U_i 进行反向积分（也叫采样），采样期间积分输出 U_{o1} 向负线性增加，经过零比较器后通过控制逻辑打开 G，计数器开始对时钟脉冲计数，当计数到最高位为 1 时，溢出脉冲通过控制逻辑使 S_1 断开，S_2 接通，采样结束，计数器置零。设采样过程时间为 T_1，则积分输出

$$U_{o1}=\frac{-U_iT_1}{RC} \tag{6-1}$$

第二阶段 T_2：S_2 导通后接通基准电压 U_{REF} 后，积分器开始第二次积分，U_{o1} 开始负线性减少，计数器也重新计数。当 U_{o1} 下降到零时，控制逻辑使 S_2 断开，S_3 接通，积分停止，同时关闭门 G，计数停止，一个测量周期结束。设反向积分过程时间为 T_2，则

$$U_{o1} = \frac{-U_{REF} T_2}{RC} \tag{6-2}$$

由式(6-1)和式(6-2)可得

$$U_i = \frac{U_{REF} T_2}{T_1} \tag{6-3}$$

转换波形如图 6.3 所示。

设时钟脉冲周期为 T，则 $T_1 = N_1 T$，$T_2 = N_2 T$，N_1、N_2 分别是正反向积分期间计数的时钟脉冲个数，所以可以得出：

$$U_i = U_{REF} \frac{N_2}{N_1} \quad 或 \quad \frac{U_i}{U_{REF}} = \frac{N_2}{N_1} \tag{6-4}$$

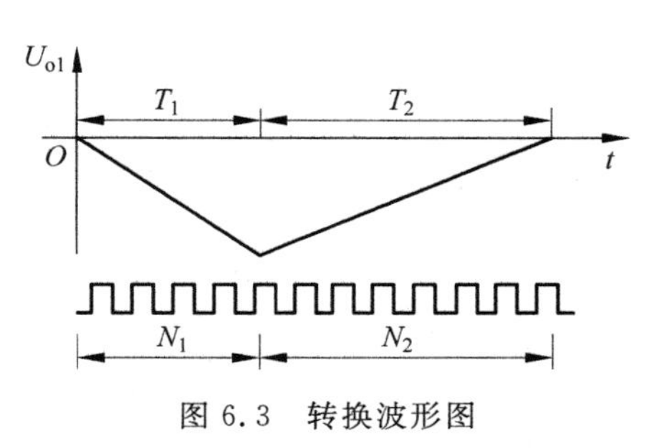

图 6.3 转换波形图

对于 3½ 位 A/D 转换器，采样期间计数到 1000 个脉冲时计数器有溢出，故 $N_1 = 1000$ 是个定值，若规定 $U_{REF} = 100.0$ mV，则有

$$U_i = 0.1 N_2 \tag{6-5}$$

对于 3½ 位 A/D 转换器，如果 $U_{REF} = 100.0$ mV，则最大显示为 199.9 mV，这时 3½ 位 A/D 转换器就构成基本量程为 0.2 V 的直流数字电压表。

许多普及型数字万用表就是用这种基本量程为 0.2 V 的直流数字式电压表作表头扩展而成的。要测量较高的直流电压，可采用分压器将被测电压降到 0.2 V 以下。若要测量交流电压、交直流电流及电阻，只要采用相应的转换器转换成直流电压即可。

(2) ICL 引脚功能介绍

ICL7106 引脚排列如图 6.4 所示，引脚功能如下。

- V+、V−：电压的正负极。
- A1～G1、A2～G2、A3～G3 分别为个位、十位和百位数码的字段驱动信号端，这些信号分别接 LCD 显示器的相应字段电极，参见图 6.5(a)。
- bc4：千位字段驱动信号端，由于千位只显示“1”，所以 bc4 接显示器千位上与“1”对应的 b、c 字段，参见图 6.5(b)。
- POL：负极性指示输出端，此位接千位数码的 g 字段。
- BP/GND：液晶显示器背电极驱动端。
- INT：积分器输出端，此端接积分电容 C_{INT}。
- BUFF：积分器和比较器的反相输入端，此端接积分电阻 R_{INT}。
- A/Z：积分器和比较器的反相输入端，此端接自动调零电容 C_{AZ}。
- VIN+、VIN−：模拟量输入端。
- COMMON：模拟信号公共端，一般与基准电压的负端相连。
- CREF+、CREF−：外接基准电容 C_{REF} 的两端子。
- VREF+、VREF−：基准电压正负端。
- TEST：该引脚上拉至时，显示器全亮，用于测试。

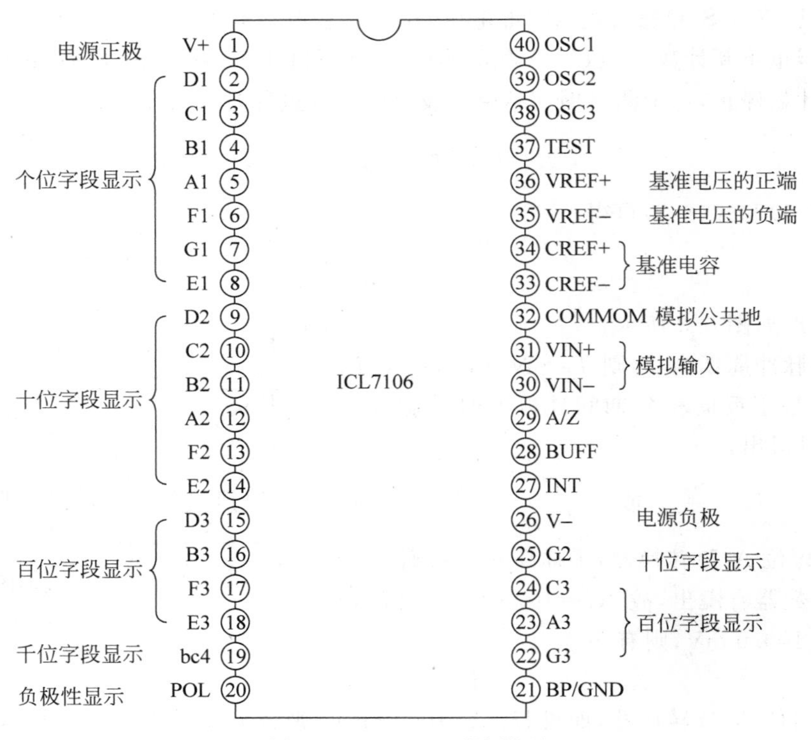

图 6.4　ICL7106 引脚排列

• OSC1、OSC2：时钟振荡器引出端，外接电阻和电容，组成多谐振荡器，用于系统时钟。

4）液晶显示器（LCD）

液晶显示器（LCD）是一种功耗极小的场效应器件，在数字仪表、计算器和数字式电子手表中作为数字和符号的显示器件得到极为广泛的应用。随着科学技术和制造工艺的发展，液晶显示器在大屏幕显示方面如电脑显示器、家用彩电等也得到了越来越多的使用。

液晶显示器字符的显示方式，按电极的形状或排列可分为段显示和点阵显示两种。数字万用表液晶显示器采用段显示方式（见图 6.5）。液晶显示器电极通过导电橡胶与驱动电路相连。驱动电压分别加至液晶显示器的笔段电极 a～g 与公共背极 BP 之间，利用二者电位差，便可驱动 LCD 显示数据（参见图 6.6）。

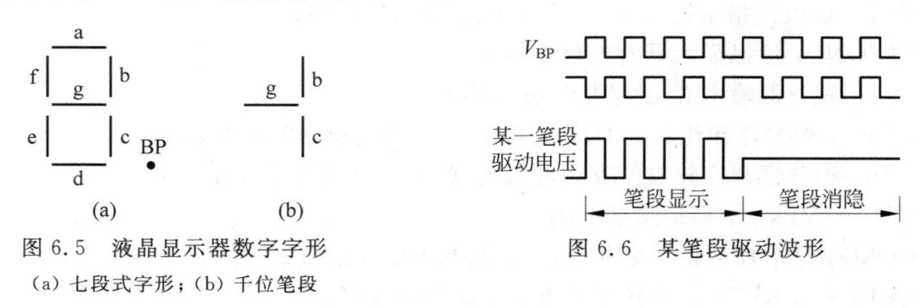

图 6.5　液晶显示器数字字形

（a）七段式字形；（b）千位笔段

图 6.6　某笔段驱动波形

液晶显示器的特点：

• 本身不发光，只能反射或透射外界光线，亮暗对比度可达 100：1；

• 必须采用交流电压驱动,电压频率为 30～100 Hz;
• 驱动电压低,通常为 3～6 V,驱动电流小(几个 μA)。

5) 由 ICL7106 构成的 A/D 转换及 LCD 驱动电路

由 ICL7106 构成的 A/D 转换及 LCD 驱动电路如图 6.7 所示。基本挡量程为 200 mV。C_1、R_{01} 分别为振荡电容和振荡电阻,从集成电路 38 脚(OSC3)可获得频率为 $f_0 \approx 40$ kHz 的时钟信号供集成电路 A/D 转换及数字电路使用,仪表的测量速率为 2.5 次/s。为提高仪表的抗干扰能力和过载能力,R_{03}、C_4 组成模拟输入端的高频滤波器,C_2 为基准电容,R_{04} 为积分电阻,C_5、C_3 分别为积分电容和自动调零电容。ICL 的内部基准电压源 $E_0=3$ V,E_0 经过 R_{06}、R_{07}、R_{P1}、R_{05} 分压后,获得所需的基准电压。

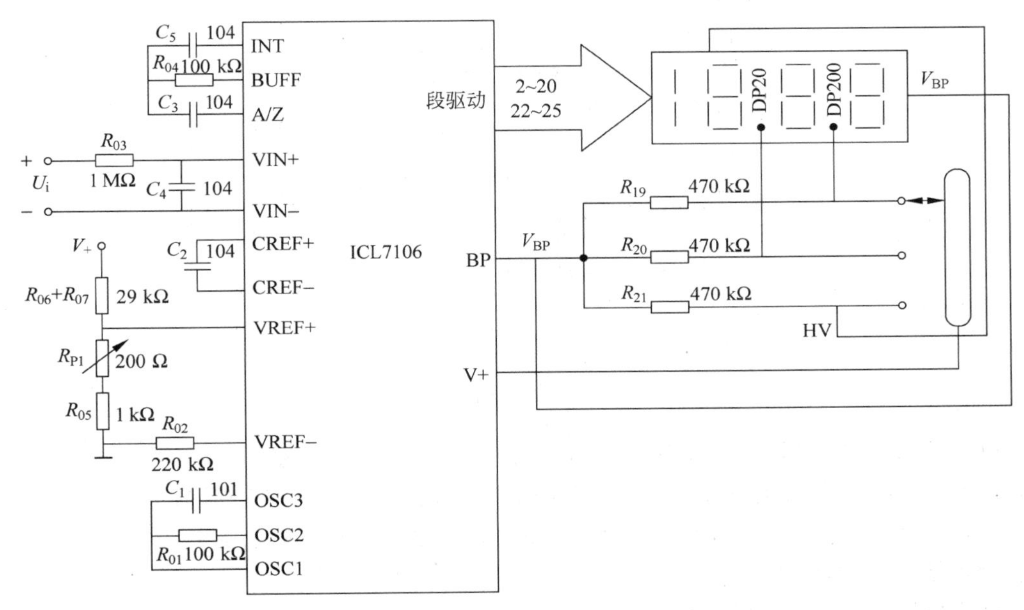

图 6.7 A/D 转换及 LCD 驱动电路

当 R_{P1} 调至最下端时:$U_{REF}=V_+\times R_{05}/(R_{05}+R_{06}+R_{07}+R_{P1})=3/30.2=90.6$ mV

当 R_{P1} 调至最上端时:$U_{REF}=V_+\times(R_{05}+R_{P1})/(R_{05}+R_{06}+R_{07}+R_{P1})$

$$=3\times1.2/30.2=119.2\text{ mV}$$

因此电位器 R_{P1} 的电压调整范围为 90.6～119.2 mV。通过调整 R_{P1},可获得基准电压 $U_{REF}=100$ mV。

由于 ICL7106 内部仅有液晶笔段和背光极驱动端,小数点和高压指示符 HV 的驱动电路由外接 R_{17}～R_{19}、开关 S 组成。

以 DP200 显示驱动为例,当 S 拨至 DP200 时,$V_A=1$(高电平),而 LCD 的 BP 极接的是 50 Hz 的方波电压 V_{BP},由图 6.8 可见,由于 DP200 液晶段的两端存在方波压降,DP200 显示。DP200 则没有电位差消隐。仅当量程转换开关拨至交流 750 V 挡、直流 1000 V 挡时,才显示高压指示符“HV”。

6) 参数测量电路

(1) 直流电压测量电路

DT830B 数字万用表的直流电压测量原理见图 6.9,基准电压由电位器调定为 100 mV,因

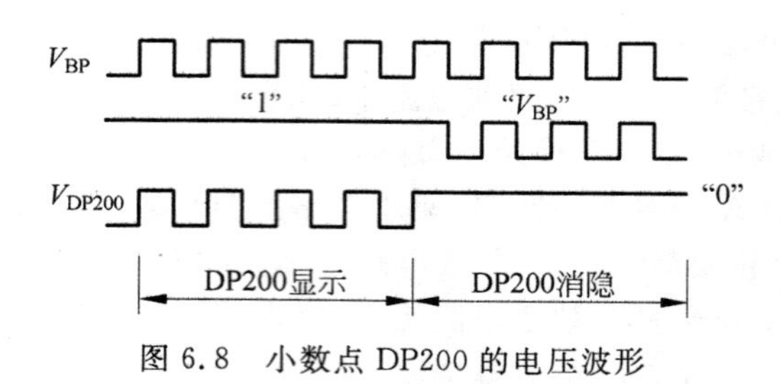

图 6.8 小数点 DP200 的电压波形

此仪表基本量程为 200 mV，其余量程通过分压电阻输入。

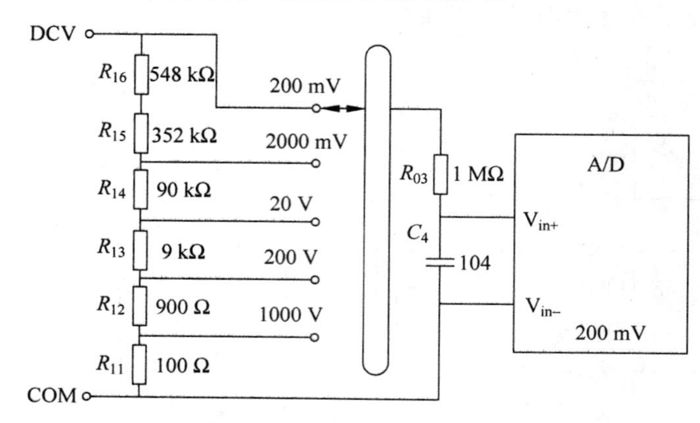

图 6.9 直流电压测量原理图

以 2 V 为例，它的分压系数为 0.1，即输入 1 V 压时，集成电路的实际输入电压 $U_i = 1\text{ V} \times 0.1 = 100\text{ mV}$，依次类推 20 V，200 V，1000 V 挡的分压系数分别为 0.01，0.001 和 0.0001，从而通过一系列分压电阻的配置，使仪表能够测量较大的电压。

（2）交流电压测量电路

交流电压测量电路原理见图 6.10，基准电压仍为 100 mV，交流电压先通过二极管半波整流转换成直流电压，再经过分压电路分压，最后通过 RC 滤波电路成平滑直流电压。以 200 V 挡为例，集成电路实际输入 U_i 电压。

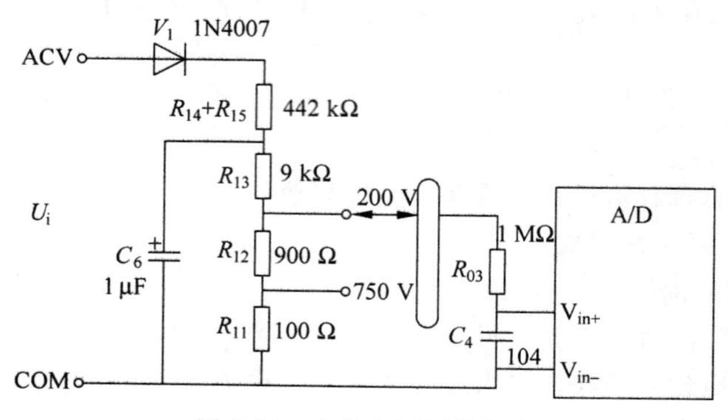

图 6.10 交流电压测量电路

$U_i = 0.001U_i$。即当输入测量交流电压为 100 V 时，集成电路实际输入电压为 100 mV。同理 750 V 时分压系数为 0.0001。

(3) 直流电流测量电路

DT830B 数字万用表的直流电流测量电路见图 6.11,其测量原理是被测直流电流流过一个标准电阻并产生压降,通过测量电阻两端的电压就可测量电流大小。直流测量电路共设 5 挡:200 μA、2 mA、20 mA、200 mA、10 A。其中 10 A 挡专用一个输入插孔。R_{12}、R_{11}组成一路分流电阻,R_{08}、R_{09}、R_{10}组成一路分流电阻。以 2 mA 为例,标准电阻为 100 Ω,当 1 mA 的电流流过时,产生 100 mV 的电压,U_i=100 mV,从而反映了电流大小。

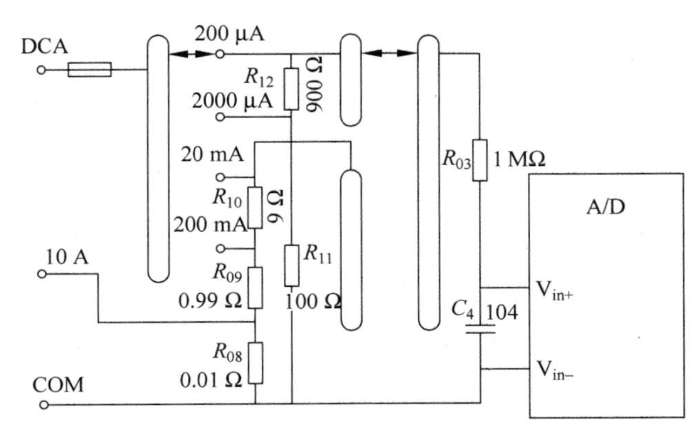

图 6.11 直流电流测量电路

(4) 电阻测量电路

电阻测量电路采用比例法测量电路。图 6.12 中 R_{11} ~ R_{16} 为电阻挡标准电阻。在 200 Ω 挡时,为了提高测量低阻的准确度,需增大测试电流,以便在被测电阻 R_x 上形成较大的压降,因此这挡直接将 V+电压加在标准电阻上。

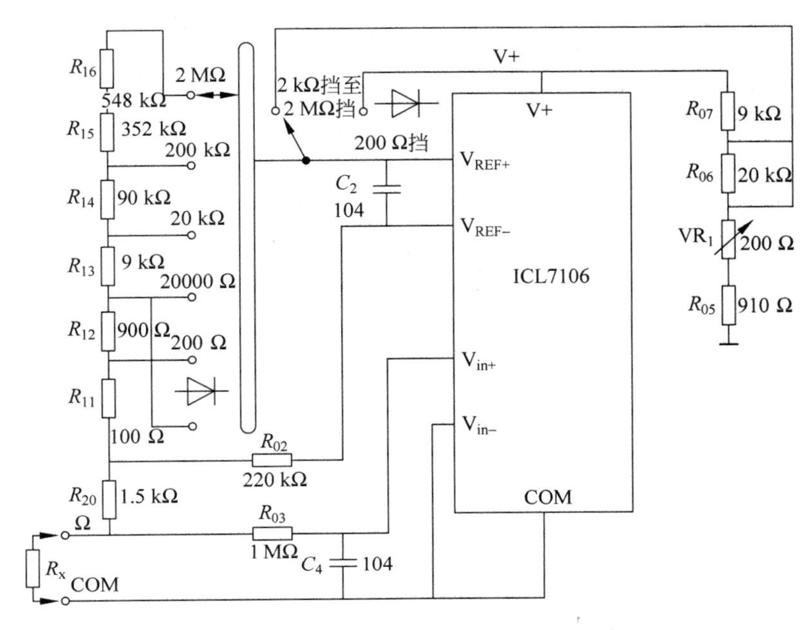

图 6.12 电阻、二极管测量电路

因为 $$\frac{U_i}{U_{REF}}=\frac{N_2}{N_1},\quad \frac{U_i}{U_{REF}}=\frac{I\times R_x}{I\times R_{REF}}=\frac{R_x}{R_{REF}} \tag{6-6}$$

所以可以推出：

$$\frac{R_x}{R_{REF}}=\frac{N_2}{N_1} \tag{6-7}$$

式(6-7)中 R_{REF} 为电阻挡的标准电阻，N_1 为 1000。

以 200 Ω 挡为例，该挡的标准电阻为：$R_{REF}=R_{11}=100\ \Omega$，显然，当被测电阻 R_x 刚好为 100 Ω 时，N_2 为 1000。因为该挡单位为 Ω，所以将小数点定在十位上即可得到 100.0 Ω。

(5) 二极管测量电路

二极管测量电路见图 6.12。ICL7106 内部+3 V 基准电压源经过 R_{12}、R_{11}、R_{20}，向被测二极管提供测试电流。

$$I_F=(E_0-U_F)/(R_{11}+R_{12}+R_{20})=(3-0.5)/(2.5\times10^3)\approx 1\ \text{mA}$$

上式中 U_F 为二极管正向压降，取 0.5 V 左右。

R_{11}、R_{12} 上总压降为基准电压，$U_{REF}=I_F(R_{11}+R_{12})\approx 1\ \text{mA}\times(900\ \Omega+100\ \Omega)\approx 1\ \text{V}$。

因此测二极管挡时将 200 mV 基本表扩展成 2 V 量程。二极管的 U_F 值视管子而定，一般在 1.8 V 以下。

(6) 三极管 h_{FE} 测量电路

三极管 h_{FE} 测量电路如图 6.13 所示。三极管的基极电流

$$I_b=(V_+-U_{be})/R_{18}\approx 10\ \mu\text{A}$$

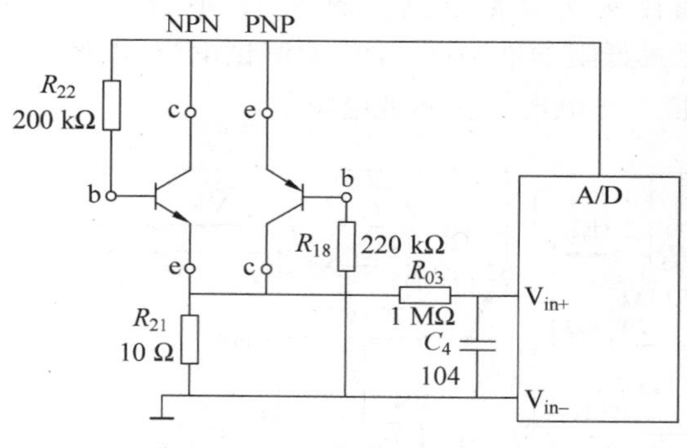

图 6.13 三极管 h_{FE} 测量电路

设某三极管的 $h_{FE}=100$，$I_c=1$ mA，则 $V_e=1\ \text{mA}\times10\ \Omega=10$ mV，基准电压取 100 mV，则表头显示的数值 $N_2=1000\times V_e/U_{REF}=1000\times10/100=100$。

(7) 电源电路

该仪表没有专门设置电源开关，而由量程转换开关代替。当开关拨至“OFF”的位置时，切断 9 V 电池供电线路。每次使用完毕，必须把转换开关置于“OFF”位置，否则仪表将空耗电池。

4. 实训器材

(1) DT830B 数字万用表套件 1 套。

(2) 直流稳压电源、4½数字万用表、示波器各 1 台。

5. 实训步骤

DT830B数字万用表由机壳塑料件(包括上下盖、旋钮)、印制电路板部件(包括插口)、液晶屏、表笔等组成,组装成功的关键是装配印制电路板部件,整机安装流程见图6.14。

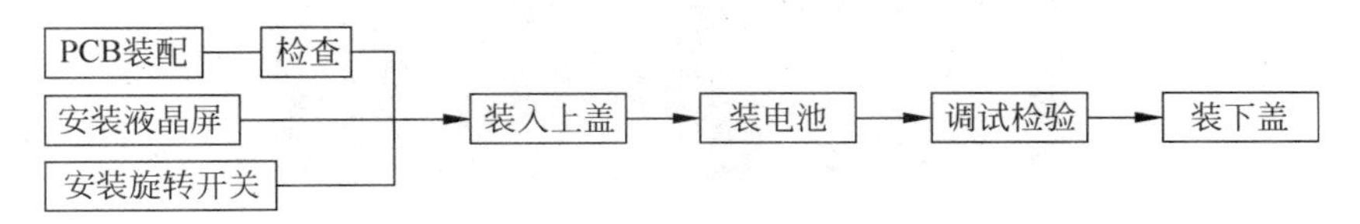

图6.14 DT830B安装流程图

1) 印制电路板安装

数字万用表印刷线路见图6.15,双面板的A面是焊接面,中间环形导线是功能、量程转换开关电路,需小心保护,不得划伤或污染。

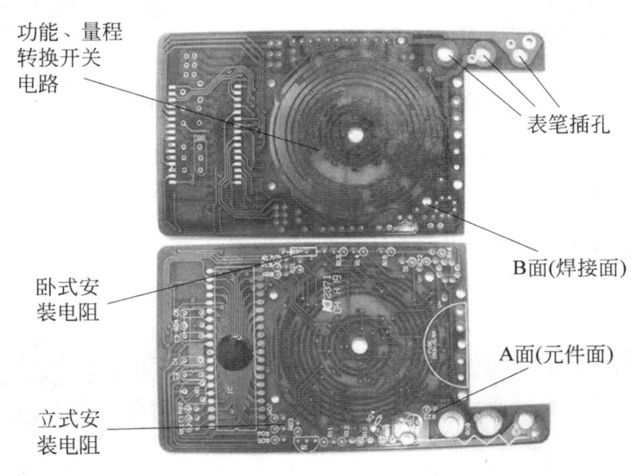

图6.15 DT830B型数字万用表的PCB

注意:安装前必须对照元件清单,仔细清理、测试元器件。

印制电路板安装步骤如下所述。

(1) 将"DT830B元件清单"上所有元件按顺序插焊到印制电路板相应位置上(可参照图6.15、图6.16)。安装电阻、电容、二极管时,如果安装孔距大于8 mm,采用卧式安装;如果孔距小于5 mm,应立式安装;电解电容采用卧式安装,其他电容采用立式安装。

(2) 安装电位器、三极管插座。注意安装方向:三极管插座装在B面而且应使定位凸点与外壳对准、在A面焊接(参见图6.17)。

(3) 安装保险座、R_0。由于焊接点较大,应注意预焊和焊接时间(参见图6.16)。

(4) 安装电池线。两根电池线由B面穿到A面再插入焊孔,在B面焊接。红线接"+",黑线接"—"(参见图6.16)。

2) 液晶屏的安装

(1) 面壳平面向下置于桌面,从旋钮圆孔两边垫起约5 mm(参见图6.18)。

(2) 将液晶屏放入面壳窗口内,白面向上,方向标记在右方;放入液晶屏支架,平面向

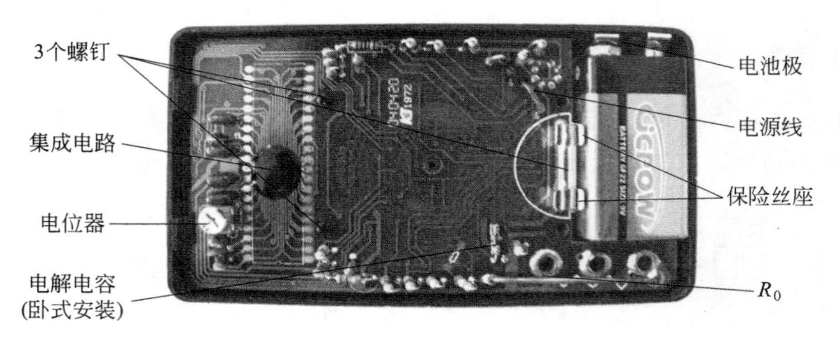

图 6.16 安装完成的印制电路板 A 面

图 6.17 三极管插座安装图

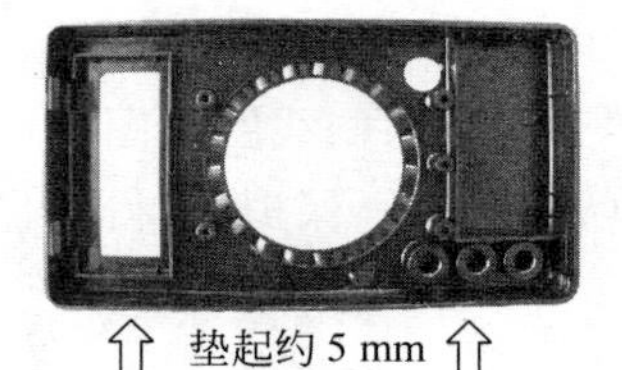

图 6.18 垫起面壳平面

下；用镊子把导电胶条放入支架两横槽中，注意保持导电胶的清洁。参见图 6.19。

3）旋钮安装方法

（1）将 V 形簧片装到旋钮上，共 6 个（参见图 6.20）。

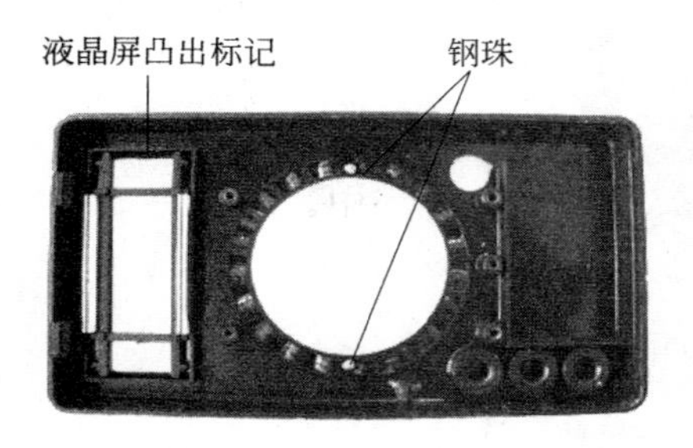

图 6.19 放置液晶屏

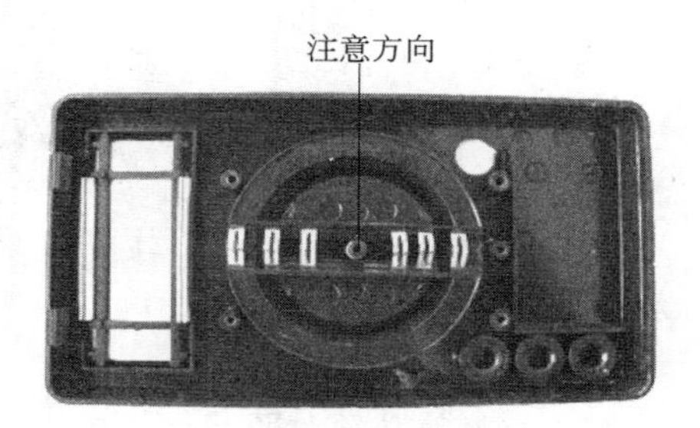

图 6.20 V 形

注意：簧片易变形，用力要轻。

（2）装完簧片把旋钮翻面，将两个小弹簧蘸少许凡士林放入旋钮两圆孔，再把两小钢珠放在表壳合适的位置上（见图 6.20）。

（3）将装好弹簧的旋钮按正确方向放入表壳（见图 6.20）。

4）固定电路印制电路板

5）调试

（1）将印制电路板对准位置装入表壳（注意：安装螺钉之后再装保险管），并用 3 个螺钉紧固（螺钉紧固位置见图 6.16）。

（2）装上保险管和电池，转动旋钮，液晶屏应正常显示。装好的印制电路板和电池的表体如图 6.16 所示。

数字万用表的功能和性能指标由集成电路和选择外围元器件得到保证，只要安装无误，仅作简单调整即可达到设计指标。

(1) LCD 测试

将 3½数字万用表量程转换开关旋钮绕着盘旋转，可以得到表 6.1 读数。“—”符号会出现或不停地闪。

表 6.1 数字万用表正常时各量程表头显示值(测量表笔开路)

量程		表头指示	量程		表头指示
DCV	200 mV	00.0	Ω 挡	200 Ω	1BB.B
	2000 mV	000		2000 Ω	1BBB
	20 V	0.00		20 kΩ	1B.BB
	200 V	00.0		200 kΩ	1BB.B
	1000 V	000		2000 kΩ	1BBB
DCA	200 μA	00.0	ACV	200 V	00.0
	2000 μA	000		750 V	000
	20 mA	0.00	h_{FE}挡		000
	200 mA	00.0	二极管挡		1BBB
	10 A	0.00	“B”表示空白		

(2) 基准电压调试

将 3½的数字万用表量程开关置于交流电压或直流电压任一挡，两表笔开路。用 4½数字万用表测 3½数字万用表集成电路 35、36 脚之间电压 U_{REF}，调电位器 R_{P1}，使 $U_{REF}=92.4$ mV 左右。

按附录 B 中的调试表格要求依次测量数据和波形，填入调试表格中。

6) 总装

盖上后盖，安装后盖两个螺钉，至此安装、调试全部完毕。

7) 常见故障检修方法

数字万用表常见故障现象及分析见表 6.2。

表 6.2 常见故障现象及分析

序号	故障现象		可能原因/故障分析
1	液晶显示器	显示暗淡甚至不显示	电池失效或液晶显示器老化；量程转换开关接触不良
		发生笔画残缺现象	7106 局部损坏，某些驱动端接触不良；LCD 接触不良；小数点不能正常显示，一般由偏置电阻 R_{18}、R_{19}或量程开关开路
		高压指示符“HV”不显示	量程开关未拨到 DC1000 V 或 AC750 V；该标志符损坏；量程开关接触不良
2	DCV 挡	200 mV 挡不正常	R_{P1}的触头松动，基准电压不能调节到 97.4 mV
		200 mV 挡正常，某电压挡的测量误差明显增大	该挡量程开关接触不良或分压电阻变值而造成的
3	ACV 挡	交流 200 V、750 V 挡均不能测量	一般是整流二极管 1N4007 开路。当 C_6容量减小，滤波效果变差，容易造成仪表跳数

续表

序号	故障现象		可能原因/故障分析
4	DCA 挡	200 μA～200 mA 挡不能测电流	检查熔丝管是否烧断,此外,对于 200 μA 和 200 mA 挡,重点检查分流电阻 R_{11}、R_{12} 的阻值;对于 20 mA、200 mA、10 A 挡则检查 R_{08}、R_{09}、R_{10} 阻值
5	Ω 挡	DCV 挡正常,但 Ω 挡不能测量	应重点检查量程转换开关
6	二极管挡	该挡不能测量	量程转换开关接触不良
7	h_{FE} 挡	该挡不能测量	h_{FE} 插座与印制电路板脱焊;被测晶体管管脚插错或管子损坏或被测管接触不良

6. 实训报告

(1) 把测试的数据、波形填入附录 B 的表 B5、表 B6 和表 B7。

(2) 请叙述怎样根据电路原理分析、排除在调试过程中所遇到的故障。

实训二　红外线心率计装调实训

1. 实训目的

通过对红外线心率计的电路布局、安装、调试,让学生了解电子产品的生产工艺流程,掌握常用元器件的识别和测试及电子产品生产基本操作技能。培养学生的动手能力。

2. 实训要求

(1) 能看懂红外线心率计的原理框图、电原理图。

(2) 独立完成红外线心率计的电路布局,元器件安装、调试。

(3) 运用电路知识,分析、排除调试过程中所遇到的问题。

(4) 完善电路功能。

3. 红外线心率计原理

红外线心率整机电路由－10 V 电源变换电路及极性保护电路、血液波动检测电路、放大滤波整形电路、3 位计数器电路、门控电路、译码驱动显示电路组成,如图 6.21 所示。电路原理图如图 6.22 所示。

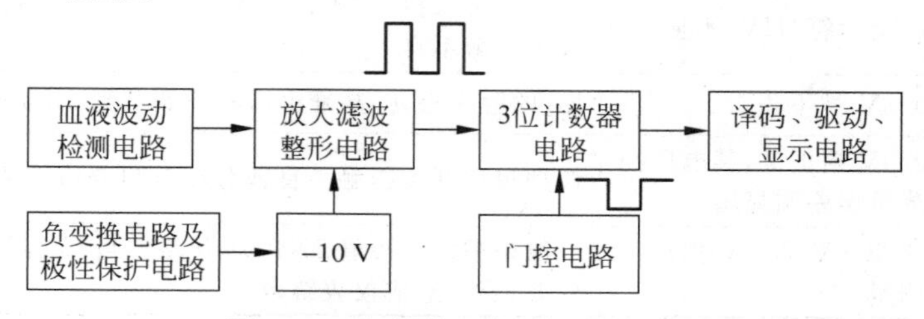

图 6.21　红外线心率计的原理框图

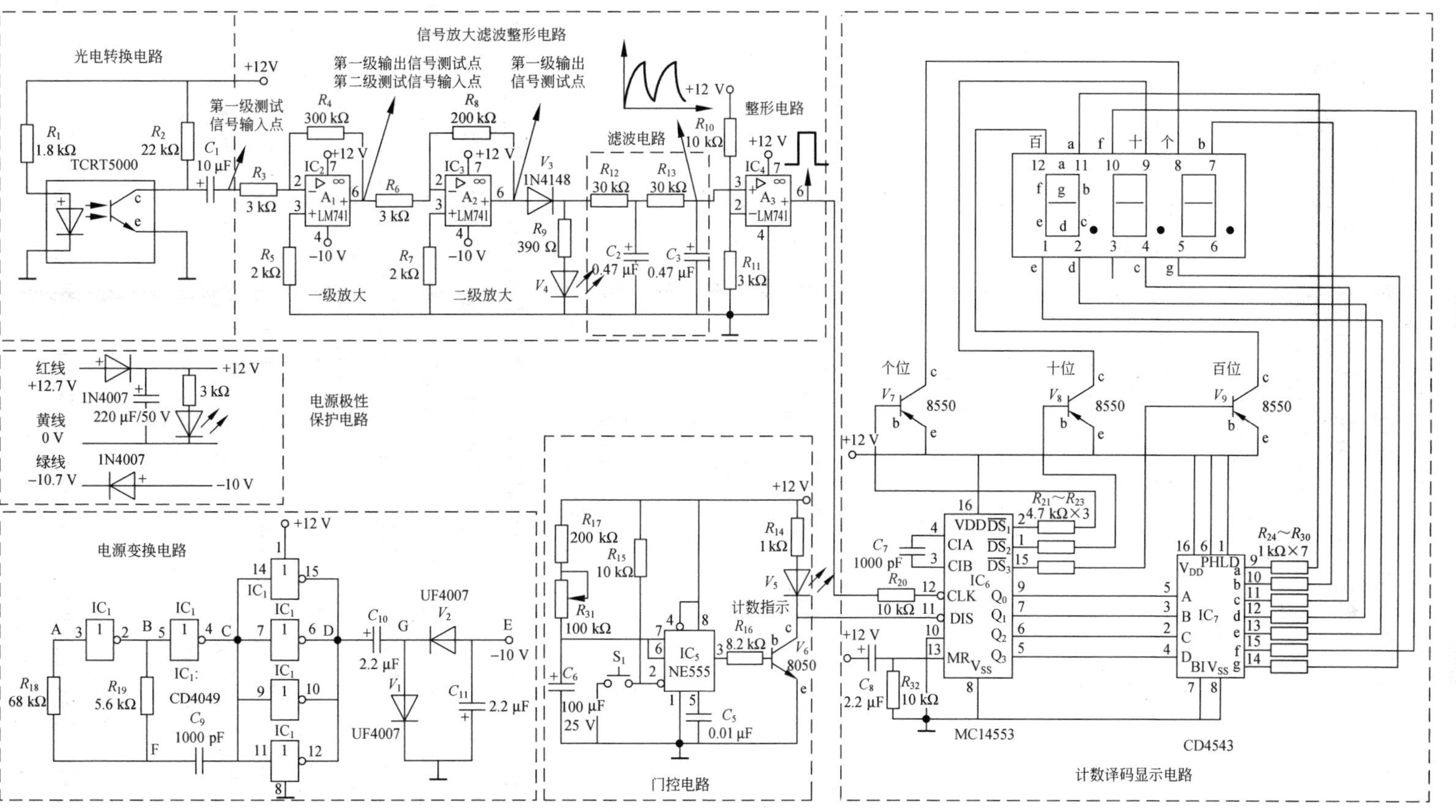

图 6.22 红外线心率计电路原理图

1）负电源变换电路

负电源变换电路的作用是把＋12 V直流电压变成－10 V左右的直流电压，－10 V电压与＋12 V作为运算放大器LM741的工作电源。负电源变换电路如图6.23所示，其中IC_1(CD4049)为六非门集成电路，它的内部结构图如图6.24(a)所示。

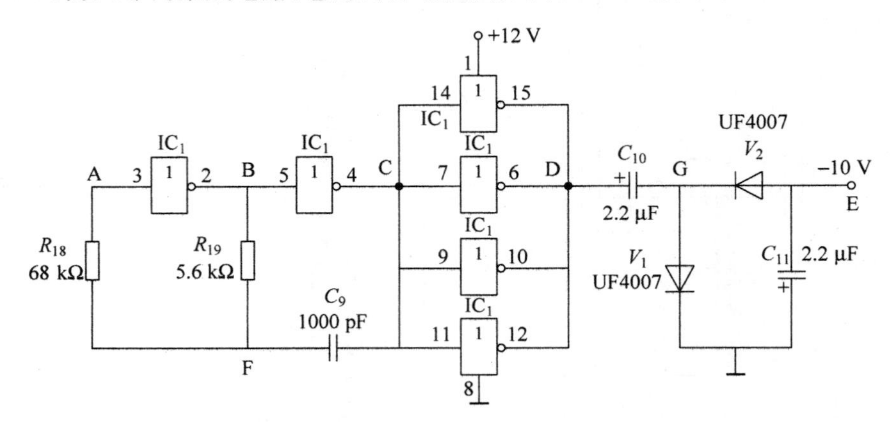

图6.23　负电源变换电路

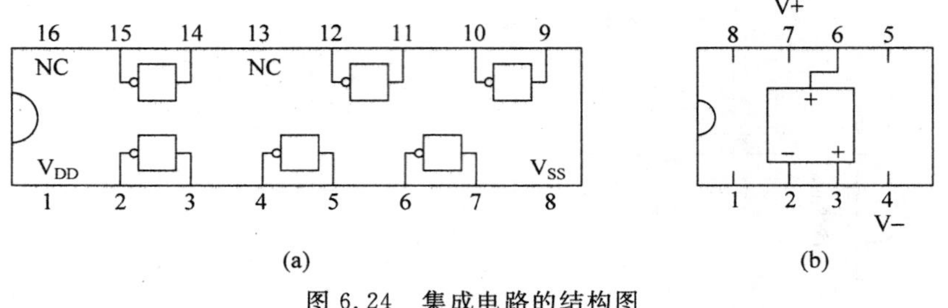

(a)　(b)

图6.24　集成电路的结构图

(a) CD4049；(b) LM741

负电源变换电路工作原理：通电的瞬间，假设A点是低电位，则B点是高电位，C点是低电位，D点是高电位。B点的高电位通过R_{19}给C_9充电，当F点的电压高于IC_1(CD4049)的电平转换电压时，B点输出低电位，C点(C_9一端)输出高电位，由于电容两端的电压不能突变，所以C_9两端的电压通过R_{19}放电。当F点电压低于IC_1的转换电压时，B点输出高电位，此高电位通过R_{19}对C_9充电，如此循环。C点得到方波，经过后面4个反相器反相、扩流后，在D点得到方波。

当D点是高电平的时候，V_1导通C_{10}被充电，大约充到12 V，当D点变成低电平的时候，由于C_8两端电压不能突变，G点电压被拉到－12 V左右，此时V_2导通，C_{11}反方向进行充电，使E点电压达到－12 V左右。由于带负载的能力不强，当带上负载后，E点电压大约降到－10 V。

2）血液波动检测电路

血液波动检测电路首先通过红外光电传感器把血液中波动的成分检测出来，然后通过电容器耦合到放大器的输入端。如图6.25所示。

TCRT5000红外光电传感器的检测方法如下所述。

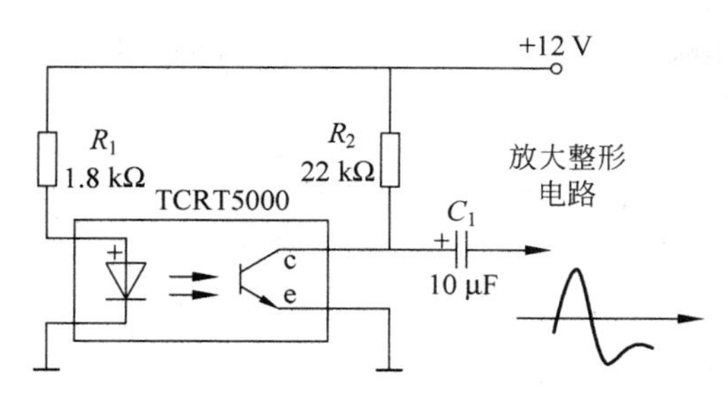

图 6.25 血液波动检测电路

首先用数字万用表的二极管挡位正向压降测试控制端发射管(浅蓝色)的正、负极，将红黑表笔分别接发射管的两个引脚，正反各测一次，表头一次显示“1.0 V”左右，一次显示溢出值“1”，则显示 1.0 V 的那次正确，红表笔接的是正极，黑表笔接的是负极。若两次都显示“1”，说明发射管内部开路，若两次都显示“0”发射管内不短路。然后再判断接收管的 c、e 极，数字万用表电阻 200 kΩ 或 2 MΩ 挡，红、黑表笔分别接触接收管二引脚，若表头阻值为几十 kΩ 或几百 kΩ 显示，红表笔接的为 c 极，黑表笔接的为 e 极；若表头显示“1”，黑表笔接的为 c 极，红表笔接的为 e 极。

血液波动检测电路工作原理：TCRT5000 是集红外线发射管、接收管为一体的器件，工作时把探头贴在手指上，力度要适中。红外线发射管发出的红外线穿过动脉血管经手指指骨反射回来，反射回来的信号强度随着血液流动的变化而变化，接收管把反射回来的光信号变成微弱的电信号，并通过 C_1 耦合到放大器。

3）放大、整形、滤波电路

放大、整形、滤波电路是把传感器检测到的微弱电信号进行放大、整形、滤波，最后输出反映心跳频率的方波，如图 6.26 所示。其中 LM741 为高精度单运放电路，它们的引脚功能如图 6.24(b)所示。IC_2、IC_3、IC_4 都为 LM741。

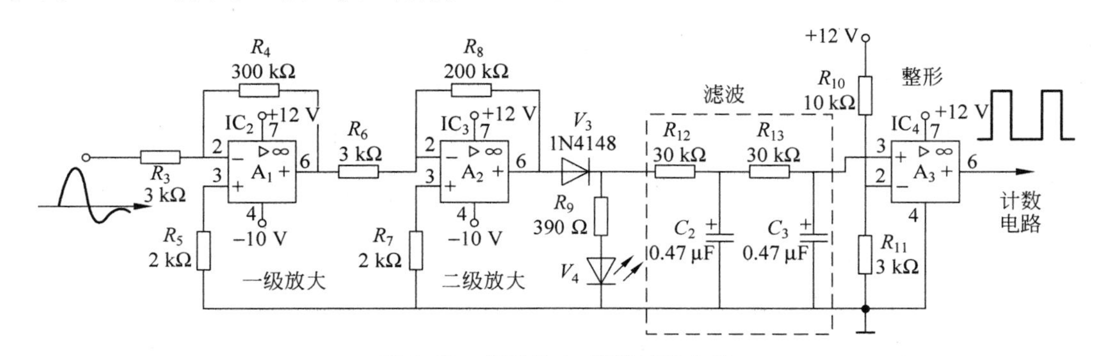

图 6.26 信号放大、整形滤波电路

因为传感器送来的信号幅度只有 2～5 mV，要放大到 10 V 左右才能作为计数器的输入脉冲。因此放大倍数设计在 4000 倍左右。两级放大器都接成反相比例放大器的电路，经过两级放大、反相后的波形是跟输入波形同相且放大了的波形。放大后的波形是一个交流信号。其中 A_1、A_2 的供电方式是正负电源供电，电源为＋12 V、－10 V。

A_1、A_2 与周围元件组成二级放大电路，放大倍数为

$$A_{uf}=\frac{R_4}{R_3}\times\frac{R_8}{R_6}=100\times 66\approx 6600$$

由于放大后的波形是一个交流信号，而计数器需要的是单方向的直流脉冲信号。所以经过 V_3 检波后变成单方向的直流脉冲信号，并把检波后的信号送到 RC 两阶滤波电路，滤波电路的作用是滤除放大后的干扰信号。R_9、V_4 组成传感器工作指示电路，当传感器接收到心跳信号时，V_4 就会按心跳的强度而改变亮度，因此 V_4 正常工作时是按心跳的频率闪烁。直流脉冲信号滤波后送入 A_3 的同相输入端，反相输入端接一个固定的电平，A_3 是作为一个电压比较器来工作的，是单电源供电。当 A_3 的 3 脚电压高于 2 脚电压的时候，6 脚输出高电平；当 A_3 的 3 脚电压低于 2 脚电压的时候，6 脚输出低电平，所以 A_3 输出一个反应心跳频率的方波信号。

4）门控电路

555 定时器是一种将模拟电路和数字电路集成于一体的电子器件，用它可以构成单稳态触发器、多谐振荡器和施密特触发器等多种电路。555 定时器在工业控制、定时、检测、报警等方面有广泛应用。

555 定时器内部电路及其电路功能如图 6.27(a)、(b)所示。555 内部电路由基本 RS 触发器 FF、比较器 CMP_1、CMP_2 和场效应管 V_1 组成(参见图 6.27(a))。当 555 内部的 CMP_1 同相输入端(＋)的输入电压 V_R 大于其反相输入端(－)的比较电压 V_{CO} 时，CMP_1 输出高电位，置触发器 FF 为低电平，即 $Q=0$；当 CMP_2 同相输入端(＋)的输入电压大于其反相输入端(－)的比较电压时，CMP_2 输出高电位，置触发器 FF 为高电平，即 $Q=1$。$\overline{R_D}$ 是直接复位端，$\overline{R_D}=0$，$Q=0$；MOS 管 V_1 是单稳态等定时电路时，供定时电容 C 对地放电作用。

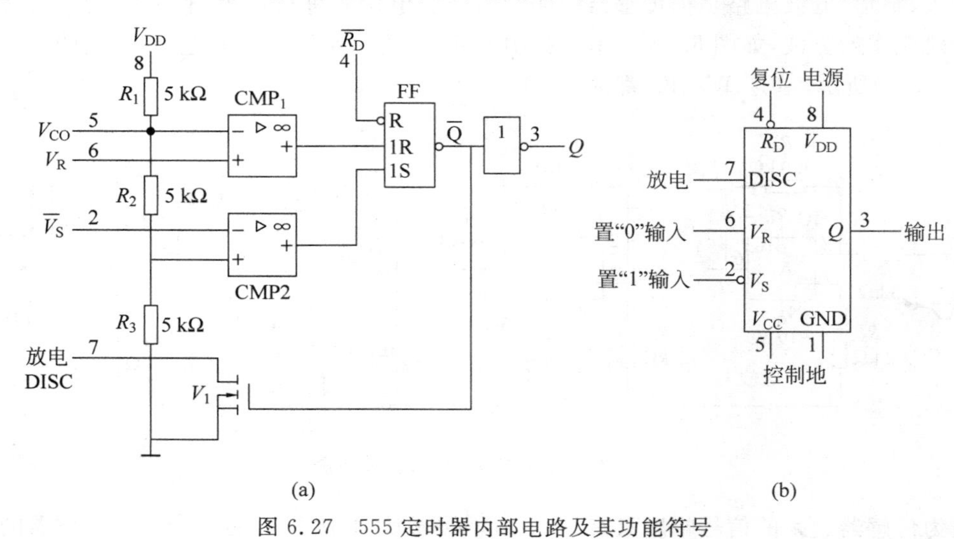

图 6.27　555 定时器内部电路及其功能符号

(a) 555 定时器内部电路；(b) 555 简化符号

注意：电压 V_{CO} 可以外部提供，故称外加控制电压，也可以使用内部分压器产生的电压，这时 CMP_2 的比较电压为 $V_{DD}/3$，不用时常接 0.01 μF 电容到地以防干扰。

由 555 接成单稳态触发器来完成门控电路的作用是控制计数器的启停，并控制每次测

量的时间，电路如图 6.28(a)所示。

(1) 当接通电源的时候，2 脚的电压为 12 V(“1”电平)，触发器 FF 被置“0”，即 555 的 3 脚输出“0”电平(参见图 6.28(a))。V_6 截止，V_6 的 c 极为高电位，所以计数器 MC14553 不计数，此时 V_5 不亮。

(2) 当按下 S_1 按钮时，2 脚电压为 0 V，低于 1/3 电源电压。555 内部 CMP_2 输出高电平(参见图 6.27(a))，触发器 FF 被置“1”，即 3 脚输出“1”电平，V_6 饱和导通，V_5 发光，V_6 集电极输出低电平，使计数器 MC14553 开始计数。同时 555 内场效应管截止，12 V 电压通过 R_{17} 和 R_{31} 给 C_6 充电，C_6 的电压逐渐增高，如图 6.28(b)所示波形。

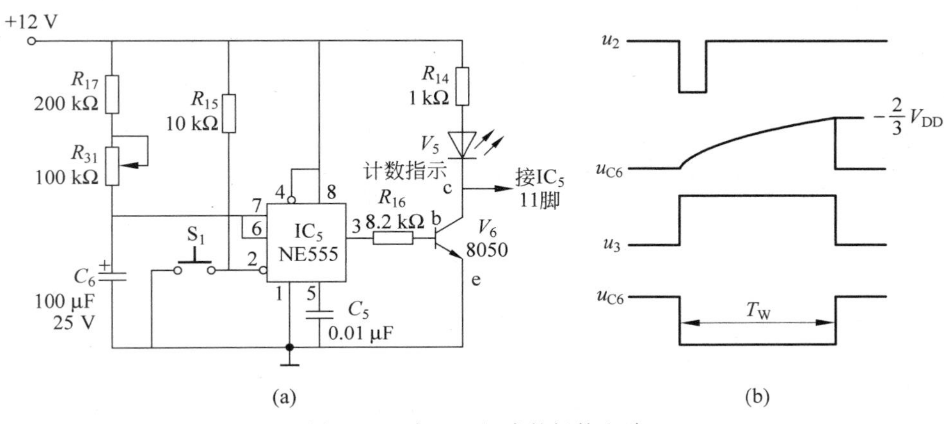

图 6.28　由 555 组成的门控电路

(a) 电路；(b) 工作波形

(3) 当 C_6 的电压充到 2/3 电源电压的时候，555 内 CMP_1 输出高电平，触发器置“0”，3 脚输出低电平，V_6 集电极输出高电平，因此计数器 MC14553 的 11 脚变为高电平，计数器停止计数；同时 555 内场效应管导通，电容 C_6 通过场效应管迅速放电到低电平，返回稳定的状态，定时结束。

脉宽 T_W 可根据下式计算：

$$T_W = (R_{17} + R_{31})C_6 \ln \frac{V_{DD}}{V_{DD} - \frac{2}{3}V_{DD}} = (R_{17} + R_{31})C_6 \ln 3 = 1.1(R_{17} + R_{31})C_6 \tag{6-8}$$

5) 计数、译码、显示电路

(1) 计数电路

由 MC14553 组成的 3 位计数电路对输入的方波进行计数，并把计数结果以 BCD 码的形式输出。

MC14553 为 16 引脚扁平封装集成电路，其引脚功能如图 6.29(a)所示，有 4 个 BCD 码输出端 $Q_0 \sim Q_3$，可分时输出 3 组 BCD 码；有 3 个分时同步控制信号 $\overline{DS_1} \sim \overline{DS_3}$，为计数器的输出提供分时同步输出控制信号，形成动态扫描工作方式，该控制端低电平有效。计数电路包含了计数和输出驱动电路。

计数器 MC14553 真值表如表 6.3 所示。

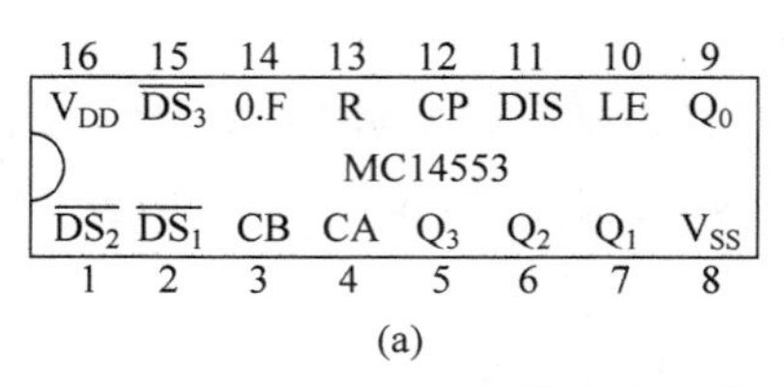

(a)

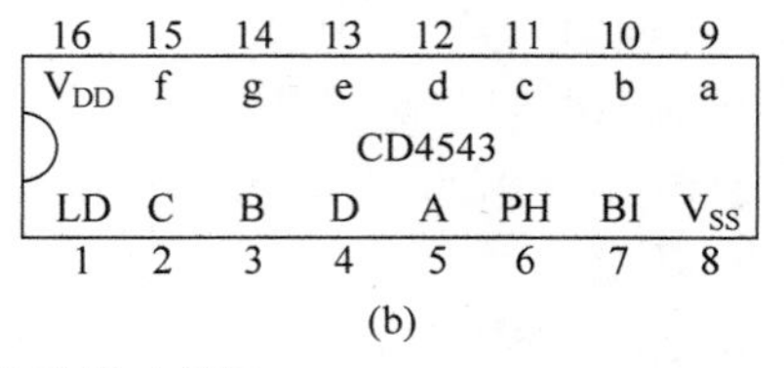

(b)

图 6.29　集成电路引脚功能图

(a) MC14553；(b) CD4543

表 6.3　MC14553 真值表

输　　入				输　出
置零端(13 脚)	时钟(12 脚)	使能(11 脚)	测试(10)	
0	上升沿	0	0	不变
0	下降沿	0	0	计数
0	×	1	×	不变
0	1	上升沿	0	计数
0	1	下降沿	0	不变
0	0	×	×	不变
0	×	×	上升沿	锁存
0	×	×	1	锁存
1	×	×	0	Q0123=0

注：×=任意。

计数器 MC14553 的$\overline{DS_1}$～$\overline{DS_3}$输出为方波，波形如图 6.30 所示。当按下 S_1 时(参见图 6.28(a))，V_6 饱和导通，V_6 的 c 极为低电平，MC14553 的 11 脚变为低电平，计数器开始对来自整形电路的方波个数进行计数，最大计数为 999，计数结果以 BCD 码的形式从 Q_0～Q_3 输出。11 脚不管是高电平还是低电平，$\overline{DS_1}$～$\overline{DS_3}$始终输出图 6.30 的方波。当$\overline{DS_1}$是低电平的时候，个位显示器被选中，Q_0～Q_3 输出个位要显示的数值；当$\overline{DS_2}$是低电平的时候，十位显示器被选中，Q_0～Q_3 输出十位要显示的数值；当$\overline{DS_3}$是低电平的时候，百位显示器被选中，Q_0～Q_3 输出百位要显示的数值。

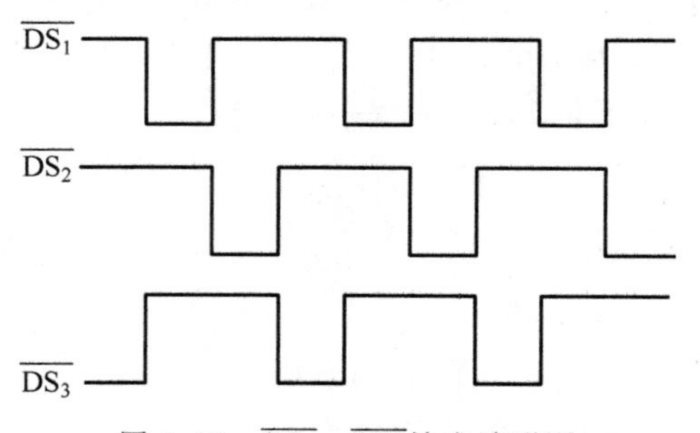

图 6.30　$\overline{DS_1}$～$\overline{DS_3}$输出波形图

(2) 译码、驱动、显示电路

3 位计数电路、译码、驱动、显示电路如图 6.31 所示，它的作用是把计数器输出的计数结果显示在 3 位数码管上。

译码器 CD4543 的引脚功能如图 6.29(b)所示。它有 4 个输入端：A、B、C、D，与计数器的输出端相连；有 7 个数码笔段输出驱动端：a～g。译码器 CD4543 可以驱动共阴、共阳两

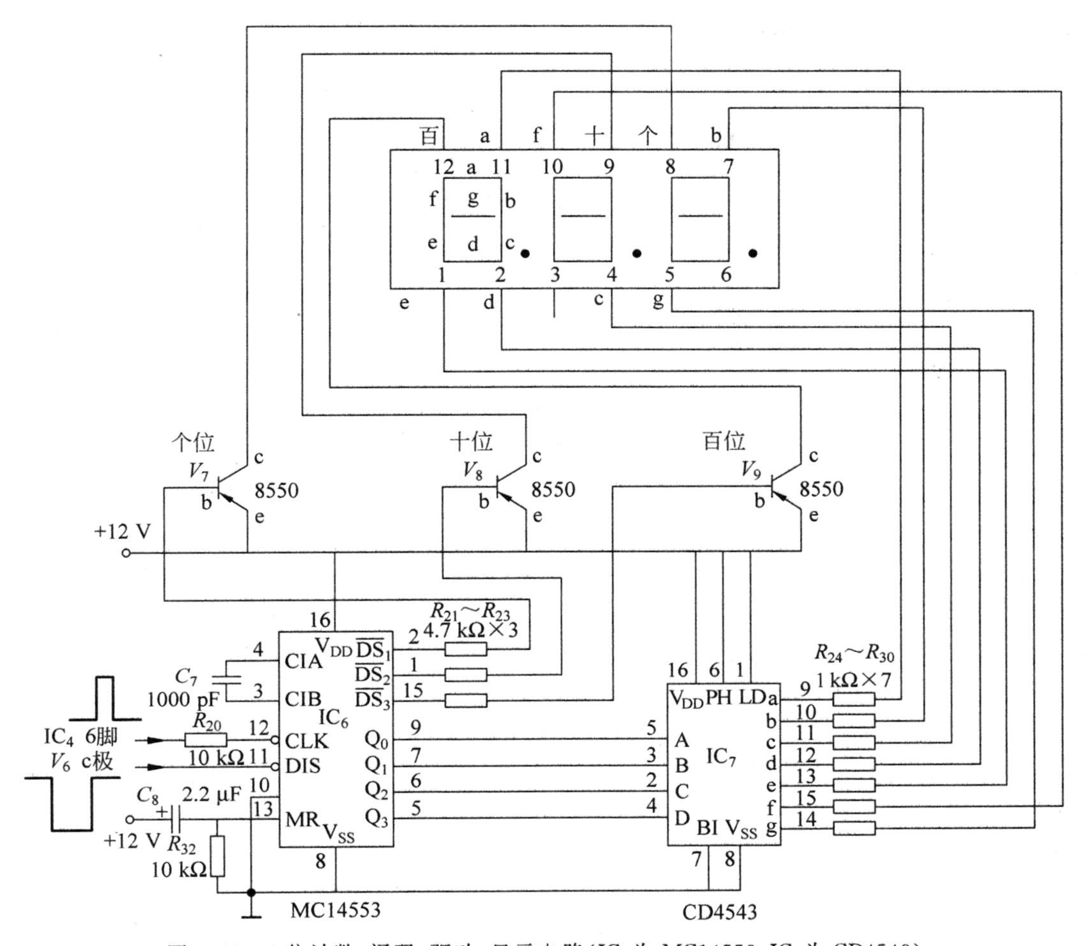

图 6.31 3 位计数、译码、驱动、显示电路（IC_6 为 MC14553；IC_7 为 CD4543）

种数码管，使用时，只要将 PH 引脚接高电平，即可驱动共阳极的 LED 数码管；将 PH 引脚接低电平，即可驱动共阴极的 LED 数码管。

显示采取动态扫描的方法，即多位数码管在位选通信号的控制下，每个数码管按照一定的顺序轮流发光显示。由于控制显示信号的频率很高，而人眼具有视觉暂留特性，所以人眼看起来，数字的显示效果和静态显示完全一样，不会有任何的闪烁感觉。随着集成技术的发展，目前有一种集计数、编码、译码、驱动和显示为一体的集成组合器件——CL 系列集成显示器。CL 系列集成显示器具有体积小、成本低的特点，已经得到广泛应用。

从计数器 MC14553 送来的数据，经过 CD4543 翻译成 7 段字码后，接到数码管的 7 个笔画端，点亮相应的笔画段。数码管采用共阳极的，CD4543 的真值表如表 6.4 所示。

4. 实训器材

(1) 红外线心率计套件 1 套。

(2) 直流稳压电源、数字万用表、示波器、信号发生器各 1 台。

5. 实训步骤

1）血液波动检测电路的安装调试

（1）按图6.22完成血液波动检测电路元器件安装。

表6.4 CD4543的真值表

输入				输出	
LD (1)	BI (7)	PH (6)	D C B A	a b c d e f g	显示
X	1	1	X X X X	1 1 1 1 1 1 1	黑屏
1	0	1	0 0 0 0	0 0 0 0 0 0 1	0
1	0	1	0 0 0 1	1 0 0 1 1 1 1	1
1	0	1	0 0 1 0	0 0 1 0 0 1 0	2
1	0	1	0 0 1 1	0 0 0 0 1 1 0	3
1	0	1	0 1 0 0	1 0 0 1 1 0 0	4
1	0	1	0 1 0 1	0 1 0 0 1 0 0	5
1	0	1	0 1 1 0	0 1 0 0 0 0 0	6
1	0	1	0 1 1 1	0 0 0 1 1 1 1	7
1	0	1	1 0 0 0	0 0 0 0 0 0 0	8
1	0	1	1 0 0 1	0 0 0 0 1 0 0	9
1	0	1	1 0 1 0	1 1 1 1 1 1 1	黑屏
1	0	1	1 0 1 1	1 1 1 1 1 1 1	黑屏
1	0	1	1 1 0 0	1 1 1 1 1 1 1	黑屏
1	0	1	1 1 0 1	1 1 1 1 1 1 1	黑屏
1	0	1	1 1 1 0	1 1 1 1 1 1 1	黑屏
1	0	1	1 1 1 1	1 1 1 1 1 1 1	黑屏

（2）先不接入+12.7 V电源，检查R_1、R_2电阻是否安装正确，光电传感器的发射管与接收管有没有安装正确。如安装正确，再用数字万用表二极管挡检测R_1、R_2与12 V电源线相接点是否接通，光电传感器发射极负极与接收管e极是否与0 V线接通。

（3）如上一步正常，通入+12.7 V、0 V电压：

① 用数字万用表DC20 V测量光电传感器的发射管的正极电压及接收管的c极电压；

② 用手指触摸传感器，再用数字万用表DC20 V测量光电传感器接收管的c极电压，把测量电压填入附录B的表B8中；

③ 用示波器DC：5 V/5 μs挡位测量电解电容C_1正极的波形（也可以测量传感器TRCT5000的接收管c极波形），示波器的接法是探头接c极，黑夹子接0 V。此时，能看到一条幅度为11 V左右的直线。用手触摸传感器，如果这条直线能上下移动，则判断此电路是正常工作的。

2）放大、滤波、整形电路的安装调试

（1）按图6.22完成放大、滤波、整形电路元器件布局、安装。

(2) 电路装配完成后，首先用数字万用表二极管挡检查集成块插座引脚之间是否有短路现象。如有，排除后再检查 IC_2、IC_3、IC_4 的 7 脚是否与 +12 V 电源线接通，R_5、R_7、R_{11}、IC_4 的 4 脚与 0 V 线是否接通。

如第一步正常，通入 +12.7 V、0 V、−10.7 V 电压。用数字万用表 DC200 V 挡位分别测量 IC_2、IC_3、IC_4 的 7 脚与 4 脚之间的电压，正常情况下分别为：22 V、22 V、12 V，用数字万用表 DC20 V 挡测量 IC_4 的 2 脚与 4 脚的电压，应该为 3 V 左右。

(3) 领取一片 LM741 芯片，正确插到 IC_2 的位置上。

① 调节信号发生器输出幅度为 10 mV，频率为 50 Hz 的正弦波信号，并把此信号送到放大电路的输入端。信号发生器输出线的红夹子接 C_1 的负极，黑夹子接 0 V 端（参考电路图 6.32）。

② 通电后用示波器的 AC 0.2 V/5 ms 挡测第一级放大后的波形（即示波器输出线的红夹子接 IC_2 的 6 脚，黑夹子接 0 V 端。），应该得到 $V_{p\text{-}p}$ = 1000 mV 左右的正弦波，参见图 6.32，则可以判断第一级放大正常。在附录 B 的表 B8 内记录此波形。注意：示波器探头测试时，不能把集成电路 IC_2 的 6 脚与 7 脚短路。

③ 断电，把刚才那片 LM741 芯片小心拨下来（用镊子起拨），正确插到 IC_3 的位置上。调节信号发生器输出幅度为 10 mV，频率为 50 Hz 的正弦信号，并把此信号送到 IC_2 的 6 脚（第二级放大电路的输入端）。通电，把示波器调到 AC 0.2 V/5 ms 挡位，测量 IC_3 的 6 脚波形，应该得到 $V_{p\text{-}p}$ = 660 mV 左右的正弦波，参见图 6.32。在附录 B 的表 B8 内记录此波形。

④ 断电，再领取两块 LM741 的芯片（共 3 片），正确插到 IC_2、IC_3、IC_4 的位置上。通入 +12.7 V、0 V、−10.7 V 电压。把手指压在传感器上，V_4 应该会按心跳的频率闪烁。

(4) 在 C_1 的负极输入 10 mV/(1～2) Hz 正弦波或方波（模拟人的心率产生的信号），用 LCD 示波器的 DC：5 V/500 ms 挡位测 IC_4 的 3 脚波形（即滤波后的波形）及 IC_4 的 6 脚波形，参见图 6.32，在附录 B 的表 B8 内记录此波形。

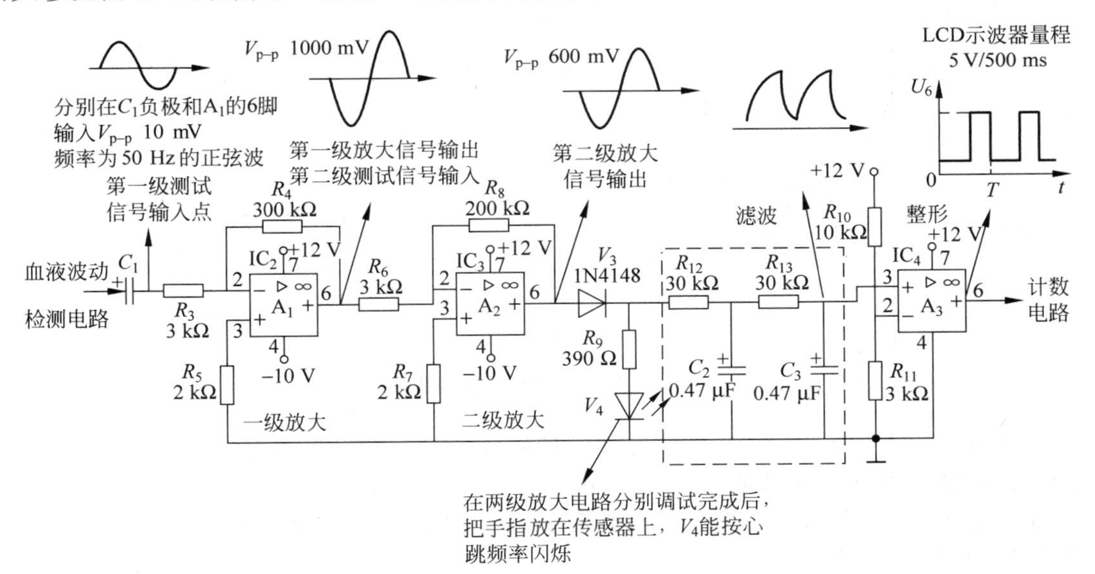

图 6.32 放大滤波整形电路调试要点

3）负电源变换电路的调试

（1）按图6.22完成电源电路布局、安装（注意电源电路的0 V线不能与整形电路的0 V线连接在一起）。

（2）负电源变换电路接好后，先不通电，用数字万用表的蜂鸣挡位（二极管挡）分别测量IC_1集成插座的2-5、4-7-9-11-14、6-10-12-15脚之间的通断关系，都应该是通的（数字表发出蜂鸣音。），通入+12.7 V、0 V电压，用数字万用表DC20 V挡测量IC_1集成插座1脚、8脚之间的电压为12 V左右。

（3）断电，按缺口方向插上CD4049集成电路，通入+12.7 V、0 V电压（−10.7 V电压不接），用示波器双踪挡（量程为DC：5 V/5 μs）测量F点及IC_1的4脚（C点）、6脚（D点）及A点、G点电压波形，参见图6.33。把C点、D点、F点、A点、G点电压波形画入附录B的表B9中。

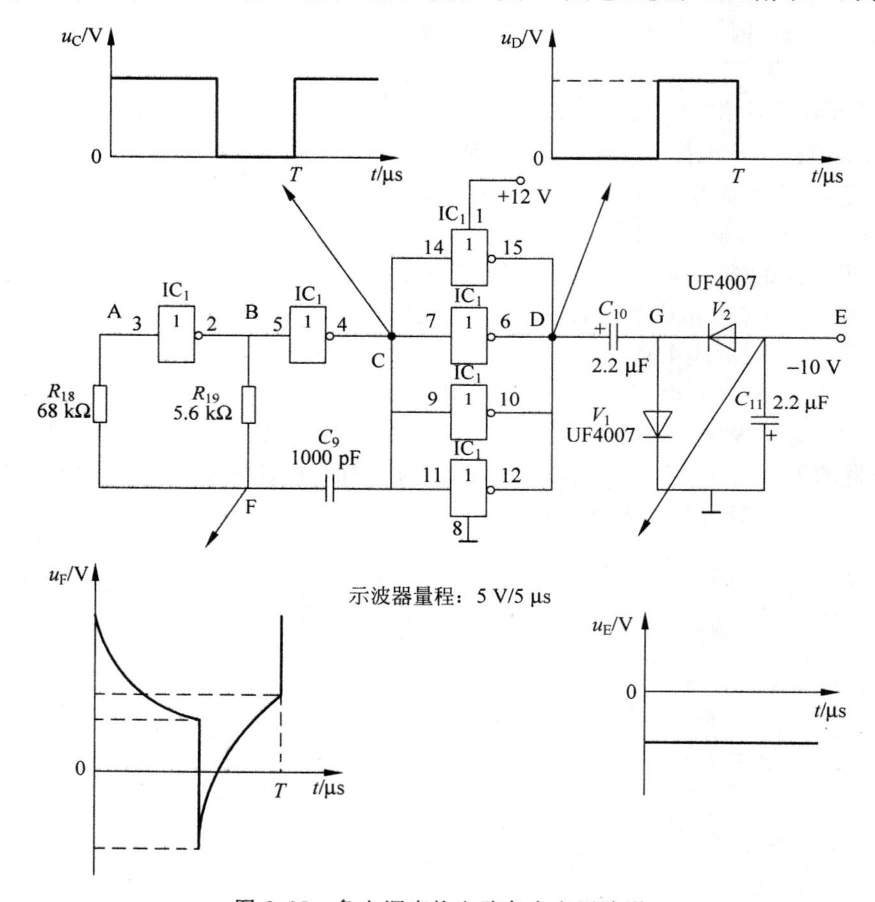

图6.33 负电源变换电路各点电压波形

（4）用数字万用表DC20 V挡位测量V_2的正极（或C_{11}的负极），应该得到−11 V左右的电压。把此电压记录在附录B的表B9中。

（5）把V_2的正极（或C_{11}的负极）连到原先−10 V的电源端。通上12.7 V电源，整机电路能正常工作。

4）门控电路的安装调试

（1）按图6.22完成门控电路元器件布局、安装。先不通电，检查电路正确性。如正确，先不插集成芯片(555)，通入+12.7 V、0 V电压。

(2) 用数字万用表直流DC20 V挡位测量IC_5各引脚电压，正常参考值为：

测量引脚	1	2	3	4	5	6	7	8
电压/V	0	12	0	12	0	0～12变化	0～12变化	12

(3) 电压正确后断电，领取NE555芯片1块，正确插到IC_5位置上。

(4) 通入+12.7 V、0 V电压，电路处于单稳态。此时V_5应该不发光，用数字万用表DC20 V挡位测量IC_5各引脚电压(其他脚先测量，最后测量2脚电压)，正常参考值为：

测量引脚	1	2	3	4	5	6	7	8
电压/V	0	12	0	12	8	0	0	12

(5) 按一下S_1按钮，电路进入暂态。V_5应该发光，用数字万用表DC20 V挡测量IC_5的6、7脚电压应该从0 V开始上升。过30 s左右，6、7脚电压升到8 V左右，V_5熄灭。6、7脚电压变为0 V。如果时间不是30 s，则调节100 kΩ电位器达到30 s。

把稳态、暂态时各引脚电压填入附录B的表B9中。

5) 计数、译码、显示电路的安装调试

(1) 按图6.22完成计数、译码、显示电路布局、安装。

(2) 电路安装完成后，先不通电，用数字万用表二极管检测IC_6的8脚、10脚，IC_7的7、8脚是否与0 V线接通，IC_6的16脚，IC_7的1脚、6脚、16脚是否与12 V电压端接通。如接通，则通入+12.7 V、0 V电压，用数字万用表DC20 V挡位测量IC_6的16脚电压，应为12 V，8、10脚的电压应该为0 V。测量IC_7的1、6、16脚的电压应为12 V，7、8脚的电压应为0 V。

(3) 电压正确后断电，领取MC14553、CD4543芯片各一块，正确插到IC_6、IC_7的位置上。通入+12.7 V、0 V电压，数码管应该显示000。把手指压在传感器上，等V_4均匀闪烁后，按下S_1按钮。数码管显示值从0开始加1显示。到30 s时，计数停止，数码管保留最后的计数结果，比如35，此数字乘2即为每分钟心跳的频率。

(4) 按附录B中表B10和表B11的要求测量IC_6、IC_7引脚的电压及$\overline{DS_1}$、$\overline{DS_2}$、$\overline{DS_3}$(MC14553的2脚、1脚、15脚)的电压波形，并画入附录B的表B10和表B11中，电压波形参见图6.34，注意相位关系。

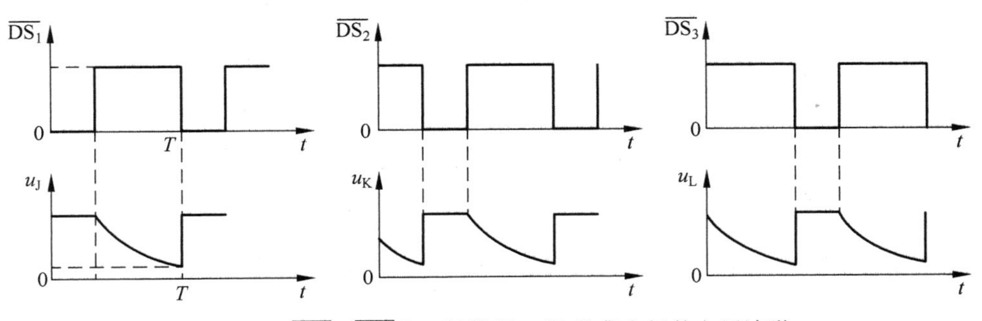

图6.34 $\overline{DS_1}$～$\overline{DS_3}$及三极管V_7～V_9的集电极的电压波形

至此，红外线心率计电路调试工作结束。

稳态时 MC14553 引脚参考电压（显示 000）

测量引脚	5	6	7	9	3	4	11	13	8	16
电压/V	0	0	0	0	4.3	4.6	11	0	0	12

稳态时 CD4543 引脚参考电压（显示 000）

测量引脚	2	3	4	5	9	10	11	12
电压/V	0	0	0	0	1.8	1.8	1.8	1.8
测量引脚	13	14	15	1	6	16	7	8
电压/V	1.8	12	1.8	12	12	12	0	0

6）常见故障检修方法

红外线心率计常见故障现象及分析见表 6.5。

表 6.5 红外线心率计常见故障及排除方法

故障现象	排除方法
V_4可以闪烁，但是数码管不计数	① 调节信号发生器输出 10 mV/2 Hz 的方波，并把此信号送入 C_1 的负极，V_4 会闪烁，用 LCD 示波器测试 IC_4 的 3 脚波形，正确的波形参见图 6.32。如波形不正确，则两级滤波电路可能有问题（电阻阻值、电容容量错或焊盘脱落）或 IC_4 损坏。 ② IC_4 的 3 脚波形若正确，则用数字万用表测量 IC_4 的 2 脚电压，应该是 3 V 左右，如果不是则 R_{10}、R_{11} 的阻值或接线有误。 ③ 上述 2、3 脚的电压、波形正确后，用数字万用表 DC20 V 挡测量 IC_4 的 7 脚与 4 脚之间的电压应为 12 V，用 LCD 示波器测 IC_4 的 6 脚波形，应该是一个方波，如果不是，则 IC_4 坏。 ④ 再测 IC_6 的 12 脚波形，如果有方波，IC_6 的 11 脚为低电平，还不能计数，则检查计数器 MC14553 的 16、8 之间电压是否正常（12 V）、外围电路（13 脚外接电容极性），如外围电路正确，则 MC14553 损坏。
V_4不能闪烁	① 用示波器测试光电传感器 TCR5000 接收管 c 极的电压波形，应该是一条直线，用手触摸传感器，此直线应该能明显上下移动。如果移动不明显，则有可能是传感器损坏或接线有误或焊盘脱落。可以用数字万用表判别传感器的好坏。 ② 如果上述都正确，则测量 IC_2、IC_3 的 7、4 脚之间电压，应为 22 V，如果不是，则 12 V、−10 V 电源有一个或两个没有接正确。再检查 R_5、R_7 电阻一端是否与 0 V 线相接。 ③ 如果电压和接线都正确，则把 10 mV/50 Hz 的正弦波信号送到 C_1 的负极，用普通示波器测量 IC_2的 6 脚波形，应该是放大了的 100 倍左右的正弦波，如果不是，则 IC_2 坏掉。（注意在测量 LM741 的 6 脚波形时，不能使 7 脚与 6 脚短路） ④ 用同样的方法可以判断 IC_3的好坏。
能计数，但是数字跳得很快	① 检查门控电路三极管 V_6的 c 极是否与 MC14553 的 11 脚接通。 ② 检查两级滤波电路是否有虚焊或电阻阻值、电容的容量焊错或有焊盘脱落等现象。 ③ 如第①、②都没问题，则有可能是电源电路中振荡信号引起干扰，只需在 IC_2的 7 脚与 4 脚之间加一个 220 μF/50 V 的电解电容，在 IC_4 的 7 脚与 4 脚之间加一个 103 的瓷片电容就可消除来自电源的信号干扰。

续表

故障现象	排除方法
数码管全黑	① 用示波器测试 IC_6 的 1、2、15（即 $\overline{DS_1}\sim\overline{DS_3}$）波形，应与图 6.34 相符，如果不是，则检查 IC_6 外围电路有没有接错（如 8 脚、10 脚有没有接通，并与 0 V 线相连，1 脚是否与 +12 V 电源线接通，并检查集成电路引脚之间有无短路现象）。如正确则有可能是 MC14553 损坏。 ② 如 $\overline{DS_1}\sim\overline{DS_3}$ 波形正确，则检查 IC_7 的 7、8 脚是否与 0 V 接通。 ③ 测试 V_7、V_8、V_9 的 e 极电压，应为 12 V。V_7、V_8、V_9 的 c 极电压波形应与图 6.34 符合。如不正常，则有可能是三极管坏。
数码管的某一位不显示	① 如果是个位不显示，则查 IC_6 的 2 脚波形及 V_7 的 c 极电压波形。如果波形正确，则断电，用数字万用表蜂鸣挡（二极管）检查 V_7 的 c 极——数码管 8 脚电路是否连通。如果线路是通的，可能是数码管坏掉。 ② 如果 IC_6 的 2 脚波形正常，V_7 的 c 极电压波形不正常，而 e 极为 +12 V 电压，V_7 损坏，换三极管。 ③ 其他位数的检查方法同上。
数码管笔段显示不全	① 如果 a 笔画不显示，则查 IC_7 的 9 脚—R_{24}—数码管 11 脚线路是否连通。其他笔画用同样方法。 ② 如果线路连通，则有可能是数码管坏掉，其一般不会坏。
门控电路通电后 V_5 亮	① 断开电源，再接通电源，如果还不行，断电用数字万用表的二极管挡检查集成芯片 555 的 4 脚、8 脚是否与 +12 V 线接通，1 脚与 0 V 线是否接通，如正常，通电，检查 2 脚电压是否为 +12 V，3 脚是否为 0 V，5 脚电压是否为 8 V，如电压正常，则有可能是三极管 V_5 外围电路接错或 V_5 损坏。 ② 不按 S_1，如 2 脚电压为 +12 V，3 脚输出为 10 V，则集成芯片 555 损坏。
电源部分 IC_1 的 4 脚有方波，6 脚没有方波	C_{10}、C_{11}、V_1、V_2 接错或 IC_1 的 6 脚与其他不该接通点接通。
IC_1 的 4、6 脚都有方波，没有 −10 V 电压	C_{10}、C_{11}、V_1、V_2 极性接错或 V_1 负极或 C_{11} 正极未接 0 V。
IC_1 的 4 脚没有方波	R_{18}、R_{19}、C_9 接错或集成芯片 CD4049 坏。

6. 实训报告

（1）把测量数据、波形填入附录 B 的表 B8～表 B11 中。

（2）请叙述怎样根据电路原理分析、排除在调试过程中所遇到的故障。

实训三　直流电机脉宽调速电路装调实训

1. 实训目的

通过对直流电机脉宽调速电路的电路布局，安装、调试，让学生了解电子产品的生产工艺流程，掌握常用元器件的识别和测试以及电子产品生产的基本操作技能。培养学生的动手能力。

2. 实训要求

(1) 能看懂直流电机脉宽调速电路的原理框图、电原理图。
(2) 独立完成直流电机脉宽调速电路的电路布局，元器件安装、调试。
(3) 运用电路知识，分析、排除调试过程中所遇到的问题。
(4) 完善电路功能。

3. 直流电机脉宽调速电路原理

直流电机脉宽调速电路的功能是实现对 12 V 直流电动机的脉宽调速，并起到过电压和延时保护功能。整个电路由 5 大部分电路组成，分别为电源电路、三角波发生电路、矩形波发生电路以及电动机驱动电路、过电压保护电路、延时保护电路。下面首先介绍一下电压比较器原理。

1) 电压比较器

LM339 集成块内部装有 4 个独立的电压比较器，该电压比较器的特点是：①失调电压小，典型值为 2 mV；②电源电压范围宽，单电源为 2～36 V，双电源电压为(±1～±18)V；③共模范围很大，为 0～(V_{CC}－1.5)V；④差动输入电压范围较大，大到可以等于电源电压；⑤输出端电位可灵活方便地选用。

LM339 集成块采用 C-14 型封装，图 6.35 为管脚排列图。由于 LM339 使用灵活，应用广泛，所以世界上各大 IC 生产厂、公司竞相推出自己的 4 比较器，如 IR2339、ANI339、SF339 等，它们的参数基本一致，可互换使用。

单个电压比较器如图 6.36 所示。

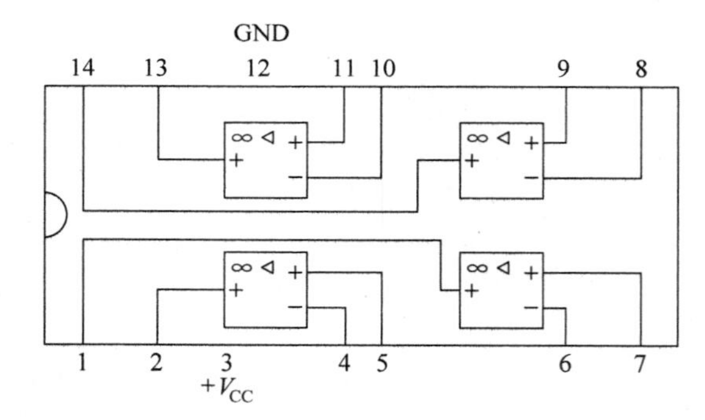

图 6.35　LM339 内部结构及管脚排列图

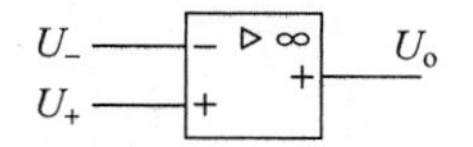

图 6.36　电压比较器

当 $U_+ > U_-$ 时，U_o 输出高电位“1”；当 $U_+ < U_-$ 时，U_o输出低电位“0”。

直流电机脉宽调速原理图(见图 6.37)中分别用了 4 个电压比较器，由一块集成电路 LM339N 提供。分别用于三角波发生电路、脉宽调制电路、延时及过压保护电路。

2) 直流电源电路

直流电源电路如图 6.37 第 1 部分电路所示，由 4 个整流二极管和一个滤波电容器 C_3 及 R_{13}、V_{15} 组成的电源指示电路组成。可以直接输入直流±13.4 V 的电压，或者输入 10 V 的交流电压。当输入±13.4 V 的直流电压时，在电容器两端得到的电压是 13.4－0.7×2＝

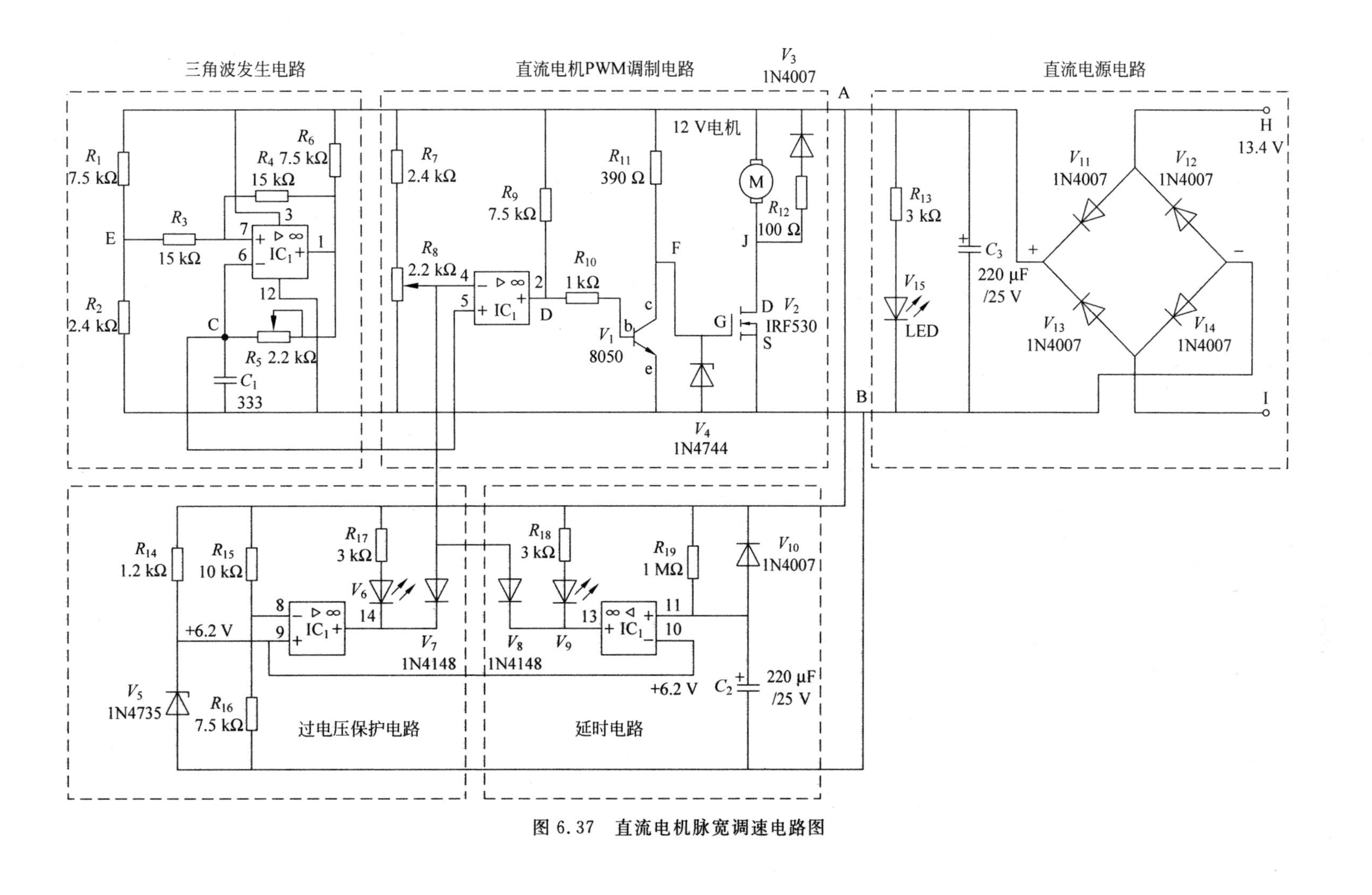

图 6.37 直流电机脉宽调速电路图

12 V；当输入 10 V 交流电压时，经过桥式整流、电解电容滤波，在电容器两端得到 $10\times1.2\approx12$ V 的电压。此电路有正负极性保护功能，即输入电压无论正或负的 13.4 V，A、B 之间输出都为 12 V 正电压。

3）三角波发生电路

三角波发生电路如图 6.37 第 2 部分电路所示，是由一个电压比较器以及外围元器件组成。R_1、R_2 为分压电阻，R_4 为正反馈电阻，R_5、C_1 决定三角波的周期。

电路开始通电后，由于电容 C_1 两端电压不能突变，因此电压比较器 7 端电位高于 6 端电位，比较器 1 端输出高电位，电源电压通过 R_6、R_5 对 C_1 充电；当 C_1 两端电压大于比较器 7 端电压时，比较器 1 端输出低电位，电容 C_1 开始放电。当 C_1 两端电压放电放到低于比较器 7 端电压时，比较器 1 端输出高电位，电容 C_1 又开始充电，C_1 充放电过程在 C 点生成三角波，如图 6.38 所示。

当电位器 R_5 的阻值调到 1.5 kΩ 左右时，C 点的三角波波形的周期约为 150 μs，如图 6.38 所示。

4）脉宽调制及电动机驱动电路

脉宽调制及电机驱动电路如图 6.37 中第 3 部分电路所示，R_7、R_8 及电压比较器组成方波发生电路，V_1、V_2 为电动机驱动电路，V_4 为 V_2 的栅极保护稳压二极管，当电源电压超过 15 V 时，使 V_2 的栅源之间的电压钳位在 15 V（V_4 稳压值为 15 V），防止 V_2 栅极被击穿，达到保护 MOS 管 V_2 的作用，V_3 为电动机的续流二极管。

调节电位器 R_8，可以调节电压比较器 4 脚的电位，从而改变 2 脚输出方波的占空比 $\left(\text{占空比}=\frac{\tau}{T}\times100\%\right)$，如图 6.39 所示。方波经过三极管 V_1 放大后去驱动 MOS 管 V_2。因为直流电动机转速与加在它两端电压平均值成正比，即电压越高，转速越快。而电动机两端电压 $=12-U_J=12\left(1-\frac{\tau}{T}\right)$。因此可以通过改变 D 点的占空比来调节电动机的转速。

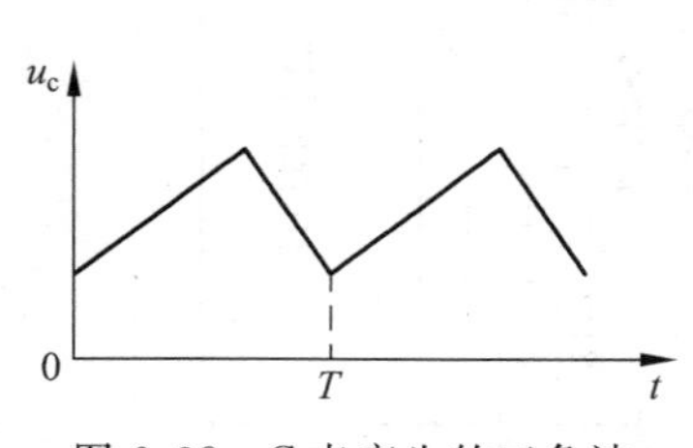

图 6.38 C 点产生的三角波

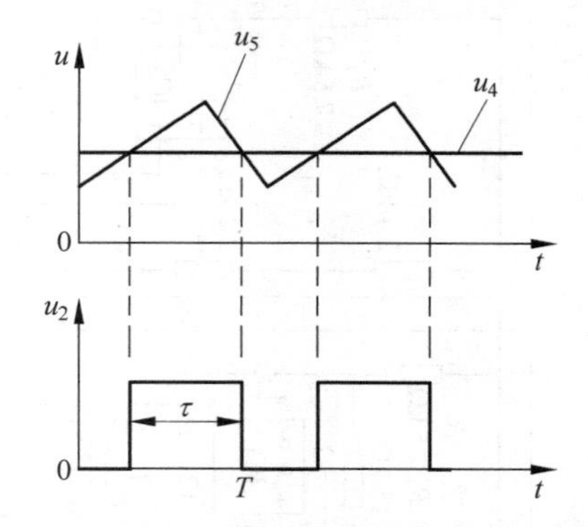

图 6.39 LM339 集成电路 2 脚输出的电压波形

5）过电压保护电路

过电压保护电路如图 6.37 第 4 部分电路所示，R_{14}、V_5 为基准电路，输出 6.2 V 的基准电压提供给电压比较器的第 IC_1 的 9、10 脚，V_6 是过电压保护指示二极管，V_7 是隔离二极管。

当输入直流电压小于 15.7 V 时，IC_1 的 8 脚的电压低于 9 脚（6.2 V），IC_1 的 14 脚一直输出高电位，V_6、V_7 不导通，由于 V_7 的隔离作用，IC_1 的 14 脚的高电位不影响 4 脚的电位；当输入电压高于 15.7 V 时，IC_1 的 8 脚电压高于 9 脚(6.2 V)，IC_1 的 14 脚输出低电位，V_6 发光，V_7 导通把 IC_1 的 4 脚的电位钳在 1 V 左右，因此 IC_1 的 5 脚电位高于 4 脚电位，IC_1 的 2 脚输出为高电平，三极管 V_1 的 c 极输出低电位，MOS 管截止，电动机停止转动。从而起到过压保护功能。

6）延时保护电路

（1）基本电路

电路如图 6.37 第 5 部分电路所示，R_{19}、C_2 组成 RC 充电电路，V_{10} 为 C_2 的放电回路，V_9 是延时保护指示二极管，V_8 是隔离二极管。

在开始通电时，+12 V 电压经过 R_{19} 对 C_2 充电，由于电容 C_2 两端电压不能突变，因此 C_2 两端的电压缓慢上升，IC_1 的 11 脚电压低于 10 脚(6.2 V)时，IC_1 的 13 脚输出低电位，V_9 一直正向导通而发光，V_8 也导通，把 IC_1 的 4 脚的电位钳在 1 V 左右，使集成电路 IC_1 的 2 脚输出为高电位，三极管 V_1 的 c 极输出低电位，MOS 管截止，电动机不转动。通过 2～3 min 的延时后，当 IC_1 的 11 脚的电压高于 10 脚(6.2 V)时，IC_1 的 13 脚输出高电位，V_9 截止不亮，V_8 截止，由于 V_8 的隔离作用，IC_1 的 13 脚的高电位不影响 IC_1 的 4 脚的电位。可以通过调节 R_8 的阻值改变 D 点的占空比来调节电动机的转速。

（2）延时时间计数显示电路

延时时间计数显示电路如图 6.40 所示。它由秒脉冲产生电路及计数译码显示电路组成。

秒脉冲产生电路由 NE555 集成电路及外转元件构成，NE555 集成电路的功能参见本

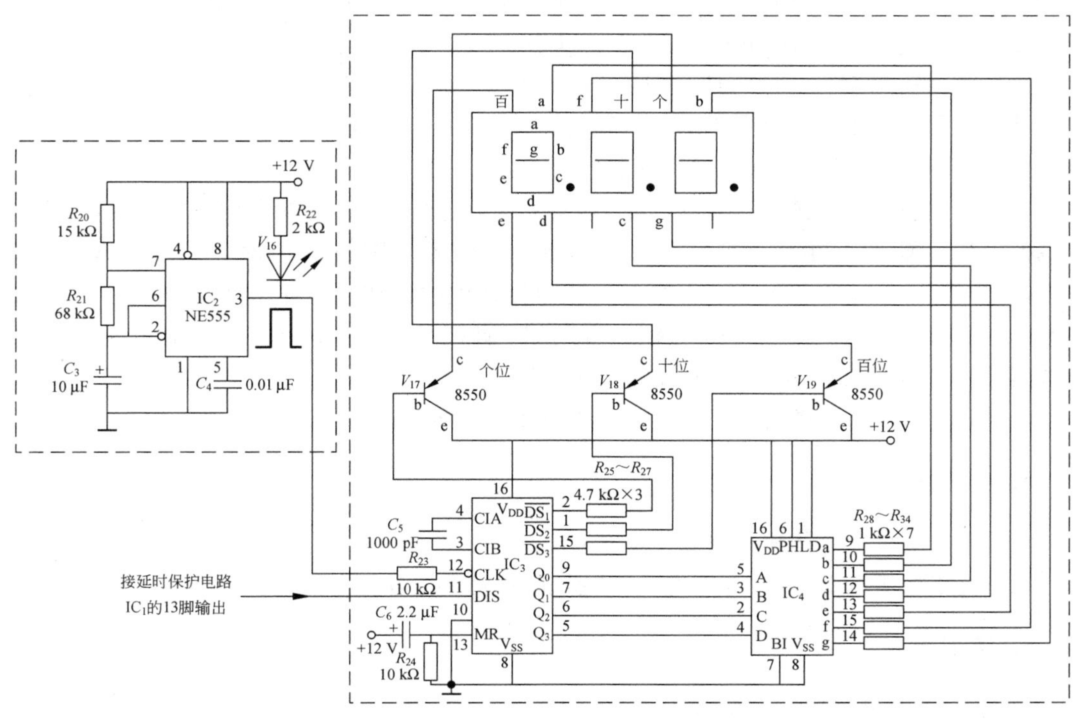

图 6.40 延时时间计数电路图

书其他内容。

用555定时器构成电路的多谐振荡电路如图6.41(a)所示。工作过程如下：

① 电源刚接通时，电容电压$u_c=0$，即555定时器2脚电压$u_2=0<V_{DD}/3$，555定时器的3脚输出u_o为高电平，555内部的MOS管截止，电源电压经R_1、R_2对电容C充电，电容电压u_c开始上升，参见图6.41(b)所示。

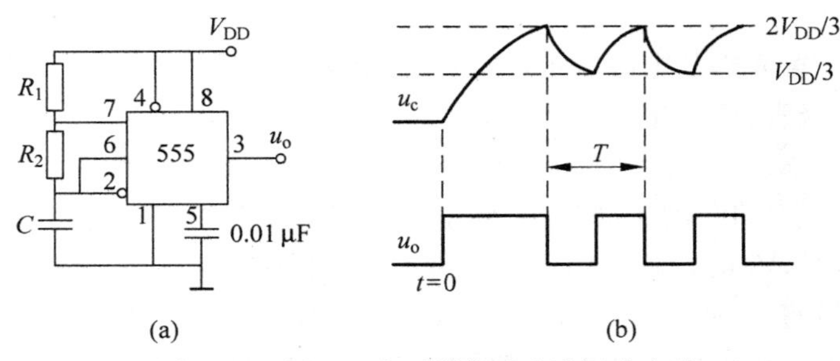

(a) (b)

图6.41 用555定时器构成多谐振荡电路

(a) 电路；(b) 工作波形

② 当电容电压上升到$u_c>2V_{DD}/3$时，即555定时器6脚电压大于$2V_{DD}/3$，555定时器的3脚输出u_o为低电平，同时555内MOS管导通，电容C通过R_2、场效应管迅速放电，u_c开始下降。

③ 当电容C的电压下降到小于$V_{DD}/3$时，555定时器的3脚输出u_o为高电平，电容C开始充电，……，如此循环往复，在555的3脚输出周期为T的矩形波。电容电压波形u_c及555定时器的3脚输出电压u_o波形如图6.41(b)所示。

矩形波振荡周期为：$T=(R_1+2R_2)C\ln 2$ (6-9)

计数译码显示电路由计数器MC14553、译码器CD4543及外围电路组成，如图6.40所示，它的主要功能是能准确显示延时保护时间。

当直流电机脉宽调速电路电源送上后，一开始，由于电容C_2两端电压不能突变，因此C_2两端的电压缓慢上升，电压比较器IC_1的11脚电压低于10脚(6.2 V)时，IC_1的13脚输出低电平，计数器MC14553开始对由秒脉冲产生电路产生的秒脉冲进行计数，通过2～3 min的延时后，当电压比较器IC_1的11脚的电压高于10脚(6.2 V)时，IC_1的13脚输出高电位，使计数器停止计数，并把延时时间显示在数码管上。

计数器MC14553、译码器CD4543的功能参见前面所述。

4. 实训器材

(1) 直流电机脉宽调速电路套件1套。

(2) 直流稳压电源、数字万用表、示波器、信号发生器各1台。

5. 实训步骤

1) 直流电源电路的安装调试

(1) 按图6.37所示电路完成直流电源电路元器件布局、安装。

(2) 电路制作完成后，用斜口钳剪去元器件引脚，先不通电，把数字万用表量程开关置在二极管挡，用红、黑表笔分别去接 H、I 或 I、H 两端，若两次表头显示都为“1”，则说明电源电路安装正确。若不正常，检查 4 个整流二极管 1N4007 极性是否安装正确，线路是否接通，焊点是否焊好。

(3) 电路检查正常后，在 H、I 两端通入正或负 13.4 V 的直流电压，此时 V_{15}应发光，测量 C_3两端的电压，应该为 12 V 左右(若发光二极管不亮，则检查 C_3两端电压是否为 12 V 左右，如为 12 V 左右，则有可能是发光二极管极性接反或损坏)。

2) 三角波发生电路的安装调试

(1) 按图 6.37 所示电路完成三角波发生电路元器件布局、安装。

(2) 先不插入集成芯片，通电，用数字万用表电压挡测量集成电路插座 3 脚与 12 脚的电压为 12 V 左右，1、6、7 脚与 12 脚之间的电压分别为 10 V 、10 V、6.6 V 左右，E 点与 12 脚的电压为 3.3 V 左右，如果不对，则根据电路图检查电路接线或元器件是否安装正确或虚焊、漏焊等，直到要求点测量电压正常。

(3) 电压正常后，断电，将集成芯片 LM339 按正确的方向插到集成电路的插座上，再通电，测量 IC_1的 1、6、7 脚与 12 脚之间的电压，应该为 2.8 V 左右，如果不正常，则检查电路接线或元器件是否有虚焊点等，直到要求点测量电压正常。

(4) 用示波器测量集成芯片 6 脚的波形，应为三角波(参考图 6.38)，三角波的周期可以由 R_5来调节，调节 R_5使三角波的周期为 150 μs，把可变电阻 R_5拆下，测量其接入电路部分的电阻值，然后用同样阻值的固定电阻代替，R_5留作 R_8用，换上固定电阻后再测量一下 C 点的三角波周期是否为 150 μs。测量 C 点波形(示波器量程设置为 DC2 V/DIV，50 μs/DIV)。

3) 脉宽调制及电动机驱动电路的安装调试

(1) 按图 6.37 所示电路完成脉宽调制及电动机驱动电路元器件布局、安装。

(2) 电路检查正确后，通电，用示波器测量集成电路 IC_1的 5 脚的波形应跟 6 脚完全相等(因为 5 脚与 6 脚短接)。

(3) 调节电位器 R_8可以改变 IC_1的 4 脚直流电压的高低(0～6 V 左右变化)。用示波器测量 IC_1的 2 脚(D 点)应为矩形波(参考图 6.39，示波器量程为 DC：1 V/50 μs)，矩形波的脉宽可由 R_8来调节，调节 R_8，使矩形波的占空比为 40%，D 点矩形波的幅度为 2 V 左右(如为 12 V，则有可能是三极管 8050 的 b、e 之间开路或 D 点与三极管 8050 基极 b 之间没有连通或三极管 e、b、c 位置装错)。用示波器(示波器量程为 DC：5 V/50 μs)测量 F 点的波形，F 点的波形应为占空比为 60%、幅度为 12 V 左右的矩形波。

(4) 接入电动机，如果电动机的转速可以由 R_8来调节，则把 R_{12}短路。测量 J 点的波形，应为占空比为 40%、幅度为 12 V 左右的矩形波，电动机的转速可以由 R_8来调节。把 D 点、F 点与 J 点测量波形画入附录 B 的表 B12 中。

4) 过电压保护电路的安装调试

(1) 按图 6.37 完成电压保护电路元器件布局、安装。

(2) 通电后，用数字万用表测量集成电路 IC_1的 9 脚的电压应为 6.2 V，8 脚电压为 5.1 V 左右。

(3) 在电源电压低于 15.7 V 左右时，IC_1的 8 脚的电压低于 9 脚电压，14 脚一直输出高电位，V_6不发光，电机正常工作；当电源电压高于 15.7 V 时，电压 8 脚的电压高于 9 脚的电压，14 脚输出低电位，V_6发光，V_7导通，由于 V_7的钳位作用，使 IC_1的 4 脚电位(此时 4 脚电压为1 V左右）低于5脚电位，D点输出高电平（2 V左右），F点为低电平，V_2截止，电动机停止转动。

5）延时保护电路的安装调试

（1）基本电路安装调试

① 按图6.37所示电路完成延时保护电路元器件布局、安装，检查电路的正确性。

② 确定电路正确后，通电，用数字万用表测量集成电路IC_1的10脚的电压应为6.2 V。

③ 在通电后，12 V电源通过R_{19}对C_2充电，11脚的电位缓慢上升。在11脚电位低于10脚电位时，13脚输出低电位，V_9发光，由于V_8的钳位作用，使4脚的电位（此时4脚电压为1 V左右）低于5脚电位，D点输出高电平（2 V左右），F点为低电平，V_2截止，电动机不转；当延时2～3 min后，11脚电位高于10脚电位，13脚输出高电位，V_9不发光，V_8截止，13脚的高电位不影响4脚的电位，电动机正常转动。

（2）延时时间显示电路

① 秒脉冲电路安装调试

按图6.40电路完成秒脉冲产生电路的完成电路布局、安装后，先不通电，检查电路正确性。如正确，先不插集成芯片（555），通入+12 V电压。

用数字万用表直流DC20 V挡位测量IC_2各引脚电压，应该为：

测量引脚	1	2	3	4	5	6	7	8
电压/V	0	0～12	10.6	12	0	0～12变化	0～12变化	12

电路断电，按正确方向插入555集成芯片，此时V_{16}应按脉冲间断闪烁，用LCD示波器的DC：5 V/500 ms挡位测量555的2脚波形，应为三角波，555的3脚输出幅度为12 V，周期为1s左右的方波。把测量结果填入附录B的表B14中。

② 计数译码显示电路

(a) 按图6.40所示电路安装完成后，先不通电，用数字万用表二极管检测IC_3的8脚、10脚，IC_4的7、8脚是否与0 V线接通，IC_3的16脚，IC_4的1脚、6脚、16脚是否与12 V电源线接通。如接通，通入+12 V、0 V电压，用数字万用表DC20 V挡位测量IC_3的16脚电压，应该为12 V，8、10脚的电压应该为0 V。测量IC_4的1、6、16脚的电压应该为12 V，7、8脚的电压应该为0 V。

(b) 电压正确后断电，领取MC14553、CD4543芯片各一块，正确插到IC_3、IC_4的位置上。电路通上12 V电压，由于IC_1的11脚电位低于10脚电位，13脚输出低电位，控制计数器开始加计数，数码管数字从0开始往上加1显示，当延时2～3 min后，IC_1的11脚电位高于10脚电位，13脚输出高电位，使计数器停止计数，并把延时时间显示在数码管上。

(c) 用数字万用表DC20 V挡测量IC_2、IC_3、IC_4各引脚的电压，用LCD示波器DC：5 V/500 ms挡位测量IC_2的2脚、3脚电压波形，IC_3的$\overline{DS_1}$、$\overline{DS_2}$、$\overline{DS_3}$端电压波形，三极管V_{17}、V_{18}、V_{19}的C极电压波形（参见图6.34，示波器量程为DC：5 V/0.1 ms），把测量结果填入附录B的表B14中。

电路全部调试好以后的正常工作情况：

在开通电源后，V_{15}、V_9发光，V_6不发光，V_{16}间断闪烁，此时电动机不转动，数码管开始加

1 显示；当过 2～3 min 后，V_9 不亮，电动机开始转动，且可以由 R_8 来调节电动机的转速，数码管显示延时时间；当电源输入电压高于 15.7 V，V_6 发光，电动机停止转动，把电源电压调至小于 15.7 V 大于等于 13.4 V，电动机正常工作。

至此，直流脉宽调速电路调试工作结束。

6）常见故障检修方法

直流电机脉宽调速电路常见故障现象及分析见表 6.6。

表 6.6 直流电机脉宽调速电路常见故障及排除方法

故障现象	排除方法
电源电路发光管 V_{15} 不发光。	① 断电，用数字万用表二极管挡判别发光管 V_{15} 的好坏，如发光管坏，换发光管。如发光管正常，通电，用数字万用表 DC20 V 挡测量 C_3 两端的电压，若为 12 V，则桥式整流电路正常，检查发光管限流电阻与发光管电路。 ② 若 C_3 两端电压为 0 V，则检查桥式整流电路 4 个二极管极性是否装正确，电路是否接通等。
无三角波发生电路	① 断电，把集成电路拨下，通电，测量集成电路插座的 1、6、7 脚电压分别为 10 V、10 V、6.6 V，E 点电压为＋3.3 V，若不是，则检查外围电路的电阻阻值有没有接错，电路是否接通。 ② 断电，插上 LM339 芯片，通电，如 1 脚、6 脚、7 脚电压为 10 V、10 V、6.6 V，则 LM339 芯片坏。 ③ 如 1 脚、6 脚、7 脚电压为 2.8 V 左右，则有可能是 C_1 的一端与 0 V 线未接通。
D 点无方波输出	① 通电，用示波器的 DC2 V/50 μs 挡测量 LM339 的 5 脚应为三角波，4 脚电压为 0～6 V 可调直流电压（调节可变电位器 R_8）。如不正常则检查 LM339 的 5 脚与 6 脚是否接通，R_8 的一端是否与 0 V 线接通，R_8 的可调端是否与 LM339 的 4 脚接通，R_8 的另一端是否与 R_7 接通。 ② 若电路电压、波形正确，调节可变电位器 R_8，若 D 点为 0.7 V 一条直线，则先检查 LM339 的 2 脚与 R_{10} 的一端是否接通，如接通，则 LM339 损坏；若 D 点为 12 V 一条直线，LM339、三极管 V_1 同时损坏。
D 点有方波输出，F 点无方波输出	断电，用数字万用表二极管挡检查 V_1 的好坏，若 V_1 是好的，则检查三极管 V_1 的 c 极是否与 R_{11} 的一端接通，R_{11} 的另一端是否与 12 V 电源线接通。
F 点有方波输出，但调 R_8，电机不转	把 R_{12} 短接，检查电机能否正常工作，如不能，检查 V_2 引脚是否安装正常，V_3 极性有没有装错，外围电路接线是否正确，若正确，则 V_2 有可能损坏。
过电压保护电路不能正常（过压时过压二极管不能指示，电机不停止转动）	① 通上＋16 V 电源，用数字万用表的 DC20 V 挡检查 IC_1 的 9 脚电压应为＋6.2 V，如不是，则检查稳压电路；如是，检查 8 脚电压应大于 6.2 V 左右，如不是，则检查 R_{15}、R_{16} 的阻值是否正确，电路是否接通等。 ② 如 8 脚电压大于 6.2 V，9 脚电压为 6.2 V，则检查 IC_1 的 14 是否输出低电平，如为高电平，则 IC_1 损坏，如为低电平，则检查二极管 V_7 极性是否装错，R_{17}、V_6 是否安装正确等。

续表

故障现象	排除方法
延时保护电路不能正常工作（延时时延时二极管不能指示，电机转动）	① 通上＋12 V电源，用数字万用表的DC20 V挡检查IC_1的10脚电压应为＋6.2 V，如不是，则检查稳压电路；如是，检查11脚电压应小于6.2 V左右（3 min内），如不是，则检查R_{19}、C_2的是否安装正确，V_{10}的极性是否安装正确等。 ② 如11脚电压小于6.2 V，10脚电压为6.2 V，则检查IC_1的13是否输出高电平，如为低电平，则IC_1损坏，如为高电平，则检查二极管V_8极性是否装错，R_{18}、V_9是否安装正确等。
延时时间显示电路不计数，始终显示“000”	① 通电，首先检查秒脉冲产生电路的集成芯片555的3脚是否输出周期为1 s的方波信号，若没有则检查秒脉冲产生电路。 ② 若有脉冲，则检查MC14553的11脚电压是否为0 V，如不为0 V，则检查MC14553的11脚是否与LM339的13脚接通；若为0 V，则检查MC14553外围电路是否安装正确，如正确，用示波器测试MC14553的1、2、15脚（即$\overline{DS_1}$～$\overline{DS_3}$）波形是否正确，如不正确，则MC14553损坏。
数码管全黑	① 用示波器测试IC_3的1、2、15（即$\overline{DS_1}$～$\overline{DS_3}$）波形，应该是完全一样的三个波形，如果不是，则检查IC_3外围电路有没有接错（如8脚、10脚有没有接通，并与0 V线相连，并检查集成电路引脚之间有无短路现象）。如没有，则有可能是IC_3（MC14553）坏。 ② 测试V_{17}、V_{18}、V_{19}的e极电压，应该是12 V，如果不是，则三极管的接线有误。V_{17}、V_{18}、V_{19}的c极电压波形应与图6.38符合。
数码管笔段显示不全	① 如果a笔画不显示，则查IC_4的9脚—R_{28}—数码管11脚线路是否连通。其他笔画用同样方法。 ② 如果线路连通，则有可能是数码管坏掉，其一般不会坏。
数码管的某一位不显示	① 如果是个位不显示，则查IC_3的2脚波形及V_{17}的c极电压波形。如果波形正确，则断电，用数字万用表蜂鸣挡（二极管）检查V_{17}的c极——数码管8脚电路是否连通。如果线路是通的，可能是数码管坏掉。 ② 如果IC_3的2脚波形正常，V_{17}的c极电压波形不正常，而e极为＋12 V电压，V_{17}损坏，换三极管。 ③ 其他位数的检查方法同上。

6. 实训报告

（1）把测量数据、波形填入附录B的表B12～B14中。

（2）请叙述怎样根据电路原理分析、排除在调试过程中所遇到的故障。

实训四　基于单片机的红外线心率计

1. 实训目的

通过基于单片机的红外线心率计的电路布局、PCB设计制板、安装调试、编程、原理分析，让学生了解电子产品的研发到生产的大致流程，掌握常用元器件的应用、基于单片机的智能系统的设计以及电子产品生产的基本操作技能，培养学生的动手能力和自学能力。

2. 实训要求

(1) 能看懂红外线心率计的原理框图、电原理图,并独立完成硬件布局、安装、调试。

(2) 借助已有电路知识,并通过课程网络资源自学,自行独立分析红外线心率计的硬件电路工作原理。

(3) 学会 PCB 制板并按项目要求设计单片机软件程序。

(4) 学会单片机系统的设计、仿真、下载、调试的整个流程。

3. 基于单片机的红外线心率计原理

基于单片机的红外心率计,依靠红外线传感器检测人体的血液脉动,把人体的心率信号转换成微弱的电信号,通过放大、整形、滤波电路把得到的电信号转换为脉冲信号,并采用单片机做系统控制、指示、定时、脉冲计数、译码等功能。整个设计在一定程度上实现的产品的智能化和小型化,有利于产品化。

基于单片机的红外心率计原理框图如图 6.42 所示。

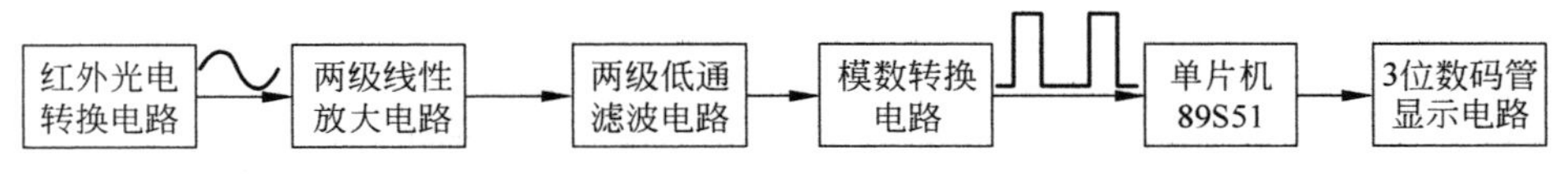

图 6.42 基于单片机的红外心率计原理框图

基于单片机的红外心率计硬件电路设计参考图如图 6.43 所示。软件设计流程参考图如图 6.44 和图 6.45 所示。

4. 项目设计基本要求

(1) 整机采用单电源+5 V 供电。

(2) 应用红外传感器电路,测量人体血液脉动信号;并对这个脉动信号放大、滤波、整形,得到单片机可以检测的心率脉冲信号。

(3) 显示采用 LED 动态扫描方式。

(4) 采用单面 PCB 设计单片机系统的部分电路。

(5) 单片机部分有开关控制,当掷一边接高电平时,表示“非测量状态”,指示灯灭,LED 显示“学号”;当开关掷向低电平时,表示“心率测量状态”,指示灯亮,LED 显示清零,进行 60 s 的心率测量。

(6) 当心率计在 60 s 的心率测量期间,指示灯亮,对心率脉冲信号计数,并在 LED 上显示心率值;在测量期间拨动开关无效。

(7) 60 s 心率测量结束后,指示灯灭。此时如控制开关指示“心率测量”,LED 上显示的是心率数值;如控制开关指示“非测量状态”,LED 上显示的是学号。

(8) 由于经过光电转换及放大的脉动信号包含有干扰信号,因此要从软件或硬件上来进行抗干扰设计。电路中干扰信号包含有 50 ms 以内的干扰信号,这使得心率计在计心率信号时,不能正常计数,出现测量心率过快的现象。项目的附加要求就是通过硬件或软件上的设计,滤除干扰信号。

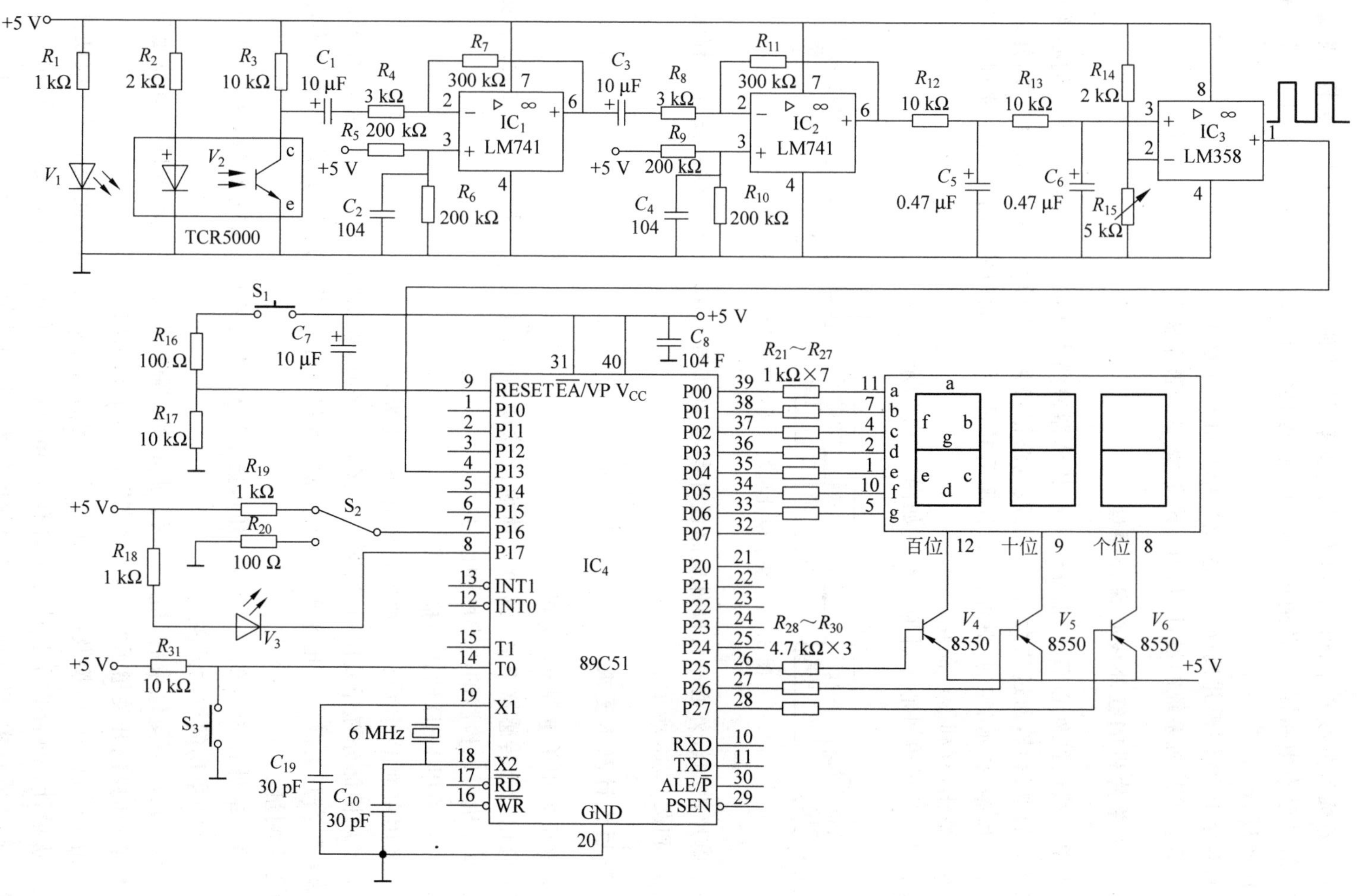

图 6.43 基于单片机的红外心率计硬件电路设计参考图

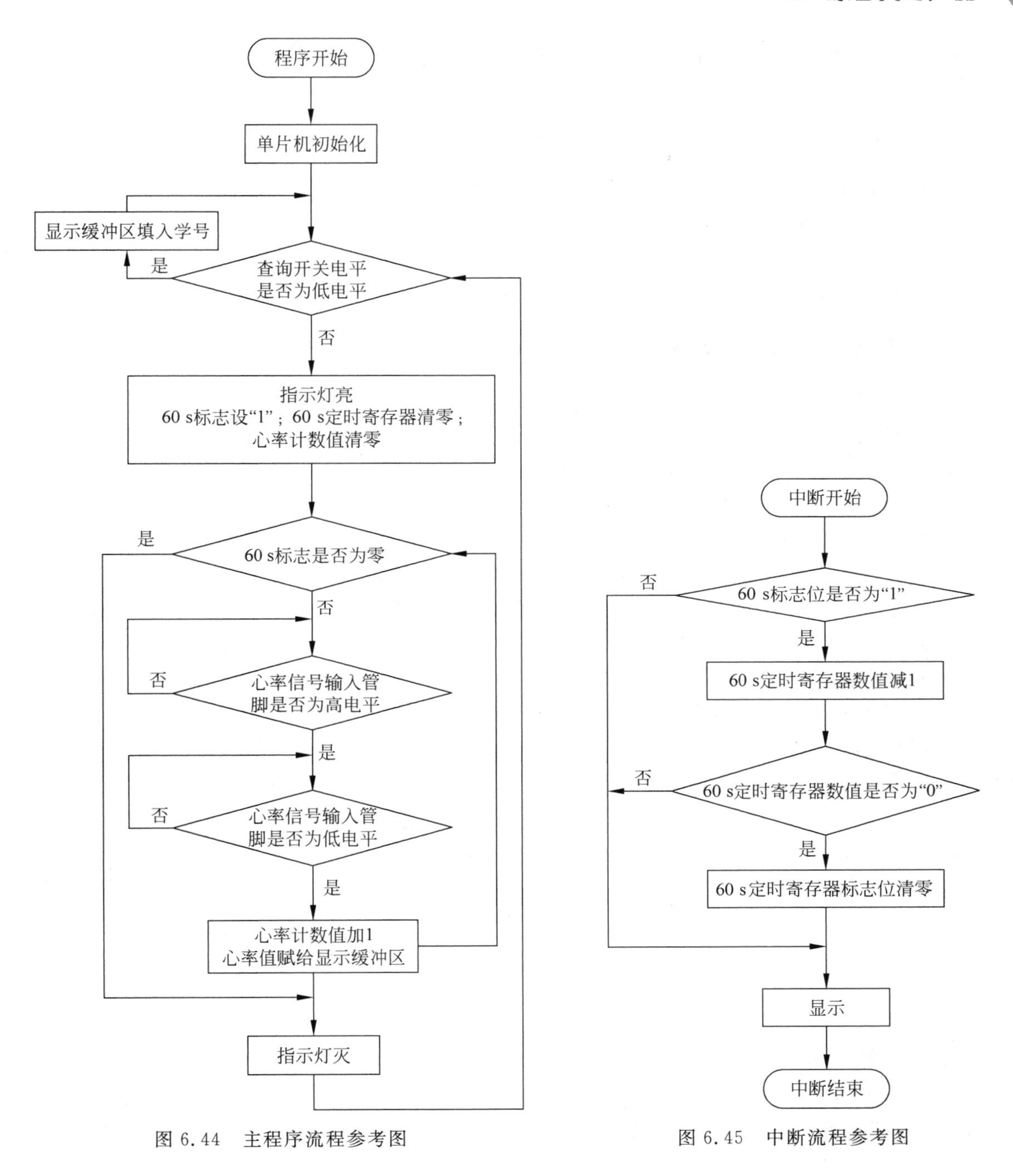

图 6.44　主程序流程参考图

图 6.45　中断流程参考图

实训五　直流电机恒速控制系统装调实训

1. 实训目的

通过对直流电机恒速控制器的电路布局、安装、调试，让学生了解电子产品的生产工艺流程，掌握常用元器件的识别和测试以及电子产品生产的基本操作技能。培养学生的动手能力。

2. 实训要求

(1) 能看懂直流电机恒速控制器的原理框图、电原理图。

(2) 独立完成直流电机恒速控制器的电路布局，元器件安装、调试。

(3) 运用电路知识，分析、排除调试过程中所遇到的问题。

(4) 完善电路功能。

3. 直流电机恒速控制器原理

1) 基础知识

光机电一体化是许多现代先进技术设备的基础，是集光学、机械、电子和自动控制于一体的高新技术，具有很强的功能和高附加值。

电动机是一种将电能转变为机械能的设备，其用途非常广泛。从火箭、卫星等高精技术产品到汽车、计算机、机器人等，到处都能见到电动机的踪影。随着现代电力电子技术、控制技术和计算机技术的发展，电动机应用技术得到了进一步的发展。

本系统是实现对 12 V 永磁式直流电机在脉宽调制(PWM)下的恒速运行控制，并能实现启停、正反转功能，同时可设置延时过电流保护和过电压保护及欠电压保护，还能对电机实际转速进行即时显示。通过本制作电路的学习，可以使学生掌握常用模拟、数字集成电路，PWM 脉宽调制技术的应用。下面，首先介绍一下相关器件的基本原理和技术特性。

(1) 直流电机的基本特性

直流电动机的等效电路如图 6.46 所示，当电机稳定运行时，其电压平衡方程式为

$$U_M = R_a I_a + E_a \tag{6-10}$$

其中，U_M为外加电压；E_a为电机反电动势；R_a为电机的电枢电阻；I_a为电枢电流。而

$$E_a = nK_e\Phi \tag{6-11}$$

因此直流电动机的转速可以表达为

$$n = \frac{E_a}{K_e\Phi} = \frac{U_M - I_aR_a}{K_e\Phi} \tag{6-12}$$

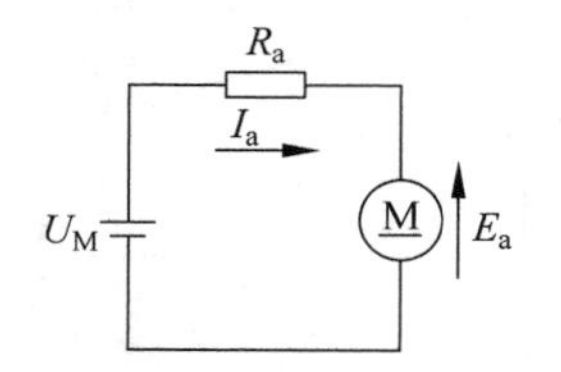

图 6.46 电动机的等效电路

其中，n 为转速；Φ 为励磁磁通；K_e 为由电机结构决定的电动势常数。

由式(6-12)可知，当电机两端的外加电压和内部电阻不变时，电机的转速 n 与电流 I_a成反比。即当电流发生变化，转速也变，这在要求恒速运行的场合是不允许的，必须设置稳速电路。本系统采用脉宽调制来改变电机两端外加电压 U_M，使得 E_a 不变，使电机转速稳定。

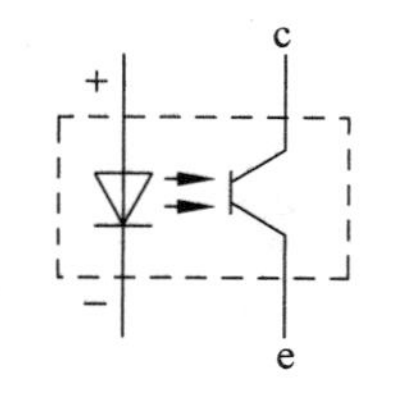

图 6.47 红外光电传感器电路符号

(2) 直流电动机转速检测的方法

直流电动机转速检测方法很多，本文采用比较常用的速度检测方法——红外光电传感器测速法。红外光电传感器测速法可分为透射型和反射型两种，如图 6.47 所示。红外光电传感器实际上是一对发射、接收对管，如图 6.47 所示红外线是电磁波的一

种，它的波长 $\lambda_p=930\sim940$ nm，人眼观察不到，不受周围干扰光的影响，属于非接触测量器件，其测量精度和空间分辨力都很高，易于实现实时检测，广泛用于仪器仪表、工业自动控制等领域。本系统采用 TCRT5000 型光电传感器，有效反射、接受距离为 1～2 mm。

红外光电传感器测定转速的原理：首先把机械量(转速)的变化转换成几何量(通光孔或者黑白极对数)的变化，再由几何量控制投射至光电接收管的光通量，然后由光电接收管将被控光通量按相应的规律转换成电信号(脉冲)后测量机械量(转速)。

由 $n=\frac{60f}{P}$(r/min)可知，直流电机转速 n 和光电接收管输出的脉冲信号的频率 f 成正比，P 为极对数。

(3) 直流电机恒速控制电路

直流电机的调速与稳速一般采用转速闭环控制系统实现，且使用脉宽调制(PWM)技术，其原理框图如图 6.48 所示。

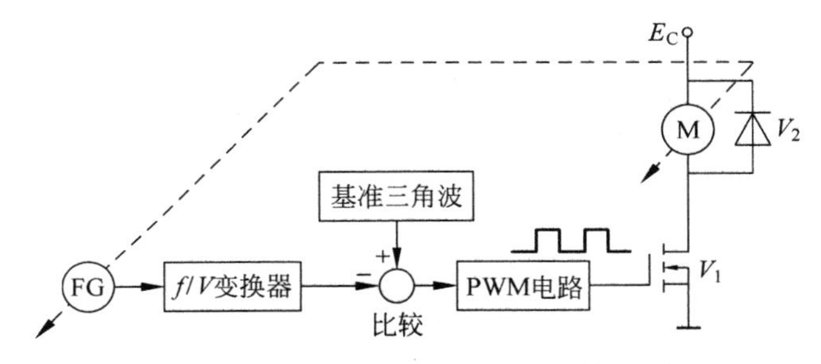

图 6.48 电动机转速闭环 PWM 控制原理框图

图 6.48 中，频率测速传感器的输出频率与电机的实际转速成正比例关系，经 f/V 变换后，变换成直流测速电压，该电压与基准三角波电压相比较后，产生 PWM 信号，PWM 电路周期保持恒定，它根据测速电压的大小改变脉宽的占空比，继而改变功率驱动电路的开、关时间，以达到调节供给直流电机的平均电压，使电机的转速受到控制的目的。

(4) 电动机恒速控制集成电路——TCA955

TCA955 芯片由德国西门子(Simens)公司制造。采用频率/电压(f/V)变换和脉宽调制(PWM)控制技术，速度反馈采用频率发生器，外加功率器件即可实现直流电机的启停、正反转和稳速控制，且电机转速可调。其显著特点是控制精度高，电源范围广(4.8～16 V)，可快速启动。广泛用于各种录音机、摄像机、打印机、电动汽车等各类控制系统驱动器，也是本系统的核心器件。它采用 16 脚双列直插式(DIP)封装，其内部原理结构如图 6.49 所示，引脚功能如表 6.7 所示。

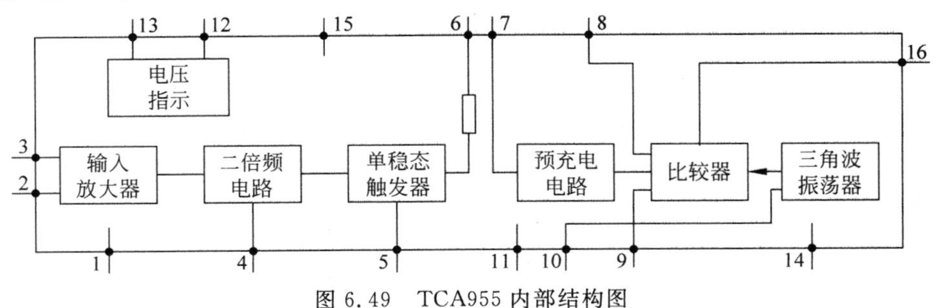

图 6.49 TCA955 内部结构图

表 6.7 TCA955 集成电路引脚功能

引脚序号	功　　能	引脚序号	功　　能
1	接地	9	比较器同相输入端
2	差动输入(可接地)	10	三角波振荡输出端
3	差动输入	11	基准电压输出端(+3 V)
4	旁路电容	12	电源指示
5	转速调节端	13	欠压指示
6	频率/电压变换输出	14	接地
7	预充电输入端	15	+5 V 电源输入端
8	比较器反向输入端	16	脉宽调制输出端

由图 6.49 可知 TCA955 芯片内部包括输入放大器、二倍频电路、单稳态触发器、三角波发生器、比较器、预充电电路和电压指示电路等部分。

2）直流电机控制系统原理框图

直流电机控制系统原理框图参见图 6.50。

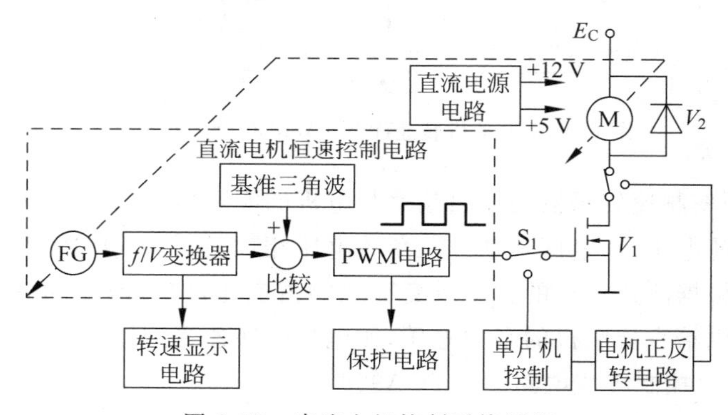

图 6.50　直流电机控制系统原理

本系统电路原理由 5 大部分组成，即①直流电源电路；②直流电机恒速控制电路；③转速数字显示电路；④电机正、反转控制电路；⑤过、欠压，过流保护电路。其中第①、②、③、④部分为必修部分，第⑤部分为选修部分，读者可根据各自的专业、爱好和兴趣进行选择制作。

(1) 直流电源电路

直流电源电路如图 6.51 所示，分两组输出，第一组由 4 个整流二极管 $V_1 \sim V_4$，滤波电容器 C_1 及 12 V 电源指示电路 R_1、V_5 组成。该电路在输入端输入直流电压时，具有正、负极性保护功能，当在输入端 H、L 之间输入±13.4 V 的直流电压时，都能在电容器 C_1 两端（A、B 之间）输出+12 V 的直流电压，即 $U_{AB}=13.4-0.7\times2=12$ V。为直流电机驱动电路提供电源。该电路也可输入 10 V 交流电压，经整流滤波后同样能在电容 C_1 两端得到+12 V 的直流电压，即 $U_{AB}=10\times1.2=12$ V。

第二组采用 7805 三端集成稳压器，在 7805 的输入端输入 7～35 V 的直流电压时，其输

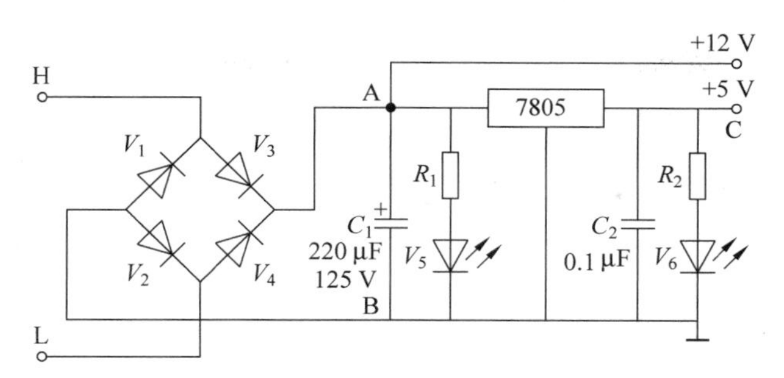

图 6.51 直流电源电路

出端可得到稳定的+5 V 直流电压向系统的控制电路提供电源，电容器 C_2 的作用是滤除高频干扰，R_2、V_6 为 5 V 电源指示电路。

(2) 直流电机恒速控制电路

直流电机的调速与稳速一般采用转速闭环控制系统实现，且采用脉宽调制(PWM)技术。直流电机恒速控制电路由 FG(频率测速传感器)、f/V 转换电路、PWM 产生电路组成，参见图 6.52。它的工作原理是由频率测速传感器的输出频率与电机的实际转速成严格的正比例关系的脉冲信号，经频率——电压变换后，变换成直流测速电压，该电压与基准三角波电压相比较后，产生 PWM 信号，PWM 信号的周期保持恒定，占空比根据测速电压的大小而改变，继而改变功率驱动电路的开、关时间，达到调节供给直流电机的平均电压，使电机的转速受到控制的目的。

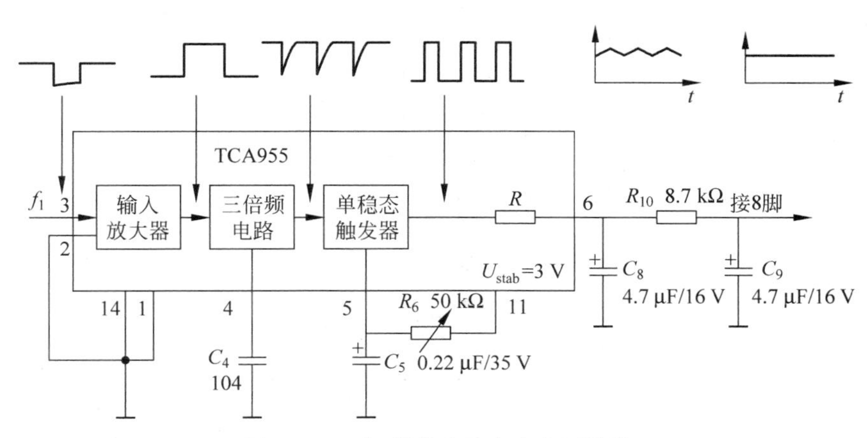

图 6.52 f/V 转换电路各点电压波形

由 TCA955 构成的直流电机恒速控制电路如图 6.53 所示。

① 频率测速传感器(FG)

频率测速传感器由与电机同轴安装的反射圆盘，红外光电断续器 V_7(TCRT500)，电阻 R_3、R_4 和电容 C_3 组成(参见图 6.53)。R_3 是 V_7 发射管的限流电阻，R_4 是接收管 c 极的负载电阻，C_3 是耦合电容，用以隔离 V_7 输出电压的直流分量，由 $f = P \cdot n/60$($P=1,2,\cdots,n$ 为电机转速，f 为光电接收管输出的脉冲信号的频率)可知，当 $P=1$ 时，电机每转一周，V_7 接收管通/断一次，输出一个脉冲信号，即 V_7 输出脉冲信号的频率反映电机的实际转速，该脉冲信号送到 f/V 转换电路。

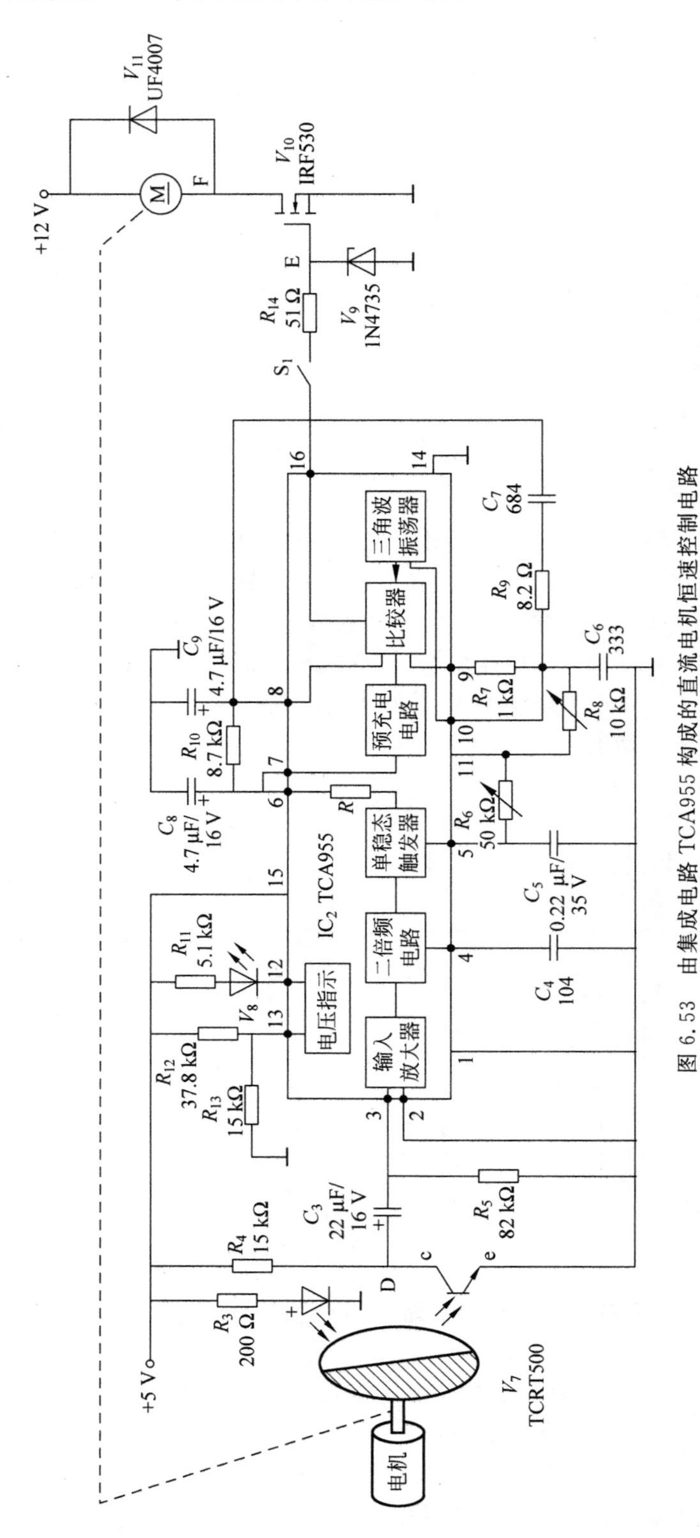

图 6.53　由集成电路 TCA955 构成的直流电机恒速控制电路

② f/V 转换电路采用集成电路 TCA955 及外围电路构成

f/V 转换电路由集成电路 IC_2(TCA955)内部的输入放大器、二倍频电路、单稳态触发器及外围电路组成,参见图 6.52。

由频率测速电路输出的脉冲信号,首先由输入放大器对脉冲信号进行电压放大和整形,使其上、下沿更加陡峭,然后再将具有足够电压幅值的方波脉冲送到二倍频电路,二倍频电路把该方波脉冲在一个周期的频率扩大了一倍,然后用二倍频后的尖脉冲去触发单稳态触发器。IC_2的 4 脚外接的 C_4是高频旁路电容。

单稳态触发器的作用是把二倍频电路送来的周期为 T_2的尖脉冲变换成脉宽恒定的方波脉冲,是 f/V 转换的核心器件。其输出的高电平(暂稳态)延时 t_o由 IC_2有 5 脚外接的电位器 R_6、电容器 C_5决定。这里 $t_o=0.89R_6\times C_5$,当 $R_6\times C_5$一定时,单稳态触发电路输出脉冲的占空比 t_o/T_2与转速成正比。此方波脉冲从 IC_2的 6 脚输出,经 R、C_8和 R_{10}、C_9两级低通滤波器滤波成直流电压后,送至 IC_2内部电压比较器的反相输入端 8 脚。该直流电压 $U_{测速}$反映了转速实测值(因为 $U_{测速}=U_1\times$占空比,而占空比与转速成正比,其中 U_1为单稳态触发电路输出脉冲高电平幅值)。以上电路完成了 f/V 的变换作用,各点转换波形如图 6.54 所示。

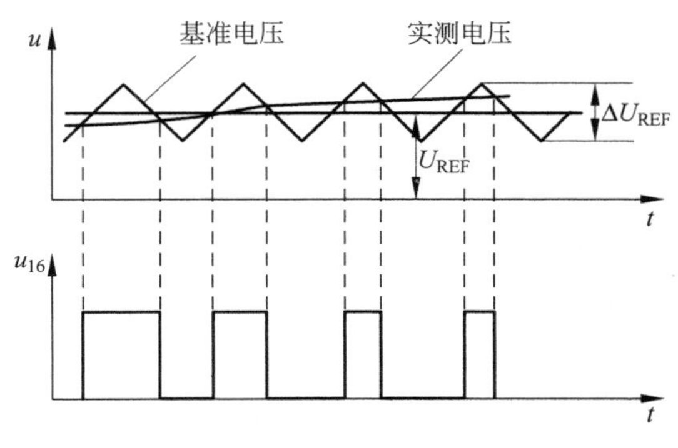

图 6.54 比较器输入与输出波形

(3) PWM 控制电路及功率驱动电路

① PWM 控制电路

由集成电路 TCA955 组成 PWM 控制电路由三角波发生电路、比较电路、PWM 电路组成,参见图 6.53。

三角波发生电路由三角波振荡器和 IC_2的 10 脚外接的电位器 R_8和电容器 C_6组成。它的作用是产生周期 $T_3=0.4R_8C_6$的三角波。此三角波含有的直流电压成分,可理解为速度基准电压 U_{REF},其值为:$U_{REF}=0.44V_{11}$,而三角波的交变部分峰-峰值 $\Delta U_{REF}\approx 0.18V_{11}$(其中 V_{11}为集成电路 TCA955 的 11 脚输出电压),用作产生 PWM 信号,亦即 IC_2的 10 脚输出的是以 U_{REF}为对称线的三角波(参见图 6.54)。该三角波经电阻 R_7耦合后进入 IC_2内部电压比较器的同相输入端 9 脚,为了防止三角波电压幅度被衰减,在 IC_2的 8、9 脚之间串接了自举阻容元件 R_9和 C_7。

转速实测值与三角波在比较器内部进行比较,比较的结果产生了 PWM 信号,从 IC_2的 16 脚输出。当转速实测值低于三角波时,PWM 电路输出高电平,当转速实测值高于三角波时,PWM 电路输出低电平,由于转速实测值只是动态的,所以 PWM 信号也是动态的,如

图 6.54 所示。

电机的转速容易受到端电压或转矩的变化而变化,TCA955 芯片可自动进行调解以达到恒速的目的。转速的设定可由电位器 R_6 决定。其表达式为

$$n = 14.85/(PR_6C_5)(\text{r/min}) \quad (P = 1,2,\cdots) \tag{6-13}$$

例如:当 R_6 值设定后,TCA955 内部单稳态触发器输出的暂态时间 t_o 即为一定值,由于电源电压升高而导致电机端电压 u_M 升高,转速必然加快,恒速电路的自动调节过程如下:

$u_M\uparrow\to n\uparrow\to f_1\uparrow(T_1\downarrow)\to T_2\downarrow\to t_o/T_2\uparrow(t_o不变)\to u_{测速}\uparrow\to U_{pwm16}\downarrow\to u_M\downarrow\to n\downarrow$ 回落至设定值,反之亦然。

② 功率驱动电路

功率驱动电路由场效应管 V_{10}、二极管 V_{11}、稳压二极管 V_9、电阻 R_{14} 以及直流电机所组成,参见图 6.53。

场效应管 V_{10} 工作在开、关状态,用以驱动电机运转,R_{14} 是限流电阻,V_9 的作用是保护 V_{10},使 V_{10} 的栅、源极电压被钳位在 6.2 V 以内,V_{11} 是续流二极管,当 V_{10} 的漏、源极从导通到截止的瞬间,电机绕阻上必然产生很高的感应电动势 $\varepsilon_M = L_M\dfrac{di}{dt}$,它的幅值为电源电压的 3~4 倍,会导致 V_{10} 被击穿,因此在电机两端并联一个二极管,给电机存储的能量提供释放回路。

占空比为 t/T_3 的 PWM 信号从 IC_2 的 6 脚输出经 R_{14} 耦合加在 V_{10} 的栅、源极之间,用以驱动 V_{10} 漏、源极之间的开和关,使加在电机两端的端电压为

$$u_M = 12 - (1 - \tau)u \tag{6-14}$$

其中占空比 $\tau = \dfrac{t}{T_3}$。

由此可见,τ 越大,u_M 越大;τ 越小,u_M 越小,即加在电机两端的平均电压 u_M 与 PWM 信号的占空比成正比,亦即 PWM 信号的占空比与电机的转速成正比。

在电机启动瞬间,由于 IC_2 的 5 脚外接的两级低通滤波器时间常数较大,转速实测值的直流电压形成较慢,会造成电机转速超调和电流过大的现象,为此,在 IC_2 内部设置了预充电电路。该电路从 IC_2 的 7 脚获得单稳态触发器输出的占空比为 t_o/T_2 的脉冲信号,并产生幅值为 $u_F = 0.87U_{REF}$ 的电压,施加给比较器,从而降低了电机启动瞬间转速超调和电流过大的问题。

电源电压指示电路由 IC_2 内部的电压指示电路及 12 脚外接的发光二极管 V_8,限流电阻 R_{11},13 脚外接的分压电阻 R_{12} 和 R_{13} 组成。当 IC_2 的供电电压为 +5 V 时,V_8 发光显示,而当供电电压约等于 +4 V 时,V_8 熄灭,表示 IC_2 处于欠压状态,此时,IC_2 的 13 脚电压小于 1 V。

(4) 转速显示电路

转速显示电路的原理框图如图 6.55 所示。转速显示电路由脉冲整形电路、f/V 变换电路、分压及滤波电路、A/D 转换电路及 LCD 显示电路组成。红外光电传感器将转速转换为频率信号 f,有 $n=60f/P$(r/min),可知当 $P=1$ 时,$n=f$(r/s)亦即单位时间内的转速值等于频率值。频率为 f 的脉冲信号由 D 点输入,经 IC_4(555 定时器)组成的单稳态触发器进行 f/V 变换,再经过电阻分压和电容滤波后,得到与 f 成正比关系的直流电压 U_i。该电压经 A/D 转换和译码后,其结果由 LCD 显示器显示出来,其显示值即为实际转速 n(r/s)。转

速显示电路的电原理图如图 6.56 所示。

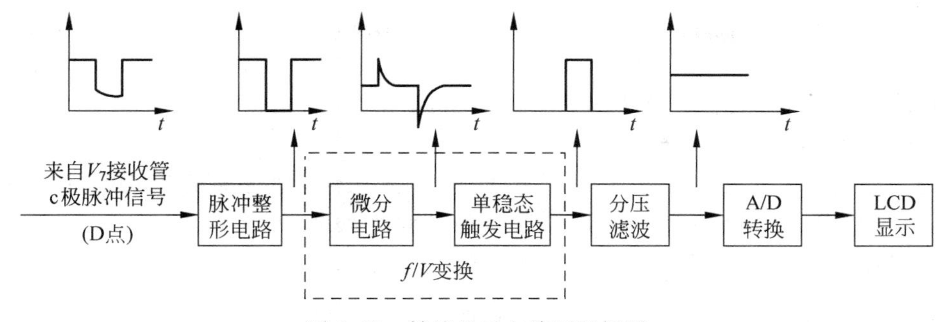

图 6.55 转速显示电路原理框图

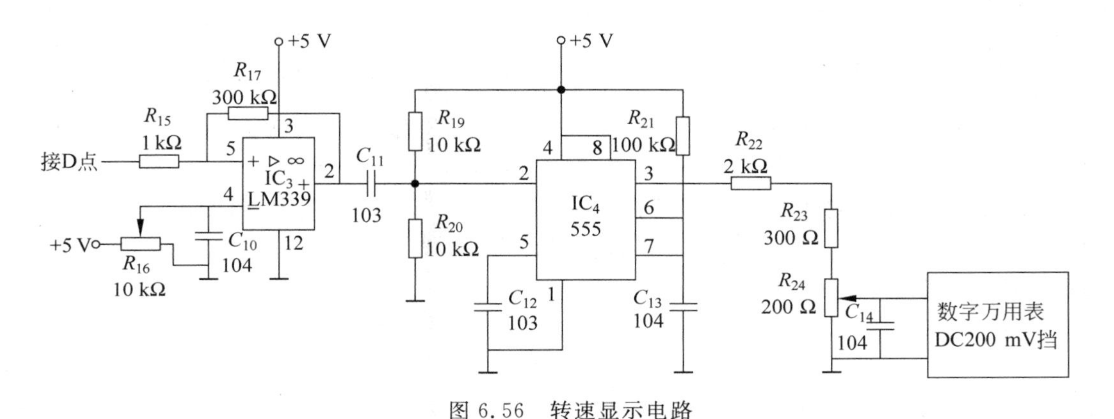

图 6.56 转速显示电路

① 脉冲整形电路

脉冲整形电路主要由放大器 IC_3（LM339），电位器 R_{16}，电阻器 R_{15}、R_{17}，电容器 C_{10} 组成。其中 R_{17} 是 IC_3 的正反馈电阻，用以提高抗干扰能力。IC_3 反向输入端的电压有电位器 R_{16} 决定，电容 C_{10} 起滤波作用。

频率为 f 的脉冲信号经限流电阻 R_{15} 加在 IC_3 的同相输入端，当放大器 IC_3 的同相端电压大于反相端，即 $U_5>U_4$ 时，IC_3 的 2 脚输出高电平，反之则输出低电平。IC_3 的输出脉冲具有陡峭的上升沿和下降沿，起到脉冲整形作用。

② f/V 变换电路

f/V 变换电路由微分电路及由 555 电路组成的单稳态触发器组成。

- 微分电路

微分电路由 C_{11}、R_{19}、R_{20} 组成，参见图 6.56。它的作用是突出输入信号的变化量。工作原理主要是应用了电容两端电压不能突变的特性。在电子电路中有着广泛的应用。

假定电容 C_{11} 左端的初始电压为 0 V，而此时 G 点的电压为 2.5 V，因此电容 C_{11} 右端的电压为 2.5 V。当在输入端输入 $u_i=5$ V 的矩形脉冲，如图 6.57(b)所示，当 u_i 的上升沿到来时，电容 C_{11} 要维持两端电压不变，其右端电压必然跳变到 7.5 V，根据电路三要素法可以写出 u_o 的方程式：

$$u_{o1}=2.5+(7.5-2.5)e^{-\frac{t}{\tau}}=2.5+5e^{-\frac{t}{\tau}} \tag{6-15}$$

当在微分电路输入端输入方波脉冲的下降沿时，也可根据电路三要素法写出 u_o的方程式：

$$u_{o2}=2.5+(-2.5-2.5)e^{-\frac{t}{\tau}}=2.5-5e^{-\frac{t}{\tau}} \tag{6-16}$$

根据式(6-15)、式(6-16)可以画出 u_o 波形，如图 6.57(b)所示。

- 单稳态触发器

单稳态触发器主要有 555 定时器 IC_4 构成脉冲触发式单稳态触发器，触发脉冲为低电平有效，电容 C_{12}是防干扰电容，R_{21}和 C_{13}是单稳态触发器的定时元件。

f/V 变换电路的工作原理是：频率 f_1的脉冲方波经 R_{20}、C_{11}微分后，形成负向尖脉冲（如图 6.57(b)所示），从 IC_4的 2 脚引入，当负向尖脉冲的幅度小于$\frac{1}{3}\times 5(\text{V})$时，$IC_4$的 3 引脚输出高电平，电路进入暂稳态，与此同时，+5 V 电源通过 R_{21}对电容 C_{13}充电，当 C_{13}两端的充电电压大于$\frac{2}{3}\times 5(\text{V})$时，$IC_4$的 3 脚输出由高电平变为低电平，电容 C_{13}通过 IC_4内部电路放电，电路恢复到稳态，这样，每当 2 脚输入一次负向尖脉冲，3 脚就输出一个正向脉冲（参见图 6.58），正向脉冲（即暂稳态）的时间由下式决定：$t=1.1\times R_{21}\times C_{13}$。当 R_{21}和 C_{13}选定参数后，输出脉冲宽度 t 是定值，所以，触发脉冲频率 f_1越高，在单位时间内输出的脉冲数也就越多，亦即输出电压的平均值越高，触发脉冲频率 f_1与输出电压成正比例关系，从而实现了频率-电压的转换。

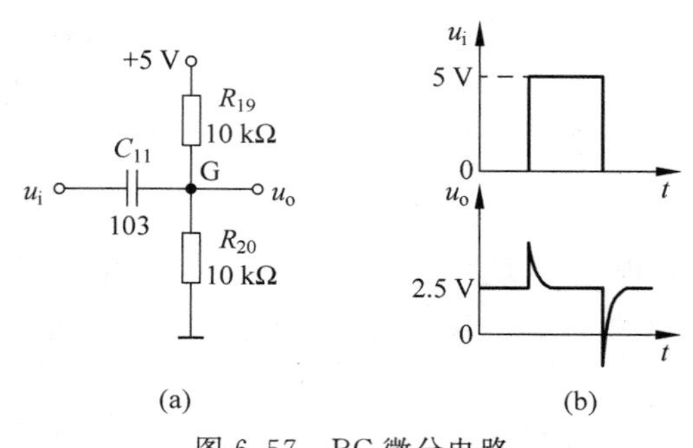

图 6.57 RC 微分电路

(a) 微分电路；(b) 微分波形

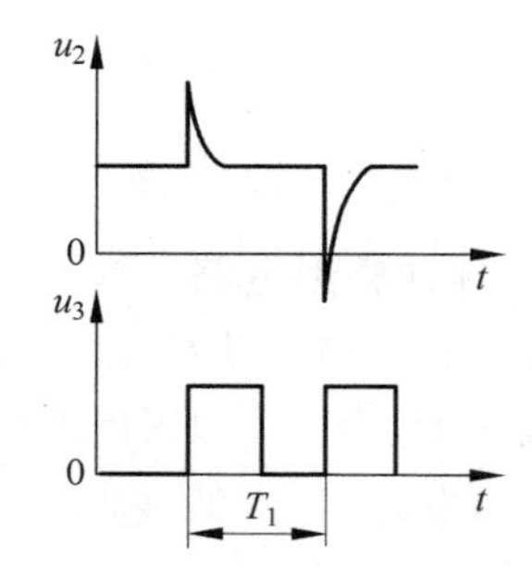

图 6.58 单稳态输出波形

- 分压和滤波电路

分压电路由电阻 R_{22}、R_{23}和电位器 R_{24}组成（参见图 6.56），从 IC_4的 3 脚输出的矩形脉冲信号经分压电路分压，再由 C_{14}进行滤波后，被平滑成平坦的直流电压。

由于本系统电机最大转速不超过 6000 r/min，即 $n_{max}\leqslant 100$ r/s，亦即 $f_{1max}\leqslant 100$ Hz，适当调节电位器 R_{24}，使数字表输入电压 $U_i\leqslant 100$ mV，也就是说使数字表输入电压 U_i的值与频率 f_1的数值保持严格的一一对应关系。

③ 直流数字电压表

直流数字电压表亦即 DT830B 数字万用表 DC200 mV 挡，主要由双积分 A/D 转换集成电路 ICL7106 和液晶显示器构成，其作用是把前级电路输入的直流电压进行 A/D 转换，并将其结果显示出来，由双积分 A/D 转换表达式

$$\frac{U_i}{U_{REF}}=\frac{N_2}{N_1},\quad \text{其中}\quad N_1=1000,\quad U_{REF}=100\text{ mV}$$

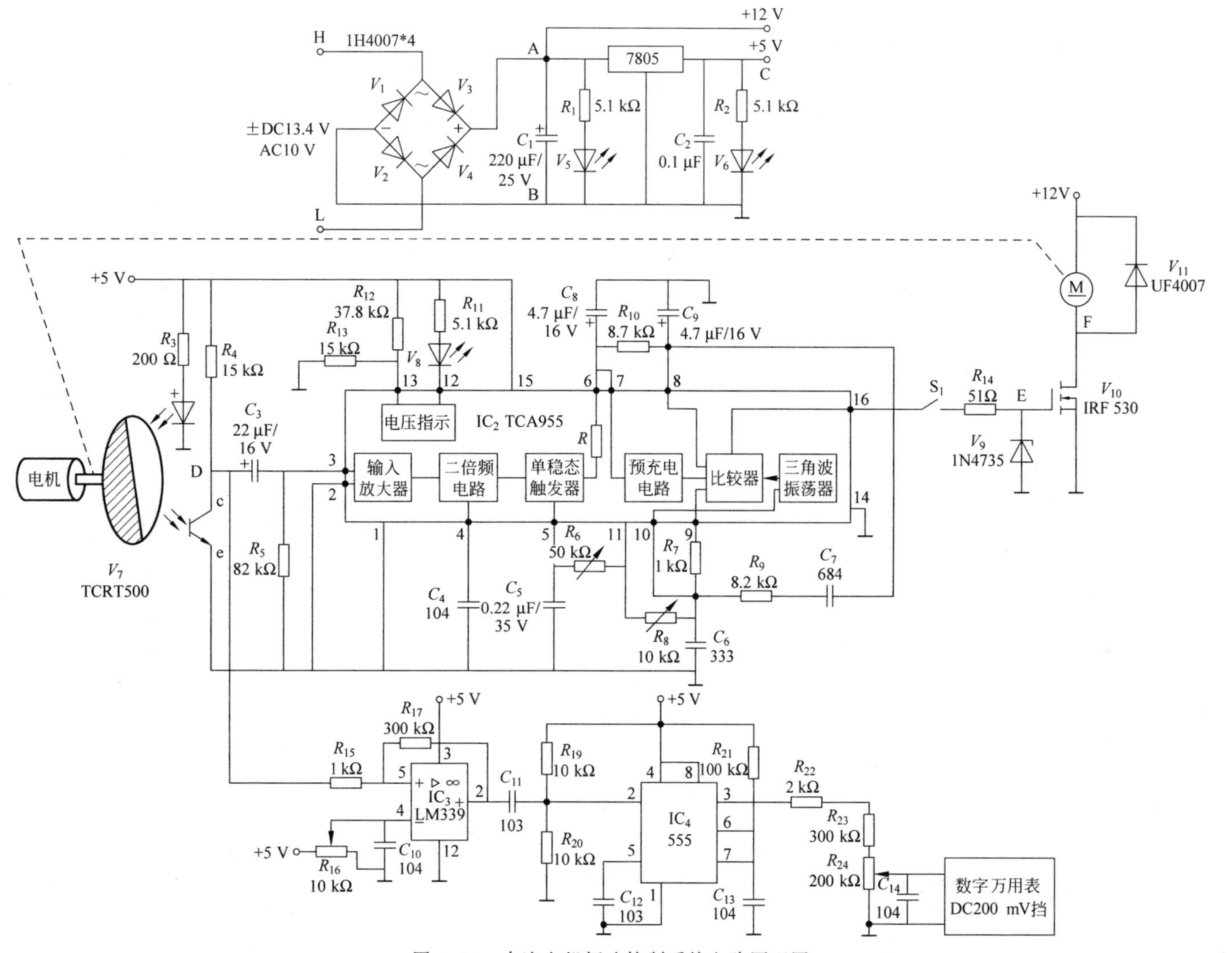

图 6.59 直流电机恒速控制系统电路原理图

由于电机的转速小于 100 r/s(即 6000 r/min),所以 $U_i<100$ mV,且小数点自动切换在十位上,所以 $N_2<100.0$ r/s,由此,构成了转速数字显示电路。

由集成电路 TCA955 构成的电机恒速控制系统的电路图如图 6.59 所示。

(5) 电机启动和停止及正转/反转 PWM 驱动电路

直流电动机正反转基本控制有采用双电源方式、单电源方式、专用集成电路等。本文采用单电源控制方式。

电机启动和停止及正转/反转 PWM 驱动电路如图 6.60 所示。

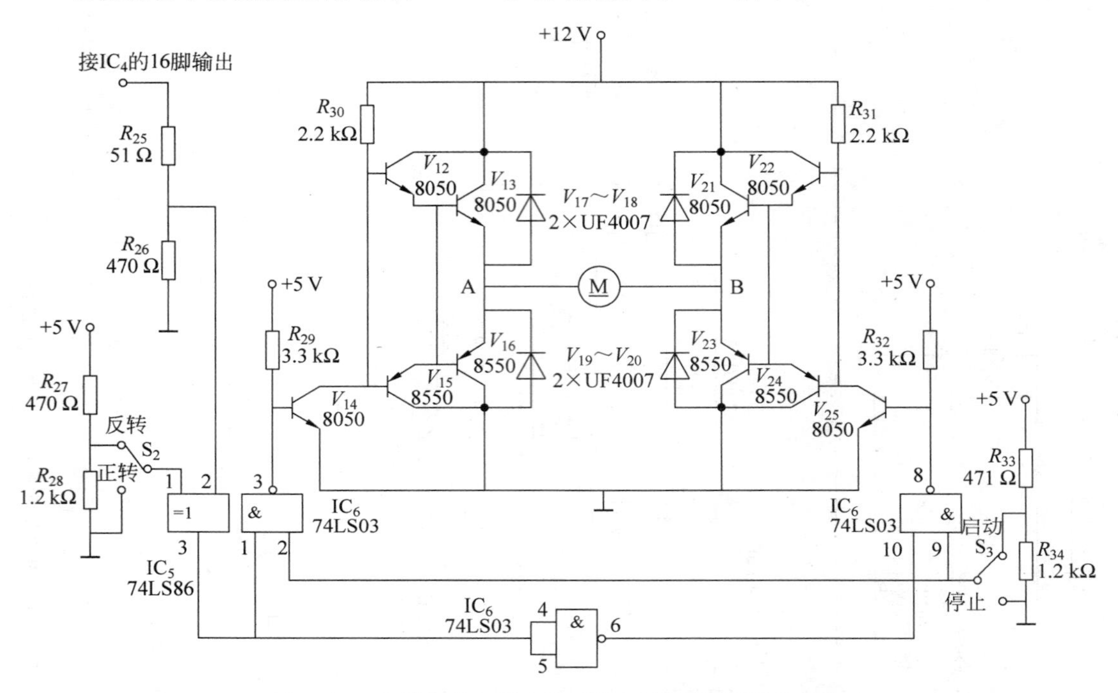

图 6.60 电机启动和停止及正转/反转 PWM 驱动电路

电动机正反转控制电路采用 H 桥 PWM 控制,H 桥的 4 个桥臂分别由三极管 V_{12}、V_{13};V_{15}、V_{16};V_{21}、V_{22};V_{23}、V_{24}和续流二极管 V_{17}、V_{18}、V_{19}、V_{20}组成。

电机启动和停止电路参见图 6.60。当 S_3打在停止端,集成电路 74LS03 的 9 脚、2 脚输入低电平,3 脚、8 脚输出高电平,V_{14}、V_{25}饱和导通,4 个桥臂三极管截止,电机不转。当 S_3打在启动端,假设 S_2打在反转,即异或门 74LS86 的 1 脚输入高电平,而 2 脚输入为矩形波,因此 3 脚输出波形如图 6.61 所示。与非门 3 脚、8 脚输出波形如图 6.62 和图 6.63 所示。

当 74LS03 的 3 脚输出为高电平,8 脚输出为低电平时,V_{14}饱和导通,V_{25}截止。三极管 V_{21}、V_{22}、V_{15}、V_{16}饱和导通;当 74LS03 的 3 脚输出为低电平,8 脚输出为高电平时,V_{14}截止,V_{25}饱和导通。三极管 V_{21}、V_{22}、V_{15}、V_{16}饱和导通,加在电机两端的平均电压小于零,因此电机反转。同理当 S_2打在正转,可以推导出电机两端电压大于零,电机正转。

图 6.64 是采用专用集成电路的控制方式。对于上述采用的单电源方式,需使用 10 个三极管,需要的元件较多,而控制小功率电动机的正反转采用集成电路更为方便。图中集成电路为 7 脚小型封装的 TA7257P,片内有吸收电动机启动/停转时产生的噪声的二极管、对晶体管电流进行限制的限幅电路等,因此用作电动机驱动电路非常方便。有兴趣的同学可

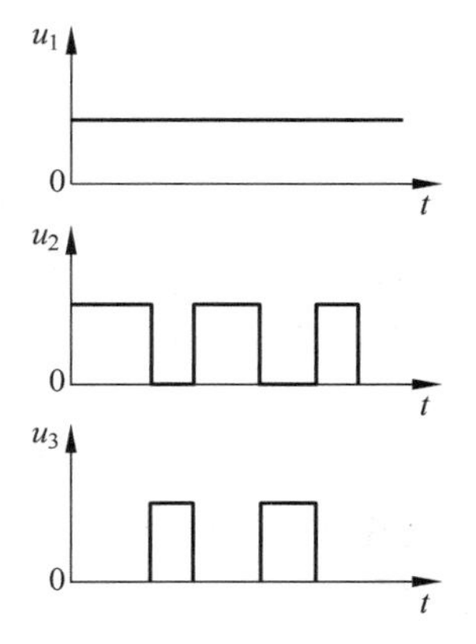

图 6.61 异或门 3 脚输出波形

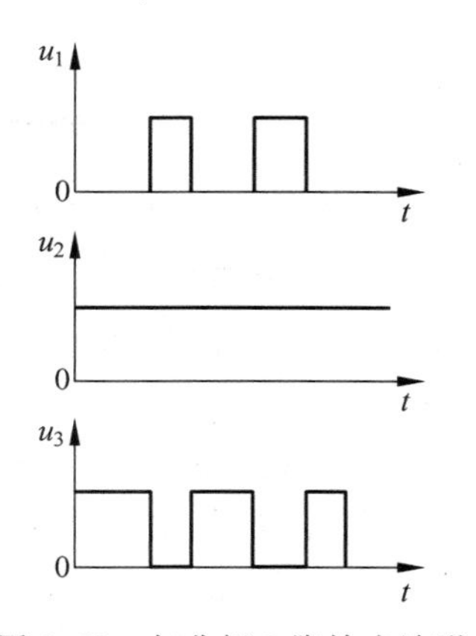

图 6.62 与非门 3 脚输出波形

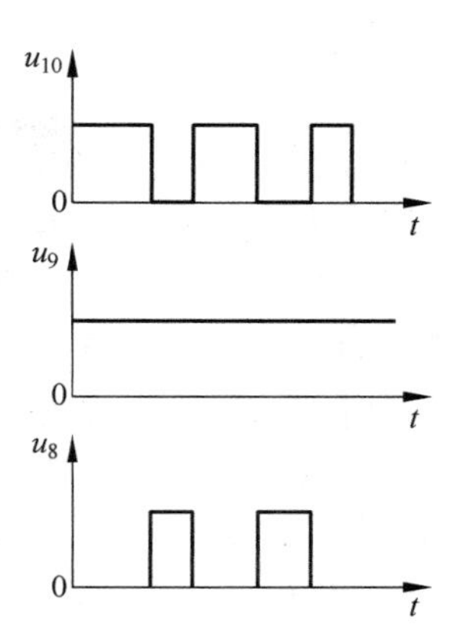

图 6.63 与非门 8 脚输出波形

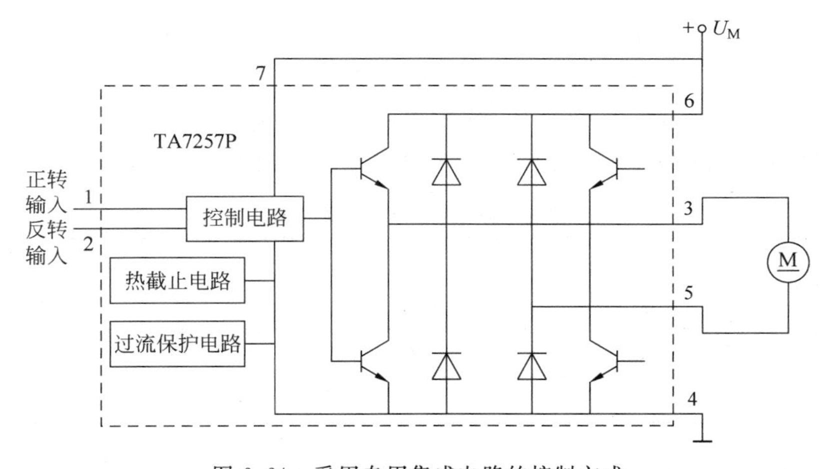

图 6.64 采用专用集成电路的控制方式

以去设计一下由专用集成电路 TA7257 组成的电路并完成电路的制作与调试。

3）单片机应用

单片机在自动控制系统中的应用已十分普遍，其智能化程度越来越高，这一块板要求学生独立完成单片机用于电机控制系统的电路设计、编程到电路制作调试整个过程。

引入单片机电路设计要求如下：

(1) 用键盘控制直流电机的启动、停止和正、反转；

(2) 用键盘设定直流电机的正转转数、暂停时间和反转转数，启动后电机正常运行；

(3) 画出硬件设计电路图，写出软件程序；

(4) 电路能起到过压及过流保护功能；

(5) 能显示电机的转速。

4. 实训器材

(1) 直流电机恒速控制器的套件 1 套。

(2) 直流稳压电源、数字万用表、示波器、信号发生器各 1 台。

5. 实训步骤

1）直流电源电路的安装调试

（1）按图6.59完成电路的装配，用斜口钳剪去元器件引脚，并把桌面清理干净，把数字万用表量程开关置在二极管挡位，用红、黑表笔分别接触H、L或L、H两端，若两次表头显示都为“1”，则说明电源电路安装正确。若不正常，检查整流二极管1N4007极性是否安装正确，线路是否接通，焊点是否焊好。

（2）电路检查正常后在H、L两端通入正或负13.4 V的直流电压，此时V_5、V_6应该发光，测量C_1两端的电压，应该为12 V左右（若发光二极管V_5不亮，则检查C_1两端电压是否为12 V左右，如为12 V左右，则有可能是发光二极管极性接反或损坏）。

（3）测量C_2两端电压，应该为+5 V。若不正常，则应该检查LM7805引脚是否安装正确；C_2是否被击穿短路。

2）直流电机恒速控制电路的调试

（1）按图6.59完成电路装配后，首先把桌面清理干净，把S_1拨至断开位置，电位器R_6和R_8调至中间位置，先不插入TCA955集成芯片，接通电源。

（2）用数字万用表DC20 V挡测量IC_2插座各管脚对地电压应符合表6.8所示。

表6.8 IC_2插座各引脚参考电压

管　脚	1	2	3	4	5	6	7	8
电压/V	0.0	0.0	0.0	0.0	0.3	0.0	0.0	0.0
管　脚	9	10	11	12	13	14	15	16
电压/V	0.1	0.1	0.1	2.8	2.8	0.0	5.0	0.0

若某一管脚电压与表6.8不符，则应根据电原理图检查该脚外接元器件是否正确，连线是否有错误及是否存在短路、虚焊等情况。一般而言，当某一管脚的对地电压出现问题时，应先切断电源，检查与该脚有关联的相应元器件的参数正确与否，若不正确，则调换元器件，若正确，则用数字万用表的蜂鸣挡从该脚出发一段一段地检查元器件的通断，该方法比较容易发现问题的所在，直至各管脚电压值正常为止。

（3）调节红外光电断续器V_6与电机同轴安装的反射圆盘之间的垂直距离，将其间距调至1～2 mm之间，再拧紧调节螺钉，将其固定。旋动反射圆盘，将黑色部分正对V_7，用数字万用表DC20 V挡测量V_7接收管输出端D点的电压，应为2.7 V左右，再将反射圆盘的白色部分对准V_7，D点的电压应该是0.13 V左右。若电压不对，则应检查V_7接线是否正确以及V_7是否损坏。

（4）切断电源，把TCA955芯片按正确的方向插入16芯插座，再接通电源，此时，发光二极管V_8亮。IC_2的13脚对地电压应该是1.2 V左右；11脚电压应该是3 V左右，若电压偏差较大，则应检查+5 V电源电压和相应管脚的外接元器件。在上述电压值都正常的情况下，用示波器（DC0.5 V/DIV，50 μS/DIV）测量IC_2的10脚的波形应为三角波，调节电位器R_8使三角波的周期T_3=100 μs，IC_2的9脚波形也和10脚一样为相同周期的三角波。但其交变部分的峰峰值幅度较之IC_2的10脚有所缩小，接着，再切断电源，把IC_2的5脚外接

的电位器 R_6 的阻值调至 40 kΩ，用数字表 200 kΩ 挡在线测量即可。

(5) 将开关 S_1 拨至接通位置，然后接通电源。TCA955 芯片正常工作，电机启动，用示波器(DC2 V/DIV，10 ms/DIV)挡测量 V_7 输出端 D 点的波形，应该是含有直流分量的方波，再用(DC1 V/DIV，10 mS/DIV)挡测量 IC_2 的 3 脚的波形应该是相同周期但不含直流分量的方波脉冲，方波周期 T_1(即频率 f_1)反映了直流电机的转速，再用示波器(DC0.5 V/DIV，10 ms/DIV)挡测 IC_2 的 5、6、8 脚的波形，IC_2 的 5 脚为三角波，该三角波由前级输入脉冲触发，其周期 T_2 比 T_1 缩小了一倍(为什么?)。若该端无此三角波，则应检查 R_6 和 C_5 以及 R_6 和 IC_2 的 11 脚的连线是否虚焊或漏焊，6 脚和 8 脚的直流电压波形就比较平滑(为什么?)。到此为止，频率-电压转换完成。

(6) 同时用示波器(DC0.5 V/DIV，50 μs/DIV)挡的 CH1 和 CH2 探头同时测量 IC_2 的 8 脚和 9 脚的波形，可看到被测速电压调制的三角波。在同一坐标图上画出 8 脚和 9 脚的波形，然后用示波器(DC2 V/DIV，50 μs/DIV)挡测量 IC_2 的 16 脚波形，应是周期为 T_3 的方波，该方波即为 PWM 信号，最后用示波器(DC5 V/DIV，50 μs/DIV)挡测量 F 点的波形，应该是幅度为 12 V，占空比刚好与 IC_2 的 16 脚输出的方波相位相反。

把 D 点，IC2 的 3 脚、5 脚、6 脚、8 脚、9 脚、16 脚，F 点测量电压波形填入附录 B 的表 B15 中。

在电机转速稳定时，用数字万用表 DC20 V 挡测量集成电路 TCA955 各引脚的电压，填入附录 B 的表 B15 中。

3) 转速显示电路的调试

(1) 转速显示电路连接完毕后，用斜口钳剪去元器件引脚，检查无误后通电。

(2) 用数字万用表 DC20 V 挡测试比较器 IC_3 的 3 脚和 12 脚之间的电压，单稳态触发器 IC_4 的 8 脚、4 脚和 1 脚之间的电压均应为 +5 V。IC_4 的 2 脚与 1 脚之间的电压应为 2.5 V。若无上述电压，则应检查电源是否接错。电路正常则调节电位器 R_{16}，使 IC_3 的 4 脚的电压调至 1.5 V 左右，再将信号发生器调在 $U_{p-p}=3$ V，$f=50$ Hz 的方波信号从 D 点输入(此时转速显示电路还没有接入 V_6 输出端)。用示波器 DC2 V/10 ms 挡测量 IC_3 的 2 脚波形，应该是高电平位为 5 V，周期为 20 ms 的方波。再测单稳态触发器输入端 IC_4 的 2 脚的波形，应该是与 IC_3 的 2 脚方波的上升沿和下降沿相对应的正向和负向微分脉冲。其中心偏置电压为 2.5 V，正向峰值为 7.5 V，负向峰值为 −2.5 V。此时再测 IC_4 的 3 脚的波形，应该是高电平 4.2 V，脉宽为 12 ms，周期为 20 ms 的方波；再测 IC_4 的 7 脚的充放电波形，应该是充电峰值为 3.2 V 左右，充电周期为 12 ms，周期为 20 ms 的三角波。上述波形调试正常后，把 C_{14} 输出端接 DT830B 数字万用表的红表笔(VΩmA 孔)把接地端接黑表笔(COM 孔)。再把 DT830B 数字万用表的功能量程开关旋至 DC200 mV 挡。调节电位器 R_{33}，使数字表显示读数为 50.0。此时，用示波器 DC 挡(50 mV/DIS，10 ms/DIS)测 R_{33} 中点电压，波形应为高电平 90 mV，脉宽 12 ms，周期 20 ms 的方波。

把测量数据、波形填入附录 B 的表 B16 中。

上述调试完毕后，把数字显示电路的输入端接至红外向传感器 V_6 的接收管输出端 c 极，通电后，恒速控制电路工作，电机转动数字万用表液晶屏上显示数值即为电机在每秒钟内的转速，该数值再乘以 60，即为电机的实测转速。再用标准转速表实测电机转速，与数字万用表实测读数进行对照。

4）电机启动、停止和正、反转控制电路的调试

（1）按图6.60完成电路的制作后，用斜口钳剪去元器件引脚，检查无误后将S_1拨至断开位置，S_2拨到正转位置，S_3拨到停止位置，先不插74LS86和74LS03芯片，接入电源。

（2）用数字万用表的DC20V测量74LS86(IC_5)和74LS03(IC_6)芯片插座14脚与7脚之间的电压应为+5 V。断电，插上74LS86(IC_5)和74LS03(IC_6)芯片后再接通电源。

（3）将S_3拨到启动的位置，电机正转，将S_2拨到反转的位置，电机反转，上述试验完成后，切断电源。

（4）将S_2、S_3复位，S_1拨到接通的位置，通电后电机不转，用数字万用表DC20 V挡测量三极管V_{14}和V_{25}的基极与发射极之间的电压为0.7 V左右，然后把S_3拨到启动的位置，电机在PWM信号驱动下正转，用示波器DC1 V/50 μs挡的CH1和CH2通道同时测量74LS03的3脚和8脚波形，应为高电平幅度为0.7 V、频率相同、相位相反的方波。再用示波器DC5 V/50 μs挡测量直流电机的两端电压，应为高电平为12 V且与PWM信号同频率的方波。

（5）再把S_2拨到反转位置，电机在PWM信号驱动下反转，调试方法同上。

把测试波形填入附录B的表B16中。

6. 实训报告

（1）把测量数据、波形填入附录B的表B15和表B16中。

（2）请叙述怎样根据电路原理分析、排除在调试过程中所遇到的故障。

实训六　多路智力竞赛抢答器装调实训

1. 实训目的

通过对多路智力竞赛抢答器的电路布局、安装、调试，让学生了解电子产品的生产工艺流程，掌握常用元器件的识别和测试以及电子产品生产的基本操作技能，培养学生的动手能力及创新能力。

2. 实训要求

（1）能看懂多路智力竞赛抢答器的原理框图、电原理图。

（2）独立完成多路智力竞赛抢答器的电路布局、元器件安装、调试。

（3）运用电路知识，分析、排除调试过程中所遇到的问题。

（4）完善电路功能。

3. 多路智力抢答器原理

多路智力抢答器可以完成以下几个功能：

（1）抢答器能同时供8名选手或8个代表队比赛，分别用8个按钮S_1～S_8表示。

（2）设置了一个系统清除和抢答控制开关S，该开关由主持人控制。

(3) 抢答器具有锁存与显示功能，即选手按动按钮，锁存相应的编号，并在 LED 数码管上显示，同时扬声器发出报警声响提示。选手抢答实行优先锁存，优先抢答选手的编号一直保持到主持人将系统清除为止。

(4) 抢答器具有定时抢答功能，且一次抢答的时间由主持人设定（如 40 s）。当主持人启动“开始”按钮后，定时器进行减计时，同时扬声器断续发声，声响持续的时间为 0.5 s 左右。

(5) 参赛选手在设定的时间内进行抢答，抢答有效，定时器停止工作，显示器上显示选手的编号和抢答的时间，并保持到主持人将系统清除为止。

(6) 如果定时时间已到，无人抢答，本次抢答无效，系统报警并禁止抢答，定时显示器上显示 00。

多路智力竞赛抢答器的原理框图如图 6.65 所示，由多路抢答电路、控制电路、定时电路、报警电路等组成，多路智力竞赛抢答器电路图如图 6.66 所示。

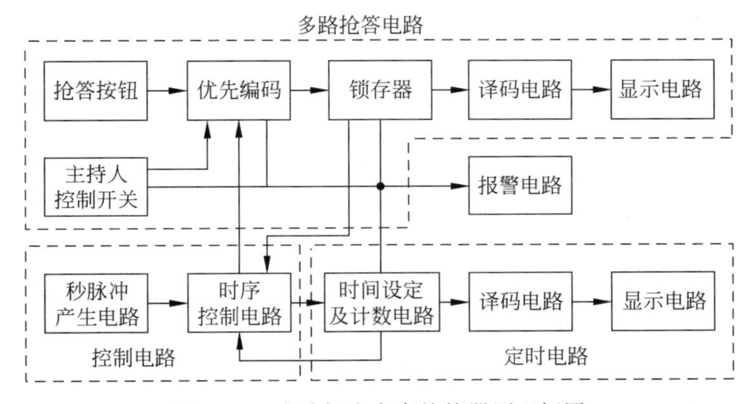

图 6.65　多路智力竞赛抢答器原理框图

多路抢答电路完成基本的抢答功能，即开始抢答后，当有选手按动抢答按钮时，能显示该选手的编号，同时封锁输入电路，禁止其他选手抢答，控制电路、定时电路、报警电路等完成定时抢答及报警功能。整机接通电源时，节目主持人将开关置于“清除”位置，多路抢答器处于禁止工作状态，编号显示器灭灯，节目主持人设定好抢答定时时间，定时电路数码管显示抢答定时时间（如 60 s）。主持人设定好定时时间后，将开关置于“开始”位置，选手开始抢答，定时器开始倒计时。

若选手在定时时间内按动抢答按钮时，多路智力竞赛抢答器要完成以下 4 项工作：①优先编码电路立即分辨出抢答者的编号，并由锁存器进行锁存，然后由译码显示电路显示编号；②扬声器发出 3～4 s 连续报警声，提醒节目主持人注意；③控制电路要对优先编码电路进行封锁，避免其他选手再次进行抢答；④控制电路要使定时电路停止工作，定时电路的显示器上显示剩余的抢答时间，并保持到主持人将系统清零为止。当选手将问题回答完毕，主持人操作控制开关，使系统回复到禁止工作状态，以便进行下一轮抢答。

若定时时间到，却没有选手抢答时，系统报警，并封锁输入电路，禁止选手超时后抢答。

下面分别介绍多路抢答电路、控制电路、定时电路、报警电路。

1) 多路抢答电路

多路抢答电路由优先编码器 74LS148、锁存器 74LS279、译码器 74LS48 等集成电路和

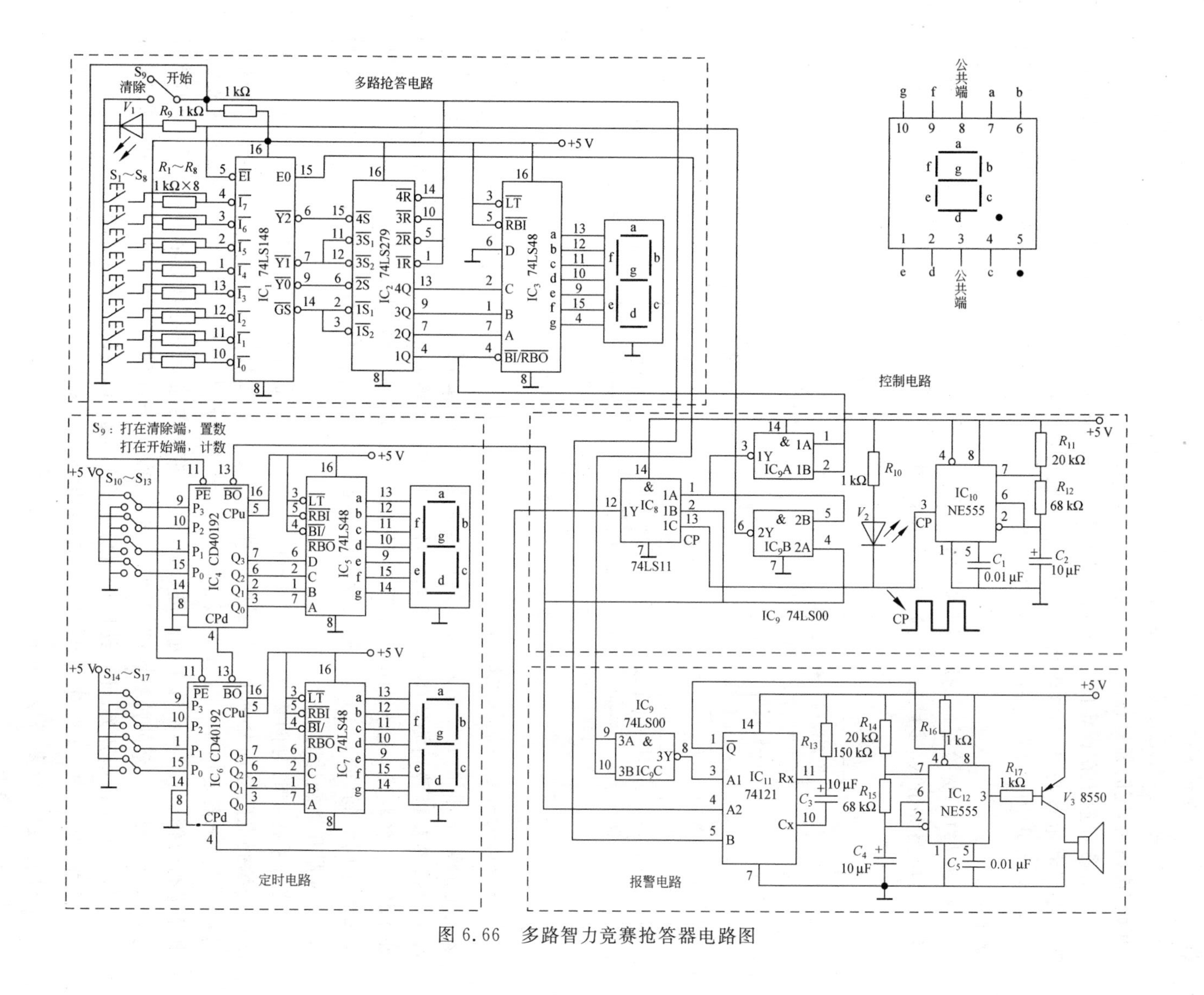

图 6.66 多路智力竞赛抢答器电路图

8个抢答按钮(常开)、数码管等组成,下面先介绍优先编码器74LS148、锁存器74LS279、译码器74LS48等集成电路的工作原理,再介绍多路抢答电路工作原理。

(1) 74LS148优先编码器工作原理

74LS148为8-3线优先编码器,参见图6.67,其真值表如表6.9所示。其中$\overline{I_7}\sim\overline{I_0}$为74LS148优先编码器输入端;$\overline{Y_2}\sim\overline{Y_0}$为74LS148优先编码器输出端;$\overline{EI}$为使能输入端,低电平有效;$E_o$为使能输出端,高电平有效;$\overline{GS}$为扩展输出端,是控制标志,当$\overline{GS}=0$表示编码输出,$\overline{GS}=1$表示不是编码输出。

表6.9　74LS148优先编码器真值表

输入									输出				
$\overline{EI}$	$\overline{I_0}$	$\overline{I_1}$	$\overline{I_2}$	$\overline{I_3}$	$\overline{I_4}$	$\overline{I_5}$	$\overline{I_6}$	$\overline{I_7}$	$\overline{Y_2}$	$\overline{Y_1}$	$\overline{Y_0}$	$\overline{GS}$	E_o
1	×	×	×	×	×	×	×	×	1	1	1	1	1
0	1	1	1	1	1	1	1	1	1	1	1	1	0
0	×	×	×	×	×	×	×	0	0	0	0	0	1
0	×	×	×	×	×	×	0	1	0	0	1	0	1
0	×	×	×	×	×	0	1	1	0	1	0	0	1
0	×	×	×	×	0	1	1	1	0	1	1	0	1
0	×	×	×	0	1	1	1	1	1	0	0	0	1
0	×	×	0	1	1	1	1	1	1	0	1	0	1
0	×	0	1	1	1	1	1	1	1	1	0	0	1
0	0	1	1	1	1	1	1	1	1	1	1	0	1

(2) 锁存器74LS279工作原理

74LS279为4个$\overline{R}$-$\overline{S}$锁存器(参见图6.67),它的工作原理如下:

① 当$\overline{S}$为低电平,$\overline{R}$为高电平时,输出端Q为高电平;

② 当$\overline{S}$为高电平,$\overline{R}$为低电平时,Q为低电平;

③ 当$\overline{S}$和$\overline{R}$均为高电平时,Q被锁存在已建立的电平;

④ 当$\overline{S}$和$\overline{R}$均为低电平时,Q为不稳定的高电平状态。

锁存器74LS279的真值表如表6.10所示。

表6.10　锁存器74LS279的真值表

输入		输出
$\overline{R}$	$\overline{S}$	Q
0	0	1
1	0	1
0	1	0
1	1	保持

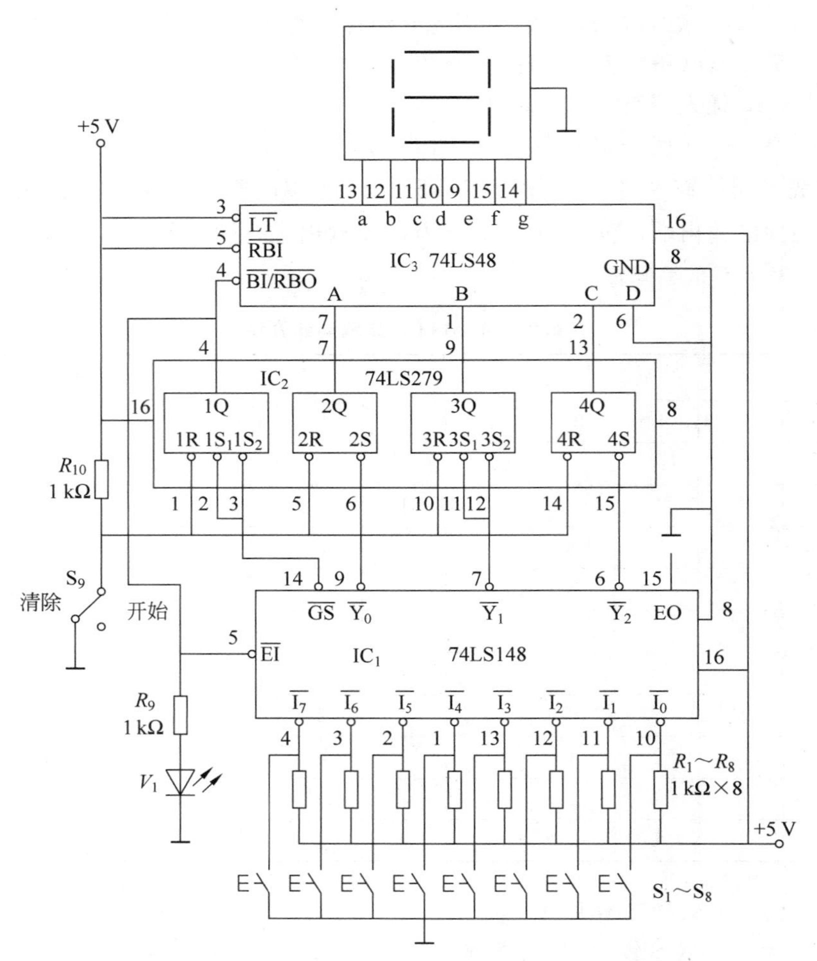

图 6.67 多路抢答电路

(3) 74LS48 译码器

74LS48 为 BCD—7 段译码显示器驱动器，DCBA 为译码器输入端，abcdefg 为译码器输出端(参见图 6.67)。它的工作原理如下：

① 当$\overline{LT}=1$，$\overline{RBI}=1$，$\overline{BI}/\overline{RBO}=1$，DCBA 输入二进制数据时正常译码；

② 当$\overline{LT}=0$，灯测试，无论其他输入为何种状态，a～g 各段均输出，显示“8”；

③ $\overline{RBO}=0$，灭灯，无论其他输入为何种状态，a～g 各段均关闭，不显示；

④ 当动态灭灯输入$\overline{RBI}$和 DCBA 均为“0”，$\overline{LT}=1$ 时，a～g 各段均关闭，不显示，用于对无效“0”的消隐，同时动态灭灯$\overline{RBO}=0$ 而作出响应。

74LS48 的真值表如表 6.11 所示。

(4) 多路抢答电路的工作原理

多路抢答电路如图 6.67 所示，该电路完成两个功能：一是分辨出选手按动按钮的先后，并锁存优先抢答者的编号，同时译码显示电路显示编号；二是禁止其他选手按动按钮操作无效。

表 6.11 74LS48 的真值表

输入			$\overline{BI}/\overline{RBO}$	输出	
$\overline{LT}$	$\overline{RBI}$	D C B A		a b c d e f g	显示
1	1	0 0 0 0	1	1 1 1 1 1 1 0	0
1	×	0 0 0 1	1	0 1 1 0 0 0 0	1
1	×	0 0 1 0	1	1 1 0 1 1 0 1	2
1	×	0 0 1 1	1	1 1 1 1 0 0 1	3
1	×	0 1 0 0	1	0 1 1 0 0 1 1	4
1	×	0 1 0 1	1	1 0 1 1 0 1 1	5
1	×	0 1 1 0	1	0 0 1 1 1 1 1	6
1	×	0 1 1 1	1	1 1 1 0 0 0 0	7
1	×	1 0 0 0	1	1 1 1 1 1 1 1	8
1	×	1 0 0 1	1	1 1 1 1 0 1 1	9
…	…	…	…	…	…
0	×	× × × ×	1	1 1 1 1 1 1 1	8(亮灯)
×	×	× × × ×	0	0 0 0 0 0 0 0	无显示(消隐)
1	0	0 0 0 0	0	0 0 0 0 0 0 0	无显示(消隐)

多路抢答电路工作过程如下：

① 主持人将开关 S_9 置于“清除”端时，集成电路 74LS279 内的 4 个 RS 触发器的输出端 1Q～4Q 均为“0”电平，使 74LS48 的$\overline{BI}=0$，译码器不工作，显示器消隐(不发光)；同时使 74LS148 的选通输入端$\overline{EI}=0$，74LS148 处于工作状态，此时锁存器 74LS279 处于复位状态。

② 当主持人开关 S_9 拨到“开始”位置时，优先编码电路和锁存电路同时处于工作状态，即抢答器处于等待工作状态，等待输入端 $\bar{I}_7\cdots\bar{I}_0$ 输入信号，当有选手将按钮按下时(如 6 号选手按下 S_6)，74LS148 的$\overline{Y}_2\overline{Y}_1\overline{Y}_0=001$，$\overline{GS}=0$，送入 74LS279 锁存器的 4 个 RS 触发器的 S 端，经 RS 触发器后，4 个触发器的输出 4Q3Q2Q1Q＝1101，即$\overline{BI}=1$，74LS48 译码开始工作，DCBA＝0110，经 74LS48 译码后，显示器显示出“6”此时抢答指示 V_1 变亮，代表有人抢答。此外，由于 1Q＝1，使 74148 的$\overline{EI}$端为高电平，74LS148 处于禁止工作状态，封锁了其他按钮的输入。当按下的按钮松开后，74148 的$\overline{GS}$为高电平，使 1Q 输出维持高电平不变，所以 74LS148 仍处于禁止工作状态，其他按钮的输入信号不会被接收。这就保证了抢答者的优先性以及抢答电路的准确性。当优先抢答者回答完问题后，由主持人操作控制开关 S，使抢答电路复位，以便进行下一轮抢答。

2) 定时电路

定时电路由抢答时间设定及计数电路、译码电路、显示电路组成。

节目主持人根据抢答题的难易程度，设定一次抢答的时间，通过预置时间电路对计数器进行预置，选用十进制同步加/减计数器 CD40192 进行设计，计数器的时钟脉冲由秒脉冲电路提供。下面首先介绍定时电路所采用的集成电路的工作原理，然后介绍定时电路的工作原理。

（1）十进制同步加/减计数器 CD40192 的工作原理

CD40192 主要引脚功能(参见图 6.68)说明如下：

CPu：加计数时钟输入；CPd：减计数时钟的输入；$\overline{\mathrm{PE}}$：数据预置允许；

$\overline{\mathrm{BO}}$：借位输出；$\overline{\mathrm{CO}}$：进位输出。

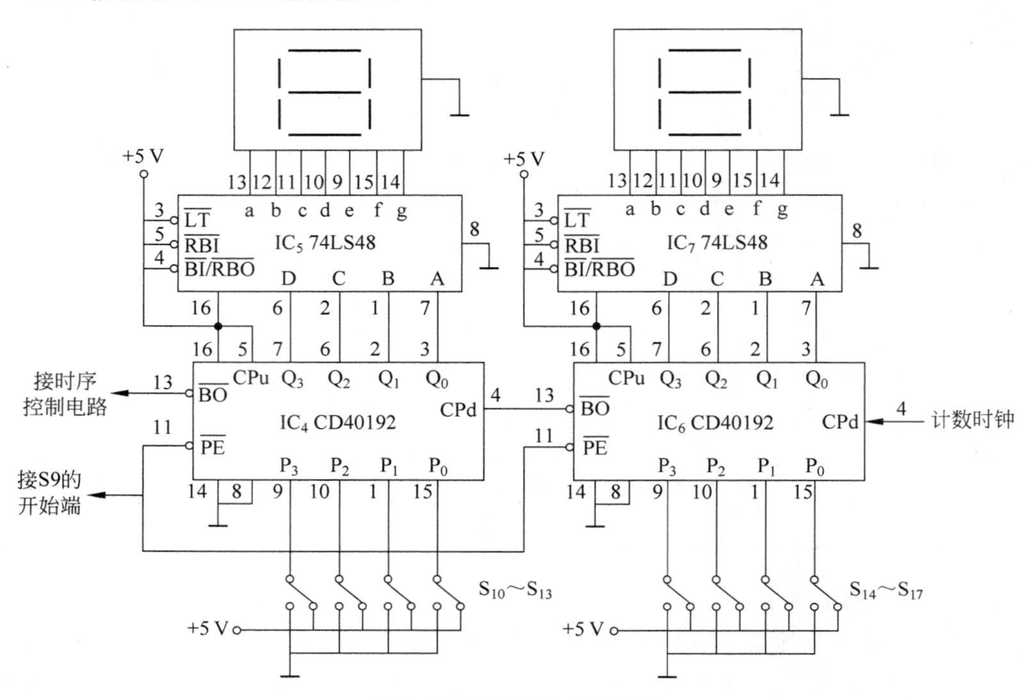

图 6.68　定时器电路原理图

它的工作原理如下：

① $R=0,\overline{\mathrm{PE}}=1,\mathrm{CPd}=1$，时钟从 CPu 脚输入，在其上升沿的作用下加计数；

② $R=0,\overline{\mathrm{PE}}=1,\mathrm{CPu}=1$，时钟从 CPd 脚输入，在其下降沿的作用下减计数；

③ $R=0,\overline{\mathrm{PE}}=0$，预置数据 $P_0\sim P_3$，$Q_3Q_2Q_1Q_0=P_3P_2P_1P_0$；

④ $R=1$，无条件复位，$Q_3Q_2Q_1Q_0=0000$。

加减计数器 CD40192 真值表见表 6.12。

表 6.12　加减计数器 CD40192 真值表

输入					输出					功能
CPu	CPd	$\overline{\mathrm{PE}}$	R	Q_3	Q_2	Q_1	Q_0	$\overline{\mathrm{CO}}$	$\overline{\mathrm{BO}}$	
0	×	1	0							计数禁止
×	0	1	0							
1	_⎍_	1	0	Q_{n-1}	Q_{n-1}	Q_{n-1}	Q_{n-1}			减计数
1	‾⊔‾	1	0							保持

续表

输　　入					输　　出					功　能
×	×	0	0	P_3	P_2	P_1	P_0			预置数据
⊓	1	1	0	Q_{n+1}	Q_{n+1}	Q_{n+1}	Q_{n+1}			加计数
⊓	1	1	0	1001				⊔	1	进位输出
1	⊓	1	0	0000				1	⊔	借位输出
×	×	×	1	0000						清零

(2) 定时电路工作原理

定时电路如图 6.68 所示，主要实现抢答倒计时，同时通过输出接口与时序控制电路相接，实现时序控制。

定时电路主要由加减计数器 CD40192、74LS48 译码电路和两个 7 段数码管、两组置数开关（一刀双掷）等组成。两块 CD40192 实现减法计数，通过译码电路 74LS48 驱动数码管显示，其计数时钟信号由控制电路提供。CD40192 的预置数控制端（两组开关实现）实现预置数，当主持人将开关 S_9 置于“清除”端时，根据要求拨动控制按钮 S_{10}～S_{17} 时，实现预置。如拨动 S_{11}、S_{12}、S_{14}、S_{17}，使它们置于高电位，其他按钮置于低电位，即数码管上显示数字“69”，当主持人开关 S_9 拨到“开始”位置时，计数器开始减法计数工作，倒计时时间显示在数码管上。当有人抢答时，控制电路控制 IC_6 的 CPd 的输入脉冲为低电平，计数器停止计数并显示此时的倒计时时间，同时指示灯 V_1 发光；如果没有人抢答，且倒计时时间到时，数码管显示“00”，同时指示灯 V_1 发光，代表时间到。IC_4 的脚 13 输出低电平输入到控制电路，使控制电路封锁多路抢答电路输入电路，禁止选手超时后抢答，IC_4 的脚 13 输出低电平同时使报警电路报警。

3) 控制电路

控制电路由秒脉冲产生电路和时序控制电路组成，主要由定时器 555 及集成电路 74LS11 及 74LS00 等构成。下面首先介绍集成电路的工作原理，然后再介绍由它们组成的控制电路工作原理。

(1) 74LS11 工作原理

集成 74LS11 内含 3 个三输入端与门单元（参见图 6.69）。其逻辑功能是：A、B、C 输入只要有“0”，输出 Y=0；只有 A、B、C 输入端全部为“1”，输出才为“1”，逻辑表达式为 Y=ABC。

(2) 74LS00 工作原理

74LS00 内含 4 个独立的两输入端与非门，其逻辑功能中：输入端全部为“1”时，输出为“0”；输入端只要有“0”，输出就为“1”。逻辑表达式为 $Y=\overline{AB}$。参见图 6.69。

(3) 秒脉冲产生电路

由定时器 555 及外围电路组成的秒脉冲产生电路（多谐振荡电路）如图 6.69 所示，由定时器 555 等组成的多谐振荡电路在 3 脚输出计数(s)脉冲，通过 74LS00 和 74LS11 结合控制信号 $\overline{BO}$、1Q 控制输入到计数电路的脉冲有无。

计数脉冲周期 $T=(R_{11}+2R_{12})C_2\ln 2$，根据给定的参数可以计算出 $T=0.998\ \text{s}\approx 1\ \text{s}$。

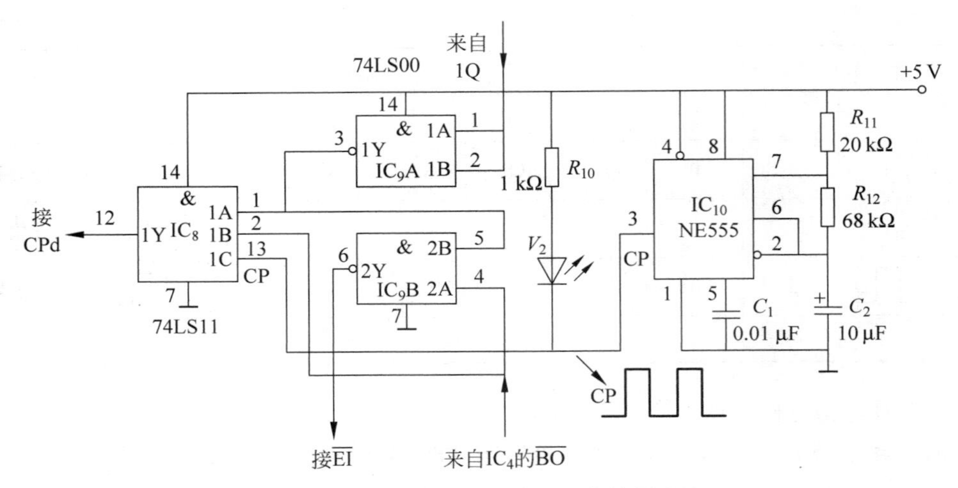

图 6.69　秒脉冲产生电路和时序控制电路

(4) 时序控制电路

从图 6.69 可以得出：输出到计数电路的脉冲 $CPd=\overline{1Q}\cdot\overline{BO}\cdot CP$。$IC_8$ 内三输入与门作用是控制时钟信号 CP 的放行与禁止，IC_9B 的作用是控制 74LSl48 的输入使能端$\overline{EI}$。

秒脉冲产生和时序控制电路的工作过程如下：

① 主持人控制开关从“清除”位置拨到“开始”位置，来自 IC_2 的 $1Q=0$，经 IC_9A 反相，74LS11 的 $1A=\overline{1Q}=1$，而来自 IC_4 的$\overline{BO}=1$，即 IC_8 的 $1B=1$，输出到计数电路的脉冲 $CPd=\overline{1Q}\cdot\overline{BO}\cdot CP=CP$，即从 555 输出端来的时钟信号 CP 能够加到 74LS192 的 CPd 时钟输入端，使定时电路进行递减计数。同时，在定时时间未到时，因为 IC_9B 的 $2A=\overline{BO}=1$，$2B=\overline{1Q}=1$，$\overline{EI}=\overline{2A\cdot 2B}=0$，使 74LS148 处于正常工作状态，即抢答电路和定时电路进入正常抢答工作状态。

② 当选手在定时时间内按动抢答按钮时，$1Q=1$，经 IC_9 A 反相，使 IC_8 的 $1A=\overline{1Q}=0$，$CPd=0$，封锁 CP 信号，计数器停止计数；同时使 IC_9B 的输出$\overline{EI}=1$，使 74LS148 处于禁止工作状态，即抢答电路和定时电路停止工作。

③ 当定时时间到时，来自 IC_4 的$\overline{BO}=0$，$\overline{EI}=1$，使 74LS148 处于禁止工作状态，禁止选手进行抢答。同时 IC_8 的 3 个输入与非门处于关门状态，封锁 CP 信号，使定时电路保持 00 状态不变，计数器停止计数。即当设定的抢答时间到，无人抢答时，抢答电路和定时电路同时停止工作。

4) 报警电路

报警电路主要完成以下功能：

① 主持人将控制开关拨到“开始”位置时，扬声器断续发声，抢答电路和定时电路进入正常抢答工作状态。

② 当参赛选手在定时时间内按动抢答按钮时，扬声器连续发声，抢答电路和定时电路停止工作。

③ 当设定的抢答时间到，无人抢答时，扬声器连续发声，同时抢答电路和定时电路停止工作。

报警电路主要由555定时器、集成电路74121等组成，555定时器工作原理在前面已做介绍，下面首先介绍一下集成电路74121的工作原理，然后介绍报警电路的工作原理。

(1) 74121的工作原理

74121为采用上升沿或下降沿触发的单稳态电路，它的引脚功能如图6.70所示。

它的内部触发端TR的逻辑表达式为

$$TR=(\overline{A1}+\overline{A2})B$$

单稳态触发器74121真值表见表6.13。

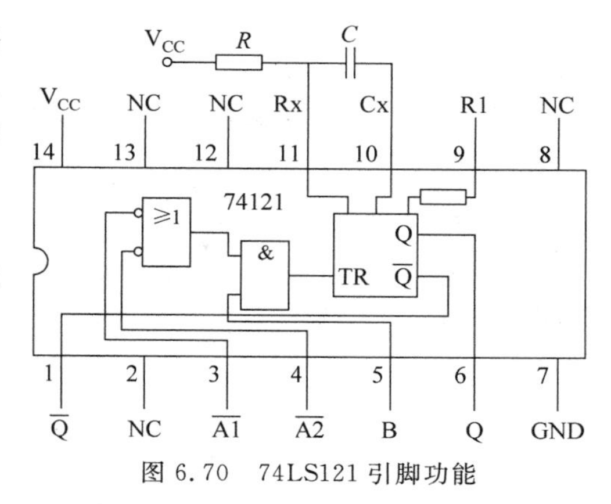

图6.70 74LS121引脚功能

表6.13 单稳态触发器74121真值表

输入			输出	
A1	A2	B	Q	$\overline{Q}$
0	×	1	0	1
×	0	1	0	1
×	×	0	0	1
1	1	×	0	1
1	↓	1	⎍	⊔
↓	1	1	⎍	⊔
↓	↓	1	⎍	⊔
0	×	↑	⎍	⊔
×	0	↑	⎍	⊔

(2) 报警电路工作原理

报警电路主要由555定时器(用于控制报警声音频率)、蜂鸣器即相关的延时电路和控制电路组成。电路原理图如图6.71所示。

单稳态触发器74121通过信号EO、$\overline{BO}$、R控制报警与否和报警时间，555时钟电路产生脉冲时钟。74121输出单稳态触发器的输出延时时间$t_w=RC\ln 2$。取$C=10\ \mu F$，$R=150\ k\Omega$，$t_w=1\ s$。

① 当主持人开关S_9拨到"开始"位置时，集成电路74121输入的状态为EO=0，$A1=\overline{3A\cdot 3B}=1$，$A2=\overline{BO}=1$，B=R=1，从真值表5第6行可以得到：$\overline{Q}=1$，即$IC_{12}$的4脚为高电平，555 ($IC_{12}$)振荡，在3脚输出振荡脉冲，蜂鸣器按振荡频率鸣叫，表示电路正常工作。

② 在规定的时间有人抢答时，EO由0跳变到1，即IC_9的输出端由1变到0(即IC_{11}的输入端3脚)，$\overline{Q}$输出暂态低电平(低电平持续时间为1 s)，即IC_{12}的4脚为低电平，使555的3脚输出为低电平(复位)，三极管V_3饱和导通，蜂鸣器连续发声报警，持续时间为$t_w=1\ s$。

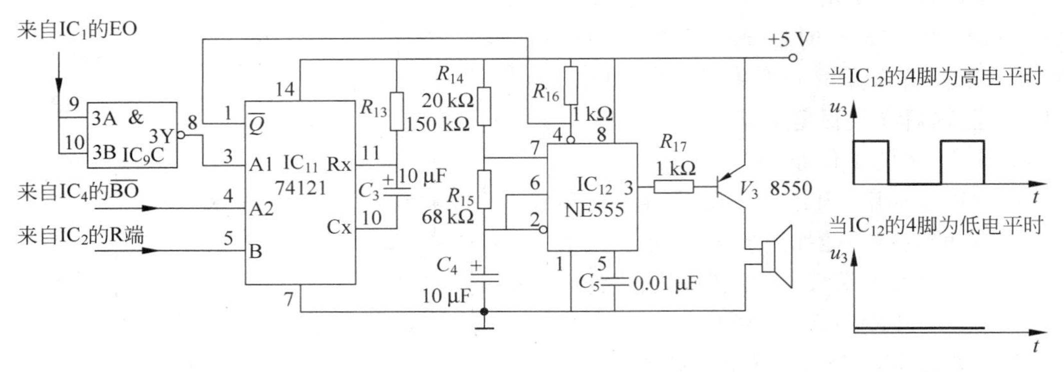

图 6.71　报警电路

③ 如果在规定时间内无人抢答，$\overline{\text{BO}}$由 1 跳变到 0，$\overline{\text{Q}}$ 输出暂态低电平（低电平持续时间为 1 s），IC_{12}的 4 脚为低电平，使 555 的 3 脚输出为低电平，三极管 V_3饱和导通，蜂鸣器连续发声，报警持续时间为 $t_w=1$ s。

4. 实训器材

（1）多路智力竞赛抢答器的套件 1 套。

（2）直流稳压电源、数字万用表、示波器、信号发生器各 1 台。

5. 实训步骤

1）多路抢答器电路的安装调试

（1）多路抢答电路元器件按图 6.67 电路装配焊接完成后（先不插集成电路），用斜口钳剪去元器件引脚，并把桌面清理干净，用数字万用表二极管挡检测电路是否接通，如接通，插上集成电路，加上＋5 V 直流电压。

（2）把主持人的控制开关 S_9设置为“清除”位置，发光管 V_1不发光，显示器消隐。用万用表电压 20 V 挡测量 IC_1、IC_2、IC_3的 16 脚与 8 脚之间的电压都为 5 V，IC_1的 1、2、3、4、10、11、12、13、14 脚与 8 脚之间电压都为 5 V。IC_2的 1、5、10、14 脚，IC_2输出端（4Q～1Q）全部为 0 V。因为 74LS48 的 $\overline{\text{BI}}=0$，所以显示器消隐；74LS148 的选通输入端 $\overline{\text{EI}}=0$，74LS148 处于工作状态，此时锁存电路处于复位状态。

（3）把主持人的控制开关拨到“开始”位置，优先编码电路和锁存电路同时处于工作状态，即抢答器处于等待工作状态，当有选手将按钮按下时（如 3 号选手），74LS148 的输出 $\overline{Y_2}\,\overline{Y_1}\,\overline{Y_0}=100$，$\overline{\text{GS}}=0$，经 RS 锁存器后，DCBA＝0011，$\overline{\text{EI}}=\overline{1\text{Q}}=1$，使 74LS148 处于禁止工作状态，其他按钮的输入信号不会被接收。而$\overline{\text{BI}}=\overline{1\text{Q}}=1$，使译码器正常工作，而译码器输入 DCBA＝0011，所以译码器输出 abcdefg＝1111001，数码管显示器显示数字为“3”。

当数码管稳定显示“3”以后，请测试集成电路 74LS148、74LS279、74LS48 各引脚的电压。把测试结果填入附录 B 的表 B17 中。

表 6.14 为正常工作时，3 号选手抢答集成电路 74LS148、74LS279、74LS48 各引脚的参考电压。

表 6.14 74LS148、74LS279、74LS48 各引脚的参考电压

IC$_1$ 74LS148								
测量项目	U_1	U_2	U_3	U_4	U_5	U_6	U_7	U_8
测量值/V	4.98	4.98	5.0	5.0	3.44	3.76	3.76	0
测量项目	U_9	U_{10}	U_{11}	U_{12}	U_{13}	U_{14}	U_{15}	U_{16}
测量值/V	3.27	5.0	5.0	5.0	5.0	4.11	3.83	5.0
IC$_2$ 74LS279								
测量项目	U_1	U_2	U_3	U_4	U_5	U_6	U_7	U_8
测量值/V	5.0	4.1	4.1	5.0	5	3.75	4.41	0
测量项目	U_9	U_{10}	U_{11}	U_{12}	U_{13}	U_{14}	U_{15}	U_{16}
测量值/V	4.40	5	3.75	3.75	0.12	5	3.75	5.0
IC$_3$ 74LS48								
测量项目	U_1	U_2	U_3	U_4	U_5	U_6	U_7	U_8
测量值/V	4.40	0.12	5.0	5.0	5.0	0	4.41	0
测量项目	U_9	U_{10}	U_{11}	U_{12}	U_{13}	U_{14}	U_{15}	U_{16}
测量值/V	0.12	1.88	1.88	1.88	1.88	1.88	0	5.0

2）定时电路的安装调试

（1）定时电路元器件按图 6.66 电路装配焊接完成后（先不插集成电路），用斜口钳剪去元器件引脚，并把桌面清理干净，用数字万用表二极管挡检测电路是否接通，如正确，插上集成电路，加上＋5 V 直流电压。

（2）把 S_9 打在清除端，设置抢答的时间，如 35 s（通过设置开关 S_{10}～S_{17}，使 IC$_4$ 的 $P_3P_2P_1P_0$＝0011，IC$_6$ 的 $P_3P_2P_1P_0$＝0101）。此时数码管应显示 35。

（3）把 S_9 打在开始端，将信号发生器输出方波信号（5 V/1 s）加至 IC$_6$ 的 4 脚（CPd），正常情况下，计数器开始减计数，数码管上显示的数字减一下降。

以上调试表明定时电路能正常工作。用数字万用表 DC20 V 挡测量集成电路引脚电压，填入附录 B 的表 B18 中。

3）控制电路的安装调试

（1）控制电路元器件按图 6.66 电路装配焊接完成（包括与多路抢答电路、定时电路的连接）后，先不插集成电路，用斜口钳剪去元器件引脚，并把桌面清理干净，用数字万用表二极管挡检测电路是否接通，如正确，插上集成电路（注意缺口方向），加上＋5 V 直流电压（包括多路抢答电路、定时电路、控制电路）。

（2）在定时时间未到无人抢答，用示波器测量 IC$_{10}$ 的 3 脚和 IC$_8$ 的 12 脚波形，应为幅度为 5 V，周期为 1 s 左右的方波，把测试波形填入实习报告中。在定时时间到无人抢答时，用示波器测量 IC$_{10}$ 的 3 脚和 IC$_8$ 的 12 脚波形，把测试波形填入附录 B 的表 B19 中（用数字存储式示波器进行测量，量程为 DC2 V/500 ms）。

（3）将控制开关 S_9 置于“清除”，把定时时间设置为 56 s（01010110），然后把控制开关 S_9

拨到“开始”位置时，抢答电路和定时电路开始工作。定时电路计数器开始减一计数。

（4）在设定的时间内（小于 56 s）按下抢答按钮，如 3 号抢答按钮，此时多路抢答器的数码管显示“3”，计数器停止计数，定时电路的数码管上显示数据不变，即多路抢答电路和定时电路停止工作，禁止其他选手抢答。当设定时间为 56 s 时请用数字表 DC20 V 挡测试集成电路 IC_4～IC_7各引脚的电压；当处于等待抢答状态时测量 IC_8～IC_{10}各引脚的电压；当 3 号选手抢答，多路抢答器的数码管显示“3”时，测量 IC_9各引脚的电压并把测试数据填入附录 B 的表 B19 中。表 6.15 为电路正常工作时，集成电路 IC_4～IC_{10}各引脚的参考电压。

表 6.15 集成电路 IC_4～IC_{10}各引脚的参考电压

IC_4 CD40192								
测量项目	U_1	U_2	U_3	U_4	U_5	U_6	U_7	U_8
测量值/V	0	0.16	5.0	5.0	5.0	5	0.16	0
测量项目	U_9	U_{10}	U_{11}	U_{12}	U_{13}	U_{14}	U_{15}	U_{16}
测量值/V	0	5	0	5.0	5.0	0	5.0	5.0
IC_5 74LS48								
测量项目	U_1	U_2	U_3	U_4	U_5	U_6	U_7	U_8
测量值/V	0.16	5.0	5.0	5.0	5.0	0.16	5.0	0
测量项目	U_9	U_{10}	U_{11}	U_{12}	U_{13}	U_{14}	U_{15}	U_{16}
测量值/V	0.10	1.88	1.88	0.11	1.88	1.88	1.88	5.0
IC_6 CD40192								
测量项目	U_1	U_2	U_3	U_4	U_5	U_6	U_7	U_8
测量值/V	5.0	5.0	0.12	0	5.0	0.01	0.16	0
测量项目	U_9	U_{10}	U_{11}	U_{12}	U_{13}	U_{14}	U_{15}	U_{16}
测量值/V	0	5.0	0	0	5.0	0	0	5.0
IC_7 74LS48								
测量项目	U_1	U_2	U_3	U_4	U_5	U_6	U_7	U_8
测量值/V	5.0	5.0	5.0	5.0	5.0	0.16	0.12	0
测量项目	U_9	U_{10}	U_{11}	U_{12}	U_{13}	U_{14}	U_{15}	U_{16}
测量值/V	1.88	1.88	1.88	0.10	0.12	1.88	1.88	5.0
IC_8 74LS11								
测量项目	U_1	U_2	U_7	U_8	U_9	U_{12}	U_{13}	U_{14}
测量值(V)	4.82	4.37	0	4.40	1.92	变化	变化	5.0

IC_9 74LS00							
测量项目	U_1	U_2	U_3	U_4	U_5	U_6	U_7
测量值/V	0.15	0.15	4.42	4.37	4.42	0.17	0
测量项目	U_8	U_9	U_{10}	U_{11}	U_{12}	U_{13}	U_{14}
测量值/V	4.42	0.14	0.14	0.16	2.35	2.35	5.0

续表

IC$_{10}$ NE555								
测量项目	U_1	U_2	U_3	U_4	U_5	U_6	U_7	U_8
测量值/V	0	1.8～3.0	0～4.4	5.0	3.32	1.8～3.0	0～4.0	5.0

3 号选手抢答时，IC$_9$各引脚的电压如表 6.16。

表 6.16 3 号选手抢答时，IC$_9$各引脚的参考电压

测量项目	U_1	U_2	U_3	U_4	U_5	U_6	U_7
测量值/V	5.0	5.0	0.18	4.37	0.18	3.45	0
测量项目	U_8	U_9	U_{10}	U_{11}	U_{12}	U_{13}	U_{14}
测量值/V	0.21	3.84	3.84	0.16	2.35	2.35	5.0

以上数据仅供参考，如有偏差请仔细测量比较。

(5) 如定时时间(56 s)到，还未按下多路抢答按钮，抢答电路和定时电路停止工作。此时再按抢答按钮，无效。

4) 报警电路的安装调试

(1) 报警电路元器件按图 6.66 电路装配焊接完成(包括与多路抢答电路、定时电路的连接)后，先不插集成电路，用斜口钳剪去元器件引脚，并把桌面清理干净，用数字万用表二极管挡检测电路是否接通，如正确，插上集成电路(注意缺口方向)，加上+5 V 直流电压(包括多路抢答电路、定时电路、控制电路)。

(2) 将控制开关 S$_9$置于“清除”，把定时时间设置为 56 s(01010110)，然后把控制开关 S$_9$拨到“开始”位置时，扬声器发声，抢答电路和定时电路开始工作，定时电路计数器开始减一计数。请测试未按抢答按钮时 IC$_{12}$的 3 脚输出电压波形，并测试 IC$_{11}$，IC$_{12}$各引脚的电压，并把测试波形、数据填入附录 B 的表 B20 中。

(3) 在设定的时间内(小于 56 s)按下抢答按钮，如 3 号抢答按钮，扬声器连续发声，持续时间为 $t_w=1$ s，此时多路抢答器的数码管显示“3”，计数器停止计数，定时电路的数码管上显示数据不变，即多路抢答电路和定时电路停止工作，当参赛选手按动抢答按钮时禁止其他选手抢答。请测试 IC$_{12}$的 3 脚输出电压波形，并测试 IC$_{11}$，IC$_{12}$各引脚的电压，并把测试波形、数据填入附录 B 的表 B20 中。

表 6.17 为电路正常工作时 IC$_{11}$、IC$_{12}$各引脚电压参考值。

表 6.17 报警电路的集成电路 IC$_{11}$、IC$_{12}$各引脚的参考电压

扬声器断续报警(定时时间未到无人抢答时)								
IC$_{12}$ NE555								
测量项目	U_1	U_2	U_3	U_4	U_5	U_6	U_7	U_8
测量值/V	0	变化	变化	5.0	3.31	1.8～3.3	0～4.0	5.0

续表

IC11　74121							
测量项目	U_1	U_2	U_3	U_4	U_5	U_6	U_7
测量值/V	5.0	0	4.34	4.34	1.07	0	0
测量项目	U_8	U_9	U_{10}	U_{11}	U_{12}	U_{13}	U_{14}
测量值/V	0	0.72	0～5	0.72	0	0	5.0

扬声器连续报警(有人抢答或定时时间已到无人抢答时)

IC12　NE555								
测量项目	U_1	U_2	U_3	U_4	U_5	U_6	U_7	U_8
测量值/V	0	变化	0	0	3.31	1.8～3.3	0～4.0	5.0

IC11　74121							
测量项目	U_1	U_2	U_3	U_4	U_5	U_6	U_7
测量值/V	0	0	0.21	4.35	1.44	0	0
测量项目	U_8	U_9	U_{10}	U_{11}	U_{12}	U_{13}	U_{14}
测量值/V	0	0.72	0～5	0.72	0	0	5.0

(4) 当设定的抢答时间到，无人抢答时，扬声器连续发声，持续时间为 t_w=1 s左右。

5) 整机电路调试

(1) 整机通上+5 V电压，将控制开关 S_9 拨到“清除”位置(接地)，多路抢答电路的锁存器74LS279复位(输出4Q3Q2Q1Q=0000)，74LS48的灭灯输入与锁存器74LS279的1Q相接，故抢答电路无显示(清除)；将定时电路的定时时间通过预置电路设置为“56”(01010110)。

(2) 将控制开关 S_9 拨到“开始”位置，计数器开始减计数工作，蜂鸣器断续发声报警，抢答开始。

(3) 在规定时间有人(如7号选手)按下抢答按钮时，优先编码器停止工作，此后选手的抢答无效，选手编号显示在多路抢答器的数码管上；与此同时，计数器停止计数，此时的倒计时时间显示在定时电路的数码管上，蜂鸣器连续发声报警。持续时间为 t_w= 1 s左右。

(4) 如果在规定时间内无人抢答，电路停止工作，此后的抢答按钮无效；蜂鸣器连续发出报警，持续时间为 t_w=1 s左右。

6) 常见故障检修方法

多路智力抢答器常用故障、排除方法见表6.18。

6. 实训报告

(1) 把测量数据、波形填入附录B的表B17～表B20中。

(2) 请叙述怎样根据电路原理分析、排除在调试过程中所遇到的故障。

表 6.18 多路智力竞赛抢答器常见故障及排除方法

故障现象	排除方法
多路抢答电路的数码管在通电以后始终点亮，拨动开关 S_9 数码管不会消隐	① 检查 74LS279 的 4 脚和 74LS48 的 4 脚在通电后应为低电平 ② 检查 74LS148 的 14 脚为 3.6～4.0 V 的高电平，如果不是，应检查 74LS148 的 14 脚外围电路是否连接正确 ③ 检查 S_9 的连接，当拨动 S_9 时 74LS279 的 1、5、10、14 四只脚分别为 0 V 低电平和 5 V 左右的高电平，如不是，检查开关 S_9 的连接是否正确
V_1 始终发光，选手抢答时，不显示选手编号，数码管黑屏	① 通电，用数字表 DC20 V 挡测试 74LS148 的 5 脚的电压，处于等待抢答时 5 脚为低电平，抢答后为高电平(3.8 V 左右) ② 检查 74LS48 的 4 脚是否为高电平(有选手抢答)，若为低电平，则检查锁存器及优先编码器。若为高电平，则检查译码电路及显示器，如检查 74LS48 的 3、5、16 脚是否为＋5 V，8 脚是否与 0 V 线接通，译码器与数码管的接线是否正确等，如电路接线正确，则集成芯片 74LS48 损坏
抢答时 8 位选手分别显示 0、2、4、6 四个编号或 1、3、5、7 四个编号	① 1 号选手抢答时，74LS279 的 4 脚应为高电平，即 74LS48 的 4 脚也应为高电平 ② 如 1 号选手抢答时，数码管显示为 0，即 74LS48 的 4 脚为低电平，检查 74LS48 和 74LS279 的 4 脚外围电路是否接地 ③ 3、5、7 号抢答时分别显示 2、4、6，即有可能是 74LS48 或 74LS279 的 4 脚误接地
数码管始终显示 8	检查 74LS48 的 3 脚应为高电平
数码管的笔段显示不全	① 如果 a 笔段不显示，则检查 74LS48 的 13 脚是否与数码管相对应的 a 笔段连通，其他笔段用同样的方法 ② 如果线路连通，则拔下数码管检查它的笔段是否正常，或者检查 74LS48 的 13 脚在拔掉数码管后输出电压是否为 1.8 V 左右，其他笔段的检查同上
定时电路的个位和十位不能正常预置数字	① 检查开关 S_{10}～S_{17} 是否连接正确，通过拨动开关是否能改变相连接对应的电压 ② 检查在设定时间时，个位和十位的 CD40192 的 11 脚和 14 脚为低电平
定时电路不能减计数	① 检查 CD40192 的 14 脚为低电平，拨动开关 S_9 时，CD40192 的 11 脚的电压在 0 V 与 5 V 之间交替变化 ② S_9 拨到开始时，CD40192 的 11 脚为高电平 ③ 检查个位和十位的 CD40192 的 4 脚是否连接正确 ④ 如电路接线正确，则 CD40192 损坏
有人抢答时，其他选手还能抢答	① 有人抢答时，检查 74LS148 的 5 脚是否由低电平变为高电平 ② 如不是，则检查 74LS00 的 6 脚是否与 74LS148 的 5 脚连通 ③ 如连通，通电，检查 74LS00 的 5 脚应为低电平、4 脚电压为高电平
V_2 一直亮	① 检查 V_2 是否连接正确 ② 如 V_2 连接正确，则检查 IC_{10}(555)电路的接线是否正确 ③ 如接线都正确，则可能 555 芯片损坏，更换一个再检查
有选手抢答时，定时电路不能停止计数	① 当有选手抢答时，用示波器(5 V/500 ms)检查个位 CD40192 的 4 脚输入波形是否由方波变为低电平；如是，则检查个位 CD40192 的 4 脚与 74LS11 的 12 是否连通；如不是，则检查 74LS11 的 13 脚与 IC_{10} 的 3 脚是否连通；74LS11 的 1 脚是否与 74LS00 的 3 脚连通；74LS11 的 2 脚是否与 74LS00 的 4 脚连通等 ② 如电路连接正确，通电，按下抢答按钮时，用数字万用表 DC20 V 挡测量 74LS11 的 1 脚应为低电平。如为高电平，则 74LS00 损坏

续表

故障现象	排除方法
定时时间到，定时电路不能停止计数	① 用示波器(5 V/500 ms)检查个位CD40192的4脚输入波形是否由方波变为低电平；如是则检查定时电路 ② 如不是，则检查74LS11的2脚是否为低电平，如为低电平，则74LS11损坏，如为高电平，则检查定时电路
减计数电路的十位不会减计数	① 检查个位CD40192的13脚与十位74192的4脚是否连接 ② 检查十位CD40192的5，11，14脚是否连接正确
有选手抢答时报警电路工作不正常	① 当有选手抢答时，用示波器(5 V/500 ms)检查74121的3脚电平应有高电平到低电平的跳变，74121的1脚有1 s左右的低电平输出，如没有则检查74121芯片的外围电路是否连接正确，如有则检查报警电路 ② 检查IC_{12}芯片的外围电路是否连接正确 ③ 检查V_3与IC_{12}是否连接正确

表 A1 美国半导体分立器件型号命名法

第1部分		第2部分		第3部分		第4部分		第5部分	
用符号表示器件的类别		用数字表示PN结数		美国电子工业协会注册标记		美国电子工业协会登记号		用字母表示器件分挡	
符号	意义	符号	意义	符号	意义	符号	意义	符号	意义
JAN或J	军用品	1	二极管	N	该器件已在美国电子工业协会注册登记	多位数字	该器件已在美国电子工业协会登记号	A B C D ⋮	同一型号器件的不同挡别
		2	三极管						
无	非军用品	3	3个PN结器件						
		n	n个PN结器件						

表 A2 国际电子联合会推荐的半导体器件型号命名法

第1部分		第2部分				第3部分		第4部分	
用字母表示器件的使用材料		用字母表示器件的类型及主要特性				用数字或字母加数字表示登记号		用字母对同一型号器件分挡	
符号	意义	符号	意义	符号	意义	符号	意义	符号	意义
A	锗材料	A	检波、开关和混频二极管	M	封闭磁路中的霍尔元件	三位数字	代表能用晶体管器件的登记序号(同一类型的器件使用同一登记号)	A B C D ⋮	表示同一型号器件按某一参数进行分挡标志
		B	变容二极管	P	光敏器件				
B	硅材料	C	低频小功率三极管	Q	发光器件				
		D	低频大功率三极管	R	小功率可控硅				
C	砷化镓	E	隧道二极管	S	小功率开关管	一个字母加两位数字	专用晶体管器件的登记序号(同一类型的器件使用同一登记号)		
		F	高频小功率三极管	T	大功率可控硅				
D	锑化铟	G	复合器件和其他器件	U	大功率开关管				
		H	磁敏二极管	X	倍增二极管				
R	复合材料	K	开放磁路中的霍尔元件	Y	整流二极管				

表 A3　日本半导体器件型号命名法

<table>
<tr><th colspan="2">第 1 部分</th><th colspan="2">第 2 部分</th><th colspan="2">第 3 部分</th><th colspan="2">第 4 部分</th><th colspan="2">第 5 部分</th></tr>
<tr><td colspan="2">用数字表示器件的有效电极数目或类型</td><td colspan="2">日本电子工业协会注册标志</td><td colspan="2">用字母表示器件使用材料极性和类型</td><td colspan="2">日本电子工业协会登记号</td><td colspan="2">同一型号的改进型产品标志</td></tr>
<tr><td>符号</td><td>意　义</td><td>符号</td><td>意　义</td><td>符号</td><td>意　义</td><td>符号</td><td>意　义</td><td>符号</td><td>意　义</td></tr>
<tr><td rowspan="2">0</td><td rowspan="2">光电二极管或三极管</td><td rowspan="10">S</td><td rowspan="10">已在日本电子工业协会注册登记的半导体器件</td><td>A</td><td>PNP 高频晶体管</td><td rowspan="10">多位数字</td><td rowspan="10">该器件已在日本电子工业协会登记号</td><td rowspan="10">A
B
C
D
⋮</td><td rowspan="10">表示这一器件是原型号产品的改进型</td></tr>
<tr><td>B</td><td>PNP 低频晶体管</td></tr>
<tr><td>1</td><td>二极管</td><td>C</td><td>NPN 高频晶体管</td></tr>
<tr><td rowspan="4">2</td><td rowspan="4">三极管或有三个电极的其他管</td><td>D</td><td>NPN 低频晶体管</td></tr>
<tr><td>F</td><td>P 控制极可控硅</td></tr>
<tr><td>G</td><td>N 控制极可控硅</td></tr>
<tr><td>H</td><td>N 基极单结晶体管</td></tr>
<tr><td rowspan="3">3</td><td rowspan="3">具有四个有效电极的器件</td><td>J</td><td>P 沟道场效应管</td></tr>
<tr><td>K</td><td>N 沟道场效应管</td></tr>
<tr><td>M</td><td>双向晶闸管</td></tr>
</table>

附录B

表 B1　仪器操作波形、数据测量记录表

学生姓名________________　　学号________________　　班级________________

信 号 源	用示波器测量电压波形,并标出幅度、周期	电压测量
直流电源输出+10 V直流电压		用数字万用表直流20 V电压挡测量直流电源+10 V输出电压 $U_{DC}=$
由信号发生器输出正弦波,100 mV(V_{p-p}),1 kHz		用数字示波器测量正弦波有效值 $U_{rms}=$
由信号发生器输出三角波,1 V(V_{p-p}),10 kHz		用数字示波器测量三角波有效值 $U_{rms}=$
信号发生器输出方波,占空比为40%,5 V(V_{p-p}),1 kHz		用数字示波器测量方波有效值 $U_{rms}=$
直流电源输出+4 V直流电压,由信号发生器输出正弦波,4 V(V_{p-p}),500 Hz	CH1接4 V(V_{p-p}),500 Hz正弦波,CH2接+4 V直流电压	用数字示波器测量正弦波有效值 $U_{rms}=$

表 B2 常用元器件测试记录表

学生姓名________________ 学号________________ 班级________________

测量元器件	型号规格	数量	测试项目			
电阻器	电阻阻值可任选		用色环法读出电阻阻值及偏差		测量值	
	RJ0.25 W	1				
	RJ0.25 W	1				
	RJ0.25 W	1				
	RJ0.25 W	1				
	RJ0.25 W	1				
	RJ0.25 W	1				
色环电感器	电感值可任选	1	用色环法读出电感值		用 RLC 电桥测量	
电位器	阻值可任选	1	电位器固定端测量值		可变端阻值变化范围	
电容器	容量可任选		根据数字标注法读出电容的容量及偏差		用 RLC 电桥测量电容的容量	
	瓷片电容	1				
	电解电容	1				
二极管	1N4007(整流)	1	$U_{正}=$		用数字万用表二极管挡进行测量	
	1N4148(开关)	1	$U_{正}=$			
	1N4735(稳压)	1	$U_{正}=$			
	发光管	1	$U_{正}=$			
三极管	三极管型号		管 型	测量压降	h_{FE}	画出三极管外形,并标出 ebc
	8050	1		$U_{be}=$ $U_{bc}=$		
	8550	1		$U_{eb}=$ $U_{cb}=$		

表 B3　FM 收音机元器件测试记录表

学生姓名________________　　学号________________　　班级________________

<table>
<tr><th>代　号</th><th>型号规格</th><th>数量</th><th colspan="2">测　试　项　目</th></tr>
<tr><td rowspan="2">R_5</td><td rowspan="2">RJ680 Ω-1/8 W</td><td rowspan="2">1</td><td>用色环法读出电阻阻值及偏差</td><td>测量值</td></tr>
<tr><td></td><td></td></tr>
<tr><td>C_{17}</td><td>332</td><td>1</td><td>实测电容容量＝</td><td rowspan="2">用 RLC 电桥测量电容的容量(测量频率为 10 kHz)</td></tr>
<tr><td>C_{19}</td><td>223</td><td>1</td><td>实测电容容量＝</td></tr>
<tr><td>C_{18}</td><td>100 μF</td><td>1</td><td>实测电容容量＝</td><td>用 RLC 电桥测量电容的容量(测量频率为 100 Hz)</td></tr>
<tr><td>V_1</td><td>BB910
(变容二极管)</td><td>1</td><td>$U_{\text{正}}$＝</td><td rowspan="2">用数字万用表二极管挡进行测量</td></tr>
<tr><td>V_2</td><td>LED(发光二极管)</td><td>1</td><td>$U_{\text{正}}$＝</td></tr>
<tr><td>L_1</td><td>磁环电感</td><td>1</td><td>实测电感容量＝</td><td rowspan="4">用 RLC 电桥进行测量(测量频率为 10 kHz)</td></tr>
<tr><td>L_2</td><td>色环电感</td><td>1</td><td>实测电感容量＝</td></tr>
<tr><td>L_3</td><td>空心电感(8 匝)</td><td>1</td><td>实测电感容量＝</td></tr>
<tr><td>L_4</td><td>空心电感(5 匝)</td><td>1</td><td>实测电感容量＝</td></tr>
</table>

表 B4　FM 收音机调试数据记录表

学生姓名________________　　学号________________　　班级________________

$I_{总}$ =________________ mA。注 U_{01}～U_{16} 为集成电路 SC1088 1～16 脚电压

U_{01}	U_{02}	U_{03}	U_{04}	U_{05}	U_{06}	U_{07}	U_{08}
U_{09}	U_{10}	U_{11}	U_{12}	U_{13}	U_{14}	U_{15}	U_{16}

V_3(9014)					V_4(9012)				
U_e	U_b	U_c	管型	工作状态	U_e	U_b	U_c	管型	工作状态

画出三极管外形并根据工作电压标出 ebc 及管型	
V_3(9014)	V_4(9012)

请测两组集成电路第16脚电压，并说明为什么电压是减小的	
FM 收音机调试中出现故障及排除方法	

表 B5　数字万用表元器件测试记录表

学生姓名________________　　学号________________　　班级________________

代　号	型号规格	数量	测试项目	
			用色环法读出电阻阻值及偏差	测量值
R_{10}	0.99 Ω×(1±0.5%)	1		
R_8	9 Ω×(1±0.3%)	1		
R_{20}	100 Ω×(1±0.5%)	1		
R_{21}	900 Ω×(1±0.3%)	1		
R_{22}	9 kΩ×(1±0.3%)	1		
R_{23}	90 kΩ×(1±0.3%)	1		
R_{24}、R_{25}、R_{35}	117 kΩ×(1±0.3%)	3		
R_{26}、R_{27}	274 kΩ×(1±0.3%)	2		
R_5	1 kΩ×(1±5%)	1		
R_6	3 kΩ×(1±1%)	1		
R_7	30 kΩ×(1±1%)	1		
R_{30}、R_4	100 kΩ×(1±5%)	2		
R_1	150 kΩ×(1±5%)	1		
R_{18}、R_{19}、R_{12}	220 kΩ×(1±5%)	3		
R_{13}、R_{14}、R_{15}	220 kΩ×(1±5%)	3		
R_2	470 kΩ×(1±5%)	1		
R_3	1 MΩ×(1±5%)	1		
R_{32}(热敏电阻)	2 kΩ×(1±20%)	1		
C_1	100 pF(101)	1	容量＝	用 RLC 电桥测量电容的容量(测量频率为10 kHz)
C_2、C_3、C_4、C_5、C_6	100 nF(104)	5	容量＝	
D_3	1N4007	1	$U_{正}$＝	用数字万用表二极管挡进行测量
Q_1	9013	1	h_{FE}＝	用数字表 h_{FE} 挡进行测量

表 B6　数字万用表调试数据波形记录表(一)

学生姓名________________　　学号________________　　班级________________

测量项目		测量位置	测量数据、波形	备注
3½数字表量程开关置DC20 V挡	电源电压	V+～V−		用4½数字表DC20 V挡测量
	基准电压1	V+～COM		
	基准电压2	VREF+～VREF−		用4½数字表DC200 mV挡测量
	时钟波形	OSC3～COM		示波器 DC 2 V/DIV 5 μs/DIV
千位字段bc4及BP输出波形(3½数字表量程开关置2 kΩ挡，开路)		bc4～COM BP～COM		示波器置双踪进行测量 CH1接bc4 CH2接BP DC 5 V/DIV 5 ms/DIV
百位字段E3及BP波形(3½数字表量程开关置2 kΩ挡，开路)		E3～COM BP～COM		示波器置双踪进行测量 CH1接E3 CH2接BP DC 5 V/DIV 5 ms/DIV

表 B7　数字万用表调试数据记录表(二)

学生姓名＿＿＿＿＿＿＿＿　　学号＿＿＿＿＿＿＿＿　　班级＿＿＿＿＿＿＿＿

测量项目	量　程	输入量	显示值允许范围	数字表测量值	
				3½	4½
DCV	2 V	1.000 V	0.991～1.009 V		
	20 V	10.00 V	9.91～10.09 V		
	200 V	100.00 V	99.1～100.9 V		
	1000 V	500.00 V	495～505 V		
ACV	200 V	100.0 V	98.1～101.9 V		
	750 V	200.00 V	196.2～203.8 V		
DCA	200 μA	100.0 μA	98.8～101.2 μA		
	2 mA	1.000 mA	0.988～1.012 mA		
	20 mA	10.00 mA	9.88～10.12 mA		
	200 mA	100.0 mA	98.6～101.4 mA		
	10 A	10.00 A	9.78～10.22 A		
Ω	200 Ω	100.0 Ω	99.0～101.0 Ω		
	2 kΩ	1.000 kΩ	0.990～1.010 kΩ		
	20 kΩ	10.00 kΩ	9.90～10.10.10 kΩ		
	200 kΩ	100.0 kΩ	99.0～101.0 kΩ		
	2 MΩ	1.000 MΩ	0.988～1.012 MΩ		
二极管	二极管挡	1N4007	0.500～0.700 V		
三极管	h_{FE}挡	PNP	0～1000		
		NPN	0～1000		
数字万用表调试中出现故障及排除方法					

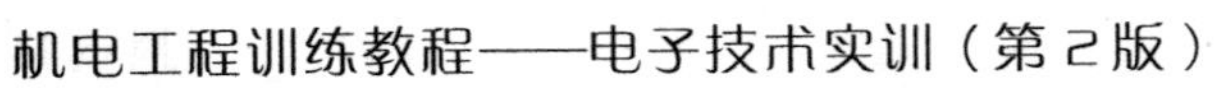

表 B8　红外线心率计电路调试数据波形记录表（一）

学生姓名＿＿＿＿＿＿　　学号＿＿＿＿＿＿　　班级＿＿＿＿＿＿

极性保护电路			
测量项目	V_1、V_2（1N4007）正向压降	C_1 两端电压	V_3（发光二极管）正向压降
测量值/V			

血液波动检测电路			
测量项目（不通电）	红外传感器发射管正向压降	红外传感器接收管 c、e 之间阻值	用示波器测量
测量值			
测量项目（通电）	U_+（红外发射管正极电压）	U_c（红外接收管 c 极电压）	手指触摸传感器 C 点电压是否能上下移动
测量值/V（通电）		手指不触摸传感器 $U_c=$ 手指触摸传感器 $U_c=$	

放大滤波整形电路				
测量项目	IC_2 的 7 脚与 4 脚之间的电压值	IC_3 的 7 脚与 4 脚之间的电压值	IC_4 的 7 脚与 4 脚之间的电压值	IC_4 的 2 脚电压
测量数据				
测量项目	IC_2 的 6 脚电压波形	IC_3 的 6 脚电压波形	IC_4 的 3 脚电压波形	IC_4 的 6 脚电压波形
画出被测量波形并标出幅度与周期				
第一级放大倍数： $A=$		第二级放大倍数： $A=$	在 C_1 的负极输入 10 mV、1～2 Hz 正弦波，用数字 LCD 示波器 5 V、500 ms 挡测量 IC_4 的 3 脚及 6 脚电压波形	

表 B9　红外线心率计电路调试数据波形记录表(二)

学生姓名________________　学号________________　班级________________

电源变换电路		
测量项目	C 点电压波形	D 点电压波形
画出被测量波形并标出幅度与周期		
	F 点电压波形	G 点电压波形
	A 点电压波形	E 点电压波形

门控电路										
不插 NE555 芯片,集成插座各引脚电压及三极管 V_6 的电压										
测量项目	U_1	U_2	U_3	U_4	U_5	U_6	U_7	U_8	U_b	U_c
测量值/V										
插上 NE555 芯片后各引脚及三极管 V_6 的 b 极、c 极电压(发光管不亮)										
测量项目	U_1	U_2	U_3	U_4	U_5	U_6	U_7	U_8	U_b	U_c
测量值/V										
插上 NE555 芯片后各引脚及三极管 V_6 的 b 极、c 极电压(发光管亮)										
测量项目	U_1	U_2	U_3	U_4	U_5	U_6	U_7	U_8	U_b	U_c
测量值/V										

暂态时间(发光管 V_5 亮的时间)$t=$____ s。

注:$U_1 \sim U_8$ 为 NE555 芯片 1～8 脚电压,U_c 为三极管 V_6 的集电极电压。

6、7 脚电压(U_6、U_7)为按下 S_1,发光管亮至不亮瞬间的变化范围。

表 B10　红外线心率计电路调试数据波形记录表（三）

学生姓名________________　　学号________________　　班级________________

计数译码显示电路

测量项目	MC14553 各引脚电压（数码管显示 000）									
	U_5	U_6	U_7	U_9	U_3	U_4	U_{11}	U_{13}	U_8	U_{16}
测量值/V										

测量项目	CD4543 各引脚电压（数码管显示 000）							
	U_2	U_3	U_4	U_5	U_9	U_{10}	U_{11}	U_{12}
测量值/V								
测试项目	U_{13}	U_{14}	U_{15}	U_1	U_6	U_{16}	U_7	U_8
测量值/V								

所测得的心率是：____________ 次/min

红外线心率计电路调试中出现故障及排除方法	

表 B11 红外线心率计电路调试数据波形记录表(四)

学生姓名________　　学号________　　班级________

测量项目	DS_1、DS_2、DS_3 波形(DS_1、DS_2、DS_3 分别为 MC14553 的 2 脚、1 脚、15 脚) 示波器双踪测量 DC 5 V/0.1 ms	V_7、V_8、V_9 的 c 极电压波形 示波器双踪测量 DC 5 V/0.1 ms
画出被测量波形并标出幅度与周期		
	V_7、V_8、V_9 的 b 极电压波形 示波器双踪测量 AC 0.5 V/0.1 ms	MC14553 的 3 脚、4 脚波形 示波器双踪测量 DC 5 V/50 μs

表 B12 直流电机脉宽调速电路调试数据波形记录表(一)

学生姓名________________ 学号________________ 班级________________

三角波发生电路完成后不插 LM339N 测量集成插座 3 脚、6 脚、7 脚、1 脚及 E 点电压

测量项目	U_3	U_6	U_7	U_1	U_E
测量值/V					

插上 LM339N

<table>
<tr><td>测量项目</td><td>C 点电压波形</td><td>D 点电压波形</td><td>F 点电压波形</td><td>J 点电压波形</td></tr>
<tr><td rowspan="3">画出被测波形并标出幅度与周期</td><td></td><td></td><td rowspan="3"></td><td rowspan="3"></td></tr>
<tr><td colspan="2">IC_1 的 1 脚电压波形</td></tr>
<tr><td></td><td></td></tr>
</table>

当 $U_{HI}=13.4$ V 时，$U_{AB}=$________ V；当 $U_{IH}=-13.4$ V 时，$U_{AB}=$________ V。

测量 LM339 集成电路各引脚电压

测量项目	U_1	U_2	U_3	U_4	U_5	U_6	U_7
测量值/V							
测量项目	U_8	U_9	U_{10}	U_{11}	U_{12}	U_{13}	U_{14}
测量值/V							
测量项目	U_z (1N4735)	延时时间	过压电压				
测量值/V							

表 B13 直流电机脉宽调速电路调试数据波形记录表(二)

学生姓名________________ 学号________________ 班级________________

秒脉冲产生电路

秒脉冲电路装配完成后不插 555 芯片,测量集成插座 1～8 脚电压

测量项目	U_1	U_2	U_3	U_4	U_5	U_6	U_7	U_8
测量值/V								

插上 555 芯片,测量 IC_2 的 1～8 脚电压

测量项目	U_1	U_2	U_3	U_4	U_5	U_6	U_7	U_8
测量值/V								

计数译码显示电路

测量项目	MC14553 各引脚输出电压(显示 000)									
	U_5	U_6	U_7	U_9	U_3	U_4	U_{11}	U_{13}	U_8	U_{16}
测量值/V										

测量项目	CD4543 各引脚输出电压(显示 000)							
	U_2	U_3	U_4	U_5	U_9	U_{10}	U_{11}	U_{12}
测量值/V								
测试项目	U_{13}	U_{14}	U_{15}	U_1	U_6	U_{16}	U_7	U_8
测量值/V								

数码管显示的延时间为____________ s

直流脉宽调速电路调试中出现故障及排除方法	

表 B14　直流电机脉宽调速电路调试数据波形记录表(三)

学生姓名________　学号________　班级________

测量项目	DS_1、DS_2、DS_3(MC14553 的 2 脚、1 脚、15 脚)输出电压波形 示波器双踪测量 DC 5 V/0.1 ms	V_{17}、V_{18}、V_{19}的 c 极电压波形 示波器双踪测量 DC 5 V/0.1 ms
画出被测量电压波形并标出幅度与周期		
	V_{17}、V_{18}、V_{19}的 b 极电压波形 示波器双踪测量 AC 0.5 V/0.1 ms	555 定时器的 2 脚、3 脚波形 示波器双踪测量 DC 5 V/500 ms

表 B15　直流电机恒速控制电路调试数据波形记录表(一)

学生姓名________________　　学号________________　　班级________________

测试项目		D点电压波形	IC_2 的3脚电压波形	IC_2 的5脚电压波形
画出被测点电压波形	$R_6=40\ k\Omega$			
	$R_6=20\ k\Omega$			
测试项目		IC_2 的6脚电压波形	在同一坐标上画出 IC_2 的8脚、9脚波形 在另一坐标画出 IC_2 的16脚波形	
画出被测点电压波形		 F点电压波形 	U_{18} 0 t U_{16} 0 t	

测量TA955集成电路各引脚电压(转速稳定时)

测量项目	U_1	U_2	U_3	U_4	U_5	U_6	U_7	U_8
测量值/V								
测量项目	U_9	U_{10}	U_{11}	U_{12}	U_{13}	U_{14}	U_{15}	U_{16}
测量值/V								

表 B16　直流电机恒速控制电路调试数据波形记录表(二)

学生姓名________　学号________　班级________

转速显示电路(n=30 r/s)			
测量项目	测量位置	测量波形	备注
整形输出波形	IC_3 6 脚—COM		示波器量程 DC 2 V/DIV 5 ms/DIV
微分波形	IC_4 2 脚—COM		
单稳态电路输出波形	IC_4 3 脚—COM		
定时波形	IC_4 7 脚—COM		示波器量程 DC 5 V/DIV 5 ms/DIV
直流恒速控制系统电路调试中出现的故障及排除方法			

表 B17 多路智力竞赛抢答电路调试数据波形记录表(一)

学生姓名________________ 学号________________ 班级________________

<table>
<tr><td colspan="9">多路抢答电路(数码管显示5时集成电路各引脚电压)</td></tr>
<tr><td colspan="9">IC_1 74LS148 各引脚电压</td></tr>
<tr><td>测量项目</td><td>U_1</td><td>U_2</td><td>U_3</td><td>U_4</td><td>U_5</td><td>U_6</td><td>U_7</td><td>U_8</td></tr>
<tr><td>测量值/V</td><td></td><td></td><td></td><td></td><td></td><td></td><td></td><td></td></tr>
<tr><td>测量项目</td><td>U_9</td><td>U_{10}</td><td>U_{11}</td><td>U_{12}</td><td>U_{13}</td><td>U_{14}</td><td>U_{15}</td><td>U_{16}</td></tr>
<tr><td>测量值/V</td><td></td><td></td><td></td><td></td><td></td><td></td><td></td><td></td></tr>
<tr><td colspan="9">IC_2 74LS279 各引脚电压</td></tr>
<tr><td>测量项目</td><td>U_1</td><td>U_2</td><td>U_3</td><td>U_4</td><td>U_5</td><td>U_6</td><td>U_7</td><td>U_8</td></tr>
<tr><td>测量值/V</td><td></td><td></td><td></td><td></td><td></td><td></td><td></td><td></td></tr>
<tr><td>测量项目</td><td>U_9</td><td>U_{10}</td><td>U_{11}</td><td>U_{12}</td><td>U_{13}</td><td>U_{14}</td><td>U_{15}</td><td>U_{16}</td></tr>
<tr><td>测量值/V</td><td></td><td></td><td></td><td></td><td></td><td></td><td></td><td></td></tr>
<tr><td colspan="9">IC_3 74LS48 各引脚电压</td></tr>
<tr><td>测量项目</td><td>U_1</td><td>U_2</td><td>U_3</td><td>U_4</td><td>U_5</td><td>U_6</td><td>U_7</td><td>U_8</td></tr>
<tr><td>测量值/V</td><td></td><td></td><td></td><td></td><td></td><td></td><td></td><td></td></tr>
<tr><td>测量项目</td><td>U_9</td><td>U_{10}</td><td>U_{11}</td><td>U_{12}</td><td>U_{13}</td><td>U_{14}</td><td>U_{15}</td><td>U_{16}</td></tr>
<tr><td>测量值/V</td><td></td><td></td><td></td><td></td><td></td><td></td><td></td><td></td></tr>
<tr><td>多路抢答器电路调试中出现的故障及排除方法</td><td colspan="8"></td></tr>
</table>

表 B18　多路智力竞赛抢答电路调试数据波形记录表(二)

学生姓名________________　　学号________________　　班级________________

<table>
<tr><td colspan="9">定 时 电 路</td></tr>
<tr><td colspan="9">IC_4　CD40192 各引脚电压</td></tr>
<tr><td>测量项目</td><td>U_1</td><td>U_2</td><td>U_3</td><td>U_4</td><td>U_5</td><td>U_6</td><td>U_7</td><td>U_8</td></tr>
<tr><td>测量值/V</td><td></td><td></td><td></td><td></td><td></td><td></td><td></td><td></td></tr>
<tr><td>测量项目</td><td>U_9</td><td>U_{10}</td><td>U_{11}</td><td>U_{12}</td><td>U_{13}</td><td>U_{14}</td><td>U_{15}</td><td>U_{16}</td></tr>
<tr><td>测量值/V</td><td></td><td></td><td></td><td></td><td></td><td></td><td></td><td></td></tr>
<tr><td colspan="9">IC_5　74LS48 各引脚电压</td></tr>
<tr><td>测量项目</td><td>U_1</td><td>U_2</td><td>U_3</td><td>U_4</td><td>U_5</td><td>U_6</td><td>U_7</td><td>U_8</td></tr>
<tr><td>测量值/V</td><td></td><td></td><td></td><td></td><td></td><td></td><td></td><td></td></tr>
<tr><td>测量项目</td><td>U_9</td><td>U_{10}</td><td>U_{11}</td><td>U_{12}</td><td>U_{13}</td><td>U_{14}</td><td>U_{15}</td><td>U_{16}</td></tr>
<tr><td>测量值/V</td><td></td><td></td><td></td><td></td><td></td><td></td><td></td><td></td></tr>
<tr><td colspan="9">IC_6　CD40192 各引脚电压</td></tr>
<tr><td>测量项目</td><td>U_1</td><td>U_2</td><td>U_3</td><td>U_4</td><td>U_5</td><td>U_6</td><td>U_7</td><td>U_8</td></tr>
<tr><td>测量值/V</td><td></td><td></td><td></td><td></td><td></td><td></td><td></td><td></td></tr>
<tr><td>测量项目</td><td>U_9</td><td>U_{10}</td><td>U_{11}</td><td>U_{12}</td><td>U_{13}</td><td>U_{14}</td><td>U_{15}</td><td>U_{16}</td></tr>
<tr><td>测量值/V</td><td></td><td></td><td></td><td></td><td></td><td></td><td></td><td></td></tr>
<tr><td colspan="9">IC_7　74LS48 各引脚电压</td></tr>
<tr><td>测量项目</td><td>U_1</td><td>U_2</td><td>U_3</td><td>U_4</td><td>U_5</td><td>U_6</td><td>U_7</td><td>U_8</td></tr>
<tr><td>测量值/V</td><td></td><td></td><td></td><td></td><td></td><td></td><td></td><td></td></tr>
<tr><td>测量项目</td><td>U_9</td><td>U_{10}</td><td>U_{11}</td><td>U_{12}</td><td>U_{13}</td><td>U_{14}</td><td>U_{15}</td><td>U_{16}</td></tr>
<tr><td>测量值/V</td><td></td><td></td><td></td><td></td><td></td><td></td><td></td><td></td></tr>
<tr><td>定时电路调试中出现的故障及排除方法</td><td colspan="8"></td></tr>
</table>

表 B19　多路智力竞赛抢答电路调试数据波形记录表(三)

学生姓名＿＿＿＿＿＿＿　学号＿＿＿＿＿＿＿　班级＿＿＿＿＿＿＿

控 制 电 路

IC_8　74LS11 各引脚电压

测量项目	U_1	U_2	U_7	U_8	U_9	U_{12}	U_{13}	U_{14}
测量值/V								

IC_9　74LS00 各引脚电压

测量项目	U_1	U_2	U_3	U_4	U_5	U_6	U_7
测量值/V							
测量项目	U_8	U_9	U_{10}	U_{11}	U_{12}	U_{13}	U_{14}
测量值/V							

IC_{10}　NE555 各引脚电压

测量项目	U_1	U_2	U_3	U_4	U_5	U_6	U_7	U_8
测量值/V								

3 号选手抢答时，IC_9 各引脚的电压

测量项目	U_1	U_2	U_3	U_4	U_5	U_6	U_7
测量值/V							
测量项目	U_8	U_9	U_{10}	U_{11}	U_{12}	U_{13}	U_{14}
测量值/V							

测量项目	IC_{10}的 3 脚电压波形	IC_8 的 12 脚电压波形
定时时间开始后无人抢答时	U_3　0　t	U_{12}　0　t
定时时间到无人抢答时	U_3　0　t	U_{12}　0　t

表 B20　多路智力竞赛抢答电路调试数据波形记录表(四)

学生姓名＿＿＿＿＿＿　学号＿＿＿＿＿＿　班级＿＿＿＿＿＿

报警电路:扬声器断续报警(定时时间未到无人抢答时)

IC_{12}　NE555 各引脚电压

测量项目	U_1	U_2	U_3	U_4	U_5	U_6	U_7	U_8
测量值/V								

IC_{11}　74121 各引脚电压

测量项目	U_1	U_2	U_3	U_4	U_5	U_6	U_7
测量值/V							
测量项目	U_9	U_{10}	U_{11}	U_{12}	U_{13}	U_{14}	U_{15}
测量值/V							

扬声器连续报警(有人抢答或定时时间已到无人抢答时)

IC_{12}　NE555 各引脚电压

测量项目	U_1	U_2	U_3	U_4	U_5	U_6	U_7	U_8
测量值/V								

IC_{11}　74121 各引脚电压

测量项目	U_1	U_2	U_3	U_4	U_5	U_6	U_7
测量值/V							
测量项目	U_9	U_{10}	U_{11}	U_{12}	U_{13}	U_{14}	U_{15}
测量值/V							

扬声器断续发声时 IC_{12}(3 脚电压波形)	扬声器连续发声时 IC_{12}(3 脚电压波形)
U_3　0　t	U_3　0　t

报警电路调试中出现的故障及排除方法	

参 考 文 献

[1] 清华大学电子工艺实习教研组，王天曦，李鸿儒. 电子技术工艺基础[M]. 北京：清华大学出版社，2000.

[2] 毕满青. 电子工艺实习教程[M]. 北京：国防工业出版社，2003.

[3] 王卫平. 电子工艺基础[M]. 北京：电子工业出版社，2004.

[4] 崔体人. 电子元器件选用大全[M]. 杭州：浙江科学技术出版社，1998.

[5] 汤元信，元学广，刘元法，等. 电子工艺及电子工程设计[M]. 北京：北京航空航天大学出版社，1999.

[6] 胡斌. 图表细说电子元器件[M]. 北京：电子工业出版社，2004.

[7] 胡斌. 图表细说电子工程师速成手册[M]. 北京：电子工业出版社，2004.

[8] 杜虎林. 数字万用表实用测量技术与故障检修[M]. 北京：人民邮电出版社，2003.

[9] 谭建成. 电机控制专用集成电路[M]. 北京：机械工业出版社，2001.

[10] 浙江工业大学《电子学》教研组，龙忠琪，贾立新. 数字集成电路教程[M]. 北京：科学出版社，2003.

[11] 黄继昌，等. 数字集成电路应用 300 例[M]. 北京：人民邮电出版社，2002.

[12] 卿太全，李萧，郭明琼. 常用数字集成电路原理与应用[M]. 北京：人民邮电出版社，2006.

[13] [美]C. A. 哈珀. 电子组装制造[M]. 北京：科学出版社，2005.

[14] 王成安. 电子技术基本技能综合训练[M]. 北京：人民邮电出版社，2005.

[15] 王正谋，朱力恒. Protel 99 SE 电路设计与仿真技术[M]. 福州：福建科学技术出版社，2005.

[16] 朱朝霞. 在电子实习中引入 SMT 教学实践[J]. 南京：电气电子教学学报，2006(3).

[17] 朱朝霞. 电子实习开放式教学新模式的探讨与实践[J]. 南京：电气电子教学学报，2007(4).

[18] 唐建祥，等. 电子实习中开展项目化实习教学实践[J]. 天津：职业教育研究，2008(1).

[19] 林海汀. 电子工艺技术与实践[M]. 北京：机械工业出版社，2011.